全国测绘地理信息类职业教育“十四五”规划教材

倾斜摄影测量建模技术

主　编　郭学林　邓　非
副主编　田　方　崔瑞兵　豆　兰
主　审　谢露蓉

本书立体化资源

黄河水利出版社
·郑州·

内容提要

本书共分七个项目,主要内容包括了解无人机倾斜摄影测量建模技术、无人机倾斜摄影测量基础知识、低空无人机倾斜航空摄影、实景三维模型构建、裸眼立体测图与入库、地理实体构建、无人机倾斜摄影测量行业应用案例。本书可作为高等院校测绘地理信息技术、工程测量技术、摄影测量与遥感技术、测绘工程技术、地籍测绘与土地管理、导航与位置服务等专业的教材,还可作为测绘地理信息类其他专业及相关工程技术人员的参考书。

图书在版编目(CIP)数据

倾斜摄影测量建模技术/郭学林,邓非主编. 郑州:黄河水利出版社,2024. 10. --(全国测绘地理信息类职业教育"十四五"规划教材). --ISBN 978-7-5509-3906-6

Ⅰ. P231

中国国家版本馆 CIP 数据核字第 2024UA7069 号

策划编辑:陶金志　电话:0371-66025273　E-mail:838739632@qq.com

责任编辑	李晓红	责任校对	兰文峡
封面设计	黄瑞宁	责任监制	常红昕

出版发行　黄河水利出版社

地址:河南省郑州市顺河路 49 号　邮政编码:450003

网址:www.yrcp.com　E-mail:hhslcbs@126.com

发行部电话:0371-66020550

承印单位　河南匠心印刷有限公司

开　　本　787 mm×1 092 mm　1/16

印　　张　21.25

字　　数　504 千字

版次印次　2024 年 10 月第 1 版　2024 年 10 月第 1 次印刷

定　　价　68.00 元

前 言

新时期国土测绘工作的主要任务和要求是要夯实发展根基,加快推进基础测绘转型升级,创新测绘产品表达形式、技术方法、组织实施、管理方式等,大力推动新型基础测绘体系建设,加快构建实景三维中国,推进全球地理信息资源建设。

根据新时期测绘工作"两服务、两支撑"的根本定位,调动各级自然资源主管部门和社会力量,构建"分布存储、逻辑集中、时序更新、共享应用"的实景三维中国,为数字中国建设提供统一的空间基底。

实景三维是对人类生产、生活和生态空间进行真实、立体、时序化反映和表达的数字虚拟空间,是新型基础测绘标准化产品,是国家新型基础设施建设的重要组成部分,为经济社会发展和各部门信息化提供统一的空间基底。实景三维通过在三维地理场景上承载结构化、语义化、支持人机兼容理解和物联实时感知的地理实体进行构建。按照表达内容通常分为地形级、城市级和部件级。地形级实景三维建设主要是构建地形级地理场景、基础地理实体,获取其他实体、物联感知数据,组装生成地形级实景三维产品,用于三维可视化与空间量算,服务宏观规划;城市级实景三维建设主要是构建城市级地理场景、基础地理实体,获取其他实体、物联感知数据,组装生成城市级实景三维产品,用于精细化表达与空间统计分析,服务精细化管理;部件级实景三维建设主要是构建部件三维模型,获取其他实体、物联感知数据,组装生成部件级实景三维产品,用于精准表达和按需定制,服务个性化应用。

作为实景三维建设的倾斜摄影测量技术是近年来发展起来的一项高新技术,是地表信息数据获取的新型方式,数据采集快捷,成果精度较高。该技术三维数据可真实反映地物的外观、位置、高度等属性;借助无人机,可快速采集影像数据,实现全自动化三维建模;倾斜摄影数据是带有空间位置信息的可量测影像数据,能同时输出 DSM、DOM、TDOM、DLG 等多种成果。

目前,倾斜摄影测量技术已广泛应用于国家重大工程建设、灾害应急与处理、国土监察、资源开发、新农村和小城镇建设等方面,尤其在基础测绘、土地资源调查监测、土地利用动态监测、数字城市建设和应急救灾测绘数据获取等方面充满活力。

实景三维中国建设的推进,必然需求大量专业技术服务的高素质技能人才、能工巧匠。人才的培养尤为迫切,按照党的二十大强调的"统筹职业教育、高等教育、继续教育协同创新,推进职普融通、产教融合、科教融汇,优化职业教育类型定位"精神,客观需要我们牢牢抓住国家深化职业教育改革和加快构建现代职业教育体系的重大机遇,积极贯彻落实《国家职业教育改革实施方案》等职教精神,全面推进教材改革与建设,以满足人才培养需求。

倾斜摄影建模技术在生产单位已经开展多年,但适合此类技术人才培养的教学用书比较缺乏。为满足实景三维中国建设对技术人员的培养需求,便于职业院校相关专业对学生的培养,特编写了这本教材。

教材编写组经过对多家生产单位的走访和调研，并与武汉天际航科技有限公司合作，确定了教材编写大纲，经过三年多的反复修改，终于得以出版。

为了方便读者的理解，书中采用了大量案例，并配置相应的插图、图表等。通过系统的知识、精练的内容、流畅的文字、严谨的结构，让学生更好地理解倾斜摄影建模的基本理论和基本的方法、技能。通过对本课程知识系统的学习和实训练习，让学生重点掌握倾斜摄影建模的技术方法和流程，对倾斜摄影建模的知识和技术有更深层次的认识和理解，为学生以后在相关领域的就业打下扎实的基础。

为了达到育人目的，在要求学生掌握专业技能的同时，在每个项目中设定了大学生应该具备的基本素质等思政元素，旨在期望大学生能够德技并修，真正成为国家需要的高技能人才。

本教材采用双主编制，由河南测绘职业学院郭学林教授、武汉大学测绘学院邓非教授（武汉天际航科技有限公司创始人）担任主编，由河南测绘职业学院田方教授、崔瑞兵博士、武汉天际航科技有限公司教育总监豆兰担任副主编。具体编写分工为：项目一由邓非教授编写，项目二任务一、二由田方教授编写，项目二任务三、任务四和项目三由崔瑞兵博士编写，项目四、项目五任务三由郭学林教授编写，项目五任务一、二由河南测绘职业学院梁静老师编写，项目六任务一由武汉天际航科技有限公司教育总监豆兰编写，项目六任务二由武汉天际航科技有限公司工程师刘静编写，项目六任务三、四、五及综合实训考核内容由武汉天际航科技有限公司工程师郭俊杰编写，项目七由河南测绘职业学院王夏冰老师编写。限于教材篇幅，项目二、五需要扫码学习。全书由郭学林教授统稿，由原自然资源部标准化研究所所长、陕西测绘局首席专家谢露蓉担任主审。

在此，由衷地感谢武汉天际航科技股份有限公司对本书编写所提供的大力支持，感谢武汉天际航科技有限公司工程师郭俊杰提供的资料和技术支持。中南林业科技大学环境设计专业 20 级学生褚俞帆对教材中的插图进行了全面的修改加工，在此一并表示感谢。

本书虽几经修改，仍可能存在不当之处，敬请读者批评指正。

编　者

2024 年 8 月

目 录

项目一　倾斜摄影测量建模技术概述

项目描述

【项目介绍】　本项目包括三个任务。任务一了解倾斜摄影测量三维建模技术,初步了解倾斜摄影测量三维建模的基本原理和作业流程,了解倾斜摄影测量应用的关键技术和特点,了解建模所用计算机集群知识,倾斜摄影测量需要解决的问题;任务二了解三维建模数据质量、建模方法和要求,熟悉三维模型的数据质量和建模精度,了解各类模型的生产方法及要求;任务三了解倾斜摄影测量技术的产业及其应用。

【学习重点】　倾斜摄影测量三维建模的基本原理和作业流程,三维建模数据质量和建模精度,各类模型生产方法及要求。

【学习难点】　对倾斜摄影测量应用关键技术与特点的理解。

项目目的

◆　**知识目标**

1. 能够理解三维建模的基本原理,理解三维建模数据质量要求,了解建模精度。
2. 掌握三维建模的作业流程。
3. 了解倾斜摄影测量应用的关键技术与特点。
4. 了解各类模型生产的基本规定、方法和要求。

◆　**能力目标**

1. 能准确描述三维建模的基本原理和作业流程。
2. 能描述三维建模数据质量要求。
3. 能简单介绍各类模型的生产内容、规定、方法及要求。

◆　**情感目标**

1. 通过该项目的学习,激发学生的求知欲和对专业知识的学习兴趣。
2. 通过学习,增强学生对该技术学习意义的理解,激发对专业的热爱。
3. 通过学习,增强学生对毕业后工作的信心和服务国家建设的意识。
4. 通过学习,增强学生对地理信息数据获取严谨、认真的态度,增强产品获取的质量意识和测绘地理信息工作的服务意识。

课时建议

4 学时。

思政引导

依法测绘

测绘事业是经济建设、国防建设、社会发展的基础性事业。为了加强测绘管理,促进测绘事业发展,保障测绘事业为国家经济建设、国防建设和社会发展服务,凡在中华人民共和国领域和管辖的其他海域从事测绘活动,均应当遵守《中华人民共和国测绘法》的相关规定。

《中华人民共和国测绘法》中对测绘的解释为:对自然地理要素或者地表人工设施的形状、大小、空间位置及其属性等进行测定、采集、表述,以及对获取的数据、信息、成果进行处理和提供的活动。

国家的发展和建设离不开测绘技术的大力支撑,例如:军事上武器的自导、目标定位、卫星发射、蛟龙号的入海下潜、高速铁路的发展、城市规划与建设等均离不开测绘技术。

作为学习测绘的学子,要牢记使命,努力学习测绘专业技能,掌握最新的专业技术,努力使自己成为德才兼备的人才,报效国家。

任务一　了解倾斜摄影测量三维建模技术

活动一　三维建模技术的基本原理与作业流程

无人机倾斜摄影测量三维建模技术是近十几年随着科技发展而产生的一项高新技术。已经广泛应用于应急指挥、建筑设计、地理信息、国土安全、城市管理、房产税收等行业。它以还原地物特征的出色精度与真实感,为人们呈现一个逼真的数字世界。

倾斜摄影技术是指通过利用多角度相机,来采集地面物体不同角度及不同高度的影像,凭借其高分辨率的航测影像技术,将丰富地理信息的数据,通过三维建模的方式呈现真实场景的技术。倾斜摄影的出现,为三维地理信息获取带来了颠覆性变革,开启了三维地理信息的新时代。

倾斜摄影测量三维建模技术具有以下优势:

(1)突破了传统航测单相机只能从垂直角度拍摄获取影像的局限性,可以获取更加全面的地物纹理细节,更加真实地反映地物的实际情况。

(2)采用无人机倾斜摄影影像进行地形测绘,在影像自动匹配技术支持下的建模系统减少了人工干预,作业效率提升。

(3)能极大地缩短测绘外业的协同工作,节省测量人员的劳动时间,降低了外业劳动强度。

(4)倾斜影像能为用户提供丰富的地理信息产品,实现二维、三维的数据叠加和展示,为相关管理信息系统提供辅助决策分析。

无人机倾斜摄影是摄影机主光轴明显偏离铅垂线或水平方向并按一定倾斜角(相机倾斜角度在15°~45°)进行的摄影。图1-1、图1-2分别展示了5镜头倾斜航摄相机获取一组和连续几组影像的示意图。垂直地面角度拍摄获取的影像称为正片(一组影像),镜头朝向与地面成一定夹角拍摄获取的影像称为斜片(四组影像),如图 1-3 所示。相机之间通过时间同步装置进行成像时间精确对准,同时结合飞行平台搭载的 GNSS/IMU 系统获取定位/定姿数据,由飞控系统负责对以上部件进行数据采集控制,发送同源触发信号启动多台相机,实现同步数据采集。

图 1-1　倾斜影像获取示意图

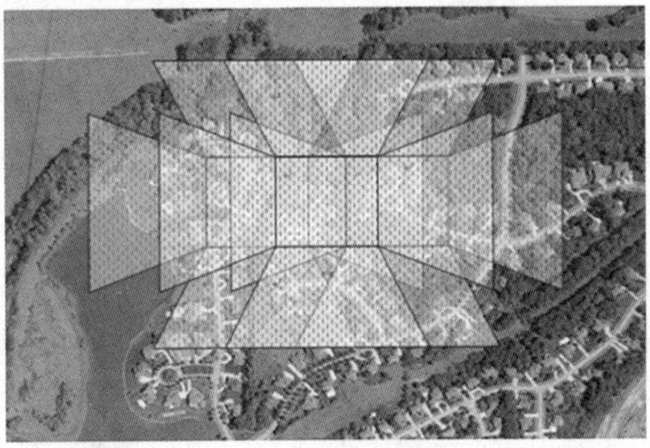

图 1-2　连续几组影像获取示意图

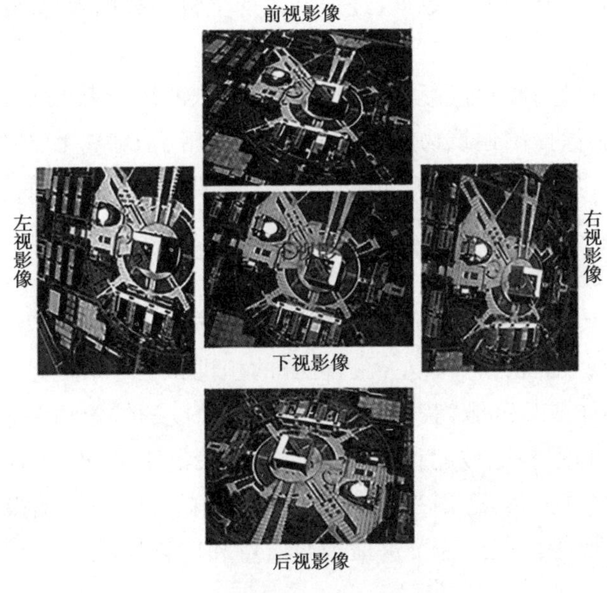

图 1-3　某建筑物不同视角的影像

一、倾斜摄影测量三维重建技术的基本原理

三维重建(3D Reconstruction)是指对三维物体建立适合计算机表示和处理的数学模型,是在计算机环境下对其进行处理、操作和分析其性质的基础,也是在计算机中建立表达客观世界的虚拟现实的关键技术。

在计算机视觉中,三维重建是指根据单视图或者多视图的图像重建三维信息的过程。由于单视频的信息不完全,因此三维重建需要利用经验知识。而多视图的三维重建(类似人的双目定位)相对比较容易,其方法是先对摄像机进行标定,即计算出摄像机的图像坐标系与世界坐标系的关系。然后利用多个二维图像中的信息重建出三维信息。

物体三维重建是计算机辅助几何设计、计算机图形学、计算机动画、计算机视觉、图像处理、科学计算和虚拟现实、数字媒体创作等领域的共性科学问题和核心技术。通过一定的手段获取真实物体的几何形状，一般称为三维重建过程。它是利用二维投影恢复物体三维信息(形状等)的数学过程和计算机技术，包括数据获取、预处理、点云拼接和特征分析等步骤。

倾斜摄影测量三维重建技术是基于一种高度精确的摄影方法，通过特殊的倾斜角度和大量的重叠照片，捕捉并记录建筑物或地理场景的形状和细节。

原理是通过飞行平台搭载一个或多个影像传感器，得到目标物前视、后视、左视、右视及下视五个不同方向的影像，获取到丰富的建筑物顶面及侧视的高分辨率信息，经过数据处理软件对影像数据进行处理，将所有的影像纳入统一的坐标系统中，在生成的三维实景模型上获取被摄区域地物的平面位置、大小、性质、形状、立面、高程、外观、纵横断面、地形起伏及场景等特征，进而制作得到数字表面模型、数字真正射影像和实景三维模型等成果。即基于多视角三维重建、纹理映射和计算机视觉等技术，通过倾斜摄影机对物体进行拍摄，获得不同角度、高度和方向的高分辨率影像数据，经过一系列全自动数据解算，最终得到高精度、真实的三维模型成果。

相比于垂直航空摄影，倾斜摄影测量每次飞行获取的影像数是垂直摄影测量获取数据量的5倍，其中垂直影像提供建筑物的顶部信息，主要用于DOM/DLG制作、大比例测图等。倾斜影像为建筑物提供更为丰富的侧面纹理信息，主要用于纹理提取、建筑物高度量测等。其作业过程可归纳为以下几个步骤。

(一)影像数据采集

倾斜摄影区别于传统航空摄影，但仍然是以空间位置相互关系为基础。倾斜摄影使用由多个不同方向(下视、前视、后视、左视、右视)的相机和惯导系统组成的倾斜摄影系统，在各摄站点拍摄目标物体或某区域，获取影像数据及高精度的位置和姿态信息。

相机的倾斜角度和重叠区域的设置是确保数据采集质量和准确性的关键因素。拍照时，除了要考虑空间位置关系，还要考虑方位角、倾斜角等，以确定拍摄位置和照片的视角，以及拍摄的时间和光照等情况。为了保证拍照质量和区域覆盖，一般要对所拍区域进行航摄规划、航线设计。

(二)影像预处理

无人机航摄系统在获取航摄影像的过程中，由于受到地形起伏、大气散射、光照和天气变化等因素的影响，获取的原始影像存在噪声、雾霾遮挡、色彩不一致等干扰；同时镜头畸变对影像质量的影响也不容忽视。为了保证后续处理的质量，必须对影像进行统一预处理。

(三)图像匹配和特征提取

采集到的照片通过图像处理算法进行特征提取和匹配。这些特征可以是建筑物的边缘、角点、纹理等，通过匹配这些特征点，系统可以确定照片之间的相对位置和角度。

(四)空中三角测量(简称空三)

根据影像上量测的像点坐标及少量控制点的大地坐标，求出未知点的大地坐标，并利用这些已知点求解影像的外方位元素。将整个影像测区纳入地面测量坐标系，这样，每个图像就可以被定位在一个准确的三维空间中。

（五）三维重建和模型生成

根据上述环节成果，系统可以进行三维重建和模型生成。利用计算机视觉和图像处理算法，经过密集点云生成、表面结构重建和纹理映射等环节，生成精确的三维模型。这些模型可以包括地表各种物体的外观、结构、纹理等细节。

倾斜摄影三维重建技术以其精确性和真实感在诸多领域得以广泛应用。倾斜摄影建模技术具有时效性强、周期短 、机动灵活、航摄飞行活动受限制较少、可根据任务和天气选择航摄时间、后勤保障简单、航摄成本低廉的优点。但其航摄飞行留空时间较短 ，单次航摄区域相对较小，可以在较小规模的项目中广泛采用。

二、倾斜摄影测量作业流程

倾斜摄影测量技术以大范围、高精度、高清晰度的方式全面感知复杂场景，通过高效的数据采集设备及专业的数据处理流程生成数据成果直观反映地物的外观、位置、高度等属性，为真实效果和测绘精度提供保证。倾斜摄影测量的作业流程主要包括四部分：倾斜影像采集、数据加工与量测、倾斜模型的生产和基于模型的数字产品获取。具体流程主要是：摄影计划制订、数据获取、点云重建、影像的处理和模型生成等几步。其中，摄影计划制订直接影响数据质量和测量精度；数据获取是倾斜摄影测量过程中最复杂和最耗时的环节；点云重建和模型生成是倾斜摄影测量的核心步骤，需要借助专业的软件和算法，如 DP-Smart、Photoscan、Pix4d 等。

无人机倾斜摄影测量作业流程如图 1-4 所示，主要包括以下内容：

（1）摄影计划制订。根据测量要求、场地情况和安全要求等，制订倾斜摄影计划，并合理设计飞行轨迹、横滚角、俯仰角、视场角和拍摄间隔等参数，保证数据质量和测量精度。

（2）数据获取。利用无人机等载体，在规划航线上进行倾斜摄影，获取高精度的影像、光谱数据。影像的获取需要考虑光照、天气、地形等因素，以保证影像的质量和准确性。

（3）点云重建。将影像数据传输至计算机并生成摄影点云。点云重建技术是倾斜摄影测量的核心步骤之一，通过对栅格影像进行匹配处理和滤波等处理，生成稠密点云。

（4）影像的处理。包括影像匹配、配准、校正、过滤和融合等处理、三维重建、纹理映射等步骤，借助计算机软件进行处理，得到精度高、清晰的三维模型。

纹理映射是指通过对不同角度照片的反投影校正，消除景深和透视变形，进行纹理映射，将高分辨率的图像贴在三维模型表面，得到高度一致、精度较高的栅格影像，使得模型更加真实、逼真。

（5）模型生成。通过对点云进行配准、建模和纹理映射等处理，可生成精度高、真实、逼真的三维模型。

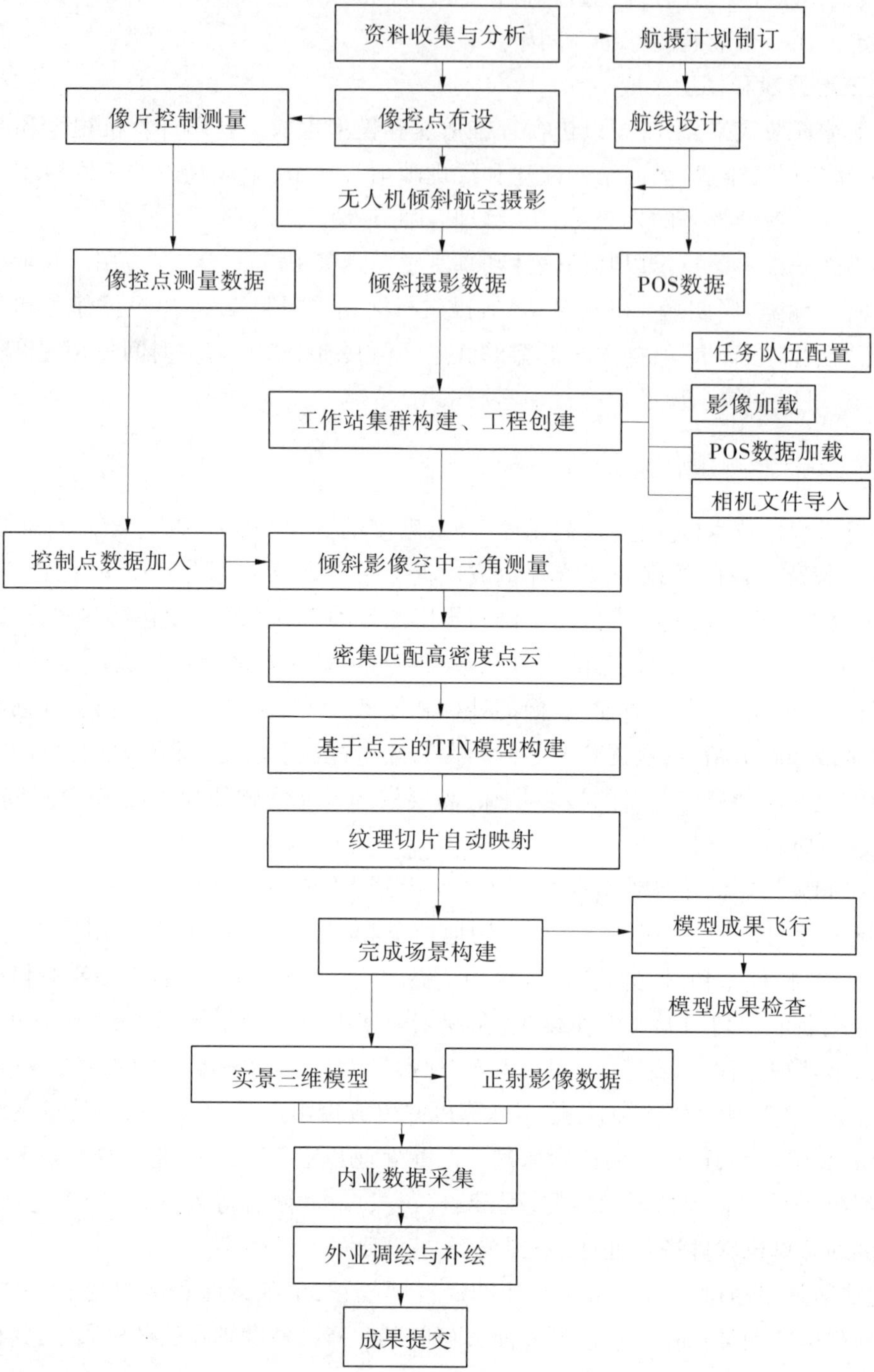

图 1-4　无人机倾斜摄影测量作业流程

活动二 了解倾斜摄影测量应用的关键技术与特点

倾斜摄影测量技术产业链中涉及多个技术环节,除硬件设备的研发外,软件方面的关键技术集中于自动化建模技术和平台应用技术。目前,自动化建模软件十分成熟,常用的软件工具有国产的天际航 DP-Smart、瞰景 Smart3D、大疆智图、大势智慧重建大师等,国外的软件有 ContextCapture、PhotoScan 等;平台应用技术方面国产软件则已经走到世界的前列,具体包括海量数据加载技术、单体化技术、模型整饰技术、影像数据处理技术等。

一、倾斜摄影测量关键技术

(一)海量数据加载技术

海量数据加载技术指的是在倾斜摄影测量模型数据量非常庞大(1 km^2 的数据量 0.5~2 GB,这样中小城市的建成区就能达到几十乃至上百吉字节),利用倾斜摄影测量自动化建模软件输出标准的 OSGB 格式,利用数据自带的 LOD(多细节层次),软件通过直接读取 OSGB,并运用 LOD 来优化调度,做到再大的数据量也可以实现瞬间加载。

(二)单体化技术

“单体化”其实指的就是每一个我们想要单独管理的对象,是一个个单独的、可以被选中的实体,可以附加属性,可以被查询统计等。

单体化技术是指在倾斜摄影测量所建连片的三角面片模型成果中,把建筑物等模型单独提取出来。否则,这样的数据只能用来看看,无法进行 GIS 的管理与应用。而尝试把建筑物进行物理分割,又会造成效果差、打破原有 LOD 结构导致性能急剧下降等问题。可行的办法是叠加需要管理的建筑物的矢量底面数据,运用三维渲染技术,动态实现倾斜摄影模型上的高亮选中效果。如此就打开了用于查看的三维倾斜模型和用于分析管理的二维矢量底面之间的通道。基于此,还能轻松实现包括图查属性、属性插图、空间查询、专题图制作等一系列 GIS 能力,为倾斜摄影模型的深入应用打开了大门。

(三)模型整饰技术

倾斜摄影模型是软件算法自动生成的,由于算法限制和拍摄角度等造成表面不够平整、底商效果不佳等问题,与人工建模存在明显差距。天际航软件可人工干预修整倾斜模型表面,以及参照街景影像修缮底商效果。超图软件则可通过自带水面符号弥补倾斜模型的水面空洞,还原波光粼粼的水面效果,以及通过配置点和三维符号来提供更好的树木等小品效果。

(四)倾斜摄影影像数据的处理技术

无人机倾斜摄影测量获取的多视影像数据,不仅包括垂直摄影数据,还包括 4 个方向的倾斜摄影数据。传统的空中三角测量软件无法很好地处理倾斜摄影数据,因此无人机倾斜摄影数据处理需要解决 4 大关键技术:多视影像的联合平差、多视影像的密集匹配、数字表面模型(DSM)生成和真正射影像(TDOM)制作。

二、倾斜摄影测量技术的特点

无人机倾斜摄影测量技术有着突出的特点，其生产的三维实景模型数据，真实地记录了摄影瞬间研究区域地表任意角度的影像信息和三维坐标信息，有着不可替代的优势。主要具有以下特点：

（1）具有高效、高分辨率、高精度、高性价比获取影像的特点，可快速搭建城市高精度二维、三维地理信息框架。

（2）相对于正射影像，倾斜影像能让用户从多个角度观察地物，更加真实地反映研究区域地形地物及其周边环境的实际情况，极大地弥补了基于正射影像应用的不足。

（3）三维实景模型具有很好的可量测性，极大地扩展了摄影测量的应用；倾斜影像可实现单张影像量测。通过配套软件的应用，可直接基于成果影像进行包括高度、长度、面积、角度、坡度等的量测，扩展了倾斜摄影技术在行业中的应用范围。

（4）建筑物侧面纹理可采集性。针对各种三维数字城市应用，利用航空摄影大规模成图的特点，加上从倾斜影像批量提取及贴纹理的方式，能够有效降低城市三维建模成本。

（5）数据量小，易于网络发布。相较于三维 GIS 技术应用庞大的三维数据，应用倾斜摄影技术获取影像的数据量要小得多，其影像的数据格式可采用成熟的技术快速进行网络发布，实现共享应用。

活动三　了解建模所用计算机集群知识

随着实景三维建模项目的计算量需求越来越大，单台电脑的性能远远不能满足计算的要求，对此，目前多数自动建模软件均支持集群运算，相当于用多台电脑一起去运行一个自动化建模项目，提高内业效率。利用集群计算机运算的设置方法如下。

一、硬件准备

根据项目需求准备多个电脑、万兆光纤或千兆的交换机、光纤连接器、光电子模块、网卡、ups 不间断电源、机柜、网线（六类或超六类）、显示器。

二、局域网设置

（一）IP 设置

通过交换机将各个电脑的 IP 设置到一个网段下，如：192. 168. 1. ×××，同时各辅助机节点建议按顺序编号，如 1 号辅助机对应 192. 168. 1. 1，2 号辅助机对应 192. 168. 1. 2。

打开控制面板，选择网络和 Internet 找到网络连接下的以太网，点击右键打开属性，如图 1-5 所示。

选择 Internet 协议版本 4，点击右键打开属性，选择使用下面的 IP 地址进行更改，如 2 号辅助机输入 192. 168. 1. 2，图 1-6 所示为 IP 输入界面。

（二）创建共享盘

这一步主要是将数据、软件都存放到一个共享路径当中，让各个电脑共享这一套数据和

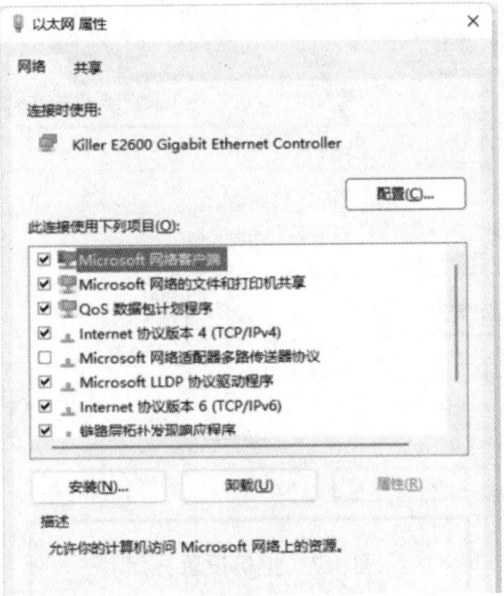

图 1-5　查看以太网属性

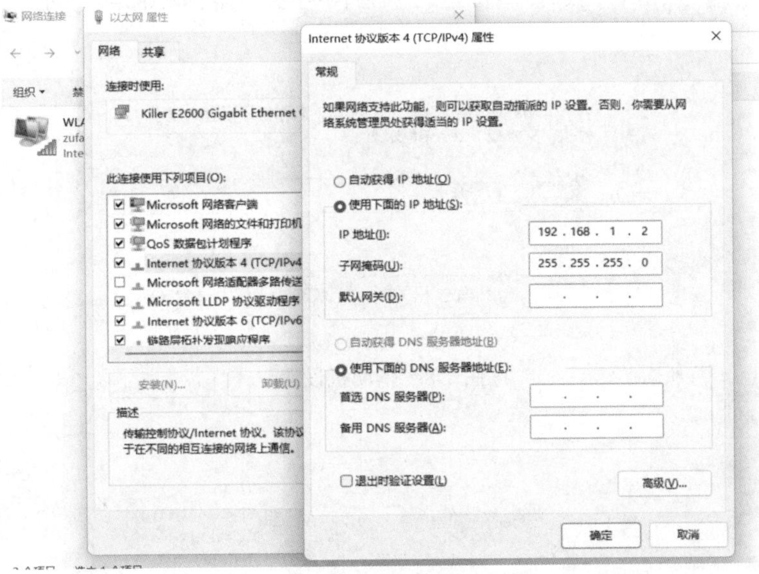

图 1-6　IP 输入界面

一个工程。

三、主机设置

选择一台性能较高的电脑设置为主机，其余机器为辅助机，在主机上选择内存较大的本地盘，点击右键选择属性—高级共享—选择共享的磁盘—选择权限—添加 Everyone—将权限改为完全可控。图 1-7 所示为主机设置界面。

四、辅助机设置

利用键盘 Windows+R，打开运行，如图 1-8 所示。输入\\IP 地址(注意如果打不开共享

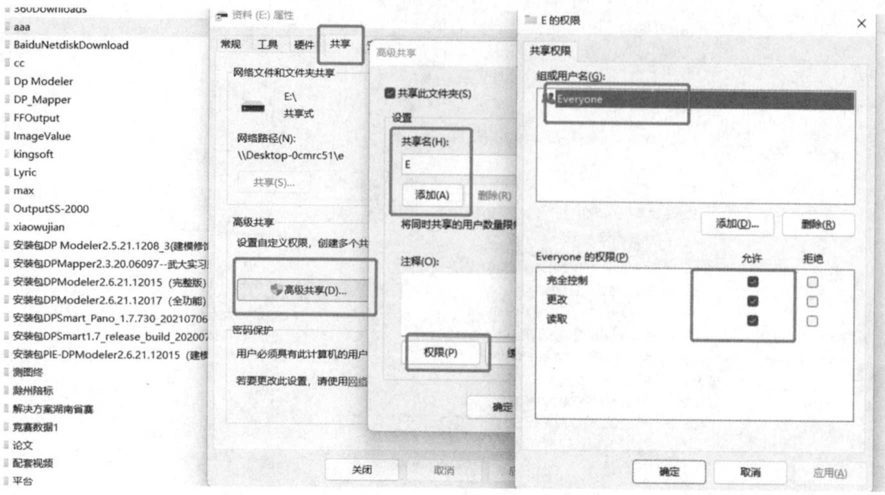

图 1-7　主机设置界面

目录，请检查主机是否开启远程权限以及本机是否有设置凭据管理)—输入主机的账号和密码—进入共享盘，点击右键选择属性进行映射网络驱动器，如图 1-9 所示。

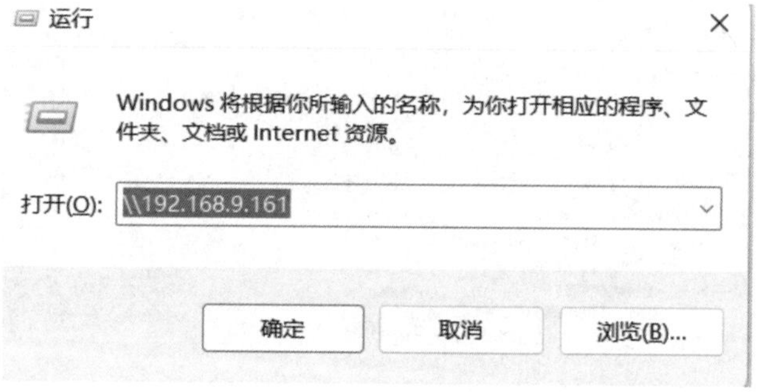

图 1-8　辅助机设置

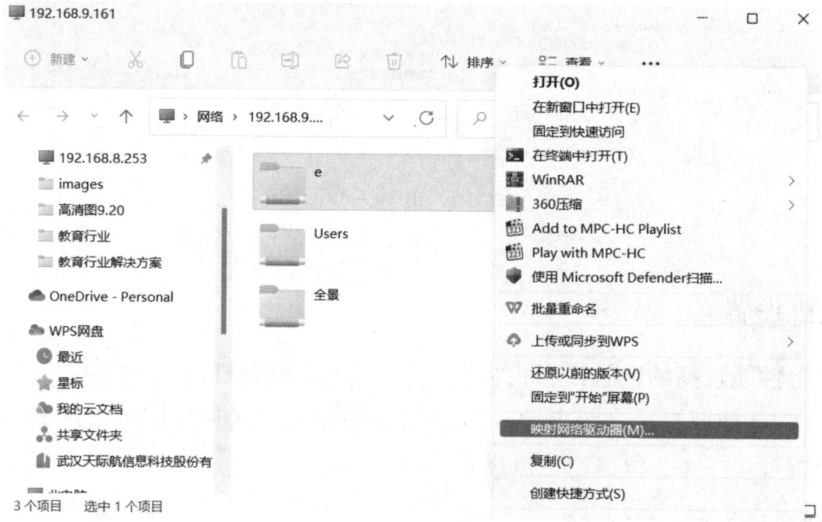

图 1-9　映射网络驱动器

五、软件设置

可根据不同厂商的软件集群设置，在对应的选项中修改引擎路径为共享路径，每台辅助机均按这个设置即可。

活动四　倾斜摄影测量需要解决的问题

虽然倾斜摄影测量技术在近年来获得了快速发展和推广，但要清楚地认识到倾斜摄影测量的进一步发展仍有不少需要解决的问题。这里既包括技术本身的问题，也包括相关技术乃至技术之外的问题。

一、国产自动化建模软件全面信创化能力有待增强

自 2023 年开始，国家推行数字经济、软硬件国产化的政策在不断推出，信创作为数字新基建的重要组成部分，也是推动我国数字经济转型的关键力量。目前，我国多个企事业单位在不断从事国产自主化软件的研制和创新，已有的国产化软件成果已逐步替代国外软件成果的市场占比，并提供高效快速的自动化建模能力。我国国产软件大部分为国产自主可控，但其与硬件国产化环境的兼容性还有待适配和增强。为了解决我国关键核心技术的“卡脖子”问题与信息安全问题，国产自动建模软件必须尽快解决软硬件的适配问题，实现全面信创化能力的提升。

二、模型效果仍需提高

在建模的效果上，天际航等软件可以通过人工干预予以部分修补。但更经济和更佳的效果提升还需要倾斜影像拍摄过程和自动化建模算法的提高。包括：对容易出现飘浮在半空的树干、电线杆等较细碎物体上的处理能力；对于拍摄不到的位置会出现空洞和板结的处理能力；对于建筑物的底层效果，除了人工干预修补，能否加入街景数据建模以取得更好效果也是一个重要课题。

三、建模精度需要进一步增强

在建模精度上，虽然现在精度已经满足部分项目的应用需求，但若要作为自动驾驶的数据基础，则还需要进一步提升。例如对于车辆是否能开上去的路缘石，则必须精确到厘米级别。而对于地下通道和地下车库的建模能力，也必须考虑在内。

四、亟待解决矢量底面的自动化提取能力

倾斜模型的 GIS 应用，获取建筑物对应的矢量面是一个必须解决的问题。通过自动化建模软件配套生成的正射影像来人工勾画虽然是一个办法，但毕竟费时费力。已有厂商在研究倾斜模型上自动提取矢量面，但需要大量样本数据作为支撑，短时间内效果无法满足普遍要求。

五、互联网应用尚需多方位突破

倾斜模型的高精度特性,使得要进行互联网民众应用就必须解决数据保密性的问题。由于倾斜摄影测量技术在国内也是近年来新出现和发展起来的,对于导航电子地图已经成熟的数据保密办法和脱密方法,尚未对应到倾斜模型数据上。政策上的空白也是导致该领域观望不前的重要原因。倾斜航摄影像采集最大的政策因素是空域的申请和使用,特别是频频出现事故的低空飞行无人机,亟待进行低空空域管理改革。

任务二　了解三维建模数据质量、建模方法和要求

活动一　熟悉三维模型的数据质量和建模精度

一、三维模型的数据质量及要求

三维模型的数据质量应从完整性、位置精度、表现精细度、属性精度、现势性和逻辑一致性等数据质量元素方面进行描述。数据质量元素主要包括对于数据源、数据加工过程、数据内容的取舍和数据更新维护过程等,涉及数据质量的相关内容应有记录文档。

(一)三维模型完整性

三维模型完整性应满足的要求:

(1)三维模型数据要素应全面完整,不应有遗漏和冗余。

(2)不同类型、不同细节层次数据的拓扑关系应完整、正确。

(二)三维模型的位置精度及表现精细度

三维模型数据的位置精度及表现精细度包括平面精度、高度精度、地形精度、DOM 精度、模型精细度以及纹理精细度六个指标,应符合《三维地理信息模型数据产品规范》(CH/T 9015—2012)的规定。

(三)三维模型属性精度

三维模型属性精度要求如下:

(1)三维模型属性应根据不同模型类别设置不同的属性字段。

(2)各类模型分类及其编码应正确完整。

(3)三维模型的属性项和属性值应准确、完整。

(四)三维模型现势性

三维模型现势性要求如下:

(1)应按需求定期或及时对数据进行更新,保持数据的现势性。

(2)元数据应包含采集更新时间标识。

(五)三维模型逻辑一致性

三维模型逻辑一致性要求如下:

（1）三维模型数据在遵循的概念模式规则上应具有一致性。

（2）三维模型数据存储的数据格式应具有一致性。

（3）三维模型数据空间位置应具有拓扑一致性。

二、三维模型质量

倾斜摄影测量技术能够提供三维点云、三维模型、真正射影像（TDOM）、数字表面模型（DSM）等多种成果形式，其中三维模型具备真实、细致、具体的特点，常称为真三维模型。对这种实景三维模型可认为是一种新的基础地理数据，主要以位置精度、几何精度和纹理精度三个方面来进行精度评定。

（一）位置精度

三维模型的位置精度评定跟空三的物方精度评定有类似之处，通过比对加密点和检查点的精度进行衡量。在控制点周边比较平坦的区域，精度比对容易进行；在房角、墙线、陡坎等几何特征变化大的地方，模型上的采点误差比较大，精度衡量可靠性降低，可以联合影像作业，得到最终的成果矢量或模型数据再进行比对。

（二）几何精度

传统手工建模可以自由设计地物的几何形状，而真三维模型是自动化建模，影像重叠度越大的地方地物要素信息越全，三维模型的几何特征就越完整。反之，影像重叠度不够可能出现破面、漏面、漏缝、悬空、楼底和房檐拉花等情况，影响地物几何信息的完整表达。这种属于原理性问题，无法完全避免，可以按照下面的方法进行评定。在三维模型浏览软件中参照航拍角度固定浏览视角，同时拉伸到与实际分辨率相符的高度去查看模型，看不出明显的变形、拉花即可判定为合格，反之为不合格。

（三）纹理精度

真三维建模完全依靠计算机来自动匹配地物的纹理信息，由于原始影像质量不同，导致匹配结果可能存在色彩不一致、明暗度不一致、纹理不清晰等情况。要提高纹理精度，就必须提高参加匹配的影像质量，剔除存在云雾遮挡覆盖、镜头反光、地物阴影、大面积相似纹理、分辨率变化异常等问题像片，提高匹配计算的准确度。

三、建模区域的级别划分

通常，三维模型建模精细程度与区域相关联，按照地理要素需要表现的效果和程度等要求，将地理要素所在的区域划分为Ⅰ、Ⅱ、Ⅲ、Ⅳ四个等级。

（一）Ⅰ级区

政治、经济、文体、交通、旅游等方面的地标（标志）性中心区、中心商务区（CBD）以及特定区域。

（二）Ⅱ级区

除Ⅰ级区以外的政治、经济、文体、交通、旅游等中心区域，高档住宅、公寓以及特定区域。

（三）Ⅲ级区

除Ⅰ级区和Ⅱ级区以外的区域政治、经济、文体、交通、旅游等中心区域，普通住宅以及特定区域。

（四）Ⅳ级区

城中村、棚户区、工厂厂房区等区域，远郊、农村地区以及特定区域。

活动二　了解各类模型的生产方法及要求

一、地形模型生产

（一）建模内容

地形模型通过 DEM 和 DOM 叠加融合获取，其中 DEM 提供地形起伏特征，DOM 提供以航空航天遥感影像为主的地表纹理。

（二）模型分级

根据地形表现重要程度需求将地形模型划分为以下四个等级：

（1）Ⅰ级。逼真反映地形起伏特征和地表形态的模型，宜以 1∶500、1∶1 000、1∶2 000 等比例尺地形图、航空影像及实地采集数据为基础，DEM 格网单元尺寸不大于 2 m×2 m；采用真实的地表覆盖纹理反映地表的质地、色彩、纹理等特征，DOM 地面分辨率优于 0.2 m。

（2）Ⅱ级。反映地形起伏特征和地表形态及其影像的模型，DEM 格网单元尺寸不大于 2.5 m× 2.5 m；平坦地区的高程精度优于 0.7 m，丘陵地区优于 1.0 m，山地优于 2.4 m，高山地优于 5.0 m，DOM 地面分辨率优于 0.2 m。

（3）Ⅲ级。反映地形起伏特征和地表影像的模型，DEM 格网单元尺寸不大于 5 m×5 m；平坦地区的高程精度优于 1.4 m，丘陵地区优于 2.0 m，山地优于 5.0 m，高山地优于 10.0 m，DOM 分辨率地面优于 1.0 m。

（4）Ⅳ级。反映地形起伏特征，DEM 格网单元尺寸不大于 10 m×10 m；平坦地区的高程精度优于 2 m，丘陵地区优于 5 m，山地优于 10 m，高山地优于 20 m。

（三）模型制作

地形模型的制作应符合以下规定：

（1）地形模型数据应由几何数据和纹理数据组成。模型应简洁、完整地表达地表起伏形态特征，便于快速、清晰地判断建模区域的地形特征和方位。

（2）地形模型制作前，应根据需要合理确定几何模型的表达方法、精度要求，以及纹理的分辨率、尺寸。

（3）地形模型的边界线应为闭合多边形。

（4）地形模型制作利用的 DEM 和 DOM 数据应符合相应规范规定的精度要求。

（四）建模方法

地形模型的建模方法应符合以下规定：

（1）地形模型可按规定的四个等级，选择其中一种或多种组合进行建模。

（2）不同等级的地形模型应采用不同精度的数据进行制作。对地形较为复杂的局部地区，可通过增加地形特征线、特征点，或手工调整的方式进行修改调整。

（3）Ⅰ级地形模型宜以 1∶500、1∶1 000、1∶2 000 等比例尺的地形图、遥感影像、激光扫描点云或实地采集的数据为基础，采用交互式建模或激光点云建模的方式制作。

（4）Ⅱ级、Ⅲ级、Ⅳ级地形模型宜由 DEM 数据构建三角网，生成地形三维模型，并叠加 DOM 作为纹理来表现。对需要表现局部地区细节特征的情况，应利用等高线、高程点、特征

点、特征线等数据进行精化。

(5)地形模型应与建筑要素模型、交通要素模型、植被要素模型及其他要素模型等底部无缝衔接。

场地模型生产:通常情况下,影像分辨率低于 2.5 m 处的场地模型可以用地形模型代替;必要时,将地面上除建筑、交通、水系、植被外的自然或人工修筑所占场地(包括高于地面的露台、下沉式广场、露天体育场、施工地、内部道路、空地等)进行分级建模表现。

二、建筑要素模型生产

(一)建模内容

建筑要素模型主要包括以下内容。

1. 建筑物

按照建筑物形状、位置分布特点及复杂程度分为以下几类:

(1)简单独立建筑物。

(2)附属建筑物。首先要确定它是一个建筑物且与一个主体建筑物相连。分为一边与主体建筑物相连和两边都与主体建筑物相连两种情况。

(3)多层建筑物。指建筑高度大于 10 m,且建筑层数大于 3 层的建筑。

(4)内部庭院。分为简单内部庭院和复杂内部庭院两类:简单内部庭院指平顶房内的空地,复杂内部庭院指由不同房檐类别的构筑物围成的空地。

(5)复杂建筑物。建筑物主体包含球面、弧面、折面等多种几何形状,或包含以上提到的多种类型建筑物。

2. 建筑物屋顶

根据屋顶形状,建筑物屋顶划分为以下几类:

(1)平顶房屋顶,包括平顶和单斜面顶两类。

(2)脊房屋顶,包括鞍形屋顶、脊形屋顶、鞍脊屋顶合成、菱形屋顶等。

(3)复杂屋顶,包括多种几何造型的屋顶。

3. 建筑物附属设施

建筑物附属设施包括烟囱、水箱、门廊、台阶、室外扶梯、房屋墩、柱、天窗、屋檐、避雷针、建筑物立面突出物以及屋顶装饰等。

(二)模型制作

建筑要素模型制作应符合以下规定:

(1)建筑要素模型在满足视觉效果的情况下,宜减少模型的几何面数,降低纹理的分辨率。对有规律纹理的建筑模型可采用重复贴图的方式。

(2)建筑要素模型的基底、外立面几何结构与建筑高度应准确,纹理拼接应过渡自然。

(3)纹理应正确反映木材、石材、玻璃、金属等建筑材质特征。

(三)建模方法

建筑要素模型建模方法应符合以下规定:

(1)宜利用交互式、摄影测量或激光扫描等技术手段,获取几何信息,根据其建模等级贴加不同类型的纹理,进行几何建模。

(2) Ⅰ级建筑物要素模型制作应符合以下规定:

①模型宜根据精细仪器测量结果或建筑设计资料制作。

②模型应真实反映建模物体的外观细节,侧面上的阳台、窗、广告牌及各类附属设施都应清晰表现,且侧面轮廓线应反映侧面上的变化细节。在沿建模物体漫游时,能清晰观察到建模物体的每一个细节,模型观感与原物体保持一致。

③模型使用的纹理材料应与建筑外观保持一致,反映出与实际相符的图像、颜色、透明度等,区别出砖、木头、玻璃等不同质地。纹理中不应含有建模物体以外的物体,物体的立面及屋顶变化细节应清晰可辨。

④模型应反映建模物体的长、宽、高等任意维度变化大于0.5 m的细节(个别标志性古建筑应反映维度变化大于0.2 m的细节),如建筑的外观转角变化,阳台、门窗的框架样式,屋檐的造型。

⑤模型的屋顶应反映屋顶结构形式、附属设施等细节。

⑥模型的高度精度应优于1 m。

⑦对于主体包含球面、弧面、折面或多种几何形状的复杂建筑物,应表现建筑物的主体几何特征。

⑧对于包含多种类型建筑物的复杂建筑物,可拆分为不同类型建筑物再建模。

⑨模型的基底应与所处地形位置处于同一水平面上,与地形起伏相吻合。

(3)Ⅱ级建筑物要素模型制作应符合以下规定:

①模型的基底轮廓线应基于1:500、1:1 000、1:2 000等比例尺地形图中建筑物的基底轮廓线直接生成,并与地形图保持一致。

②模型的立面轮廓线应反映外立面上阳台、窗、广告牌及各类附属设施的变化。

③模型应反映屋顶结构形式与附属设施等细节,包括鞍形屋顶、脊形屋顶、鞍脊屋顶合成、菱形屋顶等。

④直径大于0.5 m的立面突出物或重点装饰、屋檐、开放阳台、下穿结构、门廊、女儿墙等可通过建模表现,地下出入口可用主体建模表现;烟囱、城墙、围墙、栅栏、房屋墩、柱、避雷针和水箱等可用符号表现。

⑤模型的高度精度应优于1 m。

⑥模型的基底应与所处地形位置处于同一水平面上,与地形起伏相吻合。

(4)Ⅲ级建筑物要素模型制作应符合以下规定:

①模型的基底轮廓线应基于1:500、1:1 000、1:2 000等比例尺地形图中建筑物的基底轮廓线直接生成,并与地形图保持一致。

②模型的侧面可依据建筑物的立面几何形状及建筑高度,通过拉伸等方法制作。

③模型的屋顶应反映出屋顶的结构形式,如坡屋顶、平屋穹顶等。直径大于1 m的立面突出物或重点装饰应建模表现,门廊、屋檐、檐廊等可贴图表现,普通台阶、烟囱、城墙、栅栏等附属设施可不表现。

④纹理应基本反映建筑物的颜色、质地、图案和局部细节特征。

⑤毗邻的模型之间的距离小于1 m时可综合。

⑥模型的基底应与所处地形位置处于同一水平面上,与地形起伏相吻合。

(5)Ⅳ级建筑物要素模型制作应符合以下规定:

①模型的基底轮廓线应基于1:500、1:1 000、1:2 000等比例尺地形图中建筑物的基底

轮廓线直接生成,并与地形图保持一致。

②模型可依据建筑物基底的几何形状及建筑高度,通过拉伸等方法制作模型。

③建筑物屋顶结构宜简化表示;大型台阶主体可建模表现,下穿结构、一般出入口可贴图表现;普通台阶、烟囱、屋檐、城墙、栅栏等附属设施可不表现。

④毗邻的模型之间的距离小于 1 m 时可综合。

⑤模型的基底应与所处地形位置处于同一水平面上,与地形起伏相吻合。

(6) Ⅴ级建筑物要素模型应符合以下规定:

①模型的基底轮廓线应基于 1:500、1:1 000、1:2 000 等比例尺地形图中建筑物的基底轮廓线直接生成,并与地形图保持一致。

②模型可依据建筑物基底的几何形状及建筑高度,通过拉伸等方法制作。

③建筑物屋顶结构可用主体建模表现;台阶、下穿结构、出入口、门廊、屋檐、烟囱、旗杆、城墙、栅栏、立面图突出物或重要装饰等附属设施可不表现。

④毗邻的模型之间的距离小于 1 m 时可综合。

⑤模型的基底应与所处地形位置处于同一水平面上,与地形起伏相吻合。

(7) Ⅵ级建筑物要素模型可通过自动提取影像纹理或通用纹理制作。

三、交通要素模型生产

(一) 建模内容

交通要素模型主要包括以下内容:

(1) 道路。包括城际公路、城市道路和乡村道路等。

(2) 地面上轨道交通。包括铁路、轻轨等。

(3) 桥梁。包括高架路、车行桥和人行桥等。

(4) 道路附属设施。包括道路交通标志与标线、路沿、植被隔离带和栅栏等。

(二) 模型制作

交通要素模型建模应符合以下规定:

(1) 道路及其附属设施的地理位置应根据 1:500、1:1 000、1:2 000 等比例尺的地形图或 DOM 确定,高度信息可进行实地测量或根据遥感影像、航空影像及现场勘查资料进行判读。

(2) 道路的铺装方式和材质特点可依据地区现状主要道路特征确定,人行道的铺装图案材质及颜色宜实地采集。

(3) 道路上的各类交通标识宜与实际情况一致,包括各类交通标志、标线和信号灯等。

(4) 其他道路附属设施宜依据现实生活中的典型示例进行建模或纹理表现,其几何尺寸应符合相关设施的设计、制造规范。

(三) 建模方法

交通要素模型建模方法应符合以下规定:

(1) 道路及其附属设施线状模型应依据地形图中的道路中心线制作,应与道路中心线一致,弧线路段可做圆滑处理。

(2) Ⅰ级交通要素模型建模应符合以下规定:

①应准确反映交通设施及附属设施的结构特征,任一维度变化超过 1 m 的结构特征均

应进行三维几何建模。

②基底轮廓线应与地形图或设计图一致，弧线路段可做圆滑处理，模型高度可进行现场测量或通过现场照片判读。

③纹理应细节清晰，准确反映建模物体的材质特征，不同材质或铺装形式之间的差别与分隔应清晰反映。

④模型的基底应与所处地形位置处于同一水平面上，与地形起伏相吻合。

(3) Ⅱ级交通要素模型建模应符合以下规定：

①应依据地形图中道路边线进行三维几何面建模，弧线路段可做圆滑处理。

②纹理应反映路面材质及交通标线。

③模型位置和几何尺寸宜与现状一致。

④模型的基底应与所处地形位置处于同一水平面上，与地形起伏相吻合。

(4) Ⅲ级交通要素模型建模应符合以下规定：

①依据地形图中道路边线形成三维几何面模型，弧线路段可做圆滑处理。

②纹理可采用通用纹理。

③附属设施可不表现或用符号表现。

④模型的基底应与所处地形位置处于同一水平面上，与地形起伏相吻合。

(5) Ⅳ级交通要素模型建模可直接采用示意纹理表现。

四、植被要素模型生产

(一) 建模内容

植被要素模型主要包括：

(1) 道路两旁成行栽植的行道树和绿地。

(2) 公园、社区、庭院种植的景观植物。

(二) 模型制作

植被要素模型制作应符合以下规定：

(1) 在符合应用需要的可视效果下，其形态、高度宜真实。

(2) 植被要素模型的树干底部应与其附着面保持一致，与地形起伏相吻合。

(3) 行道树的放置间距应符合实际情况。

(4) 景观植物的放置和搭配宜与实际相符，树种选择和色彩搭配应协调美观，树木的大小、高低、形态应与所在环境的尺度和空间层次相宜。

(三) 建模方法

植被要素模型建模方法应符合以下规定：

(1) 可采用 CAD、分形及其他建模技术中的一种或几种方式组合建模。

以 CAD 建模为例，其过程如下：

①外业调研和数据采集，采集树种、树高、形态、分布、位置及色彩等信息。

②数据预处理，包括外业采集资料整理、数据分类、标准纹理制作等。

③模型制作，根据外业采集调研情况和表现要求，制作相应级别的模型。

④植被要素模型的数据优化，根据应用及表现的要求，通过减少模型几何面数和降低纹理分辨率等方式对模型进行优化处理。

(2) Ⅰ级植被要素模型建模应符合以下规定:

①植被的地理位置应根据 1∶500、1∶1 000、1∶2 000 等比例尺的地形图或 DOM 确定。

②宜对植被要素模型的树干、树枝、树叶等进行全要素建模,可采用模型树方式,也可采用分形技术建立。

③纹理应真实准确地反映植被各要素的颜色、质感和图案等,且清晰可辨。

④宜针对场景较小和特定造型的景观植物、文物保护树种等进行细节建模表现。

⑤景观植物的放置和搭配宜与实际相符,树种选择和色彩搭配应协调美观,树木的大小、高低、形态应与所在环境的尺度和空间层次相宜。

(3) Ⅱ级植被要素模型建模应符合以下规定:

①植被的地理位置应根据 1∶500、1∶1 000、1∶2 000 等比例尺的地形图或 DOM 确定。

②宜建立简单的树干模型,反映树干的基本特征。

③树冠宜采用多面片形式表现,真实反映树冠色彩、形状、树叶纹理等特征。

④行道树树干模型以实际测量数据为依据建立。

⑤景观植物中的保护树种、造型树等特殊树种的高度应以测量数据为准。

⑥纹理应与实际基本一致,主要特征清晰可辨。

(4) Ⅲ级植被要素模型建模应符合以下规定:

①植被的地理位置应根据 1∶500、1∶1 000、1∶2 000 等比例尺的地形图或 DOM 确定。

②树干底部中心点的平面坐标值应与地形图上保持一致。

③可综合考虑建设情况、表现效果等,建立单面片、十字面片或多面片的几何模型。

④行道树的高度可根据测量数据,设置树木模型一定的高度变化区间,随机生成。

⑤景观植物可用纹理库中的一种或多种纹理,设置一定的高度变化区间,随机生成。

⑥模型与实际树种类似,基本反映树干种类及分布情况。

(5) Ⅳ级植被要素模型建模应符合以下规定:

①植被的地理位置应根据 1∶500、1∶1 000、1∶2 000 等比例尺的地形图或 DOM 确定。

②树干底部中心点的平面坐标值应与地形图上保持一致,反映植被的分布。

③行道树的高度可根据测量数据,设置树木符号一定的高度变化区间,随机生成。

④景观植物可用纹理库中的一种或多种纹理符号,设置一定的高度变化区域,随机生成。

五、水系要素模型生产

(一) 建模内容

水系要素模型主要包括水面、河床、码头、河堤、护栏、防洪墙(堤)等内容。

(二) 模型制作

水系要素模型制作应符合以下规定:

(1) 水系及其附属设施的地理位置应根据 1∶500、1∶1 000、1∶2 000 等比例尺的地形图或 DOM 确定,水深信息可进行实地测量或根据遥感影像、航空影像及现场勘查资料进行判读。

(2) 水系要素模型制作时应保证存在有水的底面与侧面,底面应与地形起伏相吻合,水面用示意纹理表达。当水底和地景连为一体时,可直接采用水面纹理。

(3)河堤、护栏、防洪墙等附属设施宜依据现实中的典型形式进行建模或纹理表现，几何尺寸应符合相关设施的设计、制造规范。为配合三维场景展示效果，允许一定的地形损失。

(4)水面纹理可根据特定需求表现为静止或动态动画效果。

(三)建模方法

水系要素模型建模方法应符合以下规定：

(1)水系要素模型可依据地形图中水系中心线制作，弧线水系可做圆滑处理。也可采用CAD及其他建模技术中的一种或几种方式组合建模。

(2)Ⅰ级水系要素模型建模应符合以下规定：

①水系及其附属设施的地理位置应以1:2 000及以上比例尺地形图或DOM为基准确定，水深应根据航摄获取的影像、DEM模型或现场勘查进行判读提取。

②水系及其附属设施都建模表现。

③河堤、护栏、防洪墙等附属设施建模时，为配合三维场景展示效果，应更改DEM与三维模型匹配。

④水面可根据需要通过建模或地形表现，水面纹理可根据特定需求表现为静止、动态动画效果，或半透明效果。

(3)Ⅱ级水系要素模型建模应符合以下规定：

①水系及其附属设施的地理位置应以1:2 000及以上比例尺地形图或DOM为基准确定，水深应根据航摄获取的影像、DEM模型或现场勘查进行判读提取。

②河床可依托地形模型表现，码头、河堤、护栏、防洪墙(堤)等设施通过建模表现，其他附属设施通过贴图表现。

③水面可根据需要通过建模或地形表现。

④河床、水深的确定应根据现场实测确定。

(4)Ⅲ级水系要素模型建模应符合以下规定：

①水系及其附属设施的地理位置应以1:2 000及以上比例尺地形图或DOM为基准确定。

②河床可依托地形模型表现，码头可通过建模表现，河堤、护栏等附属设施通过贴图表现，其他附属设施不表现。

③水面直接通过影像或示意纹理表现。

六、管线及地下空间设施要素模型生产

(一)建模内容

管线及地下空间设施要素模型主要包括以下内容：

(1)地上地下管线主要指铺设在道路地上或地下，分支到道路两旁建筑物中，用于满足市民日常所需的供水、排水、供电(包括电力电缆和架空电线)、通信(包括通信电缆和光缆、广播电视线路)、供热、供气的架空及地下管线，以及特殊用途的地下管线(如石油管线)等。

(2)地下人防设施主要指一种有防护要求的特殊地下建筑，按平时用途可分为商场、游乐场、游泳馆、影剧院(会堂)等。

(3)地下交通设施主要指地铁、地下停车场等交通用途设施。

(二)模型制作

管线及地下空间设施要素模型建模应符合以下规定:

(1)模型的位置、尺度以及高度信息应进行实地测量,或现场勘查资料进行获取和判读。

(2)模型宜利用管线普查数据或竣工测量数据进行模型制作。

(3)模型的位置、尺度以及高度信息可根据竣工测量数据、施工图纸进行判读获取。地下轨道交通上的各类交通标识宜与实际情况一致,包括各类交通标志、标线和信号灯等。

(4)地下空间附属设施宜依据现实中的典型形式进行建模或纹理表现,几何尺寸应符合相关设施的设计、制作规范。

(三)地上地下管线要素模型建模方法

地上地下管线要素模型建模方法应符合以下规定:

(1)宜利用管线普查或竣工测量数据自动生成管线模型,也可利用交互式进行几何建模或激光扫描方式建模。

(2)Ⅰ级地上地下管线要素模型制作应符合以下规定:

①应反映管线的主次关系和连接点。

②应真实反映管线口径、形状,管线断面应做圆滑处理。

③匝口、放水口、消防栓、电杆、塔架和各种窨井等与地上其他精细模型结合紧密的附属设施要素模型与实际地物的水平、垂直误差不宜超过0.5 m。

④使用的纹理应真实反映实际物体的材料。

⑤多种管线在水平、垂直交叉时,宜依据其最近的管线特征点高程差异,反映空间的交错结构细节。

(3)Ⅱ级地上地下管线要素模型制作应符合以下规定:

①宜反映出管线的主次关系和连接点。

②应真实反映管线口径及类型,管线断面可做圆滑处理。

③附属设施模型的外观,应能直观反映其功能及相同管线实体段之间的分流调节特征。

(4)Ⅲ级地上地下管线要素模型制作应符合以下规定:

①宜反映出管线的主次关系。

②断面尺寸应真实反映管线口径及类型。

③应真实表达管线在平面的走向和在竖向的空间拓扑关系。

④管线节点及附属设施可采用符号表现。

(5)Ⅳ级地上地下管线要素模型制作应符合以下规定:

①应基于测量数据生成,中心线上管线特征点的坐标值应与实际管线实体中心线上的特征点保持一致。

②应反映出管线的主次关系。

③应真实表达管线在平面的走向和在竖向的空间拓扑关系。

④管线节点及附属设施可不予表现。

(四)地下人防设施要素模型建模方法

地下人防设施要素模型建模方法应符合以下规定:

(1)宜利用交互式、激光扫描或实地测量等技术进行几何建模。

(2) Ⅰ级地下人防设施要素模型制作应符合以下规定:

①模型宜根据精细仪器测量结果或建筑设计资料制作。

②模型应真实反映建模物体的主体结构和细节。在建模物体内部漫游时,能清晰地观察到建模物体的每个细节,模型观感与原物体保持一致。

③模型使用的纹理材料应与建模物体外观保持一致,反映出纹理的实际图像、颜色、透明度等,区别出砖、木头、玻璃等不同质地。宜采用修饰真实纹理,纹理中不应含有建模物体以外的物体。

④模型应反映建模物体长、宽、高等任意维度变化大于 0.2 m 的细节。

⑤模型的高度与实际物体误差不应超过 0.2 m。

⑥模型应能表现建筑内容结构,表现建筑内部细节。

(3) Ⅱ级地下人防设施要素模型制作应符合下列规定:

①模型的基底轮廓线、高度应采用实地测量方式获取,高度与实际物体误差不应超过 0.5 m。

②模型应反映建筑物内部的主体结构与附属设施等细节。

③直径大于 0.5 m 的立面突出物或重点装饰等建模表现。地下出入口、立柱、围墙可用主体建模表现;栅栏、指示牌等可采用纹理贴图表现。

④纹理应基本反映建筑物的颜色、质地、图案和局部细节特征,可采用不修饰真实纹理。

(4) Ⅲ级地下人防设施要素模型制作应符合下列规定:

①模型的基底轮廓线、高度应采用实地测量方式获取,高度与实际物体误差不应超过 1 m。

②可采用通用纹理,基本反映建筑物的颜色、质地等特征。

(5) Ⅳ级地下人防设施要素模型可通过自动提取影像纹理贴图制作,也可采用示意纹理表现。

(五)地下交通设施要素模型建模方法

地下交通设施要素模型建模方法应符合以下规定:

(1) Ⅰ级地下交通设施要素建模应符合以下规定:

①应依据竣工测量图、施工图纸等数据构建三维几何面模型,弧线路段可做圆滑处理,模型高度应进行现场测量,任一维度变化大于 0.2 m 的结构均应进行三维几何建模。

②宜采用修饰真实纹理,应细节清晰,准确反映建模物体的材质特征,不同材质或铺装形式之间的差别与分隔应清晰反映。

③地下交通附属设施要素模型的位置和几何尺寸应与现状一致。

(2) Ⅱ级地下交通设施要素模型建模应符合以下规定:

①应依据竣工测量图、施工图纸等数据构建三维几何面模型,弧线路段可做圆滑处理,模型高度应进行现场测量,任一维度变化大于 0.5 m 的结构特征均应进行三维几何建模。

②宜采用不修饰真实纹理,反映路面材质及交通标线。

③地下交通附属设施要素模型的位置和几何尺寸宜与现状一致,或用符号表现。

(3) Ⅲ级地下交通设施要素模型建模应符合以下规定:

①应准确反映交通设施及附属设施的结构特征,任一维度变化大于 1 m 的结构特征均应进行三维几何建模。

②纹理可采用通用纹理。

③附属设施可不表现,或用符号表现。

(4)Ⅳ级地下交通设施要素模型建模可在基本几何框架的基础上进行,可采用示意纹理表现。

七、其他要素模型生产

(一)建模内容

其他要素模型主要包括除地形、建筑、交通、水系、植被、场地、管线及地下空间设施以外的要素。可分为辅助设施和美化设施两个大类。

(二)模型制作

其他要素模型制作应符合以下规定:

(1)模型底部应与其附着面保持一致。

(2)模型外形主要结构应表现清楚、准确和完整。

(3)模型尺寸、比例应准确。常规尺寸应统一收集获取;特殊造型模型及其细节结构应进行实地测量,并严格按照测量数据进行模型制作。

(4)应控制模型面数,在不影响模型表现效果的前提下,细节特征部分小于 0.1 m 的结构宜用修饰真实纹理表现,大于 0.1 m 的结构宜采用模型表现。弧形结构在保证效果的前提下应控制模型面数。对镂空细节非常多的模型,宜采用透明贴图对模型进行优化。

(5)模型的摆放应以实际情况为依据,合理设置摆放位置及间距,不应与周围其他模型相互穿插。

(6)栏杆、围墙等非入库模型制作时,应注意比例尺度,参考实地测量所得数据。

(三)建模方法

其他要素模型建模方法应符合以下规定:

(1)其他要素模型建模方法可采用近景摄影测量建模、激光扫描建模、CAD 建模中的一种或几种组合。

(2)Ⅰ级其他要素模型建模应符合以下规定:

①模型的地理位置应以 1:2 000 及以上比例尺地形图或 DOM 为基准确定。

②模型应根据实测物体尺寸和外业采集纹理进行建模,真实准确地反映模型物体对应的几何结构和细节特征。

③模型细部可根据实际情况适当取舍,取舍掉的细节可采用纹理辅助表现。

④纹理贴图应细节清晰,真实准确地反映模型物体的材质特征,宜采用修饰真实纹理。

⑤模型高度精度应不低于模型自身高度的 5%。

(3)Ⅱ级其他要素模型建模应符合以下规定:

①模型的地理位置应以 1:2 000 及以上比例尺地形图或 DOM 为基准确定。

②模型宜采用单面片、十字面片或多面片的形式表现,位置及几何尺寸宜与现状吻合。

③纹理宜采用通用纹理,应真实、清晰地反映模型形态、结构和质地等细节信息。

④模型高度精度不低于模型自身高度的 10%。

(4)Ⅲ级其他要素模型建模应符合以下规定:

①模型的地理位置应以 1:2 000 及以上比例尺地形图或 DOM 为基准确定。

②模型可采用通用三维符号库或示意纹理表现，要能形象反映出物体的形态与特征。

八、模型质量要求

（一）模型几何框架制作

模型几何框架制作应符合以下质量规定：

（1）避免破面、漏面、漏缝，以及游离点、边、面等。

（2）相邻建模单元的地形模型应平滑衔接，不应出现重叠和漏缝；地形模型应完整覆盖整个建模区域。

（3）带透明纹理的建筑模型，其透明贴面不应与其主建筑分离，应保证建筑对象的唯一性。

（4）比较长的条带状物体（如高架路、堤坝等）应分段，每段长度不应超过 300 m。

（5）同一法线方向的两个面之间的最小间距为 30 cm。

（6）弧形结构最多用 6 段表现，柱形结构最多用 12 段表现，球形结构最多用 24 段表现。

（7）模型制作时应链接同一坐标位置上的所有点。

（二）贴图影像制作

贴图影像制作应符合以下质量规定：

（1）纹理图像的模式采用 RGB 颜色。

（2）材质规格为 2 的 n 次方，且最大不超过 2 048×2 048，纹理长宽比差异不宜过大（参见示例）。示例：512×32。

（3）区域内不同建筑立面用到相同或类似纹理贴图时，应采用同一张纹理贴图。不可出现同图不同名或同名不同图的贴图。

（三）成果质量要求

模型成果质量应符合以下质量规定：

（1）模型数据检查应包括以下内容：

①模型数据的完整性。应包括地形模型、建筑要素模型、交通要素模型、水系要素模型、植被要素模型、管线及地下空间设施要素模型和其他要素模型等的错漏情况。

②模型制作的准确性、合理性。应包括模型数据的平面位置、高度、形状、比例等几何精度的准确性，模型在场景中表达逻辑的正确性以及各级别模型优化制作的合理性检查等。

③模型纹理、贴图的准确性、完整性、协调性。应包括模型纹理的准确性、清晰度，以及纹理与几何模型的一致性检查等。

④各建模单元接边的正确性、合理性检查。

⑤模型及纹理数据命名的正确性、规范性检查。

⑥其他内容检查。

（2）整体效果检查应包括以下内容：

①地形模型表现应真实，模型应准确反映出建模物体的形状、质感、色彩、明度以及明暗关系。

②建筑要素模型、交通要素模型、场地模型表现应真实无误，模型应准确反映出建模物体的高度、形状、质感、色彩及明暗关系。

③道路沿线植被及各类绿地中的公共景观植被的表现应真实，模型应准确反映出建模

物体的位置、高度、分布、样式、质感及色彩等。

④水系要素模型应准确反映出建模物体的形状、质感、色彩信息。

⑤其他要素模型应真实、完整，模型应准确反映出建模物体的位置、高度、分布、样式、质感及色彩等。

⑥场景整体色彩、光照效果应协调一致。

纹理贴图不同等级表现参考示例见表 1-1。

表 1-1　纹理贴图不同等级表现参考示例

类型			Ⅰ级	Ⅱ级	Ⅲ级	Ⅳ级	Ⅴ级
屋顶纹理			修饰真实纹理	不修饰真实纹理	不修饰真实纹理	不修饰真实纹理	不修饰真实纹理
临街正立面主体纹理	纹理来源		现状照片	现状照片	现状照片	现状照片	纹理库
临街正立面主体纹理	楼层线		需要对齐	需要对齐	需要对齐	需要对齐	需要对齐
临街正立面主体纹理	外墙砖对齐		需要对齐	需要对齐	需要对齐	需要对齐	需要对齐
临街正立面主体纹理	遮挡物	电线杆	处理遮挡	处理遮挡	适当处理	适当处理	—
临街正立面主体纹理	遮挡物	空调	处理遮挡	处理遮挡	适当处理	适当处理	
临街正立面主体纹理	遮挡物	衣物	处理遮挡	处理遮挡	适当处理	适当处理	
临街正立面主体纹理	遮挡物	电线	处理遮挡	处理遮挡	适当处理	适当处理	
临街正立面主体纹理	透视变形		需要处理	需要处理	需要处理	适当处理	
临街正立面主体纹理	纹理接缝		需要处理	需要处理	需要处理	适当处理	适当处理
临街正立面主体纹理	纹理眩光		需要处理	需要处理	需要处理	适当处理	—
临街正立面主体纹理	楼层数		正确	正确	正确	正确	合理表现
临街正立面主体纹理	仿真度		95%	85%	75%	65%	合理表现
屋顶纹理			修饰真实纹理	不修饰真实纹理	不修饰真实纹理	不修饰真实纹理	不修饰真实纹理
临街背立面主体纹理	纹理来源		现状照片	现状照片	现状照片	现状照片	纹理库
临街背立面主体纹理	楼层线		需要对齐	需要对齐	需要对齐	需要对齐	需要对齐
临街背立面主体纹理	外墙砖对齐		需要对齐	需要对齐	需要对齐	适当处理	适当处理
临街背立面主体纹理	遮挡物	空调	处理遮挡	处理遮挡	适当处理	适当处理	
临街背立面主体纹理	遮挡物	衣物	处理遮挡	处理遮挡	适当处理	适当处理	
临街背立面主体纹理	透视变形		需要处理	需要处理	适当处理	适当处理	
临街背立面主体纹理	纹理接缝		需要处理	需要处理	需要处理	适当处理	适当处理
临街背立面主体纹理	纹理眩光		需要处理	需要处理	需要处理	适当处理	—
临街背立面主体纹理	楼层数		正确	正确	正确	正确	合理表现
临街背立面主体纹理	仿真度		95%	85%	70%	相似立面	合理表现

续表 1-1

类型			Ⅰ级	Ⅱ级	Ⅲ级	Ⅳ级	Ⅴ级
临街底商纹理	纹理来源		现状照片	现状照片	现状照片	现状照片	纹理库
	外墙砖对齐		需要对齐	需要对齐	需要对齐	需要对齐	—
	遮挡物	行人	处理遮挡	处理遮挡	适当处理	适当处理	
		车辆	处理遮挡	处理遮挡	适当处理	适当处理	
		电线杆	处理遮挡	处理遮挡	适当处理	适当处理	
		空调	处理遮挡	处理遮挡	适当处理	适当处理	
		衣物	处理遮挡	处理遮挡	适当处理	适当处理	
		电线	处理遮挡	处理遮挡	适当处理	适当处理	
		绿植	处理遮挡	处理遮挡	适当处理	适当处理	
	透视变形		需要处理	需要处理	需要处理	需要处理	—
	纹理眩光		需要处理	需要处理	需要处理	需要处理	—
	仿真度		95%	85%	70%	65%	
地块内部主体立面纹理	纹理来源		现状照片	现状照片	现状照片	现状照片	纹理库
	楼层线		需要对齐	需要对齐	需要对齐	需要对齐	需要对齐
	外墙砖对齐		需要对齐	需要对齐	需要对齐	需要对齐	需要对齐
	遮挡物	空调	处理遮挡	处理遮挡	适当处理	适当处理	—
		衣物	处理遮挡	处理遮挡	适当处理	适当处理	—
		绿植	处理遮挡	处理遮挡	适当处理	处理遮挡	
	透视变形		需要处理	需要处理	需要处理	适当处理	—
	纹理接缝		需要处理	需要处理	需要处理	适当处理	适当处理
	纹理眩光		需要处理	需要处理	需要处理	适当处理	—
	楼层数		正确	正确	正确	正确	合理表现
	仿真度		95%	85%	70%	相似立面	合理表现

注:保持建筑原有外观的完整性、美观性、统一性(不考虑因个人原因改装、随意搭建、封闭阳台面对建筑物造成的不统一),模型观感与原物体保持一致。

(3)按《数字测绘成果质量要求》(GB/T 17941—2008)的规定,属性数据检查验收应包括以下内容:

①属性数据的正确性。

②属性数据的完整性。

③属性数据的现势性。

(4)按《数字测绘成果质量要求》(GB/T 17941—2008)的规定,文件及相关资料检查验收应包括以下内容:

①文件资料应齐全,相关说明、附图、签章等应完整、清晰。

②文件资料内容应合理、可靠。

③自检报告的内容应完整,表述应清楚,报告分析结论应合理。

任务三　了解倾斜摄影测量技术产业及其应用

活动一　了解倾斜摄影测量技术产业链组成

倾斜摄影测量技术从上、下游产业链的角度可以划分为五个主要环节：倾斜摄影航摄平台（飞行平台、倾斜摄影相机）的研制、倾斜摄影航飞、倾斜摄影数据处理、三维 GIS 平台的研制、行业应用。具体内容如下：

(1)倾斜摄影航摄平台的研制，主要包括飞行平台（如动力三角翼、无人机等）和倾斜摄影相机两大块。

(2)倾斜摄影航飞，即具体承担航飞的实施，以获取倾斜影像数据。

(3)倾斜摄影数据处理，主要包括基于倾斜影像的全自动或人工干预建模，以及大比例尺地形图测绘等，同时也能提供传统的 4D 产品（DSM、TDOM、DEM、DLG 等）。

(4)支持倾斜摄影数据成果的三维 GIS 平台的研制。

(5)基于倾斜摄影数据成果和三维 GIS 平台的应用开发。

活动二　了解倾斜摄影测量发展和应用状况

利用倾斜摄影测量技术构建三维模型，因具有真实感强、数学精度高、表达清晰的特点，又具有高效率、低成本的优势，极大地改变了测绘地理信息在多个行业的应用状况。

人们能够在室内多角度全景浏览客观世界并进行立体量测与计算分析，可以为城市规划、智慧城市建设、不动产登记、地下管网管理、应急服务保障、互联网应用、自动驾驶和无人机快递等多领域提供应用服务。

倾斜摄影测量开启了一扇前景无限广阔的大门。目前，虽然已经把倾斜摄影测量三维建模技术应用到多个领域，只要稍加发挥想象力，倾斜摄影测量建模技术还可以挖掘出更多的应用场景。以下是倾斜摄影测量三维建模技术在诸领域的应用。

一、倾斜摄影测量在智慧城市中的应用

根据全国“十四五”基础测绘规划要求构建“分布存储、时序更新、共享应用”的实景三维中国，为数字中国建设提供统一的空间基底建设目标。利用三维全景数字化优势技术构建交通城市场景，打造从室外到室内的行业实景化应用，实现城市的二维、三维、点云、全景的空间大数据融合，覆盖从宏观到微观，从整体到局部，从空间矢量特征到实景特征的全方位信息表达，推动传统单一比例尺数据库向实体化、一体化时空数据库转变，提供时空智能新型智慧城市解决方案。

（一）城市规划与设计

倾斜摄影测量三维建模技术为城市规划和设计提供了详细、精准的数据支持。利用三维模型，可以更好地理解城市的地形地貌、建筑物布局和道路交通等情况，从而更准确地制订城市规划和管理方案。通过模拟城市不同发展阶段的景象，可以识别出不同发展阶段的规划需求，为未来城市规划提供科学依据。

在规划应用中，可以在倾斜摄影模型上绘制特定区域，把该区域内的倾斜模型压平，以

模拟拆迁后的状况。可提供多套方案的浏览、对比,辅助领导决策不同建设方案与当前城市实景的匹配度。

支持直接在三维场景中添加规划的建筑、植被等设计数据,方便规划设计人员形成初步规划方案。

规划新建一栋高楼,分析判断是否会造成原有小区居民楼日照时间达不到相关规定。

利用规划城市的控高数据对实际城市建筑进行比对,直观标明超高建筑并显示其属性信息。

(二)公共安全领域

倾斜摄影测量三维建模技术在公共安全领域也发挥了重要作用。例如,快速建立城市火险点、物联设备布局、监控摄像头等安全设施的三维模型,为城市的公共安全提供可视化的支持。在火灾等突发事件发生时,通过三维模型数据可以直观地找到火源,并将救援通道和路线直观地展示在三维地图上,指引救援人员。

(三)智慧交通领域

倾斜摄影测量三维建模技术在智慧交通领域也有所应用。例如,建立道路拓扑结构、车辆行驶轨迹等三维模型,为城市交通的智能化管理提供依据。交通管理部门可以通过三维模型数据高效地规划道路交通系统,指定车辆行驶路径,避免交通拥堵情况的发生。

(四)数字城市管理领域

倾斜摄影测量三维建模技术可以应用于城市管理领域。通过实时监测和分析数据,可以提高城市管理的效率和精确度,改善城市环境和生活质量。

倾斜摄影测量三维建模技术可以应用于数字城市管理系统,如城市环境监测、空气质量监测、垃圾分类管理等。利用构建的三维实景模型,将各类"真实"的数据整合到一个平台上。例如:通过配套矢量底面实现需要管理的各类地物的单体化,并赋予相应的属性信息;运用倾斜摄影模型上标注摄像头的位置和朝向来确定所覆盖的程度,以及是否和应该在哪些位置增加新的摄像头。

通过类别、区域、关键字等予以查询统计实现城管数据的可视化展示和分析,提高城管工作的效率和精确度。

倾斜摄影测量三维建模技术在智慧城市中多个方面的应用,会随着技术的不断进步和应用需求的增加,将更加广泛和深入。

二、倾斜摄影测量在智慧旅游中的应用

对于自然风光的三维建模,一直是一个难题,人工建模很难还原出大范围的自然风景,而用地形和影像则时效性和精细程度往往都达不到还原出风景的美观程度。

而倾斜摄影测量技术由于其高分辨率和高真实感,能真实立体地还原自然风景的状况。如三维景区、古建筑数字化、特色城镇等。通过这种模型,可以为游客提供更加详细和准确的旅游信息,提高旅游的体验感和满意度。同时,利于景区特别是历史建筑、地质遗迹的保护、科普知识的宣传和直观展示自然风光,从而吸引游客前往观赏。

三、倾斜摄影测量在不动产登记中的应用

随着《不动产登记暂行条例》的正式施行,倾斜摄影测量三维建模技术已成为新的市场

热点。由于具备快速、高效、低廉的特点,倾斜摄影测量三维建模技术正在颠覆传统测绘行业,在国土资源、农业、工业等众多领域发挥重要作用。

经过验证,基于倾斜摄影测量技术获取的模型点平面位置精度、高程精度误差均小于0.15 m,完全满足《1∶500 1∶1 000 1∶2 000 外业数字测图规程》(GB/T 14912—2017)的需求。

无人机倾斜摄影测量用于不动产登记,通过获取正射影像图,建立三维模型,辅助外业指界签字调查,图上进行坐标量测,形成矢量图形,辅助外业进行修补测工作等一系列工作,极大程度上提高了不动产登记的效率。

四、倾斜摄影测量在精细管理中的应用

在城市精细化管理中,管理到每一栋建筑物的粒度往往是不够的,而是要求能精细到楼房的每一层,甚至每一户房间。这就对三维模型提出了更高的要求,人工建模即便能实现,代价也是巨大的,需要对每一户房间单独建模才行。

倾斜摄影模型加上带有高度信息的分层分户图,可以做到每个建筑物每层楼甚至每一户房间的管理,包括查询和各类统计分析能力,再关联上户籍和人口信息库,这样户籍信息管理就可以和真实世界关联在一起,而不再只是数据库中孤立的信息了。

五、在应急救援中的应用

应急救援行业是为了预防和控制潜在的事故或紧急情况发生时,迅速有序地做出应急准备和响应,最大限度地减轻可能产生的事故后果。在做出应急决策时,首要条件是对发生事故的位置的地形地貌有一个全面了解,因现场环境情况的变化,对影像数据的获取时间、范围、精度、生产效率及分析应用都有极高的要求,而倾斜摄影不论在起飞场地、飞行时间方面,还是在数据生产效率、数据精度等方面都完全满足应急救援的需求。例如,在地震、火灾等灾害发生后,救灾指挥部除可以利用快拼图研判灾害形势外,再利用倾斜摄影测量技术及自动建模技术快速生成三维模型——灾区三维实景图,通过切换各种视角,实现了对震区各个方位的观测,为制订下一步的救援方案以及防止次生灾害的发生提供了极大便利,为救援实施提供了依据。

六、城乡规划

通过倾斜摄影测量三维建模技术,生产面向城乡规划行业的实景三维模型,主要应用于城乡规划的现状调查分析、规划方案对比、辅助政府部门审批监管等方面,提供天际线(是西方城市规划的定型理念,又称城市轮廓或全景)影像分析、视域分析、日照分析、市容市貌分析、淹没分析等多项定性、定量分析,能够直观地分析规划方案对现有的城乡空间带来的利弊,有利于城乡规划从业者们做出最终决定,提高了规划设计的科学性、规划管理的效率,具有广泛的应用前景。

七、互联网应用

在互联网应用上,展现出来的都是通过倾斜摄影测量三维建模技术所制作的真三维模型。超图软件近期已经研制出基于 HTML5+WebGL 三维无插件客户端,互联网应用的一大

瓶颈已经消除。相信随着倾斜模型保密性问题的解决，以及 5G 网络的发展，中国互联网地图很快就会从 2 维和 2.5 维地图升级为三维地图，互联网地图的应用将迎来又一次升级换代。手机地图上所见即所得的真三维场景将进一步降低地图使用的门槛，大幅度提高用户体验，下至小孩、上至老人，都能轻松使用。

八、倾斜摄影测量在其他领域的应用

综合倾斜摄影建模的诸多优势，还可以在其他领域开创出多种新的应用。

(1) 在电力巡检、移动基站选址等应用中，需要真实的、带有建筑等全要素的三维地表信息作为基础底图参考，用传统地形加影像的方式很难达到其精度要求，并且无法做到全要素覆盖，那么倾斜摄影模型就非常符合这类应用的需要。

(2) 在城乡拆迁重建时，也可以利用倾斜摄影建模来完整准确地获取拆迁前各类建筑的真实状况，以作为后续赔偿乃至纠纷发生时的客观依据。

(3) 倾斜摄影模型实质上就是带有建筑物等各类地物的数字地表模型，可以完全取代传统地形加影像所发挥的作用，且精度更高、时效性更强。例如露天煤矿的容量统计、推平山头或填平山谷所需要的土方量计算，都可以基于倾斜摄影模型来完成。甚至还有人尝试基于倾斜模型来评估农作物的生长情况，从而预估其产量。

(4) 地表开挖，地上地下一体化。支持倾斜摄影模型的地表开挖，查看地下管线等设施的状态，实现地上地下一体化。

(5) 淹没分析。根据监测点水位数据，结合倾斜摄影模型分析出城市积水区域及面积以及受淹的建筑。

可以预测，随着倾斜摄影测量技术的进一步发展，精度、效率、成本上的优势将进一步增强，原有的很多应用都将迁移到倾斜摄影测量技术上，并且将继续开拓出更多新的应用模式。

活动三　了解实景三维中国建设与应用技术

一、实景三维中国建设的意义

实景三维中国建设是落实数字中国、平安中国、数字经济战略的重要举措，是落实国家新型基础设施建设的具体部署，是服务生态文明建设和经济社会发展的基础支撑，实景三维中国建设已经纳入国家“十四五”自然资源保护和利用规划，自然资源部计划在国家、省区、市县三级自然资源主管部门“统筹规划、分级投入、分步实施”的支撑下，共同推进全国范围的建设工作。实景三维中国建设的意义具体表现在以下三个方面。

（一）实景三维是国家重要的新型基础设施

《“十四五”数字经济发展规划》提出要加强数字基础设施建设，不断做强做优做大我国的数字经济，为构建数字中国提供有力支撑。实景三维作为真实、立体、时序化模型，反映了人类生产、生活和生态空间的时空信息，是最为基础的、带有时间标签的空间数据，是数字经济重要的战略性数据资源和生产要素，是国家重要的新型基础设施。实景三维中国建设是落实党中央提出的新型基础设施建设的重要举措，符合“以技术创新为驱动，以新型网络为基础，面向高质量发展需求，提供数字转型、智能升级、融合创新”的特征和要求。建设实景三维,构建具有国际领先水平的新型空间基础设施,将有力支撑经济社会各领域的数字化转型,为城市规划设计、应急管理、精细化管理、疫情防控提供全空间信息底座支撑,为实现高质量发展提供强劲动能。

(二)实景三维是自然资源管理的现实需要

实景三维通过"人机兼容、物联感知、泛在服务"实现数字空间与自然环境与现实场景的实时关联互通,为自然资源管理、生态文明建设提供统一的数字空间底座,通过集成自然资源管理领域的知识和模型,支撑环境和社会认知。实景三维中国建设前期工作成果包括正射影像图、10 m 格网地形三维模型等已在第三次全国国土调查(简称"三调")、监督执法等自然资源业务管理中广泛应用,有力地支撑了"三调"工作。将来,国土变更调查等自然资源各项业务管理工作长期需要各类实景三维数据作为基础支撑,同时对数据精细程度、时效性提出了更高的要求,迫切需要现势性更好、更新频率更高的实景三维数据。

(三)实景三维是新型基础测绘的标准化产品

实景三维中国建设是面向新时期测绘地理信息事业服务经济社会发展和生态文明建设的新定位、新需求,对传统基础测绘业务的转型升级,是测绘地理信息服务的发展方向和基本模式。2015 年 6 月,国务院批复同意的《全国基础测绘中长期规划纲要(2015—2030年)》明确指出要加快推进新型基础测绘体系建设,不断提升基础测绘保障的服务能力和水平。实景三维是新型基础测绘的主要任务和成果形式,能够实现对现实世界从抽象到真实、从平面到立体、从某时点到时序化、从按要素分尺度到按实体分精度、从人理解到人机兼容理解、从陆地表面到全空间覆盖的描述和表达。全面推进实景三维中国建设,是落实国家政策规划部署的要求,是顺应科技革命新趋势的战略选择,是高质量供给创造新需求的重要措施,是提高我国空间信息领域自主创新能力的抓手,是巩固壮大国际竞争新优势的基础工作,是满足人民对美好生活新向往的坚实保障。

二、实景三维中国建设原则

实景三维中国在建设过程中,应以需求为导向、以高质量发展为主题,坚持守正创新,优化测绘地理信息供给侧保障,支撑经济社会发展,支撑自然资源管理,不断提升测绘地理信息工作的能力和水平。具体的建设原则如下:

(1)需求牵引。满足国土空间规划、自然资源调查监测、自然资源政务服务等自然资源管理,以及经济社会发展各领域对实景三维数据的需求。

(2)创新驱动。坚持科技创新、制度创新"双轮驱动"。通过科技创新实现关键技术安全、自主、可控,通过制度创新营造良好环境,激发参与主体积极性、主动性和创造性。

(3)统一设计。开展顶层设计,实现全国一盘棋,形成多级别协同生产、多类型产品供给、多领域技术融合、全链条规范有序的实景三维中国建设体系。

(4)协同实施。构建国家、省(自治区)、城市协作机制,加强应用共享,避免重复建设,加强建设内容、相关技术、标准规范及政策机制等的接续贯通,协同推进建设工作。

(5)边建边用。坚持边建设、边应用,将建设成果及时应用于自然资源管理及经济社会发展,及时推出实景三维典型应用模式,不断优化产品形式、技术标准、政策机制等。

三、实景三维中国的建设目标

实景三维中国的建设目标是构建一个高精度、高分辨率的三维数字中国，实现真实世界到虚拟三维世界的转换。通过实景三维技术，可以实现城市信息的可视化管理和分析，提高城市规划和管理效率，为数字城市、智慧城市的建设提供基础数据支持。

实景三维是客观真实反映现实世界的三维模型，具有单体化、实体化、结构化、语义化的特点，通过融合模型三维、倾斜三维、全景三维，形成可空间量算和综合分析的模型，是一种泛三维，集多种模型优点于一体的三维数据成果。

自然资源部于2022年2月24日发布《关于全面推进实景三维中国建设的通知》，通知中明确了建设目标和建设任务。

（一）建设目标

到2025年，5 m格网的地形级实景三维实现对全国陆地及主要岛屿覆盖，5 cm分辨率的城市级实景三维初步实现对地级以上城市覆盖，国家和省市县多级实景三维在线与离线相结合的服务系统初步建成，地级以上城市初步形成数字空间与现实空间实时关联互通能力，为数字中国、数字政府和数字经济提供三维空间定位框架和分析基础，50%以上的政府决策、生产调度和生活规划可通过线上实景三维空间完成。到2035年，优于2 m格网的地形级实景三维实现对全国陆地及主要岛屿的必要覆盖，优于5 cm分辨率的城市级实景三维实现对地级以上城市和有条件的县级城市覆盖，国家和省市县多级实景三维在线系统实现泛在服务，地级以上城市和有条件的县级城市实现数字空间与现实空间实时关联互通，服务数字中国、数字政府和数字经济的能力进一步增强，80%以上的政府决策、生产调度和生活规划可通过线上实景三维空间完成。

（二）建设任务

1.地形级实景三维建设

国家层面完成：10 m和5 m格网数字高程模型（DEM）、数字表面模型（DSM）制作，覆盖全国陆地及主要岛屿，并以3年为周期进行时序化采集与表达；2 m和优于1 m分辨率数字正射影像（DOM）制作，覆盖全国陆地及主要岛屿，并以季度和年度为周期进行时序化采集与表达；基于上述工作及已有成果完成基础地理实体数据制作，覆盖全国陆地及主要岛屿。

地方层面完成：优于2 m格网DEM、DSM制作，覆盖省级行政区域，并以3年为周期进行时序化采集与表达；优于0.5 m分辨率DOM制作，覆盖重点区域，按需进行时序化采集与表达；基于上述工作及已有成果完成基础地理实体数据制作，覆盖省级行政区域；近岸海域10 m以浅DEM制作，覆盖沿海省份。

2.城市级实景三维建设

国家层面完成：整合省级行政区域基础地理实体数据，形成全国基础地理实体数据，覆盖全国陆地及主要岛屿。

地方层面完成：获取优于5 cm分辨率的倾斜摄影影像、激光点云等数据，基于上述工作及已有成果完成基础地理实体数据制作，覆盖省级行政区域，根据地方实际确定周期进行时序化采集与表达。

3. 部件级实景三维建设

鼓励社会力量积极参与,通过需求牵引、多元投入、市场化运作的方式,开展部件级实景三维建设。

4. 物联感知数据接入与融合

国家和地方层面完成:物联感知数据接入与融合能力建设,支撑物联感知数据实时接入及空间化,采用空间身份编码等方式实现其与基础地理实体数据的语义信息关联。

5. 在线系统与支撑环境建设

全国构建统一的基于云架构、兼顾结构化和非结构化数据特征、分版运行的国家和省市县实景三维数据库,实现"分布存储、逻辑集中、互联互通"。国家和省市县分级、分节点构建适用于本级需求的管理系统,并依托不同网络环境(互联网、政务网和涉密网等),为智慧城市时空大数据平台、地理信息公共服务平台及国土空间基础信息平台等提供适用版本的实景三维数据支撑,并为数字孪生、城市信息模型(CIM)等应用提供统一的数字空间底座,实现实景三维中国泛在服务。

四、实景三维中国的建设步骤

实景三维技术是一种通过采集、处理、分析真实世界的地理信息,构建高精度、高分辨率的三维模型技术。在中国,实景三维技术正在成为推动数字化转型的重要手段,为城市发展、规划、管理和应急救援等领域提供了强大的数据支持。建设步骤如下:

(一)前期调研

了解中国的地理环境、建筑物、设施等真实场景,确定实景三维中国的建设范围和目标。

(二)规划设计

根据前期调研结果,制订实景三维中国的规划方案,明确建设目标、技术路线和时间安排。

(三)数据获取

采用多种技术手段,如激光扫描、无人机航摄等,采集真实世界的地理信息,获取高精度、高分辨率的数据。

(四)数据处理

对采集到的数据进行处理,包括数据清洗、坐标转换、几何修整等,提高数据的质量和精度。

(五)三维建模

利用处理后的数据,构建实景三维模型,通过场景构建、材质编辑等手段,实现真实场景的三维还原。

(六)应用开发

根据实际需求,开发实景三维应用系统,实现城市信息的可视化管理和分析,为城市规划、管理、应急救援等提供数据支持。

五、实景三维的概念

在 2021 年自然资源部发布的《新型基础测绘与实景三维中国建设技术文件》中,首次对实景三维作为专用名词术语进行了科学定义,即"实景三维是对一定空间范围内人类生产、生活和生态空间进行真实、立体、时序化反映和表达的数字空间。是新型基础测绘的标准化产品，是国家重要的新型基础设施，为经济社会发展和各部门信息化提供统一的空间基底”。简言之，即在数字世界建造一座与现实一模一样的城市，是一个真实场景下的三维数字地图，它可以全方位、立体化地呈现这些城市各类自然资源要素的现状和空间分布情况。

例如：实景三维建设中生产的城市 5 ~ 10 cm 分辨率倾斜摄影三维模型和地下管线数据，同时接入物联网感知设备数据，能够支撑城市规划、建设、服务和管理。

实景三维属于新型基础测绘标准化产品的主要形式，是新型基础测绘的数据成果之一，新型基础测绘是实景三维数据生产的能力基础。

实景三维是客观真实反映现实世界的三维模型，具有单体化、实体化、结构化、语义化的特点，通过融合模型三维、倾斜三维、全景三维，形成可空间量算和综合分析的模型，是一种泛三维，集多种模型优点于一体的三维数据成果。

三维实景是综合利用遥感测绘、大数据、云计算、智能感知等新技术，真实表达地形地貌、地表覆盖、建(构)筑物等物理世界的数字重建。三维实景模型作为数字化改革和数字城市推进实施的一项重要新型空间信息基础设施，具有直观、精度高、可量测、信息丰富、沉浸感强等特点。

六、实景三维的优势

(一)实景三维拥有极高的真实感

实景三维技术拥有极高的真实感。这是因为它通过数字化的方式，将真实世界中的场景还原到虚拟世界中。在三维实景技术的帮助下，我们可以在虚拟的环境中自由游走，感受到真实建筑、真实景色等。这种真实感是传统的二维效果所无法比拟的。

(二)实景三维具有更好的交互性

实景三维技术还具有更好的交互性。在二维效果中，用户只能被动地观看，而在三维实景技术中，用户可以通过交互来控制场景的变化。用户可以移动视角、调整光源、更换材质等，这种交互性让用户能够更好地感受到虚拟的世界。

七、实景三维建设应用技术

(一)实景三维支撑体系构成

随着地理信息技术的不断发展，城市由“数字化”逐步向“智慧化”升级转型，传统的二维地图数据已经无法满足当前经济社会的发展，三维实景模型具有更直观的表达，成为城市发展建设的重要基础地理信息数据，是城市测绘的发展方向。

三维实景模型构建的方式主要有单体建模、三维激光扫描以及倾斜摄影测量等方法。倾斜摄影测量技术在构建城市三维实景模型中具有覆盖面广、成本低及纹理丰富的特点，并且测量精度较高，极大地降低三维建模的成本。

实景三维支撑体系由空间数据体、物联感知数据和支撑环境三部分构成。

1. 空间数据体

空间数据体包括基础地理实体、部件三维模型及其他实体等。基础地理实体包括地物实体和地理单元，通过二维、三维形式进行表达。部件三维模型包括建(构)筑物结构部件、建筑室内部件、道路设施部件、地下空间部件等。其他实体包括其他行业部门生产的专业类实体。

2. 物联感知数据

物联感知数据包括自然资源实时感知数据、城市物联网感知数据、互联网在线抓取数据等。自然资源实时感知数据包括通过自然资源管理业务获得的实时视频、图形图像,以及自动化监测设备实时信息等。城市物联网感知数据包括城市监控视频、车载导航、移动基站、手机信令等实时视频及图像等。互联网在线抓取数据包括在线获取的地理位置、文本表格等。

3. 支撑环境

支撑环境包括数据获取处理、建库管理和应用服务系统,以及支撑上述系统运行的软硬件基础设施等。获取处理系统指对空间数据体和物联感知数据进行获取、处理、融合的各系统。建库管理系统指对数据集成建库和数据库管理的各系统。应用服务系统是面向应用的服务系统。软硬件基础设施指自主可控的网络、安全、存储、计算显示设备,以及支撑软件等。

(二)实景三维智慧城市时空大数据平台总体技术架构

基于实景三维智慧城市的概念和范畴,结合实景三维智慧城市的相关理论与实践,实景三维智慧城市时空大数据平台主要由感知层、基础设施层、数据层、平台层和应用层,以及标准与规范体系和信息安全体系。系统软件设计采用分层架构技术,以通用性、稳定性定层次,同一层次以功能划分,以上层服务为导向,逐级设计,逐步细化平台组件的颗粒度。总体技术架构设计如下:

(1)感知层。包括空天地一体化对地观测传感器和各专业传感器,如 RFID、GNSS-RTK、BDS(北斗卫星导航系统)、条形码、二维码、视频、Zig-Bee 和蓝牙等技术。

(2)基础设施层。是业务领域、应用服务、界面展示层的基础,为其他各层提供基础类库服务,是整个时空云平台的载体,包括支撑软件和支撑硬件。基础设施层提供系统的网络设施、服务器设施、存储设施、安全设施、输入/输出设施等,也包括保障这些硬件设施正常运行的基础软件环境(如操作系统等),基础设施层构成系统的软硬件设施基础,保证数据的安全存储、高效管理和快速传输,也为整个软件系统提供了安全、高效和稳定的运行环境。

(3)数据层。包括实景三维数据、基础地理数据和专题数据集。实景三维和基础地理数据是数据层的核心。实景三维基础数据由航空三维实景、地面全景、真正射影像、数字表面模型和卫星正射影像等组成,构成对城市表面完整、真实的表达,支撑各种业务应用的需要。基础地理数据包括地理空间数据、卫星影像数据和航空影像数据。专题数据集是不同业务系统应用的数据。专题数据是动态变化的数据,且总体趋势是不断增多的数据。主要包括人口、法人、地名地址、道路、建筑、部件、系统业务数据等。

(4)平台层。是基础性的信息资源,又是其他信息交换共享与协同应用的载体,为数据间的汇聚融合提供基础支撑。主要由集群服务系统、基础功能组件、基础服务资源池、时空云服务系统、平台引擎、运维管理系统构成。基于大规模时空数据,在高并发情况下,除保证平台的稳定性、兼容性、开放性外,性能和服务能力是平台层需要解决的主要问题。例如:

①提供一套基础工具的标准接口以便其他应用进行调用;

②提供一套全面的用户操作管理记录与追踪:

③提供对公共基础数据及业务数据的管理;

④提供对用户及权限的管理。

(5)应用层。是直接与用户交互的系统功能层，根据不同类型、不同服务目标的用户，按需提供服务依据，SM 和非 SM 网的用户提供不同环境和内容的时空大数据云服务。该层建立在平台层支撑软件基础之上，集成提供满足用户层需求的业务功能，使得时空云系统更易用、更人性化。但是，应用层也可能受到网络安全攻击，其风险会波及终端用户。

(三)实景三维中数据处理过程

目前，数字城市与数字地球的理念逐渐深入测绘，全面推进实景三维中国建设。城市建筑物的实景三维模型是数字城市的重要组成部分，传统方式以 3Dmax 手工建模为主，渐渐被倾斜摄影测量技术与自动化建模所替代，对航摄采集的数据进行处理的过程对实景三维建模便尤为重要。

航摄数据处理过程：

1. 航摄数据分析与预处理工作的主要内容

(1)针对外业所采集的航摄成果进行检查分析，保证测量区域数据的完整性、可靠性与准确性，从而对 POS 信息与影像数据进行对比，保证影像匹配的正确。

(2)由于航摄成果的影像存在大气折光对像片的折射影响，导致实际的航摄影像发生偏移与变形，特别是倾斜航摄影像存在的色差、变形和位移更加严重，为此需解决该过程中存在的问题，航摄匀光处理流程如图 1-10 所示。

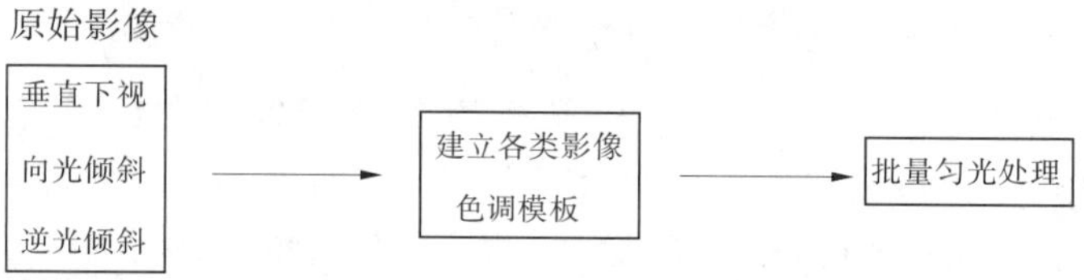

图 1-10　航摄匀光处理流程

2. 空三处理

倾斜摄影测量解决的主要矛盾在于将倾斜影像和正视影像进行联合平差，采取由粗到精的金字塔匹配策略获取同名点，并进行光束法自由网平差；同时结合控制点和连接点坐标，以航摄仪的主要组成部分(GPS/IMU)实现多视角影像的自检校区域网平差计算，从而联合解算，获得高精度的测量结果。

3. 畸变差校正

相机文件中的基本信息与实际信息存在偏差，需进行校正，并根据基于空三平差模拟的更新相机参数进行二次影像畸变差校正，从而进一步提高影像匹配的精度。

(四)实景三维的主要特征

实景三维的主要特征包括以下六个方面：

(1)从"抽象"到"真实"。实景三维是对现实世界的真实描述，将原有受测绘技术手段约束只能对现实世界进行抽象描述，转变为采用新技术对现实世界真实直观刻画。

(2)从"平面"到"立体"。由现有以"点、线、面"要素为核心的 4D 产品对现实世界的二维平面抽象表达，扩展至以"体"要素为核心的新产品对现实世界的三维形象表达。

(3)从"静态"到"时序"。实景三维是对现实世界的时序化描述，不仅能够反映现实世界的某一时点当前的状态,还可反映多个连续时点的状态,时序、动态展示现实世界的发展与变化。

(4)从"按要素、分尺度"到"按实体、分精度"。实景三维突破现有基础地理信息要素对现实世界分尺度表达的概念,达到"一个实体只需要高精度施测一次",切实提高对现实世界的描述准确性。

(5)从"人理解"到"人机兼容理解"。与以前对现实世界的"一张皮"表达相比实景三维不仅包含几何结构和纹理信息,还蕴含丰富的空间关系、社会经济等信息,通过结构化语义化处理,支持机器自动解译与识别,真正实现了"机器难懂"到"机器易懂"的转变。

(6)从"陆地表层"到"全空间"。现有地理信息产品更侧重陆地表层空间的描述,实景三维实现"地上下、室内外、水上下"全空间的一体化描述。

(五)实景三维分类

三维模型具有高精度、高分辨率、高清晰度的特点。具体分为以下三类:

1. 地形级实景三维

地形级实景三维是城市级和部件级实景三维的承载基础。主要由数字高程模型(DEM)/数字表面模型(DSM)与数字正射影像(DOM)/真正射影像(TDOM)经实体化,并融合实时感知数据构成。重点是对生态空间的数字映射。

2. 城市级实景三维

城市级实景三维是对地形级实景三维的细化表达。主要由倾斜摄影三维模型、激光点云、纹理等数据经实体化,并融合实时感知数据构成。重点是对生产和生活空间的数字映射。

3. 部件级实景三维

部件级实景三维是对城市级实景三维的分解和细化表达。重点是满足专业化、个性化应用需求。

(六)数据融合可提升实景三维模型效果

在实景三维模型实际生产的过程中,不可避免地会有一些航摄范围大、项目分辨率要求低或二次航飞安排困难的地区,会出现部分实景三维模型效果较差的情况。针对这种情况,可通过无人机补飞、绕飞的方式采集单个建筑物航摄影像数据,与整体影像进行融合,以达到更好的模型效果。

1. 补飞方案

补飞航线安排与原航线呈30°~45°夹角,可增大航摄重叠度,提高航摄数据的使用率。设计绕飞航线时,确保得到地面数据,以便必要时可以使用控制点进行数据融合。

2. 数据融合

原数据空三与补飞数据空三可分别进行,可加快项目进程、提高效率。在实景三维重建环节将两部分数据进行融合,通过生成的点云信息检查数据融合效果。

3. 实景三维成果对比

针对实地高大建筑物进行几种方式影像采集后再进行数据融合,可使高层建筑物楼体更加美观,也可使被遮挡的低矮建筑物实景三维效果提升。

七、名词解释

（一）组合地理实体数据

组合地理实体数据（combined geo-entity data）是在一定管辖范围内，权属一致、空间连续的地理实体数据集合。例如长江干流是由具有同一权属、空间连续的各河流段形成的组合地理实体数据；中国测绘创新基地是由具有同一权属、空间连续的院落、内部道路、绿地、建筑物及附属设施等形成的组合地理实体数据。

（二）视频流全景数据

视频流全景数据（panoramic video data）采用视频传感器采集多视角视频流数据，通过视频拼接生成全景视频，同时利用定位定向技术形成的一种全视角、可量测、沉浸式的地理信息数据。

（三）实体数据空间粒度

实体数据空间粒度（spatial granularity of geo-entity data）地理实体数据采集和表达的基本空间单元。

（四）空间身份编码

空间身份编码（spatial identification code）适用于地理实体管理和应用的一种标识代码，具有全球专有标识、唯一标识以及可实现信息关联共享等特性。

（五）新型基础测绘

新型基础测绘（new fundamental surveying and mapping）新时期面向基础测绘的新任务和新需求，在保持基础测绘公益性要求的前提下，以重新定义基础测绘成果模式作为核心和切入点，带动技术体系、生产组织体系和政策标准体系全面升级转型的基础测绘体系。

（六）优视摄影测量

优视摄影测量技术以三维概略模型为数据基础，以无人机为载体，通过智能分析规划，进而自适应调整和优化采集视角，并全自动生成采集航线，最终形成高保真精细化三维空间数据的采集重建闭环。

优视摄影测量技术中的“优视”二字，表示三维重建数据采集视角的智能优化选取。该技术通过计算机图形学、三维视觉、人工智能、地理信息等学科的交叉创新，实现了面向复杂场景和复杂三维目标的全自动贴合式三维重建数据采集，将现有面向场景的厘米级三维数据采集方式提升为面向对象的毫米级三维数据采集。通过本技术的智能感知和自主决策精细规划，一方面使得无人机可以精准把控与被测对象的相对距离和相对方向，结合不同的光学传感器，可以实现最高 0.1 mm 分辨率重建图像采集，为各类高精细度的行业应用提供了高保真和高质量的数据基础；另一方面可以将原有城市级三维空间数据采集的“集中规划、统一采集”模式，升级为“分散规划、众包采集”模式，大幅降低城市数据采集的技术难度和政策实施难度，可将原有的采集周期大幅缩短。

习　题

一、填空

1. 影像的处理包括__________、__________、__________、__________和__________等

内容。

2. 三维模型数据质量应从________、________、________、________、________和________等数据质量元素方面进行描述。

3. 三维模型数据的位置精度及表现精细度包括________、________、________、________、________以及________六个指标。

4. 实景三维模型的质量主要从________、________和________三个方面来进行精度评定。

5. 建筑要素模型主要包括________、________和________。

6. 地形模型应与________、________、________及________等底部无缝衔接。

二、简述题

1. 无人机倾斜摄影测量总体作业流程主要包括哪些内容？

2. 倾斜摄影测量技术的特点有哪些？

3. 三维模型建模精细程度与区域相关联，按照地理要素需要表现的效果和程度等要求，将地理要素所在的区域具体划分为哪几个等级？

4. 根据地形表现重要程度，将地形模型划分为哪四个等级？

5. 地形模型的制作应符合哪些规定？

6. 三维模型属性精度要求有哪些？

7. 三维模型逻辑一致性要求有哪些？

8. 模型成果质量应符合哪些质量规定？

9. 什么是新型基础测绘？

10. 什么是实景三维，有哪些优势？

11. 实景三维的主要特征有哪几个方面？

12. 实景三维中国建设的意义有哪些？

码 1-1 项目一习题参考答案

项目二　无人机倾斜摄影测量基础知识

本项目内容可扫码学习。

项目三 低空无人机倾斜航空摄影

项目描述

【项目介绍】 本项目包括两个学习任务。任务一是了解倾斜航空摄影系统与构成，任务二是学习倾斜航空影像获取的相关知识和技能。

【学习重点】 学习重点是无人机飞控系统、倾斜相机，倾斜相机的选择与相机检校，倾斜摄影系统的组成与安装，倾斜影像的特点；倾斜航摄之航线规划，无人机倾斜摄影测量外业，倾斜影像数据的质量检查。

【学习难点】 学习难点是倾斜航摄航线规划与像控点的布设。

项目目的

◆ **知识目标**

1. 了解无人机平台分类，导航飞控系统。
2. 掌握倾斜航空摄影的概念和特点，倾斜影像特征。
3. 了解倾斜摄影系统的组成，熟悉无人机倾斜航空摄影的作业流程。
4. 熟悉航拍前的检查工作，掌握航线规划的内容和程序。
5. 理解倾斜航空摄影像控点的布设方案和布设要求。
6. 掌握倾斜影像飞行质量检查，定姿、定位数据质量检查，倾斜影像质量检查要求。

◆ **能力目标**

1. 能够阐述倾斜摄影与竖直摄影的区别。
2. 能够描述倾斜摄影系统的组成。
3. 准确描述倾斜航空摄影的作业流程。
4. 能够进行倾斜航摄的准备工作及航线规划。
5. 能够按照要求进行影像及相关数据的质量检查，判断是否需要补飞。
6. 能对影像和数据成果进行整理。

◆ **情感目标**

1. 通过该项目的学习，使学生明白专业技术学习的重要性。
2. 通过学习，使学生明白做事情前准备工作的重要性。
3. 通过学习，使学生明白从事专业技术工作，要规范操作，具有质量意识和安全意识。

项目成果

1. 倾斜航空摄影及特点总结。
2. 对航线规划训练应写出报告。
3. 像控点选点的体会应写出总结。

4. 对航摄取得的影像及相关数据进行检查的具体内容和要求的知识技能总结。

课时建议

4 学时(根据学生所学专业情况,学时数可适当增减)。

思政引导

政治思想素质、道德素质、身心素质

1. 过硬的政治思想素质

(1)拥护中国共产党的领导,热爱社会主义,践行社会主义核心价值观,具有深厚的爱国情感和中华民族自豪感。

(2)崇尚宪法、遵法守纪、崇德向善、诚实守信、尊重生命、热爱劳动,履行道德准则和行为规范,具有社会责任感和社会参与意识。

(3)关注社会发展趋势,了解国家宏观政策,坚持政治理论学习,提高政治修养。

2. 合格的道德素质

(1)爱岗敬业、乐于奉献、积极进取、胸怀大志,具有为社会做出贡献的决心。

(2)具有事业心、责任感和吃苦奉献精神,具有艰苦奋斗精神和务实作风。

(3)追求高尚人格,不断完善自身,不断提高思想道德境界。

3. 大学生应具备健康的身心素质

(1)应具备健康的体格(多参加运动、减少熬夜、减少不健康聚餐、作息时间规律、减少电子产品的使用)。

(2)全面发展身体耐力与适应性,要有合理的卫生习惯与生活规律。

(3)应具备稳定向上的情感力量。

(4)坚强恒久的意志力量,鲜明独特的人格力量。

(5)心态平和,能够正确对待困难、挫折、荣誉。

(6)能够冷静地判断事物和处理事件,遭遇消极情绪,能够较快地恢复到正常水平。

(7)能有效地控制自己的情绪、管理自己的情绪、优化自己的情绪。

任务一　了解倾斜摄影系统构成

无人机在空中航拍,要获取合格的影像,需符合《低空数字航空摄影规范》(CH/T 3005—2021)的规定,倾角不大于 5°,最大不超过 15°时的摄影属于竖直航空摄影;把倾角大于 15°的摄影都归到倾斜摄影范畴。

倾斜摄影技术的主要目的是获取地物多个方位(尤其是侧面)的影像信息,以利于实景三维模型的构建,供用户从多角度进行浏览、实时量测、三维测量等工作。因此,需要有一个完善的倾斜摄影系统。倾斜摄影系统主要是以无人机为飞行平台,以倾斜摄影相机为任务设备构成的影像获取系统。倾斜摄影系统分为三部分:第一部分为飞行平台,主要是无人机;第二部分为飞行控制系统(地面控制站、发射与回收系统);第三部分为仪器部分,包括传感器(多镜头相机)、GNSS 定位装置(获取曝光瞬间相机的位置信息,即 X、Y、Z 三个线元

素）和姿态定位系统（记录相机曝光瞬间的姿态，即 φ、ω、κ 三个角元素）等。

活动一 了解无人机飞行平台

目前，市场上无人机的种类繁多，按照动力系统可以区分为内燃机动力和电池动力；无人机作为主要的系统搭载平台，是整个系统集成与融合的重要基础。机载系统主要由无人机机体、动力系统、推进系统和控制系统组成。

无人机的动力系统主要有电动动力和内燃动力两种装置。作为动力装置的核心发动机，它为无人机提供满足飞行速度、高度要求的推力或电力输出，是无人机实现飞行的基础。发动机的主要功能是用来产生拉力或推力，克服与空气相对运动时产生的阻力使飞机前进，并为一些附属装置提供动力。其中，小型无人机以电动装置为主。大、中型无人机使用内燃动力装置，主要有小型活塞式发动机、微型涡轮式发动机；低空、低速、微型无人机的动力多采用电动动力系统，具有结构简单、质量轻、使用方便、噪声小的优势。它主要由动力电机、调速系统、螺旋桨以及动力电源等几部分组成。

从飞行实现方式上可以区分为固定翼（含垂直起降固定翼）和旋翼（单旋翼、多旋翼），由于飞行平台自身的振动问题，在成像质量上电池动力优于内燃机动力；在作业效率和续航时间上，固定翼优于旋翼；在飞行稳定性上，旋翼优于固定翼。

由于无人机用途不同，其性能标准也不一样。因测绘型无人机对飞行标准要求更高，在载重、巡航速度、实用升限、续航时间、安全性和抗风等级等方面具有一定的限定要求，所以飞机机型选择时必须加以考虑。例如：①无人机最低载重 2 kg；②多旋翼巡航速度大于 6 m/s，固定翼无人机巡航速度大于 10 m/s；③电池动力续航时间大于 25 min，内燃机动力续航时间大于 1 h；④ 抗风性要求不低于 4 级风速；⑤无人机实用升限能达到 1 000 m 以上，海拔高度不低于 3 000 m。

活动二 了解飞控系统

无人机导航飞控按具体功能又可分为导航子系统和飞控子系统两部分。导航子系统功能：向无人机提供相对于所选定的参考坐标系的位置、速度、飞行姿态，引导无人机沿指定航线安全、准时、准确地飞行，因此无人机导航子系统相当于有人机的领航员。

一、无人机导航子系统

无人机导航子系统的基本任务是确定无人机与目标的相对位置，操纵无人机按照预定的任务航路飞行，在一定的准确度下，引导无人机沿预定的轨迹飞向目标。实现导航的基本条件是必须能够确定无人机飞行的实时位置和速度等相关参数信息。

因此，无人机导航子系统必须具有以下功能：

（1）获得必要的导航要素：高度、速度、姿态、航向。

（2）给出满足精度要求的定位信息：经度、纬度。

（3）引导飞机按规定计划飞行。

（4）接受预订任务航线计划的制订，并对任务航线的执行进行动态管理。

（5）接收控制站的导航模式控制指令并执行，具有指令导航模式与预定航线飞行模式相互切换的功能。

(6)具有接收并融合无人机其他设备的辅助导航定位信息的能力。

(7)配合其他系统完成各种任务。

从这些功能可以看出,导航子系统就像我们手机里面的导航软件,例如高德地图,输入目标地点它就可以规划出合理的路线带你到达目的地。

二、无人机飞控子系统

无人机飞控子系统是完成起飞、空中飞行、执行任务、返场回收等整个飞行过程的核心系统,对无人机进行全权控制与管理,是无人机执行任务的关键。

无人机飞控子系统主要具有如下功能:

(1)无人机姿态稳定与控制。

(2)与导航子系统协调完成航迹控制。

(3)无人机起飞(发射)与着陆(回收)控制。

(4)无人机飞行管理。

(5)无人机任务设备管理与控制。

(6)应急控制。

(7)信息收集与传递。

其中,第(1)、(4)、(6)项是所有无人机飞行控制系统所必须具备的功能。只有具备这样飞控的无人机才是一个真正的无人机,而不是航模。

(一)无人机飞控子系统的工作原理

无人机飞控子系统又称为飞行管理与控制系统,是飞行器的大脑,也是整架飞机最复杂的系统之一。其作用是保证飞机的稳定性和操纵性,数据传输的可靠性、精确度、实时性,提高飞机飞行性能和完成任务的能力,增强飞行的安全性,对其飞行性能起决定性的作用。

它的基本任务是当无人机在空中受到干扰时保持飞机姿态与航迹的稳定,以及按地面无线传输指令的要求,改变飞机姿态与航迹,并完成导航计算、遥测数据传送、任务控制与管理等。

它的工作原理是在无人机飞行过程中,飞控系统感知飞行器的飞行高度、速度、角度及位置信息,按照预先设定好的飞行计划或临时接收的飞行指令,控制飞行器的各子系统做出相应的动作。对于固定翼无人机是调整方向、副翼、升降、油门、襟翼等控制舵面,对于多旋翼机是调整各个动力的输出功率等,从而达到改变飞行姿态(转弯、爬升、俯冲、横滚)的目的。

以旋翼机为例,飞行器的飞行、悬停、姿态变化等是由多种传感器将飞行器本身的姿态数据传回飞控,再由飞控通过运算和判断下达指令,由执行机构完成动作和飞行姿态调整。

悬停是飞行控制系统的重要动作,在悬停状态下,无人机4(6或8)个旋翼具有相等的转速,形成的上升合力正好与自身重力相等,并且因为旋翼转速大小相等,前后端转速和左右端转速方向相反,使得飞行器总扭矩为零,使得飞行器静止在空中,实现悬停状态。

垂直运动是飞行控制系统的普通动作,在保证四旋翼无人机每个旋转速度大小相等的情况下,同时对每个旋翼增加或减小大小相等的转速,便可实现飞行器的垂直运动。当同时增加四个旋翼转速时,旋翼产生的总升力大小超过四旋翼无人机的重力时,四旋翼无人机便会垂直上升。反之,则垂直下降。

翻滚运动是在保持四旋翼无人机前后端旋翼转速不变的情况下,通过改变左右端的旋翼转速,左右旋翼之间形成一定的升力差,从而使沿飞行器机体左右对称轴上产生一定力矩,从而在方向上产生角加速度实现控制的。

俯仰运动是在保持机身左右端旋翼转速不变的前提下,通过改变前后端旋翼转速形成前后旋翼升力差,从而在机身前后端对称轴上形成一定力矩,引起角方向上的角加速度实现控制的,而偏航运动是通过同时两两控制 4 个旋翼转速实现控制的。

(二)无人机飞控子系统的组成

通常无人机飞控子系统由传感器、控制器和执行器三部分组成。

1. 传感器

传感器用于测量无人机的姿态、速度、位置等信息。

1)惯性测量单元(IMU)

惯性测量单元主要指陀螺仪、加速度计、磁力计、气压计等,用于测量无人机的姿态、速度等信息。

现在的飞控内部使用的都是由三轴陀螺仪、三轴加速度计、三轴地磁传感器和气压计组成的一个 IMU,也称惯性测量单元。

三轴陀螺仪、三轴加速度计、三轴地磁传感器中的三轴指的就是飞机左右、前后垂直方向上下这三个轴,一般都用 X、Y、Z 来代表。左右方向 Y 轴在飞机中称为横滚,前后方向 X 轴在飞机中称为俯仰,垂直方向为 Z 轴。

三轴陀螺仪:用于测量飞机 X、Y、Z 三个轴的倾角。它是基于角动量守恒的理论,用高速回转体的动量矩敏感壳体相对惯性空间绕正交于自转轴的一个或两个轴的角运动检测装置。它对微小的转动非常敏感,所以它对飞行器飞行姿态的控制起着重要作用,飞机有一点点的偏转,陀螺仪就能自动修正,简单地说陀螺仪就是帮助飞机保持稳定姿态的,使飞机飞行稳定。

三轴加速度计:用于测量飞机 X、Y、Z 三个轴的加速度。它是一种能够测量加速度的传感器,在加速过程中,传感器通过对质量块所受惯性力的测量,利用牛顿第二定律获得加速度值。

三轴地磁传感器:用于感知地磁,是一个电子指南针,也称电子罗盘磁力计。可用于测试磁场强度和方向,定位设备的方位。磁力计的原理跟指南针原理类似,可以测量出当前设备与东南西北四个方向上的夹角,让飞机知道自己的飞行朝向、机头朝向,找到目的位置。

气压计:根据大气压强检测当前高度的装置。通过测量不同位置的气压,计算压差获得当前的高度。

以上就是整个惯性测量单元,它在飞机中起到的作用就是感知飞机姿态的变化,例如飞机当前是前倾还是左右倾斜,机头朝向、高度等最基本的姿态数据。这是飞控最基本的功能,若缺少此功能,当某个角落出现倾斜,飞机就会快速失去平衡导致坠机,没有气压计,测量不到自己的高度位置,就会一直加油门或者一直降油门。

固定翼飞控具有空速传感器,空速传感器就是两路测量气压的传感器,一路测量静止气压,一路测量迎风气压,再计算迎风气压与静止气压的压差就可以算出当前的空气流速。它一般位于机翼上或机头。

2)GNSS 卫星定位

具备了最基本的平衡、定高和指南针等功能,还不足以让飞机能够自主导航,飞控需要确定自己所在位置,那就需要 GNSS 定位。

GNSS 定位原理就是无论何时何地,GNSS 接收机都可以收到空中 4 颗以上的卫星信号,接收机通过解算来自多颗卫星的数据包以及时间信号,可计算出接收机相位中心与每一颗卫星的距离,使用三角向量关系计算出接收机所在的位置。

对 GNSS 定位数据,会通过一个编译器再次编译成一个电子信号传给飞控,让飞控知道无人机所在的位置、任务的位置和距离、目的地位置和距离以及当前的速度和高度,然后由飞控驾驶飞机飞向任务位置或返回。

GNSS 虽能够测速度、测高度,但它属于大地高,在飞控中不管用,还需要气压计和空速计消除误差。

飞机在无风环境下沿地面滑跑加速,加速到 20 m/s 的速度然后拉升降舵起飞,这时 GNSS 测量的数值是准确的。若是逆风,机翼与空气相对运动达到一定速度才能够产生一定的升力让飞机起飞。例如逆风风速 10 m/s,飞机只需要加速到 10 m/s 就可以正常离地了;若是顺风起飞,风速 20 m/s,飞机上的 GNSS 测速也达到了 20 m/s 的速度,这个时候拉升降舵,飞机不会动,因为相对空气速度是 0 m/s,达不到起飞条件,必须加速到 40 m/s 的时候才能达到升力起飞,这就是空速计的作用。GNSS 测量的是地速,飞机飞起来是不与地面接触的,直接接触的是空气。

有了 GNSS,飞控知道飞机位置和任务位置,但是飞控上的任务位置需要通过地面站才能起作用。

3)飞行状态控制

飞控系统主要用于飞行姿态控制和导航。对于飞控而言,首先要知道飞行器当前的状态,比如三维位置、三维速度、三维加速度、三轴角度和三轴角速度等,总共 15 个状态。

由于多旋翼飞行器本身是一种不稳定系统,要对各个电机的动力进行超高频率的不断调整和动力分配,才能实现稳定悬停和飞行。

飞控系统最基础也最难控制的技术难点,是要准确地感知这一系列状态,如果这些感知数据有问题或者有误差都会导致无人机做一些非正常的动作。

目前,无人机一般使用 GNSS、IMU、气压计和地磁指南针来测量这些状态。GNSS 获取定位、在一些情况下获取高度、速度;IMU 测量出无人机三轴加速度和三轴角速度,通过计算也能获得速度和位置;气压计用于测量海拔高度;地磁指南针则用于测量航向。由于目前传感器设计和制造水平的限制,传感器测量的数据会有一定的误差,并可能受到环境的干扰,从而影响状态估计的精度。

4)组合导航

为了保障飞行性能,需要充分利用各传感器数据共同融合出具有高可信度的 15 个状态,即组合导航技术。组合导航技术结合 GNSS、IMU、气压计和地磁指南针各自的优缺点,通过电子信号处理技术,融合多种传感器的测量值,获得更精准的状态测量。

为了提升无人机的感知能力和飞行性能,除了以上基础传感器方案,现在主流的无人机产品都加入了先进的视觉传感器、超声波传感器、IMU 和指南针冗余导航系统。

双目立体视觉系统可根据连续图像计算出物体的三维位置,除了避障功能,还能提供定位与测速。

机身下方的超声波模块起到辅助定高的作用,而冗余的 IMU 和指南针在一个元件受到干扰时,冗余导航系统会自动切换至另一个传感器,极大地提高了组合导航的可靠性。

5)智能导航

使用传统导航系统的无人机在室内等无 GNSS 信号的环境中无法稳定飞行。但各种传感器技术的完美融合,使无人机有了智能导航系统,拓展了活动环境,并提升了可靠性。

智能导航系统在 GNSS 信号良好时,可通过视觉提升速度和位置测量值的精度;在 GNSS 信号不足时,视觉系统可以接替 GNSS 提供定位与测速,让无人机在室内与室外环境中均能稳定飞行。

智能导航系统引入了多个传感器,数据量和复杂程度大幅提升。据悉,大疆公司针对视觉和传感器对导航和飞行控制算法进行多次系统重构,增加新的软件模块与架构,全面提升了飞行的性能与可靠性。

6)故障诊断

在起飞前或飞行过程中,任何微小故障都有可能引发飞行事故。如果飞控系统能实时不断地进行故障监控与故障诊断,就能大幅降低事故发生的概率。飞控系统可以监控诸如振动、电压、电流、温度、转速等各项飞行状态参数,并通过这些监控特征信号进行故障诊断。

2. 控制器

无人机飞控系统的控制器用于处理传感器数据,计算无人机的飞行轨迹和动作,并将指令发送给执行器。控制器通常由微控制器、计算机或其他数字处理器组成,用于处理传感器数据,计算无人机的飞行轨迹和动作,并将指令发送给执行器。

3. 执行器

无人机飞控系统的执行器用于控制无人机的姿态、速度和方向等。它通常包括舵机、电机、桨等,主要用于控制无人机的姿态、速度和方向等。

活动三　了解倾斜相机

一、相机间相对位置排列

倾斜相机顾名思义就是获取倾斜影像数据的设备。一般由五个不同焦距、不同方向的传感器组成,图 3-1 是几款五镜头倾斜相机。航拍时,中央一个垂直对地摄影,获取垂直影像,在相机 4 个正交方位分别以一定的倾角放置一个相机,获取倾斜影像。也有可摆动双镜头相机,图 3-2 所示为武汉大势智慧生产的双鱼倾斜相机Ⅰ代,独有的摆动设计,能实现 6 相机的功能。

(a)　(b)　(c)

图 3-1　几款五镜头倾斜相机

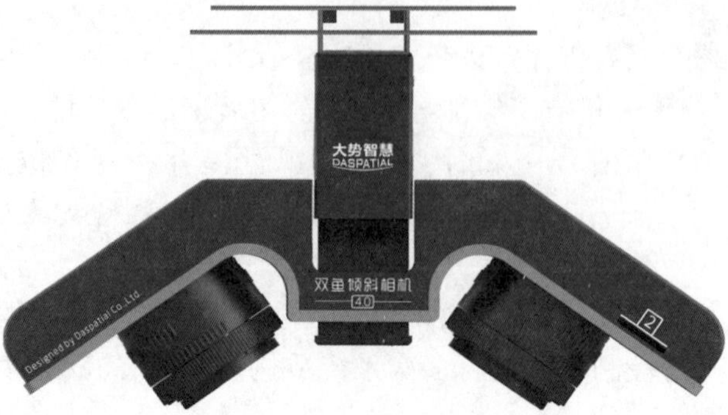

图 3-2　双鱼倾斜相机Ⅰ代

由于倾斜相机拍摄模式的特殊性,相机间的相对关系对于地物覆盖范围、倾斜影像分辨率变化范围、相邻曝光点影像重叠率、集成系统空间尺寸乃至后续数据处理算法都会产生影响。五镜头较好的排列摆放模式为下视影像长边跨航线,前视、后视影像长边跨航线,左视、右视影像短边跨航线。五镜头倾斜相机各视角影像相对位置关系如图 3-3 所示。

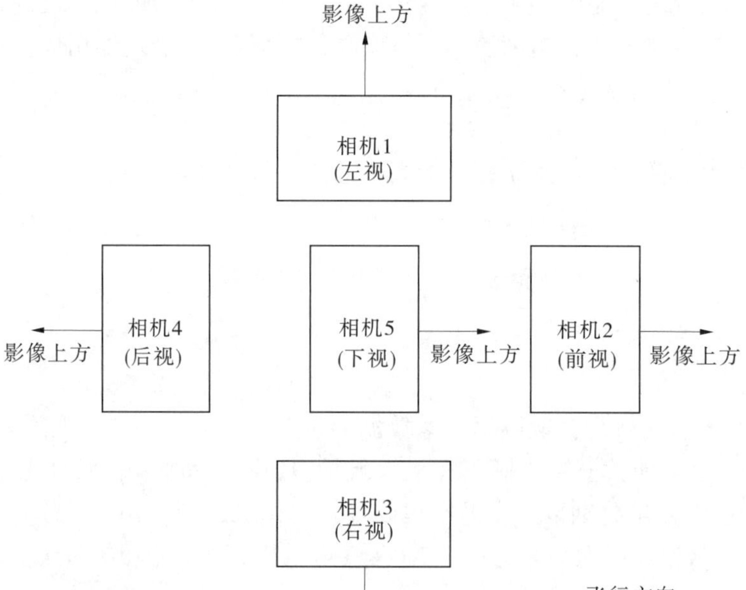

图 3-3　五镜头倾斜相机各视角影像相对位置关系

根据经验及模拟测试,以五镜头倾斜相机为例,当倾角为 40°~50°时,所获得的影像更接近人眼对立面纹理信息的真实视觉体验,此范围角度一般为摄影测量大倾角范围。

倾斜航空摄影的技术设计由专用的软件完成并生成一个飞行计划文件,该文件中包含各个相机的顶点曝光数据。相机工作时,5 个镜头并非同时曝光,而是按照一定顺序依次曝光,曝光间隔一般小于 1 s,一组曝光一般要持续几秒,不同的重叠率设置生成不同的曝光顺序。

二、倾斜影像的特点

倾斜航空摄影系统中重叠率在数值上和普通航空摄影基本相似，倾斜影像没有重叠率的概念，但其仍然有重叠，目的是满足景观覆盖，而不是测图。倾斜摄影采用专用的软件进行设计，其相对航高、地面分辨率及物理像元尺寸仍然满足三角比例关系。

垂直影像和倾斜影像的地面分辨率是倾斜航摄仪最为直观与重要的参数之一，也是直接决定后续三维建模质量的关键因素。倾斜影像自动空三时，为了保证量测点的精度，应尽量保证不同影像的分辨率一致，从而侧视影像需要裁掉远端和近端分辨率差异过大的部分，但同时为了保证影像的重叠率，航线设计时需要顾及侧视影像的分辨率，因此需对垂直视角与倾斜视角的影像分辨率进行组合分析。图 3-4 所示为垂直影像与倾斜影像的几何关系。

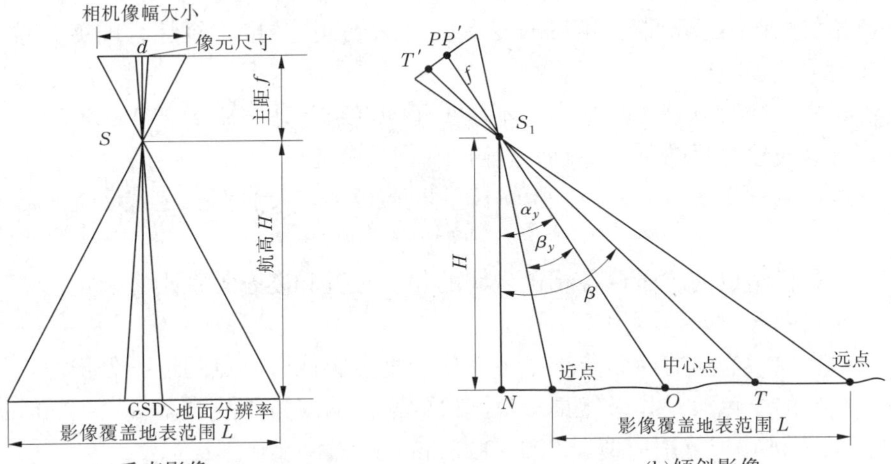

(a)垂直影像 (b)倾斜影像

图 3-4 垂直影像与倾斜影像的几何关系

根据垂直影像 GSD 计算公式 GSD = dH/f，结合倾斜相机主光轴旋转角度，由以下公式可以得出倾斜影像中心点、近地点与远地点的大致分辨率。设倾斜影像近点、中心点和远点分辨率分别为 $GSD_{近}$、$GSD_{中}$、$GSD_{远}$，计算公式为：

$$\left.\begin{aligned} GSD_{近} &= \frac{dH\cos\beta_y}{f\cos(\alpha_y - \beta_y)} \\ GSD_{中} &= \frac{dH}{f\cos\alpha_y} \\ GSD_{远} &= \frac{dH\cos\beta_y}{f\cos(\alpha_y + \beta_y)} \end{aligned}\right\} \tag{3-1}$$

式中 d —— 传感器单像元大小；

H —— 飞行高度；

f —— 相机焦距；

α_y —— 倾角；

β_y —— 视场角的一半，$\beta_y = \arctan(b/f)$。

除飞行高度、焦距、像素大小外，倾角也是影响倾斜影像 GSD 的一个重要因素。倾角越小,其远点的分辨率越高,近点、远点 GSD 差异也就越小,GSD 指标的控制也是影响倾角设计的一个关键因素。通常,获取的倾斜影像与垂直影像中心点地面分辨率应相当,倾斜影像的最小分辨率不宜超过垂直影像分辨率的 3 倍。

三、倾斜相机的机型与选择

倾斜摄影发展到今天,倾斜相机不再限定相机镜头的数量。这包括五镜头、三镜头 、双镜头等多镜头相机及可以调整相机拍摄角度的单相机系统,但这些相机基本上都是非量测数码相机。不同的倾斜摄影机具有不同的性能和特点,需要根据飞行平台、地面分辨率和建模、测图精度等要求综合考虑进行选择。

(一)倾斜相机的性能

倾斜相机的选择应满足以下基本性能:

(1)各相机的内方位元素和相机畸变参数可精确测定,单相机综合畸变差改正后的残差应小于 0.3 个像素。

(2)各相机的综合分解力每毫米内不应少于 40 线对,像素不低于 2 000 万。

(3)带有曝光信号反馈装置,能稳定输出和记录曝光脉冲。

(4)灰度记录的动态范围,全色影像不应低于 12 bit,天然真彩色或多光谱影像每通道不应低于 12 bit。

(5)多个相机组成的航摄仪各相机之间的相对位置和姿态关系刚性稳定。

(6)各相机曝光时间差不大于 120 ms。

(7)倾斜影像中心点的地面分辨率不宜低于垂直影像中心点的地面分辨率。

(8)航摄仪的全色波段和天然真彩色波段的光谱响应范围应覆盖 400~700 nm,多光谱的近红外波段光谱响应范围应覆盖 700~900 nm。

(9)探测器面阵上连续出现的坏点数一般不应多于 4 个,总坏点数不应大于总像素数的百万分之一。

(10)数据存储设备应满足一个满架次数据存储要求。

(二)相机选择

相机选择是影像获取的关键因素之一,决定了所获取影像质量的好坏(如影像分辨率、成像的几何精度等)和摄影交会角的大小(与相机视场角和摄影方式有关),将直接影响最终的量测精度。

下视相机与倾斜相机的焦距确定是影像获取的另一个关键因素。以赛尔无人机的倾斜相机为例:①102S 正射镜头焦距为 25 mm,倾斜镜头焦距为 35 mm;②202S 正射镜头焦距为 40 mm,倾斜镜头焦距为 56 mm。倾角都设置为 45°。

焦距较长的相机,视场角小,可以获取更多的影像纹理,更适合大面积、高楼、复杂场景的高效航摄;焦距较短的相机,视场角大,影像变形也越厉害。

选择组合相机焦距时,需要整体考虑下视相机焦距和侧视相机焦距的组合选择。一般情况下,当倾角设置为 45°时,侧视相机的焦距宜为下视相机焦距的 1.4 倍。因此,倾斜摄影时一般选用侧视相机的焦距比下视相机的焦距要长。

四、数码相机检校

(一)检校原因

无人机飞行平台受限于载荷原因,无法搭载常规的量测型航摄像机,只能搭载非量测数码相机。根据透视成像机制,在理想的成像模型中,像点、对应的物方点和投影中心是严格共线的。但是这种理想的模型是不存在的,非量测相机的镜头结构稳定性差,长期使用的情况下,镜头生产加工精度、相机组装、搬运、震动、湿度、温度等因素,甚至开关机、断电等情况的影响,都会造成相机参数变动,像点在焦平面上的坐标总是与其理论位置存在一定的偏差,仅依靠出厂时提供的检校畸变参数,难以保证得到较好的畸变改正效果。要满足共线方程条件,必须把这些因素考虑在内进行改正,否则,会对最终的产品精度造成不利影响。

数码相机是利用 CCD 或 CMOS 传感器将入射相机镜头的光辐射能量转化为数字影像的,传感器感光单元(像素)的数量为衡量数码相机性能的重要指标。数码相机的误差不仅可由光学镜头的畸变与机械误差引起,还可能由视频信号的"A/D"转换产生,分别称为光学畸变差、机械误差和电学误差。光学畸变是影响像点坐标质量的一项重要误差,主要是由相机物镜系统设计、制作和装配所引起的像点偏离其理想位置的点位误差,最大可达 20~40 像素,造成物方点、投影中心和像点三点不共线,会严重影响后期处理和产品精度,甚至直接造成后续处理工作无法进行。相机镜头的畸变导致构像点的坐标存在误差,而像点的坐标误差是低空摄影测量最主要的原始误差源,直接关系到产品质量的好坏和后续处理的难易度;机械误差是在光学镜头获取的影像转化到数字化阵列影像这一步产生的误差,主要由以下两个因素引起:一是扫描阵列不平行于光学影像,致使数字化影像相对于光学影像有旋转;二是每个阵列元素尺寸不同而产生不均匀变形。电学误差主要包括行同步误差、场同步误差及数据格式转换时的采样误差。

因此,在无人机低空倾斜摄影测量生产中,相机检校工作是必须进行的一项关键工作。

(二)检校内容

数码相机的检校内容包括主点位置的测定、主距的测定和光学畸变系数的测定。

数码相机的误差由光学误差、电学误差和机械误差组成。

(1)光学误差主要是指光学畸变误差,即指相机物镜系统制作、装配引起的像点偏离其理想位置的点位误差,它分为径向畸变差和偏心畸变差两类。

(2)电学误差主要包括行同步误差、场同步误差和采样误差。

(3)机械误差是指从光学镜头摄取的影像转化到数字化阵列影像所产生的误差,主要由以下两个因素引起:

(1)扫描阵列不平行于光学影像,致使数字化影像相对于光学影像有旋转。

(2)每个阵列元素尺寸不同而产生不均匀变形。

数码相机检校的目的是恢复影像光束的正确形状,即通过检校获取相机的内方位元素和影响像点成像质量的各系统误差系数,用所求出的参数来改正像片的系统误差,为后续的解算提供高精度的数据。因此,相机检校就是测定相机的内方位元素和镜头畸变差,以确保后期数据处理过程中正确恢复每张影像光束的形状,进而保证像点、对应的地面点以及投影中心点位于一条直线上。

1. 内方位元素

用来确定相机的镜头中心相对于影像位置关系的 3 个参数，像主点相对于影像中心的位置(x_0, y_0)和镜头中心到影像面的垂距f，当这 3 个参数获取之后，摄影光束的形状即可确定或恢复。

2. 光学畸变差

光学畸变差是指相机物镜系统在设计、制作以及装配阶段所引起的像点偏离其理想位置的点位误差。作为影响像点坐标质量的一项重要误差，光学畸变分为径向畸变和偏心畸变。

一般情况下，相机的畸变差改正都遵循一定的畸变模型，最常见的就是共线条件方程：

$$\begin{cases} \hat{x} = -f\dfrac{a_1(X-X_S)+b_1(Y-Y_S)+c_1(Z-Z_S)}{a_3(X-X_S)+b_3(Y-Y_S)+c_3(Z-Z_S)} = -f\dfrac{\overline{X}}{\overline{Z}} \\ \hat{y} = -f\dfrac{a_2(X-X_S)+b_2(Y-Y_S)+c_2(Z-Z_S)}{a_3(X-X_S)+b_3(Y-Y_S)+c_3(Z-Z_S)} = -f\dfrac{\overline{Y}}{\overline{Z}} \end{cases} \tag{3-2}$$

线性化后为：

$$\begin{cases} \hat{x} = x - x_0 - \dfrac{\overline{x}}{f}\cdot\Delta f + k_1(x-x_0)r^2 + k_2(x-x_0)r^4 + k_3(x-x_0)r^6 + p_1[r^2+2(x-x_0)^2] + \\ \quad 2p_2(x-x_0)(y-y_0) + ap_1(x-x_0) + ap_2(y-y_0) \\ \hat{y} = y - y_0 - \dfrac{\overline{y}}{f}\cdot\Delta f + k_1(y-y_0)r^2 + k_2(y-y_0)r^4 + k_3(y-y_0)r^6 + p_2[r^2+2(y-y_0)^2] + \\ \quad 2p_1(x-x_0)(y-y_0) \\ r^2 = (x-x_0)^2(y-y_0)^2 \end{cases} \tag{3-3}$$

式中　x_0、y_0、f、k_1、k_2、k_3、p_1、p_2、ap_1、ap_2——常用的数码相机畸变模型 10 个畸变参数，常见的消畸变和自检校软件常用的就是这种十参数模型。

（三）相机检校规定

倾斜数字航摄仪的检定项目和检定方法应执行《数字航摄仪检定规程》（CH/T 8021—2010），出现下列情况之一应进行检定：

（1）未检定或已超过检定有效期。

（2）经过大修或主要部件拆卸更换后。

（3）在使用或运输过程中产生剧烈震动后。

（4）其他可能对倾斜数字航摄仪稳定性产生影响的情况。

（四）相机检校要求

相机进行几何检校应满足以下要求：

（1）检校中误差：主点坐标应不大于 10 μm，主距应不大于 5 μm。

（2）残余畸变差不应大于 0.3 个像素。

（3）每次检校均应提供检校参数及检校数学模型。

(4)当出现相机大修、关键部件更换、遭受剧烈振动冲击等情况时,应重新检校。

(五)非量测数码相机检校

按检校方法可以分为实验室法、基于控制场的方法、区域网空三自检校法。

1. 实验室法

实验室法现在一般用的是平行光管法,适用于检校航摄仪等具有固定主距的量测相机。

2. 基于控制场的方法

控制场检校属于航摄前检校,需要借助专门的实验室和专业的检校设备,检校精度较高。

这是一种基于空间后方交会的检校方法。它是以控制点(GCP)和共线方程作为基础,以像点坐标作为观测值,解求相机内外方位元素、畸变系数及其他附加参数的一种检校方法。

所建立的三维控制场需要有一定的深度,控制场中的标志点的关系应该长期稳定不变,并且标志点的三维坐标应该用全站仪精确测量。不足之处是造价昂贵(室内大型控制场),不能(易)携带。

基于室外控制场的检校具有精度高并且可靠的特点;但是在建立检校场时,控制标志点应尽量均匀分布,并且需在3个坐标方向上有一定的延伸,以免造成线性方程的强相关。

由于航摄影像上像点很小的误差都会给物方点位精度带来较大影响,对像片畸变差改正时要采用严密的改正模型;另外,用于航摄的数码相机检校时存在主距的锁定与相机固定问题,在相机检校之前需考虑如何将其机械固定又不影响相机的操作。

3. 区域网空三自检校法

基于光束法平差的区域网自检校属于航摄后检校,不需要借助专业的检校设备,直接通过已有地面控制信息进行光束法区域网平差,得到相应的畸变参数。

区域网空三自检校技术是解析摄影测量平差中最有效的系统误差补偿方法,以共线方程为基础的光束法区域网平差,把可能存在的系统误差作为待定参数,列入区域网空中三角测量的整体平差运算之中,对主参数和系统误差参数同时进行最优估计并评定精度,以达到消除或减弱系统误差的目的。如果从传感器成像的几何及物理因素出发,使自检校附加参数能正确反映传感器内方位元素、摄影物镜光学畸变等系统性误差因素,并通过区域网平差等方法精确求解各项参数,即可实现基于自检校的传感器几何标定,此即为带自检校的区域网光束法平差。由于平差模型中联立了测区多个航线的所有相机及控制点所构成的约束方程,使内、外方位元素的相关性极大地减小,解算的内方位元素及畸变参数精度也就会相应提高。

五、机载IMU/GNSS(POS)系统

目前倾斜摄影系统都安装有定位置和定姿态的POS系统,该系统应满足《IMU/GPS辅助航空摄影技术规范》(GB/T 27919—2011)的规定。

(一)机载IMU/GNSS系统的要求

机载IMU/GNSS(或称POS)系统应符合以下要求:

(1)机载GNSS接收机应符合《全球导航卫星系统(GNSS)测量型接收机RTK检定规程》(JJG(测绘)2301—2013)的相关要求。

(2)机载GNSS接收机应为动态测量型双频GNSS接收机,最小采样间隔不应大于1 s。

(3)机载GNSS接收机天线应采用航空型产品,具有动态双频数据接收能力,并有精确

定义和稳定的相位中心,能在高空、高速飞行状态下正常工作。

(4)IMU 应按相关规定进行检定。

(5)IMU 测角中误差:侧滚角和俯仰角不应大于 0.01°,航偏角不应大于 0.02°。

(6)IMU 数据记录频率不应小于 64 Hz;大范围航摄时,数据记录频率不宜小于 200 Hz。

(7)具有 event mark 信号接口,能将航摄仪曝光时刻通过接口准确写入 GPS 数据流。

(8)存储器应能够记录和存储一个满架次航摄作业的所有 IMU/GPS 数据、event mark 数据及其他必要数据。

(二)地面基站 GNSS 应符合以下要求

(1)地面基站 GNSS 接收机应符合《全球定位系统(GPS)测量型接收机检定规程》(CH 8016—1995)的相关要求。

(2)地面基站 GNSS 接收机应为测量型双频 GPS 接收机,最小采样间隔不应大于 1 s。

(3)地面基站 GNSS 接收机天线应带有抑径板或抑径圈,具有双频数据接收能力。

(4)应配有充足的电池或电源系统,能保证航摄作业中供电不间断。

(5)应配有能适应满架次作业所需地面观测数据存储要求的存储器。

六、倾斜摄影系统的安装

(一)系统安装

(1)IMU 与航摄仪应刚性固连。

(2)GNSS 接收机天线安装应满足下列要求:

①应稳定安装在飞机顶部外表面,靠近航摄仪主光轴位置。

②安装位置应便于偏心分量的测量。

③飞机机体对 GNSS 信号造成的遮挡最小。

④天线在飞机平飞状态时应处于水平。

⑤应尽量避免飞机无线电信号的串扰。

⑥当采用直接定向法航测成图且没有姿态改正记录装置时,GPS 偏心分量 uirs、vars 一般不应大于 20 cm。

(二)POS 系统与摄影机镜头中心的相对位置测量

机载 IMU/GNSS 系统及航摄仪安装后,应测定偏心分量,从 GPS 天线相位中心或 IMU 测量中心测至相机的量测参考点,再换算至摄影中心。GPS 偏心分量 3 次测量的较差一般不应大于 5 cm,IMU 偏心分量 3 次测量的较差一般不应大于 1 cm,并填写偏心分量测定表,表格式样可参考《IMU/GPS 辅助航空摄影技术规范》(GB/T 27919—2011)中的附录 A。

(三)系统测试

航摄系统安装、连接后,应在地面对整个系统通电测试,检查其工作是否正常。

任务二　倾斜航空影像获取

活动一　倾斜航摄之航线规划

《倾斜数字航空摄影技术规程》(GB/T 39610—2020)规定了采用数字航摄仪进行航空

摄影的技术要求,为满足这些技术要求,在进行摄影前要进行航线的规划。航线规划是倾斜摄影技术中一个重要的环节,由前期准备、航线设计和参数检查三个部分组成。

一、前期准备

(一)收集测区资料

进行倾斜摄影时,首先需要了解项目的具体位置,一般会与甲方沟通,需要获取和收集项目的准确 KML 导入地图软件中查看项目范围。资料主要包括:

(1)测区行政区划图或其他纸质用图。

(2)能够导入手簿或计算机,适合航线规划的电子地图(奥维地图、天地图等)。

(3)控制点坐标、高程资料(成果要求的坐标系:地理坐标系统、高程系统、投影及分带方式)。

通过分析航飞的基本资料,了解任务测区的地形起伏情况、测区的形状和实际面积。

(二)测区踏勘

1. 确定航飞范围

通过测区踏勘,进一步了解测区范围、面积大小、界线形状、地形情况和植被情况,分析所收集资料的可用性和准确性。了解最高地形和最高物体的高度、哪里适合起飞降落、禁飞区情况(注意不要黑飞);依据任务区域的地形情况等划定建模范围,最后确定航飞范围(为了保证任务边缘三维模型的质量和效果,航拍范围至少要超出任务区域外侧 1.5 个航高的距离),再进行合理的飞行架次划分,优化航飞方案,提升作业效率。

2. 飞行环境判断

判断飞行环境是否满足飞机的飞行要求,避免撞机事故发生。对于大城市、机场或高海拔地区,航摄时应遵守《无人机驾驶航空器飞行管理暂行条例》。

影响无人机飞行的环境因素主要包括以下四个方面:

(1)海拔与高差。测区的海拔应该满足无人机的作业要求,无人机飞行的高度应该大于当地的海拔和高差。

(2)地形、地貌条件。地形和地貌主要影响无人机的构像质量,对于地面反光强烈的地区,如沙漠、大面积的盐滩、盐碱地等,在正午前后不宜摄影。对于陡峭的山区和高密集度的城市地区,为了避免阴影,应在当地正午前后进行摄影。

(3)风向和风力。地面的风向决定无人机起飞和降落的方向,空中的风向对飞行平台的稳定性影响很大,尽量在风力较小时进行拍摄。

(4)电磁和雷电。无人机空中飞行平台和地面站之间通过电台传输数据,要保证导航系统及数据链的正常工作不受干扰。在实际到达现场时,应记录现场的风速、天气、起降坐标等信息,留备后期的参考和总结。

(三)其他资料准备

(1)有关飞机性能资料。

(2)有关相机参数资料。

(3)飞行参数规定。主要包括:

影像格式:jpg、tif、iiq 等。

地面分辨率:像元大小及镜头焦距。

POS：POS 定位精度、是否包含位置信息及姿态信息。

飞行方式：采用单镜头（如果要飞清晰，需要进行五向航飞）、5 镜头或是扫式镜头。

航线、旁向重叠度：确定航飞的航向及旁向重叠度。

（4）测图精度指标。

二、航线设计

航线设计主要是结合用户需求设置合适的航摄因子，主要包括地面分辨率（GSD）、航高、航向重叠率、旁向重叠率、摄区覆盖（航线外扩）、角度、方向，以及相关的摄影基线（拍照间距）、航线间距，以保证拍摄的影像质量和精度等。

倾斜摄影的航线采用专用航线设计软件进行设计，其相对航高、地面分辨率及物理像元尺寸满足三角比例关系。航线设计软件会生成一个飞行计划文件，该文件包含飞机的航线坐标及各个相机的曝光点坐标位置。实际飞行中，各个相机根据对应的曝光点坐标自动进行曝光拍摄。

（一）航线设计工作内容

（1）根据地形和界线范围选择飞机起飞点，确定航线方向。

（2）根据航飞天气确定相机相关参数。

（3）根据测图精度确定地面分辨率（GSD）。

（4）根据 GSD 计算航高。

（5）根据 GSD 计算航向和旁向重叠率。

（6）确定航飞时间。

（7）计算航飞参数与任务量。

（二）航线设计分区原则

随着技术及应用的发展，越来越多的大面积倾斜任务，因无人机航程及控制半径原因，需要对较大测区划分为若干航摄分区，以便设计飞行航线和对任务进行分工。

航摄分区的划分主要考虑几个方面：一是无人机类型及续航里程，二是影像地面分辨率与三维建模处理系统的性能，三是摄区相对高差。

1. 无人机类型及续航里程

（1）在无人机飞行作业时，飞机起降一般都在同一地点，为了有效利用有效作业里程，航线设计一般采用双数敷设，航线尽可能长，且采取往返飞行。

（2）航线设计长度一般按有效作业里程的 1/2、1/4、1/6 或 1/8 等设计。同时，航摄分区还应考虑无人机的有效通信及控制距离，确保无人机安全。

2. 影像地面分辨率与三维建模处理系统的性能

（1）影像地面分辨率的高低决定了倾斜照片的数量。

（2）一般分辨率 2 cm 的航摄分区，范围最大不超过 5 km^2；分辨率 5 cm 的航摄分区，范围最大不超过 25 km^2。

（3）在满足最高点重叠率的前提下，最高点、最低点与基准面分辨率不超过 1.5 倍为宜。如果超过 1.5 倍，建议分区进行航摄。

3. 摄区相对高差

高差影响航摄时需要顾及地表高差影响，高差（包含建筑物）大于 1/4 相对航高时，建议分区进行航摄。

（三）航线布设时各项指标设置

航线一般按摄区走向直线方法敷设，平行于摄区边界线的首末航线必须确保侧视镜头能获得测区有效影像。

若采用双镜头相机航拍，布设航线时需东西航线布设后再进行往返飞行，保证多角度获取倾斜摄影影像。

1. 地面分辨率（GSD）设置

数码相机航摄时，统一使用 GSD（ground sample distance）概念。航线设计以 GSD 为出发点，先由成图比例尺确定 GSD，进而确定航高。地面分辨率计算采用公式（3-4）：

$$\mathrm{GSD} = \frac{H \times a}{f} = m \times a \tag{3-4}$$

式中　GSD —— 地面分辨率，m；

H —— 航摄高度，m；

a —— 像元尺寸，μm；

f —— 镜头焦距，mm；

m ——摄影比例尺分母。

在高差较小的地区航摄时，成图比例尺与 GSD 的对应关系见表 3-1。

表 3-1　成图比例尺与 GSD 的对应关系

测图比例尺	地面分辨率/cm
1:500	≤5
1:1 000	8~10
1:2 000	15~20
1:5 000	20~40

需要强调的一点就是，倾斜航线设计一般以下视相机作为航线设计的基准。

2. 航高设置

无人机倾斜摄影的飞行高度是航线设计的基础。航摄高度需要根据任务要求所选择的地面分辨率，然后结合倾斜相机的性能，按照式（3-5）计算：

$$H = f \times \mathrm{GSD}/a \tag{3-5}$$

式中　符号含义同前。

从式（3-5）可以看出，相同 GSD 条件下，a/f 小的数码相机，所需的航高较高，对天气条件要求比较苛刻。焦距的大小与航摄时的航高成正比关系。

对于无人机搭载的数码相机而言，其焦距是已知的，通常有 50 mm、35 mm 和 24 mm 等，用于倾斜航摄仪的镜头焦距一般是组合存在的，用于轻小型无人机上的倾斜相机下视的焦距一般有 20 mm、25 mm、28 mm、35 mm 等。

3. 航摄重叠率的设置

倾斜航摄的重叠率一般要求比现阶段传统正射的重叠率要高一些，低空数字航空摄影相关规范规定：航向重叠率一般应为 60%～80%，最小不小于 53%；旁向重叠率一般应为 15%～60%，最小不小于 8%。在无人机倾斜摄影时，旁向重叠率是明显不够的。不论航向重叠率还是旁向重叠率，按照算法理论建议值是 66.7%。对建筑稀少区域和建筑密集区域两种情况，重叠率的设置是有区别的。

1）建筑稀少区域

考虑到无人机航摄时的俯仰、侧倾影响，无人机倾斜摄影测量作业时在无高层建筑、地形地物高差比较小的测区，航向、旁向重叠率建议最低不小于 70%。要获得某区域完整的影像信息，无人机必须从该区域上空飞过。以两栋建筑之间的区域为例，如果这两栋建筑由于高度对这个区域能形成完全遮挡，而飞机没有飞到该区域上空，那么无论增加多少相机都不可能拍到被遮区域，从而造成建筑模型几何结构的粘连。

2）建筑密集区域

建筑密集区域的建筑遮挡问题非常严重。航线重叠率设计不足、航摄时没有从相关建筑上空飞过，都会造成建筑模型几何结构的粘连。为提高建筑密集区域影像采集质量，影像重叠率最多可设计为 80%～90%。当高层建筑的高度大于航摄高度的 1/4 时，可以采取增加影像重叠率和交叉飞行增加冗余观测的方法进行解决。如著名的上海陆家嘴区域倾斜摄影，就是采用了超过 90%的重叠率进行影像采集，以杜绝建筑物互相遮挡的问题。

3）重叠率保障

根据影像不同的用途，重叠率要求不完全一样。如果只是为了快拼影像，一般旁向重叠率 60%以上，航向重叠率 70%以上；如果用于三维重建，一般要求旁向重叠率在 70%以上，航向重叠率 80%以上。目前的很多飞控软件都实现了自动化，容易实现重叠率的保证，只需要输入相机参数、飞行高度、重叠率等，就可以自动规划出航线。但在重叠率设置时，应考虑地形起伏对重叠率的影响，高于基准面的地表航拍时会使重叠率降低，重叠率是否满足要求应以地形高处的为准。地形起伏对重叠率的影响的分析如下：

如图 3-5 所示为地形起伏时对重叠率的影响情况，假设基准面上对应重叠宽度为 P_x，像幅对应宽度为 L_x，高处的重叠宽度为 P_x'，对应地面宽度为 L_x'，高度对重叠的影响宽度为 $\Delta P_x'$，相对基准面重叠率为 q_x，相对地形高处重叠率为 q_x'，它们之间存在的几何关系为：

$$\frac{\Delta P_x' + P_x'}{L_x'} = \frac{P_x}{L_x} = q_x \tag{3-6}$$

$$q_x - q_x' = \frac{\Delta P_x'}{L_x'} \tag{3-7}$$

$$\frac{\Delta P_x'}{\Delta h} = \frac{B}{H} = \frac{(1 - q_x')L_x'}{\boldsymbol{x}} \tag{3-8}$$

地形起伏高度对重叠宽度的影响为：

$$\Delta P_x' = \frac{\Delta h(1 - q_x)L_x'}{H} \tag{3-9}$$

基高比概念：摄影基线与航高的比值称为基高比，即：

$$\text{基高比} = \frac{B_x}{H} = \frac{(1 - q_x)l}{f} \tag{3-10}$$

式中　q_x—— 航向重叠率；

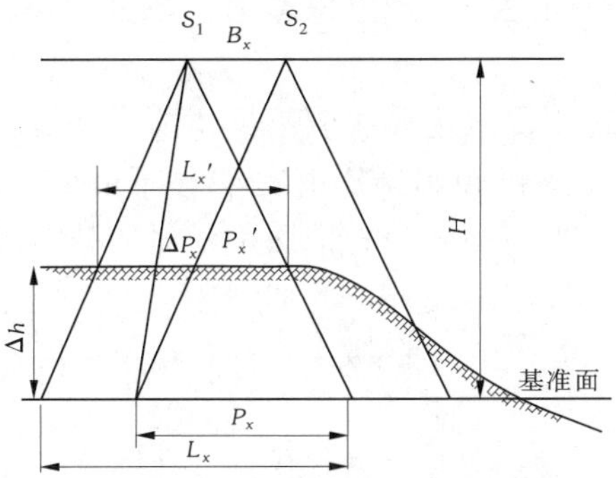

图 3-5 地形起伏对重叠率的影响

l —— 航向像幅尺寸。

基高比与航高、航向重叠率与主距成反比,而与沿航向的像幅边长成正比。基高比越大,航向重叠率越小。

模型高程测量精度与基高比的关系:

$$m_h = \pm 1.21 \frac{H}{B_x} \frac{1}{2\sqrt{2}R} \tag{3-11}$$

式中 R —— 空间分辨率(GSD);

H —— 航高;

B_x—— 摄影基线。

基高比(B_x/H)越大,高程精度越高;反之,高程精度越低。空间分辨率(GSD)越高,高程精度越高。

常见地形地貌重叠率的设置见表 3-2。

表 3-2 常见地形地貌重叠率的设置

地形地貌	航向重叠率	旁向重叠率
山地、密集建筑区	75%~85%	75%~85%
一般建筑区	65%~75%	65%~75%
稀疏建筑区、荒地	60%~70%	60%~70%
DLG 生产	70%~80%	50%~60%
DOM 生产	55%~70%	15%~30%
单体化生产	70%~80%	50%~60%

4)重叠率与数据量的关系

影像重叠率与影像数据量密切相关。重叠率越大,意味着每张影像的有效覆盖部分越少,意味着同样的面积,需要采集更多的影像。航向重叠率 90%与航向重叠率 80%的数据量对比,虽然二者只相差 10 个百分点,但不是多飞 10%的影像,而是 2 倍。数据量越大,数据处理的效率就越低,所以在进行航线设计时还要兼顾二者之间的平衡。

4. 摄区覆盖设置

倾斜航摄为了获取测区范围内完整的侧面纹理,航线一般要完整覆盖测区,需要在航向和旁向均超出一定的距离,航向上一般是以摄影基线数量衡量,旁向上一般以航线数量(旁向间距)衡量。

对垂直摄影,航向覆盖超出摄区边界线应不少于两条基线,旁向覆盖超出摄区边界线一般不少于像幅的 50%,但在无人机倾斜摄影时是明显不够的。理论上,需要目标区域边缘地物能出现在像片的任何位置,与测区中心地区的特征点观测量一样。考虑到测区的高差等情况,可以按照式(3-12)来计算航线外扩的宽度:

$$L = H_1 \times \tan\theta + (H_2 - H_3) + L_1 \tag{3-12}$$

式中　L——外扩距离;

H_1—— 相对航高;

H_2—— 摄影基准面高度;

H_3—— 测区边缘最低点高度;

θ —— 相机倾斜角;

L_1—— 半个像幅对应的水平距离。

摄影基线、旁向间距的计算:

摄影基线大小、旁向间距长度与重叠率、摄影比例、像素数和地面分辨率有关,计算公式为:

$$B_x = P_x \times m \times (1 - D_x) \tag{3-13}$$

$$B_y = P_y \times m \times (1 - D_y) \tag{3-14}$$

式中　P_x—— 航向重叠宽度;

P_y—— 旁向重叠宽度;

m —— 摄影比例尺分母,$m=H/f$,H 为航高,m;f 为相机焦距;

D_x—— 航向重叠率(%);

D_y—— 旁向重叠率(%);

B_x—— 航向基线长;

B_y—— 旁向基线长。

相机传感器尺寸(长:P_y×像元大小 ,宽:P_x×像元大小)。

相机像元大小:

$$\text{Pix} = \frac{P_x}{x\text{ 方向像素数}} = \frac{P_y}{y\text{ 方向像素数}}$$

一般情况下,为提高航拍效率,相机是横向安装在无人机上的,传感器长边垂直于飞行方向,如图 3-6 所示,在计算基线长度时需要注意。

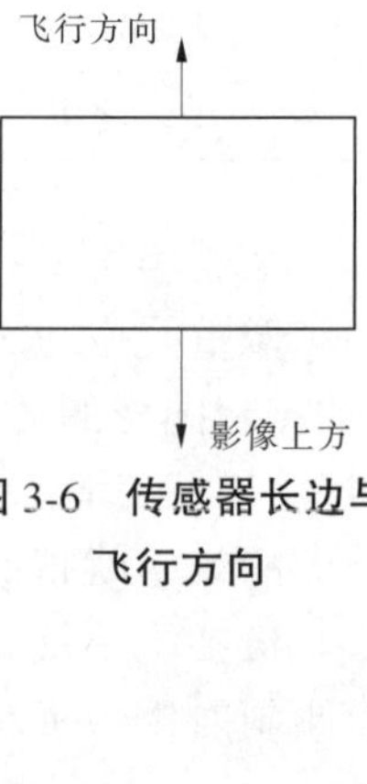

图 3-6　传感器长边与飞行方向

计算方法举例:以选定索尼 A6000 相机为例,相机最高分辨率 6 000×4 000,传感器尺寸 23. 5 mm×15. 6 mm(APS-C 画幅),有效像素约 2 430 万像素,航向重叠率 80%,旁向重叠率 65%,设定地面分辨率为 0. 02 m。

摄影基线 B_x =4 000×(1-80%)×0. 02 m=16 m;

旁向间距 B_y =6 000×(1-65%)×0. 02 m=42 m。

倾斜航线设计时,航向覆盖应超出分区边界线一定的基线数,旁向覆盖应超出分区边界线一定的航线数。根据侧视相机倾斜角度和视场角的关系,参照式(3-15)计算出航向和旁向覆盖超区分区边界线理论值:

$$理论值 = \frac{\tan\theta}{2\tan(\beta/2) \times (1 - P)} \tag{3-15}$$

式中　θ —— 倾斜相机角度,(°);

β —— 视场角,(°);

P —— 航向或旁向重叠率(%)。

在实际飞行中,由于大气等各因素的影响,航向和旁向覆盖超出边界线的实际值一般按式(3-16)和式(3-17)计算:

$$基线数 = 理论超出值 + 2 \tag{3-16}$$

$$航线数 = 理论超出值 + 1 \tag{3-17}$$

分区覆盖要求与摄区覆盖要求相同。

在不便于施测像片控制点的边界附近应根据实际情况外扩。深沟和峡谷区域可根据边界地物高度情况和倾斜相机倾斜角适当减少覆盖范围。

5. 变高航线设计

分辨率是三维模型质量的重要因素,倾斜摄影的模型高程精度一般是地面分辨率(GSD)的3倍,若影像的分辨率是5 cm,模型的高程精度基本就是15 cm,最大限差为30 cm(2倍中误差)。为了得到满足精度要求的倾斜模型,GSD就有一定的限制。

对于高差较大的地形,如果按照等高的形式进行航线设计,为了保证飞机安全,一般会按照测区最高点的高程+安全距离的方式完成航线设计,这种航线设计的方式明显增加了飞行高度,降低了GSD,进而降低了高程精度及模型质量,而且这种情况会随着测区高差的变化而发生变化。为了解决这种问题,可以结合地形设计变高航线,最大程度上做到以相对较低且一致的航高,获取测区内GSD相对一致的倾斜数据,满足用户对于高精度、高分辨率的需求。

图3-7所示为地形起伏较大时航线变高设置示意。

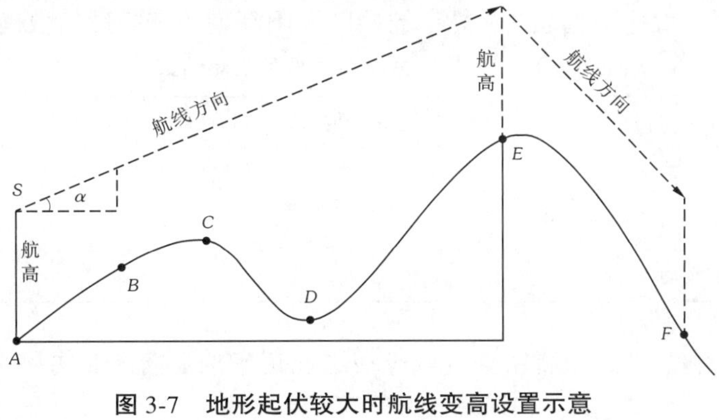

图3-7　地形起伏较大时航线变高设置示意

6. 建筑高度引入航线设计

航线设计时主要采用的是地表面的高程信息,未考虑地物的高度,若摄区出现高度大于相对航高的独立地物或建筑物,容易出现撞机事故,引发飞机坠毁,严重情况下引起人身财产损失,所以将建筑物的高度引入航线设计中很有必要。

另外,当摄区建筑较高时,建筑屋顶在影像中形成较大的投影差,若只考虑地表面的重叠率,必然导致建筑屋顶部出现漏洞。因此,需要结合相对航高、重叠率及建筑高度等方面的相关因素加以分析。

在进行航线设计时将建筑高度引入倾斜航线设计中,设计时输入测区的最高建筑的高度,通过调整重叠率,尤其是旁向重叠率,以达到测区最高点以及最高建筑顶部的重叠率都能满足要求,这种航线设计对于保证数据的有效获取、避免模型出现漏洞具有明显的优势。

(四)航线敷设的一般原则

(1)航线按摄区范围特征直线敷设。

(2)曝光点宜采用数字高程模型,依地形起伏设计。

(3)水域、海域摄影时应尽可能避免垂直影像像主点落水。

如果航摄成果用于三维建模,航线敷设宜遵循以下原则:

(1)建筑物低矮、稀疏区域按大部分建筑物分布、朝向及地形敷设。

(2)建筑物高大、密集区域可交叉敷设或加大航向旁向重叠度。

(五)航摄季节、航摄时间的选择

为保证航拍成像质量,进行航线规划时应注意:

(1)尽量选择阴影较小的时间拍摄。

(2)尽量缩短同一架次内相邻航线间的飞行间隔(航线不宜过长)。

(3)尽量缩短同一天内、同一分区内、相邻架次、相邻航线间的飞行间隔(要有连续性)。

(4)尽量选择相同时间点飞行,以避免太阳高度角带来的差异。

(5)尽量缩短同一摄区的作业周期,合理安排飞行计划。减小不同日期、不同天气拍摄的影像出现明显的色差。

航摄季节和航摄时间的选择一般应遵循以下原则:

(1)航摄季节应选择摄区最有利的气象条件,应尽量避免或减少积雪、洪水、扬沙等对摄影的不利影响,确保航摄影像能够真实地显现地表细部。

(2)航摄时间一般应根据表 3-3 规定的摄区太阳高度角和阴影倍数确定。

表 3-3　摄区太阳高度角和阴影倍数

地形类别	太阳高度角/(°)	阴影倍数
平地	>20	<3
丘陵地,一般城镇	>25	<2.1
山地,大、中城市	≥40	≤1.2

(3)陡峭山区和高层建筑物密集区域应在当地正午前后各 1 h 内摄影,条件允许时,可实施云下摄影。

三、检校场布设

IMU/DGPS(POS)辅助航空摄影测量的核心是采用动态差分 GPS(即 DGPS)技术和惯

性测量装置(IMU)直接在航摄飞行中测定航摄仪的位置和姿态,并经严格的联合数据后处理(即卡尔曼滤波),获得高精度的航片外方位元素,从而实现无或极少地面控制的航摄影像定向和测图。

由于(POS)系统测定的位置和姿态是惯性坐标系下的直接测量数据即位置数据(X,Y,Z)以及姿态数据(pitch,roll,yaw),而在实际摄影测量生产中采用的是摄影测量坐标系下的精确外方位元素位置数据(X',Y',Z')和姿态数据(φ,w,κ)。为实现惯性坐标系到摄影测量坐标系下的转换,通用采用飞行检校场的方法来进行。

(一)检校场布设原则

(1)检校场应尽量布设在摄区内,也可布设在摄区附近,所选区域应能够实施野外像片控制测量。

(2)摄区可布设一个或多个检校场。

(3)检校场的基准面应尽量与摄区基准面一致。

(二)检校场和像控点布设方法

检校场有多种布设方案,一般可从下列方案中选取。

1.2 条航线方案

设置2条连续对向飞行航线,每条航线不宜少于10个像对;像片航向和旁向重叠度均按60%设计;每个检校场须布设不应少于6个像控点,像控点间隔不应超过3条基线,点位位于像片标准点位处

如图3-8所示每个检校场在像控点区域内布设不少于2个平高点作为检核。

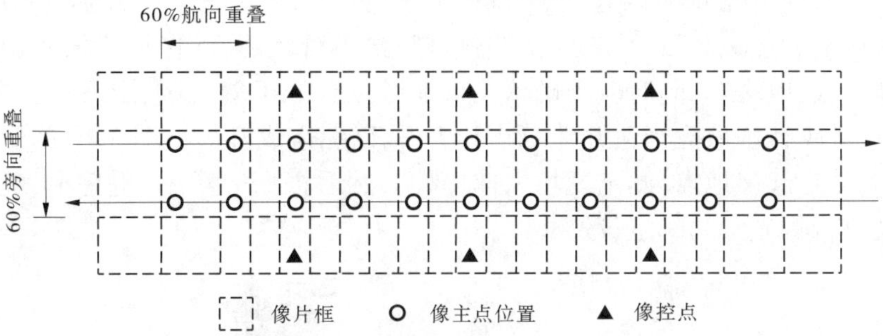

图3-8 2条航线检校场布设方案示意图

2.4 条航线方案

设置4条连续对向飞行航线,每条航线不宜少于6个像对;像片按航向重叠度60%、旁向重叠度不小于30%设计;每个检校场须布设不应少于9个像控点,像控点间隔不应超过3条基线,点位位于像片标准点位处(见图3-9),每个检校场像控点区域内布设不少于2个平高点作为检核。

(三)检校场像控点、检查点点位选取

检校场像控点、检查点点位应可清晰成像、能精确定位、GPS测量施测方便,且位于像片成像的重叠区。当经摄区踏勘发现无法选取满足上述要求的点位时,应在正式航空摄影前布设人工标志,标志大小应满足其在航摄影像上可准确辨认和量测,且应采取必要的措施,确保航摄期间所有标志完好无损。

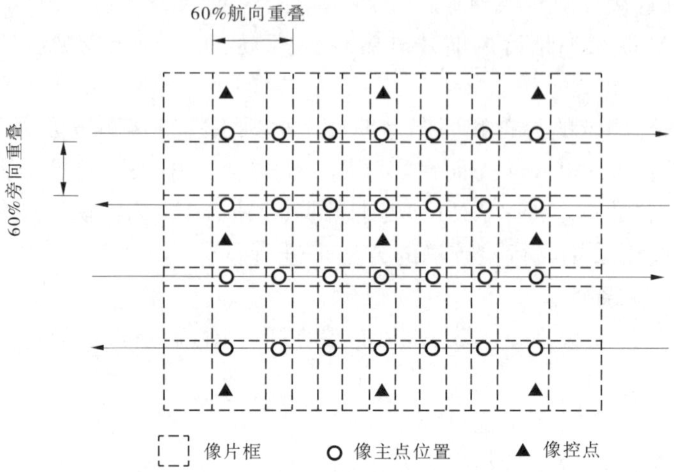

图 3-9　4 条航线检校场布设方案示意图

活动二　无人机倾斜摄影测量外业

一、无人机倾斜航空摄影

(一)无人机飞行前检查

1. 环境安全检查

准备航飞前,要事先对测区天气(阴晴、雨水、雾霾、空气能见度)进行判断,适合飞行后,再奔赴摄区。到达摄区后,首先要做的就是观察飞行环境,确保周边没有影响飞行安全的障碍物,如电线、电塔等;同时应当确认飞行地区是否处于禁飞区、限飞区,不要违反当地法律、法规;此外飞行区域应当避开建筑物和人群,以免造成麻烦。图 3-10 为影响飞行安全的因素。接着选定起飞地点,测定现场风速、风向,然后根据分辨率、重叠率、航高等进行航线规划,以及进行曝光量的确定等。

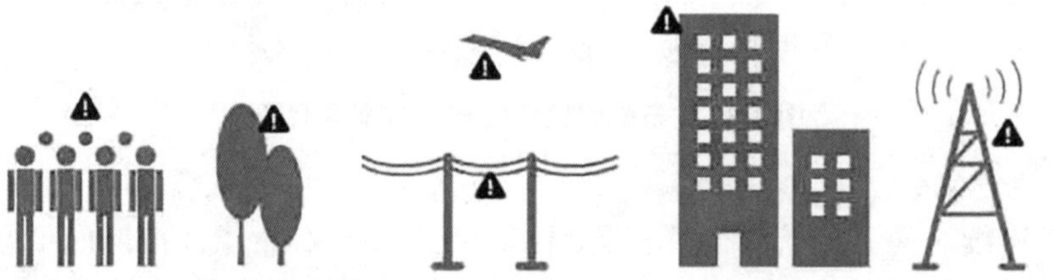

图 3-10　影响飞行安全的因素

2. 机身检查

无人机是复杂精密的设备,飞行中机身会承受很大的作用力,可能导致一些部件损坏,飞行前的机身检查有助于及时发现损坏之处,保证飞行安全。机身检查应当至少检查以下项目:

(1)机身是否有裂纹。

(2)螺丝钉或紧固件有无松动或损坏。

(3)螺旋桨有无损坏、变形以及安装是否紧固。

(4)电池安装是否牢固。

3. 无人机控制系统检查、校准

该步骤是飞行前检查中最复杂的一步,不过,目前多数无人机都配有直观、简洁的 App。控制系统检查、校准主要包含以下项目:

(1)检查飞控装置是否正常。

(2)检查相机是否正确连接和正常工作。

(3)检查存储卡是否正常。

(4)无人机电池电量是否充足,满足航飞时间要求。

(5)检查遥控装置是否工作正常,遥控器电池电量是否充足。

(6)磁罗盘(指南针)是否正常。磁罗盘如果有异常现象,则需更换起飞地点或对磁罗盘进行校准,具体校准步骤因不同无人机有所不同。

(7)GNSS 卫星数是否满足安全飞行要求。

(8)云台系统是否正常。

对于弹射起飞的无人机,还应检查弹射架的状况。

(二)航拍实施

1. 飞行执行

根据制订的分区航摄计划,寻找合适的起飞点,对每块区域进行拍摄。在设备检查完毕,并确认起飞区域安全后,将无人机解锁起飞。

起飞后,飞手通过遥控器实时控制飞机,地面站飞控人员通过飞机传输回来的参数观察飞机状态。飞机到达安全高度后由飞手通过遥控器收起起落架,将飞行模式切换为自动任务飞行模式,飞机按照规划好的航线进入摄区,按规定的曝光时间和计算的曝光间隔连续地对地面逐航线拍摄。同时,飞手需通过目视无人机密切监测飞行状况,同时关注飞控软件中显示的电池状况、飞行速度、飞行高度、飞行姿态、航线完成情况等指标,以保证飞行安全。

2. 飞行日志记录

摄制组其他成员要及时填写当天风速、天气、起降坐标信息等飞行日志,并保存数据供日后参考和分析。

3. 飞行结束

无人机完成飞行任务后,降落时应确保降落地点安全,避免路人靠近。完成降落后快速检查相机中的影像数据、飞控系统中的数据是否完整。数据获取完成后,需对获取的影像进行质量检查,对不合格的区域进行补飞,直到获取的影像质量满足要求。

(三)无人机航拍时常见的故障

在无人机航拍实施过程中,可能会遭遇一些突发情况,需要及时解决,主要出现的情况如下。

1. 提示 GNSS 信号弱

GNSS 在飞行过程中起着定位和导航的作用,可以帮助无人机实现定点悬停或自动返航,有时候在飞行中会突然提示“GNSS 信号弱”。造成这种提示的原因主要是受到了周围环境的遮挡,容易进入姿态模式导致炸机。此时很多飞手的第一反应是把飞机往回飞,但是会发现信号越来越弱,正确的做法应该是迅速拉高无人机,以重新获取 GNSS 信号。

2. 提示指南针异常

指南针用于分辨无人机在地理坐标系的方向,与 GNSS 协同工作。指南针是比较容易受到干扰,比如磁场、金属等。如果飞行的地方和上一次飞行的地方距离比较远,建议重新校准指南针。

3. 提示电机过载

当电机进入异物,对电机的旋转形成阻力时,会增加电机的负载,导致电机发热。当 App 提示"电机过载"时,需要尽快降落检查排除电机异物。如果再次起飞仍然提示"电机过载",这时候需要将无人机返厂维修。

4. 提示动力饱和

电机转速达到极限,而且无法获得更大的升力,比较常见于高海拔、大风环境飞行,这种情况下应该减速飞行或者尽快降落。

二、像控点的布设

像控点布设方式包括地物特征点、靶标(十字、三角)、喷漆(确定当地可以喷漆)等。

点之记:对点位位置进行说明的文件。

像控点布设密度:一般会先设计好航线,然后根据航线及地面分辨率设计,确定像控点的分布及密度。

控制测量是为了保证空三加密的精度、确定地物目标在空间中的绝对位置。在常规的低空数字航空摄影测量外业规范中,对控制点的布设方法有详细的规定,是确保成图精度的基础。

当摄区内地物分布简单,地面特征点稀少,以及对成果位置精度要求较高时,需要在航拍前布设地面标志,并测量标志中心位置坐标和高程,还必须确保航飞结束前标志不移动。

倾斜摄影技术相对于传统摄影技术在影像重叠率上要求更高,现在的规范关于像控点布设要求不适合应用于高分辨率无人机倾斜摄影测量技术。无人机通常采用 GPS 定位模式,自身带有 POS 数据,对确定影像间的相对位置作用明显,可以提高空三计算的准确度。

无人机航摄采用常规光束法区域网平差时,像控点布设要求参阅项目二任务五影像控制测量相关内容。区域网的大小(航线数和像对数)及像控点间航向和旁向间距可适当放宽,具体要求应经过试验验证成图精度后,在技术设计书中明确。像控点布设得合适与否,对后期空三加密起着相当关键的作用,每个架次至少布设 4 个像控点,并同时布设总像控点数 10%~20%的检查点。若遇到地形起伏变化较大、树木植被复杂地区,需加密像控点,若不加密或者对飞行区域覆盖分布不均匀,会导致翘曲、平差数据不能达到精度要求。

(一)不同机型的像控点布设建议

固定翼和复合翼无人机,3 km^2 以下的区域一般布设 5 个像控点,大于 3 km^2 的在周边和内部适当增加像控点。对旋翼无人机,布控密度稍大一些,即使面积较小也不少于 5 个点。

采用像素较高的相机,可以减小控制点的布设密度。飞机飞行高度较低,需要增大控制点密度。

具有 RTK 定位功能的无人机,通过实时处理两个测量站载波相位观测量,将基准站采集的载波相位差分改正信号值，实时发给无人机上的接收机，进行求差解算坐标。但是必须用数据通信链路，如电台或移动网络。由于受到电台功率及数据链传输质量的影响，有效作业距离一般不超过 10 km。根据实际作业经验，基准站和流动站之间的距离最好控制在 5 km 以内，所以在大范围无人机测绘工作中，RTK 的优势不太明显。另外，相机快门开启瞬时间和 GNSS 接收机记录的位置时间不同步，存在时间延迟误差，会造成不规律的系统误差。

为提升精度和扩大测区面积，引入载波相位事后差分的 GNSS 定位技术，即 PPK 技术，其系统也是由基准站和流动站组成。PPK 模式则不需要实时通信链路，无须架设基站，通过使用云基站数据就可进行差分解算，也不会受到链路终端影响，没有时间延迟问题，不受地形影响，PPK 采用快速求整周模糊度的技术，利用 2~5 个历元观测值就可以得到更高精度的厘米级三维坐标解算结果。

PPK 解算原理：利用进行同步观测的 1 台 GPS 基准站和至少 1 台 GPS 流动站对卫星的载波相位观测量数据进行采集，在计算机中利用 GPS 处理软件进行现象组合，形成虚拟的载波相位观测量值，确定接收机厘米级的相对位置，然后进行坐标转换，得到流动站在地方坐标系中的坐标。

大量实践证明，RTK 与 PPK 两种作业模式在测量精度上相差无几（见表 3-4）。在小范围的作业区域内，RTK 作业效率高，且可以实时提供高精度位置信息。在长距离大范围的作业区域内，尤其是带状区域，比如输电线路、公路、铁路、油气管道，PPK 是最佳选择。

表 3-4　RTK 与 PPK 技术比较

项目	定位精度	作业模式	初始化时间	通信电台	定位作业方式	作业半径	观测失锁
RTK	厘米级	基准站+流动站	10 sec+0.5×基线长度	需要	实时定位	≤10 km	受干扰多易失锁
PPK	厘米级	基准站+流动站	8 min+6 颗以上卫星	不需要	后处理定位	≤50 km	不易失锁

不带差分 RTK 的无人机航摄每平方千米一般布设 4~5 个像控点，带差分 RTK 的每平方千米一般布设 1~2 个像控点。面状测区像控点位仍按周边和中心布设。理论上带 PPK（后差分系统）的飞机布设的影像控制点数量比不带 PPK 的飞机减少 80%以上，若地形起伏较大、地貌复杂，需增加像控点的布设数量（10%~20%），可以根据项目测试经验自行调整。但要注意，带 PPK 的飞机飞行距离和所架设的静态基站间直线距离应保持在 10 km 之内。

（二）不同地面分辨率时的像控点布设建议

对影像的地面分辨率要求不同，相应的像控点布设密度不同，表 3-5 为根据实践经验总结的布设密度。

表 3-5　不同分辨率时像控点的布设密度

影像地面分辨率/cm	像控点密度	可满足的项目类型
1.5	100~200 m/个	高精度测量
2	200~300 m/个	1:500 地形图测绘
3	300~500 m/个	1:1 000 地形图测绘
5	500 m/个	常规规划测量设计

(三)几种常见摄影区域控制点的布设

1. 规则矩形和正方形面状区域像控点布设建议

对于一般矩形区域,控制点按 3 行 2 列布设,共 6 个控制点,如图 3-11 所示。对小面积区域,最少布设 5 个控制点,即航飞区域内 4 个角各一个,区域中间 1 个;大面积区域相应增加控制点。不同架次衔接处需布设公用像控点。成图比例为 1:500 时,一般每平方千米平坦地布设 5~6 点,起伏地布设 7~8 点;成图比例为 1:1 000 时,每平方千米平坦地布设 2 点,起伏地布设 3~4 点;成图比例为 1:2 000 时,每平方千米平坦地布设 1 点,起伏地布设 2 点。

对于跨度较大的区域,当长宽比大于 2 时,控制点可按 3 行 3 列布设 9 个影像控制点,如图 3-12 所示。

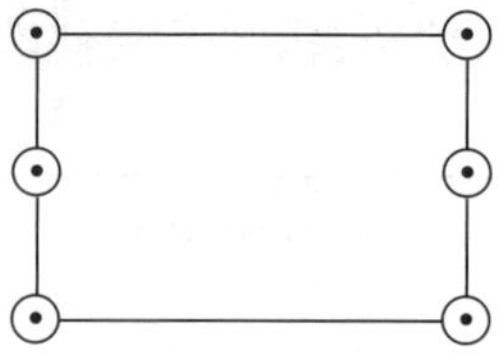

图 3-11　一般矩形区域布点

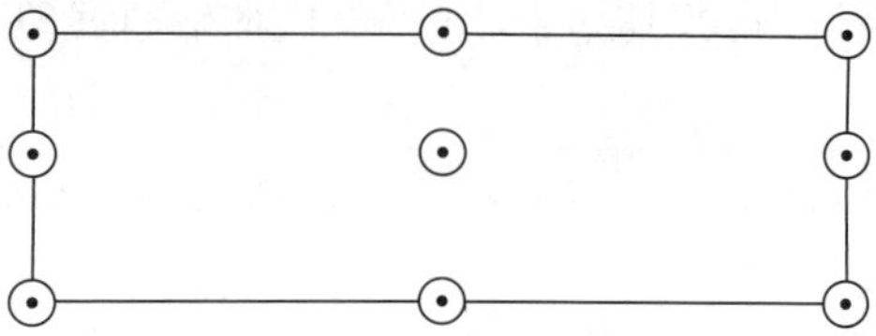

图 3-12　大跨度矩形区域布点

2. 带状区域像控点布设建议

如河流、道路等带状航摄区域,按飞行架次在带状的左右侧进行控制点布设,不同架次衔接处需布设有公用像控点。每一侧相邻点间距离根据地面分辨率 GSD 和实际情况而定。

对于直线型的长航线测区,成图比例为 1:500 时,一般按照 2 行 5 列布设;比例尺为 1:1 000、1:2 000 时,一般按照 2 行 4 列布设,如图 3-13 所示。这种区域也可以采用“Z”字形布点法,即垂直于带状两边各两个控制点,带状区域中间一个控制点,具体如图 3-14 所示。对于折线形的摄影区域,需在航线拐弯处加布控制点对,如图 3-15 所示。

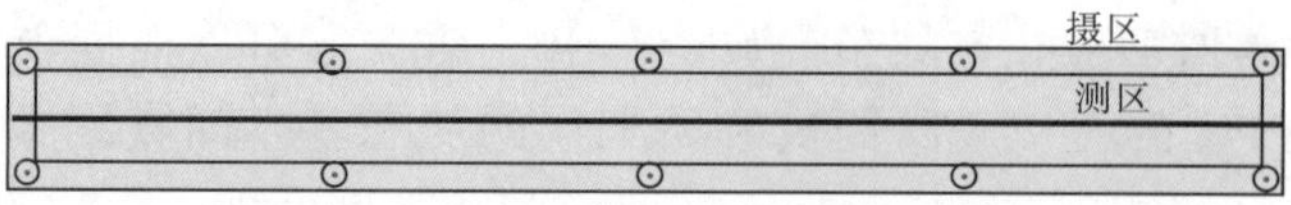

(a)1:500测图布控

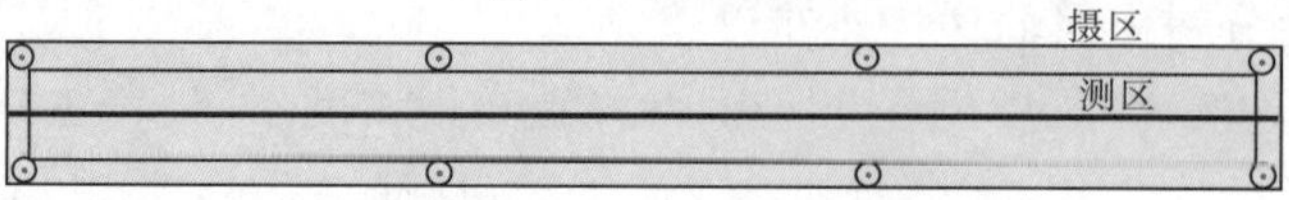

(b)1:1 000、1:2 000测图布控

图 3-13　直线型的长航线像控点布设

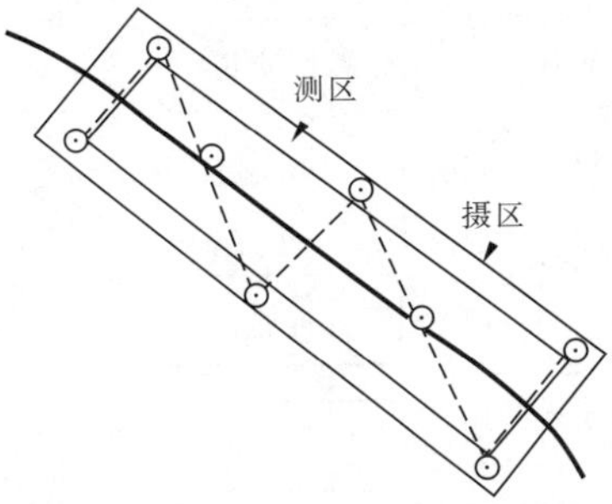

图 3-14 带状区域“Z”字形布点

3. 不规则区域

对于近似矩形的不规则区域，需在拐角处加布控制点，保证布设的控制点能均匀地覆盖整个测区，如图 3-16 所示。

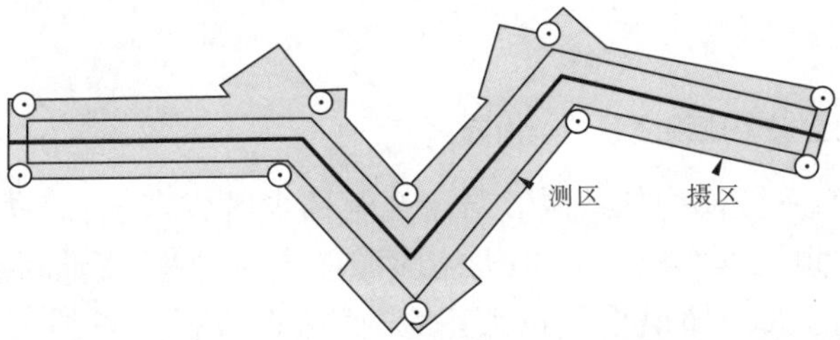

图 3-15 折线形区域布点

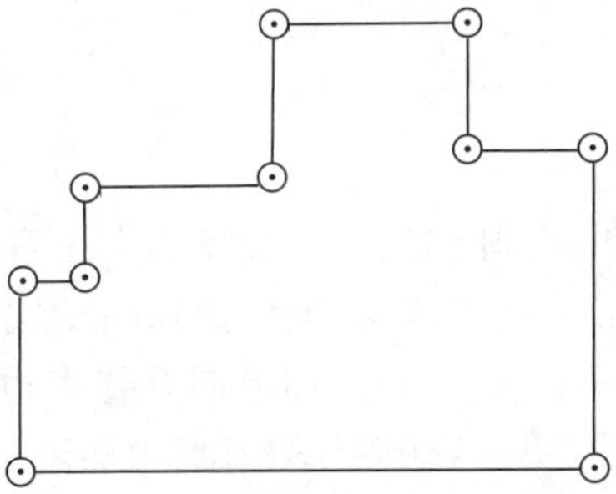

图 3-16 不规则区域布点

如果地形平坦且地物稀少，用无人机航测优势不太明显，如果测区地物较多，采用无人机进行作业能提高工作效率 15% ~ 40%。评价一个测区平差结果主要看检查点和加密点的精度。

活动三 倾斜影像数据的质量检查

倾斜摄影成果质量检查、成果资料整理和验收，应按照《倾斜数字航空摄影成果质量检验技术规程》(CH/T 1050—2021)和《倾斜数字航空摄影技术规程》(GB/T 39610—2020)的要求执行。质量检查内容如图 3-17 所示。

一、倾斜影像飞行质量检查

(一)影像重叠率检查

影像重叠率要求如下：

(1)垂直影像：航向重叠率在陡峭山区和高层建筑物密集区域一般应设计为 70% ~ 80%，其他地区航向重叠率一般不低于 60%；旁向重叠率一般应设计为 50% ~ 80%，最低不低于 30%。

(2)倾斜影像：当满足垂直影像重叠率后，倾斜影像的航向、旁向重叠率可不再重新设计；航摄成果用于三维建模时，其航向重叠率一般不低于 53%。

由于倾斜航空影像采取多视匹配的算法进行空三加密处理，要求影像重叠率大才能匹

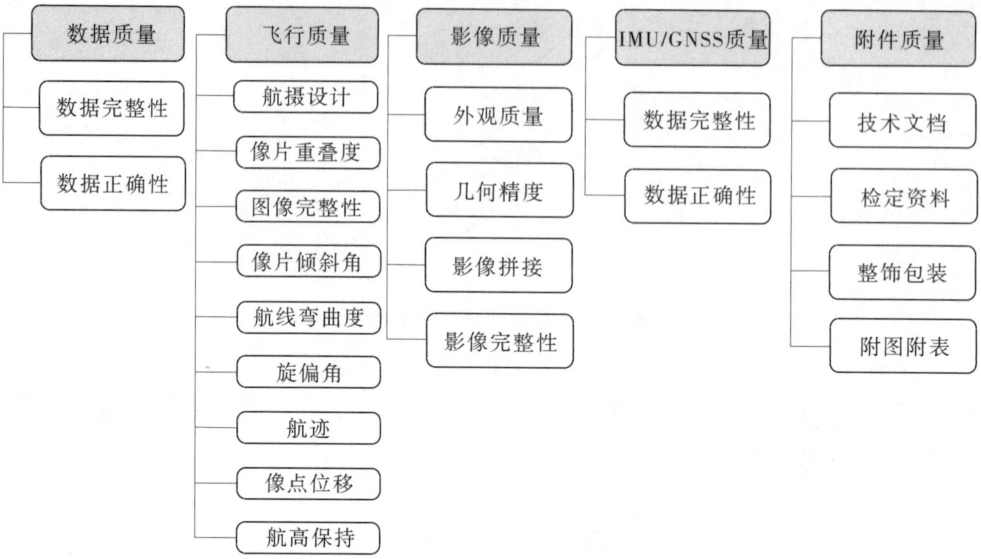

图 3-17 航空摄影成果质量检查内容

配更多的同名点,重叠率的大小直接影响三维模型的效果。对于建筑稀少区域来说,如果该区域无高层建筑、地形地物高差比较小,倾斜摄影时下视相机的影像航向重叠率、旁向重叠率应不小于 70%,但航向重叠率也不宜过大。如果重叠过大,一方面会造成摄影基线变得更短,不仅影响测图精度,也会降低效率;另一方面基线变短会增加影像旋偏角超限的可能,一般在 70%~80%为宜。对于建筑物密集区域,往往会出现建筑遮挡严重的问题。为提高建筑密集区域影像采集质量,影像重叠率最多可设计为 80%~90%。当高层建筑的高度大于航摄高度的 1/4 时,可以采取增加影像重叠率和交叉飞行的方式,以及增加冗余观测的方法进行解决。影像重叠率与影像数据量密切相关,影像重叠率越高,相同区域数据量就越大,数据处理的效率就越低。所以,在进行航线设计时还要兼顾二者的平衡。

(二)垂直影像倾斜角(α)检查

依据机载 POS 数据检查下视相机的倾斜角度。在摄影期间飞机的飞行姿态发生了倾斜,相机轴与铅直方向的夹角称为垂直影像倾斜角。当 $\alpha=0$ 时为垂直摄影,是最理想的情形。但飞机受气流影响,不能完全置平,垂直影像倾斜角一般不应大于 3°,最大不应大于 6°。有像片倾斜角记录装置时,应根据像片倾斜角测量装置记录的数据检查。无像片倾斜角记录装置时,可在已有的地形图上选择若干明显地物点作为控制点,用摄影测量方法进行测算检查。目前的摄影系统大多具有角度补偿,例如赛尔 PSDK 102S V2 给予相机 8°的补偿,让相机在摄影过程中基本保证垂直向下。

(三)垂直影像旋偏角检查

倾斜航空影像由于重叠率大、基线短,飞机姿态稍有变化即可能导致旋偏角超限。像片旋偏角是由于摄影时航摄机定向不准确而产生的。旋偏角不但会影响像片的重叠率,而且给航测内业作业增加难度。垂直影像旋偏角一般不应大于 25°。在确保影像航向和旁向重叠率满足要求的前提下,最大不应大于 35°。

航摄成果用于测图时,垂直影像旋偏角应满足《数字航空摄影规范 第 1 部分:框幅式数字航空摄影》(GB/T 27920.1—2011)的要求,即 1:500、1:1 000、1:2 000 测图旋偏角一般不应大于15°,在确保像片航向和旁向重叠率满足要求的前提下最大不应大于25°。

在一条航线上连续达到或接近最大旋偏角的像片数不应大于3片;在一个摄区内出现最大旋偏角的像片数不应大于摄区像片总数的4%。

(四)摄区、分区覆盖保证检查

为了保证摄区外侧也能获取影像,倾斜摄影摄区边界覆盖较垂直摄影大。实际航摄过程中,一般可在航线旁向和航向方向测区边界范围外增加一个航高以上距离的外扩。图3-18为倾斜摄影摄区外扩示意。具体要求见本项目任务二活动一中航线布设时各项指标设置相关内容。

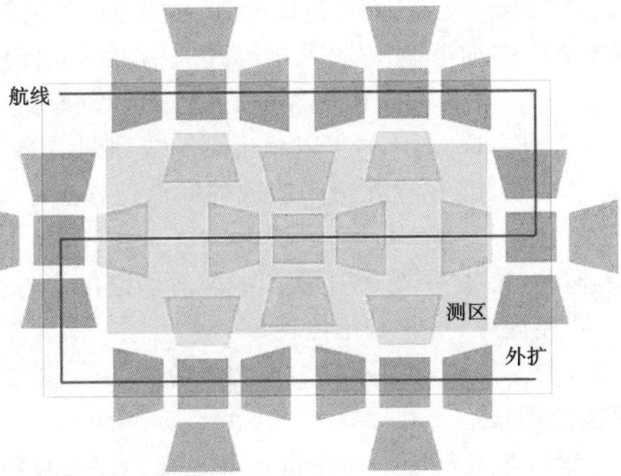

图3-18　倾斜摄影摄区外扩示意

(五)航线弯曲度与航高保持检查

摄区航线弯曲度可依照框幅式数字航空摄影规范执行,航线弯曲度一般不大于1%,当航线长度小于5 000 m时,航线弯曲度最大不大于3%。由于倾斜航空摄影的航高一般小于1 000 m,因此在航高保持方面要求同一航线上相邻像片的航高差不大于30 m,最大航高与最小航高之差不大于50 m,分区内实际航高与设计航高之差不大于50 m。

二、定姿、定位数据质量检查

采用GNSS或IMU/GNSS(POS)辅助航空摄影时,数据质量应满足《IMU/GPS辅助航空摄影技术规范》(GB/T 27919—2011)中的要求。

(一)IMU/GNSS数据质量

POS数据质量检查的主要内容包括:

(1)偏心分量测定精度是否满足要求。

(2)基站GNSS和机载GNSS卫星信号有无失锁、缺失。

(3)event mark信号有无重复和丢失。

(4)IMU数据是否正常和连续,并与GNSS时间同步。

(5)IMU/GPS数据处理精度是否满足要求。

注:当采用GPS精密单点定位技术时,无基站GNSS相关检查内容。

(二)基站点位测量和检校场控制测量质量的检查

检查的主要内容包括:

(1)基站点位的测量是否满足精度要求。

(2)检校场控制测量的精度。

注:当采用 GNSS 精密单点定位技术时,无基站点位测量相关检查内容。

三、倾斜影像质量检查

(一)影像质量要求

(1)影像应清晰、层次丰富、反差适中、色调柔和、颜色饱和、色彩鲜明、色调一致。应能辨认出与地面分辨率相适应的细小地物影像,能够建立清晰的立体模型。

(2)影像上不应有云、雪,以及大面积烟雾、反光、污点等缺陷。虽然存在少量缺陷,但不影响立体模型的连接和测绘时,则认为可以用于测制线划图。

(3)确保因飞机地速的影响,在曝光瞬间造成的像点位移一般不应大于 1 个像素,最大不应大于 1.5 个像素。

(4)不应出现机上振动、镜头污染、相机快门故障等引起的影像模糊的现象。

(5)拼接影像应无明显模糊、重影和错位现象。

(6)融合形成的高分辨率彩色影像不应出现明显色彩偏移、重影、模糊的现象。

(二)影响影像质量的因素

影响影像质量的因素分为天气因素与相机本身因素。天气因素主要是风、雾霾,当风速过大时,应该考虑停止飞行。首先,风大会造成飞机飞行速度和姿态变化过大,导致从空中所照的照片扭曲程度过大,最终成像模糊。其次,会加速飞机动能的消耗,导致飞行时间缩短,最终有可能会在有限的时间内未能完成计划区域。

影像成像的关键点在于像片上相邻地物影像之间的密度差,如果地物影像质检没有密度差异,即没有影像反差,也就无法从影像上辨别地物。决定影像反差的因素除了地物本身的特征,还取决于阳光部分与阴影部分之间的差异,如果选择天气条件不好时拍摄,必然是影像质量变差。如果是在室内,也需要注意光照,尽量保证每张照片的色差稳定,不要出现过暗或过曝的情况。

相机本身因素主要是相机的像素和曝光时间。像素主要由相机本身决定,曝光时间的选取与天气有着密切的关系,当光线条件不好时,应该尽量增加曝光时间,将快门速度调大。例如,赛尔 PSDK 102S+大疆 M300 RTK,阴天时采用 1/800 的快门速度,晴天时采用 1/1 000 快门速度,感光度 ISO 的选择数值一般为 100~400。

四、补摄

经过检查,航摄影像出现相对漏洞和绝对漏洞,均应及时补摄,并遵循以下原则:

(1)应采用前一次航摄飞行的倾斜数字航摄仪补摄。

(2)漏洞补摄应按原设计要求进行。

(3)补摄航线的两端应超出漏洞之外一条基线。

五、影像和数据成果整理

(一)影像编号方法

(1)影像编号由16位数字构成,采用以航线为单位的流水编号,影像编号自左至右第1~5位为摄区代号,第6~7位为分区号,第8~10位为航线号,第11~12位为相机号,第13~16位为影像流水号,具体见图3-19。

×××××	××	×××	××	××××
摄区代号	分区号	航线号	相机号	影像流水号

图3-19 影像编号

(2)一般以飞行方向为编号的增长方向。

(3)同一航线内的影像编号不允许重复。

(4)当有补飞航线时,补飞航线的影像流水号在原流水号基础上加5 000。

(二)IMU/GNSS 数据整理

IMU/GNSS 数据处理应按以下要求执行:

(1)垂直影像 IMU/GNSS 数据处理依照《IMU/GPS 辅助航空摄影技术规范》(GB/T 27919—2011)第7章IMU/GPS数据处理部分执行。

(2)倾斜影像 IMU/GNSS 数据根据垂直影像的 IMU/GNSS 数据和倾斜相机与垂直相机之间的相对位置和姿态关系解算获得。

(3)IMU/GNSS 数据中影像名编号与影像编号相一致。

(4)IMU/GNSS 应标明坐标系统、转角系统及相应单位。

倾斜摄影成果质量检查、成果资料整理和验收,应按照《倾斜数字航空摄影成果质量检验技术规程》(CH/T 1050—2021)和《倾斜数字航空摄影技术规程》(GB/T 39610—2020)的要求执行。

习 题

1. 简述倾斜摄影系统的组成。
2. 无人机导航子系统必须具有的功能是什么?
3. 无人机飞控子系统主要具有的功能是什么?
4. 倾斜影像的特点是什么?
5. 简述数码相机的检校目的和内容。
6. 简述影响无人机飞行的环境因素主要有哪些?
7. 简述航线设计的目的及工作内容。
8. 倾斜航摄重叠率的设置要求有哪些?
9. 重叠率保障与摄区覆盖要求有哪些?
10. 简述航线敷设的一般原则。
11. 简述无人机飞行前检查工作的内容。
12. 无人机航拍时常见的故障有哪些?
13. 简述进行影像控制测量的目的。

14. 什么是像控点的选择？
15. 像控点的布设原则是什么？
16. 倾斜摄影像控点布设密度的要求是什么？
17. 倾斜影像飞行质量检查的工作内容包括什么？
18. 简述无人机定姿、定位数据质量检查的内容。
19. 影像质量应满足什么要求？
20. 影响影像质量的因素有哪些？
21. 补摄原则是什么？

码 3-1　项目三习题参考答案

项目四 实景三维模型构建

项目描述

【项目介绍】 本项目包括五个学习任务。任务一学习贴近独立建筑的建模，任务二学习对建模数据的预处理，任务三学习自动空中三角测量（空三加密），任务四学习模型重建技能，任务五是实景三维建模训练与考核（知行合一）。

【学习重点】 贴近独立建筑的建模、数据获取工作准备、针对独立建筑的自动建模作业步骤，以及作业中遇到的常见问题的分析和处理方法；POS 数据预处理和影像整理，以及过程中遇到常见问题的分析和处理方法；空中三角测量的作业流程，精度检查和成果提交，空三加密过程中常见问题的分析和处理方法；提交三维模型重建任务的内容、重建区域设置、参数设置，成果提交，建模常见问题的分析与处理方法；学生实操能力及思维拓展的激发。

【学习难点】 对空三加密作业的理解，以及其他作业环节中对常见问题分析的理解，知识提升与扩充和生产实践的相互结合。

项目目的

◆ **知识目标**

1. 掌握自动化建模所需的基本知识。
2. 了解空中三角测量（空三加密）软件的基本功能。
3. 熟悉自动空中三角测量（空三加密）的一般作业流程。
4. 理解不同参数的配置原则。
5. 认识实景三维构建中每一个环节与步骤的作用。

◆ **能力目标**

1. 了解贴近独立建筑获取数据的工作内容。
2. 熟悉建模的作业流程。
3. 针对独立建筑自动建模，会分析常见问题。
4. 能够进行数据预处理和影像整理，对常见问题进行分析和处理。
5. 会对自动空三加密进行构建测区工程及影像、POS 和控制点数据导入、信息错误判断、刺控制点、空三精度检查和成果提交、常见问题分析和处理。
6. 会对模型重建进行重建区域设置、参数设置和成果提交，了解成果文件的数据组成，能够对建模常见问题进行分析和处理。
7. 结合实景三维建模训练与考核，掌握生产所需技能及常见问题解决方案，掌握该项目技术的提升技巧。

◆ **情感目标**

1. 通过该项目的学习，使学生明白专业技术学习的重要性。

2. 通过学习,使学生明白准备工作的重要性。

3. 通过学习,使学生明白从事专业技术工作要规范操作,要具有质量意识和安全意识。

4. 通过学习,使学生具备入职即能作业的初步能力,尽早让学生成为企业的技术型专业人才,提高学生在操作上的实践能力,从而提升自身核心价值。

项目成果

1. 建模流程总结。
2. 针对独立建筑自动建模,列出常见问题。
3. 对自动空三加密的具体作业流程进行完整、准确的总结。
4. 对模型重建的作业程序列表描述。
5. 按照实训考核要求需要提供的各类成果。

课时建议

20 学时(根据学生所学专业情况,学时数可适当增减,见表 4-1)。

表 4-1 学时分配

序号	学习内容	讲课学时
1	贴近独立建筑的建模	2
2	数据预处理	2
3	自动空中三角测量	6
4	模型重建	4
5	实景三维建模训练与考核(知行合一)	6
合计		20

思政引导

具有社会责任感

(1)具备良好的职业道德和社会责任意识,具有对他人、对社会所承担的责任、任务和使命的社会责任感。

(2)自觉、有意识地融入和关注社会的变化,为将来步入社会、融入社会建立初步的认识。

(3)应主动关注社会的矛盾,不能置身事外,应主动分析矛盾的原因、发展和解决办法,为国家的发展和社会的进步献计献策,增强自身的辨别力,树立正确的价值观和是非观,为将来毕业走向社会打下坚实的基础。

(4)积极参与学校组织的为提高学生社会责任感举办的各种实践活动。

(5)关注涉及大学生社会责任感的媒体舆论。

任务一 贴近独立建筑的建模

该学习任务以独立建筑为主体,采用由简入深的教学方式,在不涉及太多专业知识的情况下,让学生先理解自动建模的各个环节,从中逐步获取所需基础知识,在建模过程中总结问题及解决问题,开拓学生思维,一步步获取所需职业技能。

通过学生之间协同拍摄及自动建模,以打开兴趣为主,让学生在实践中提升团队协同能力,获取所需专业知识,从结果里获取兴趣与成就感,为后续专业生产打下坚实基础。

活动一 数据获取工作准备

一、了解建模的作业流程

基于贴近摄影测量方式进行独立建筑建模的作业流程如图 4-1 所示。

二、人员组织

可根据实际高性能电脑数量,以小组为单位按照 3~5 人进行分组,同时选拔出各组组长。小组各同学应积极配合组长安排任务,协同完成该项目,其间如遇问题,进行组内共同探讨,提出解决方案。

三、设备(手机、单反相机、影像 RTK)准备与被摄物体选择

设备可以选择以下硬件中的任意一种:

(1)手机(高清摄像头)一部、手机对应的数据线一根。

(2)单反相机一套。

(3)影像 RTK 一套,如图 4-2 所示。

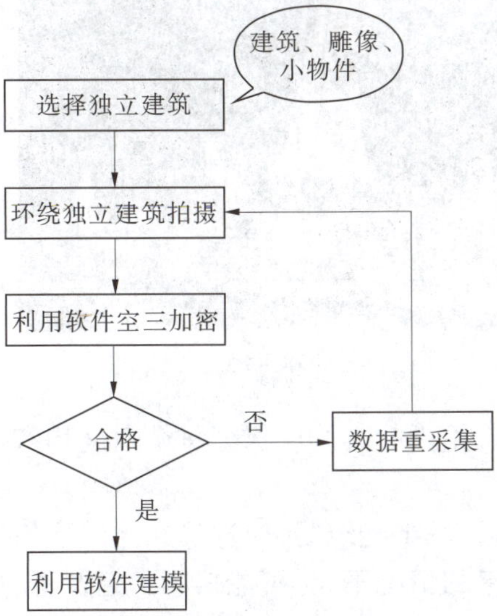

图 4-1 独立建筑建模的作业流程

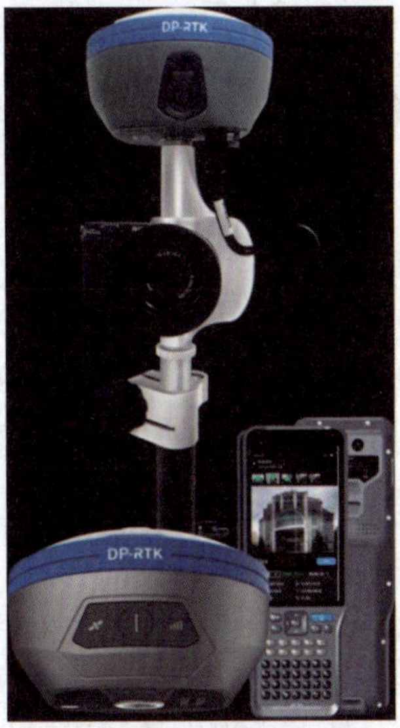

图 4-2 影像 RTK

(4)高性能电脑一台、USB3.0 读卡器一个。

(5)小型多旋翼无人机一架。

被摄物体(独立建筑、雕像等小部件):所选物体外表纹理应尽量避免有光泽的反光面。

四、贴近环绕拍摄

根据人员分配情况,各学习小组可以内部商讨找寻被摄物体,可以选择身边的独立建筑、小物件、雕像等。如图 4-3~图 4-5 所示。

图 4-3　独立建筑

图 4-4　小物件

图 4-5　雕像

物体选择后,以被摄物体为中心,进行环绕拍摄,拍摄的时候应保证每个角度均有拍摄照片,以此保证拍摄的重叠率满足建模需求。

在采集的过程当中,应避免被摄物体一半光线强,一半光线弱,应选择在光线均匀的环境下进行被摄物体的环绕拍摄,拍摄时在保证重叠率的情况下,尽可能采用由远及近、从上到下的方式进行多轮次的环绕拍摄,如图 4-6 所示。

图 4-6 小物件环绕拍摄

活动二 针对独立建筑自动建模

采集完数据后，各组将拍摄的影像进行整理，存入电脑进行自动化模型构建，以目前主流的影像定向及自动化建模软件 DP-Smart 为例，指导如何进行小物件自动化建模。定向及自动建模可事先扫码观看，见码 4-1。

码 4-1 定向及自动建模

一、新建工程

打开软件后，可以通过点击文件选择："新建工程"，建议在新建工程名的时候尽量避免出现中文、特殊标点符号的情况，输入名称后选择方案存放路径如图 4-7 所示，建议存放位置拥有足够的内存空间。

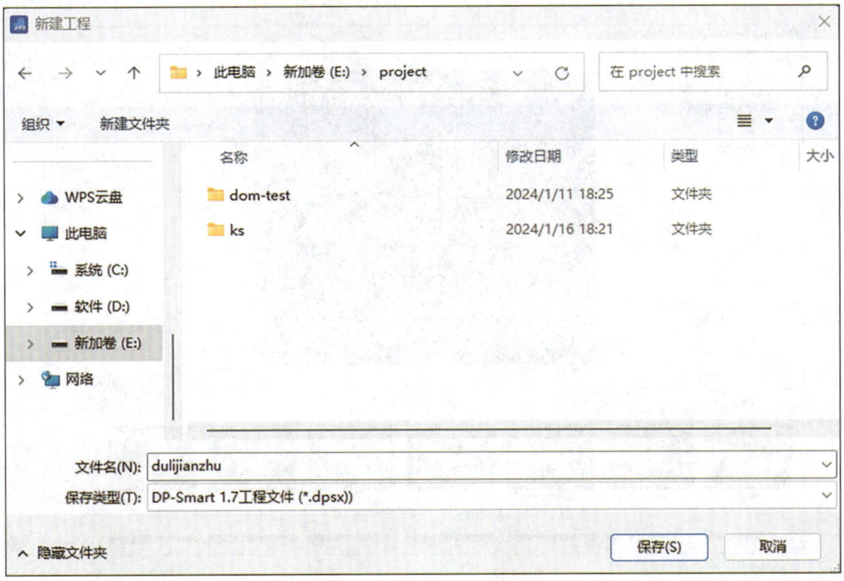

图 4-7 新建工程界面

二、导入影像

选择采集影像所存放的文件夹，点击全部影像模式，将各组拍摄的影像数据导入软件，如图 4-8 所示。如果影像数据是采用手机拍摄的，需要准备好数据线或者以蓝牙连接方式将手机里的影像数据导入电脑。

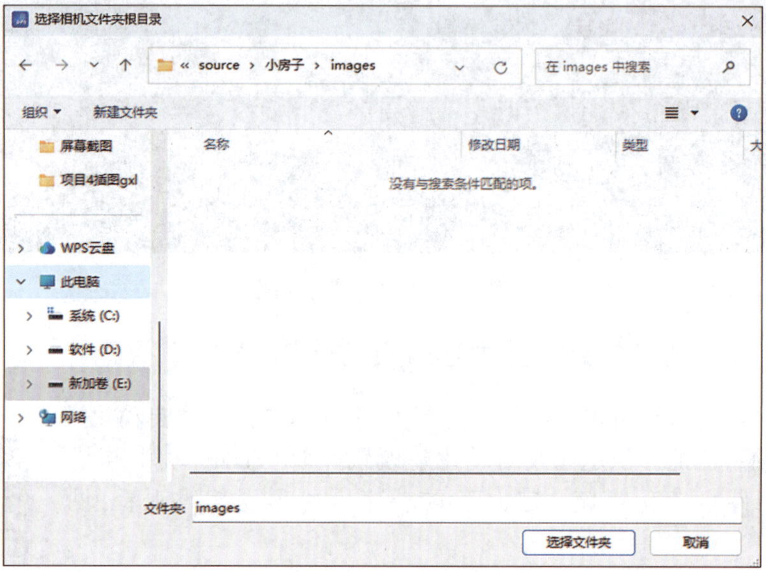

图 4-8　导入影像界面

三、检查重叠率

通常，导入完影像之后就可以在软件当中查看拍摄时的位置信息，以此来判断重叠率是否足够，如图 4-9 所示。如果发现被摄物体有一面或者多面没有拍摄站点，建议进行补拍。

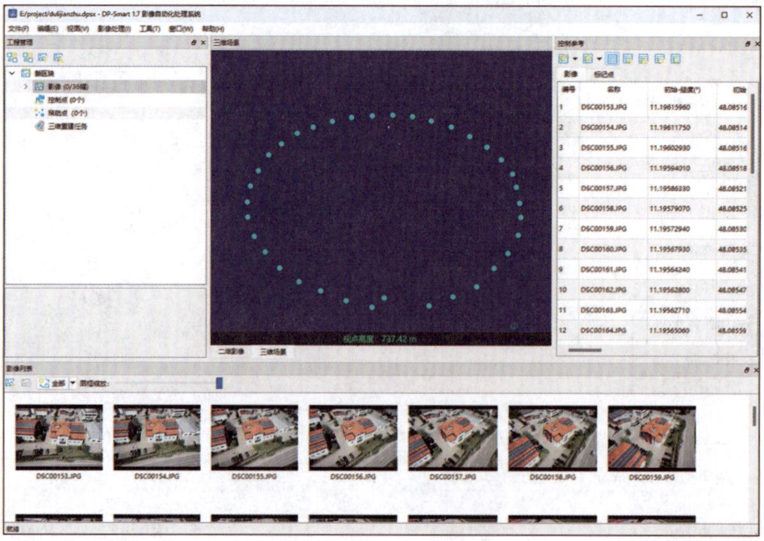

图 4-9　检查重叠率界面

四、初始定向

如果采集的影像数据没有问题，可以点击“影像处理”，空中三角测量进行初始定向，参数选择均为默认即可，空三成功后就可以看到处理好的稀疏点云，如图 4-10 所示。

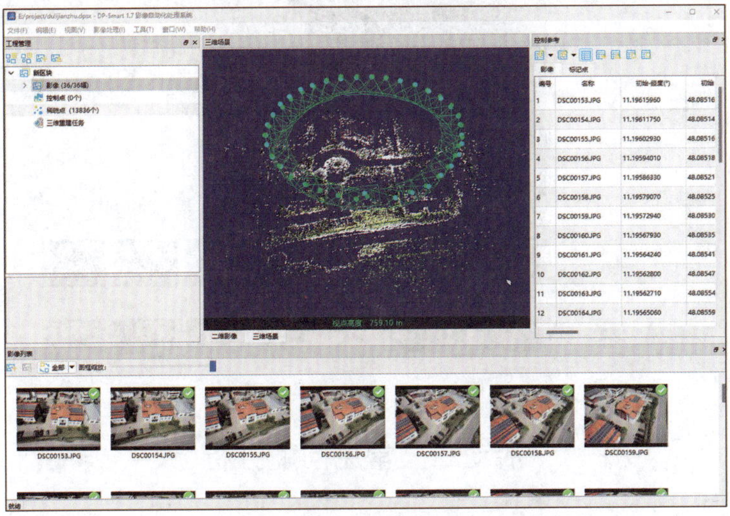

图 4-10　初始定向后的稀疏点云界面

如果拍摄的数据拥有 POS 信息，比如影像 RTK、专业无人机等采集的数据会带有 POS，我们可以在建模之前导入 POS，进行一遍优化定向，这样处理出来的模型就可以通过 POS 的位置信息拥有绝对的位置属性。

五、三维重建

制作完成稀疏点云后，就可以通过点击“三维重建任务”，选择三维模型，构建提交建模任务，如图 4-11 所示。在参数选项中勾选 osgb 模型，预定义精度可根据电脑性能选择，其余参数均设置为默认即可，注意输出位置应选择无特殊符号与中文名字的路径。

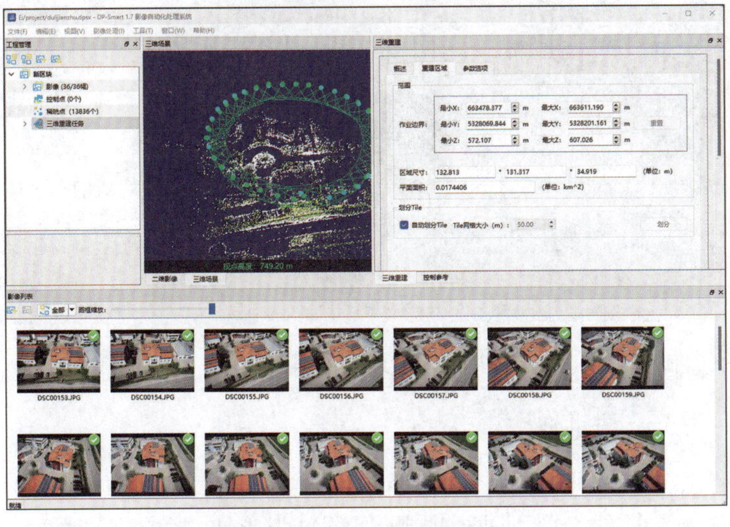

图 4-11　提交建模任务界面

任务重建完成后，可以通过点击三维场景观查看三维模型，如图 4-12 所示。如果发现大面积模型漏缺或者扭曲，需要考虑重叠率以及拍摄的环境是否合格，可以重新拍摄或者补拍。

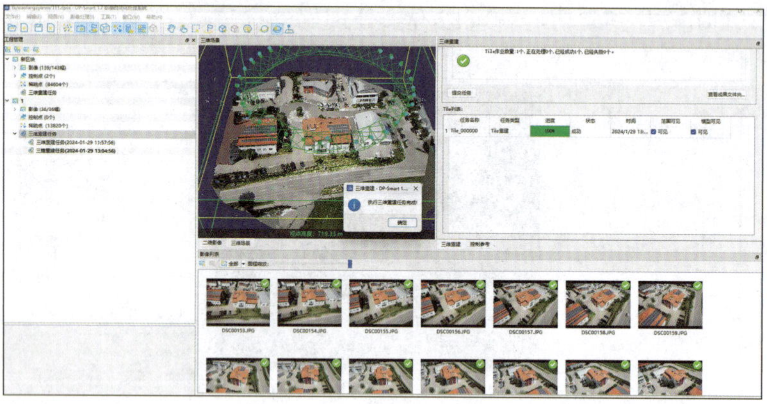

图 4-12　模型成果界面

活动三　常见问题分析

一、模型没建完整

图 4-13 所示为模型未建完整的情况。解决方法：拍摄时，应找寻纹理丰富的物体，尽量避免反光、缝隙较大的物体，如玻璃、植被等，方便系统自动计算稀疏点云，且需保证每个角度均有拍摄照片，如由远及近、从上到下进行环绕拍摄，以此来保证拥有足够的重叠率去自动构建稀疏点云。

图 4-13　模型未建完整

二、模型一半亮一半暗

如图 4-14 所示，针对模型出现较大的明暗或色差问题，在实际作业当中，拍照前要事先分析光照情况，应在合适的光照下进行拍摄，保证每张影像的色差不会太大。影响影像质量的主要是相机本身和天气因素,其中风与雾霾、太阳等天气因素影响较大。一般来说,在实际无人机作业中,囊括的地形更加复杂,特别是高原、平原、丘陵、山地等多种地形杂糅的地区,需要选择适当的天气,避免太阳光照太强的时间段进行数据的采集。

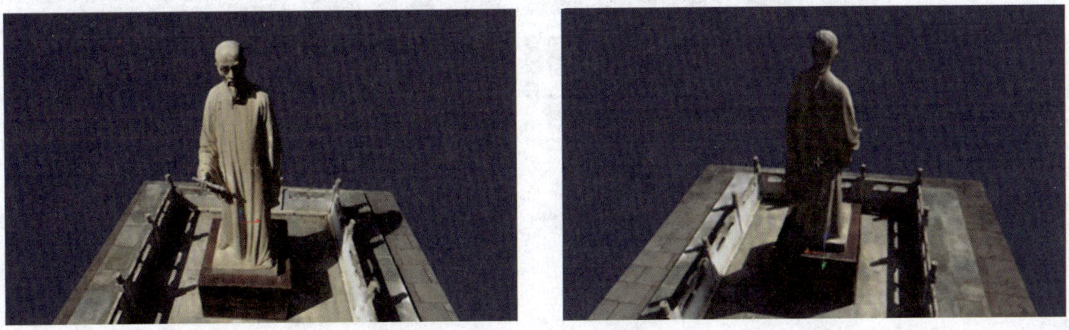

图 4-14 模型色差较大

三、模型量测数值与现实不符

解决方法:拍摄时,在被摄物体附近添加标尺或已知实际位置的物体,通过相对位置的关系进行比例约束,可以让模型拥有实际的量测尺寸,或者采取带有位置信息的设备,如影像 RTK、大疆无人机(RTK 版)进行拍摄。

四、模型建模效果不好

解决方法:在采集时,拍摄位置与被摄物体越近清晰度越高,建模的效果就越好,同时受拍摄的设备影响也较大(见知识点:影响航摄精度的因素)。

任务二 数据预处理

数据预处理是实际三维模型构建当中的第一个环节,将外业采集的相关数据进行整理和处理,保障外业采集的数据可以高质量地完成三维模型构建。

针对数据的整理部分内容,结合实际生产的作业技巧,通过不同场景进行应用分析。

活动一 POS 整理

由于三维建模的影像数据与 POS 数据呈一一对应的关系,因此在内业处理时需要先对 POS 数据进行整理,通常航拍获取的 POS 信息需要与照片命名规则一致,目前大部分无人机拍摄的数据 POS 都会进行自动整理,但还是存在需要手动整理 POS 信息的情况,如重命名、与影像一一对应等情况,接下来学习如何进行 POS 整理。

一、检查照片与 POS 数量一一对应情况

对于 5 镜头数据:检查 5 个镜头对应的文件夹下的照片数量是否等量,且与 POS 数据的数量一一对应。对于单镜头数据:检查照片数量与 POS 数据的数量是否对应。图 4-15 所示为照片与 POS 数量对应操作界面。

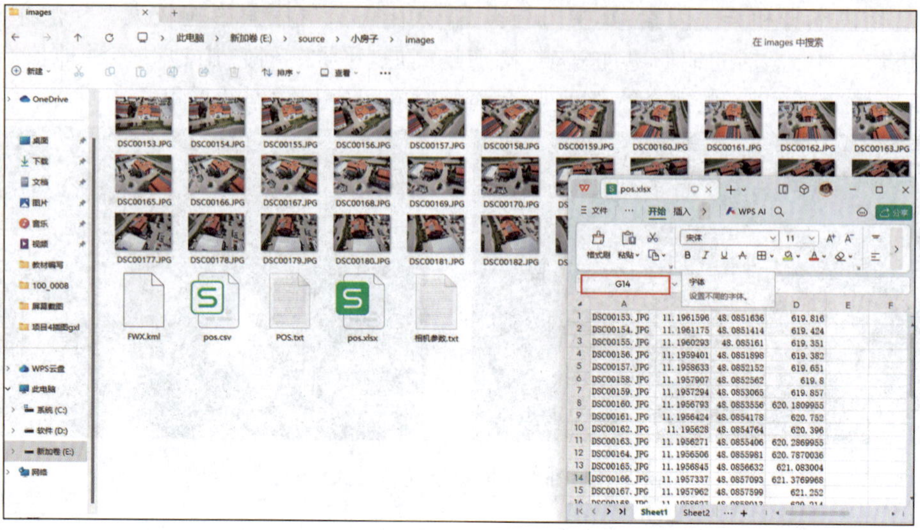

图 4-15　照片与 POS 数量对应操作界面

二、POS 重命名

因实际作业中存在多镜头、多架次的问题，所以会导致 POS 时常出现重名的情况，这时就需要对 POS 进行统一命名。把 POS 数据放入 Excel 表中，在 POS 数据的前一列输入第一张照片的名字，鼠标移动到右下角变为黑色十字，往下拖动，如图 4-16 所示。

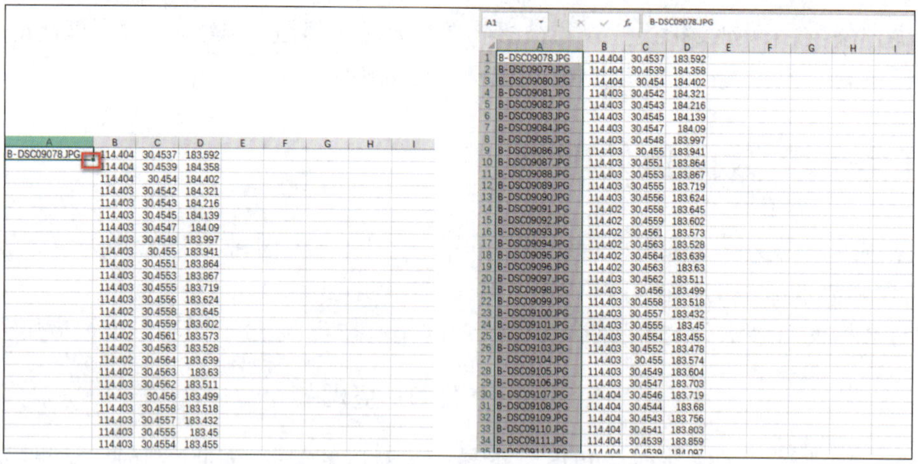

图 4-16　POS 重命名界面

三、POS 预览

在 Excel 表中也可以先查看 POS 的分布，可以辅助判读重叠率或者影像缺失，鼠标选择 x、y 所在的列，点击“插入”找到图表，选择“插入散点图”，界面如图 4-17 所示。

同时如果有 Global Mapper 软件，可以直接将 POS 导入配合在线的卫星影像，POS 的可视化会更加明显。

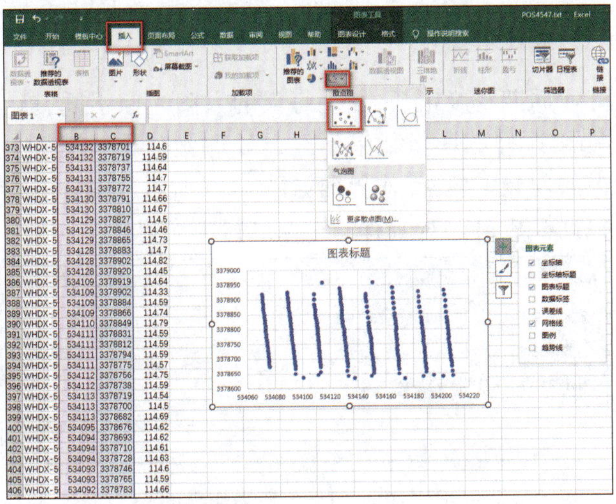

图 4-17 插入散点图界面

四、POS 分隔符整理

如果使用的软件对 POS 数据内的分隔符有所要求，那么分隔符处理不当可能会导致读取 POS 失败的情况发生，一般情况下所有的 POS 数据，列与列之间分隔符只需要一个空格（注意不是中文字符下的空格）。有时经过处理后的 POS 数据，会发现列与列之间存在多个空格的问题，遇到这种情况，就可以将 POS 数据用记事本打开，使用替换功能来将多个空格换成一个空格，如图 4-18 所示。

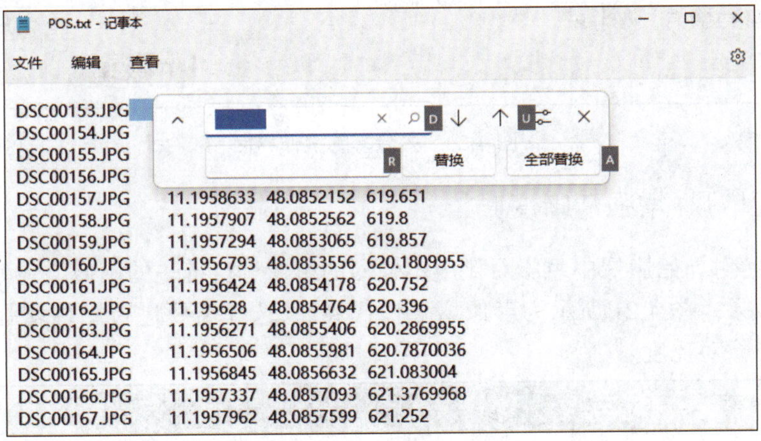

图 4-18 空格替换界面

活动二 影像整理

在三维模型构建的数据预处理阶段，对于影像的整理是必不可少的，因为大型项目外业航飞往往持续周期很长，每天的太阳光照与环境都在变化，拍摄的照片也会跟着环境变化，所以为了保证模型的效果及质量，除了要和 POS 数据一一对应，还需要对影像进行匀光匀色、去除雾霾、增强影像等操作，下面以主流自动建模软件 DP-Smart 为例进行影像预处理介绍。

一、匀光匀色(过曝处理)

对于大型项目,外业周期跨度很长,加上每天的太阳光照不同,就会导致每天航飞的照片色差均有较大的差异,这样的影像如果不经过处理就会导致模型一部分过暗、一部分过曝,所以需要进行影像的匀光匀色,操作界面如图 4-19 所示,选择一张色差合适的图片添加到模板当中,系统会根据模板自动对所有的影像进行匀光匀色。

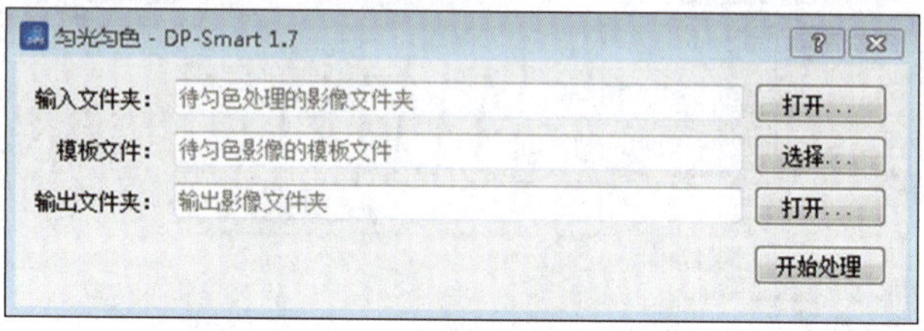

图 4-19　匀光匀色操作界面

二、去除雾霾(云量及雾霾处理)

对于原始影像中灰蒙蒙,存在雾霾的影像进行统一的去除雾霾处理,提高影像的通透感,增强影像饱和度。图 4-20 所示为去除雾霾操作界面,选择需要去除雾霾的文件夹,系统会自动进行影像雾霾去除。

图 4-20　去除雾霾操作界面

三、影像增强(增强清晰度)

影像增强:对原始影像中色彩对比度不强烈的影像进行统一的影像增强处理,提高影像判读性能和效果。图 4-21 所示为影像增强操作界面,选择需要进行影像增强的图片,系统会自动增强影像对比度。

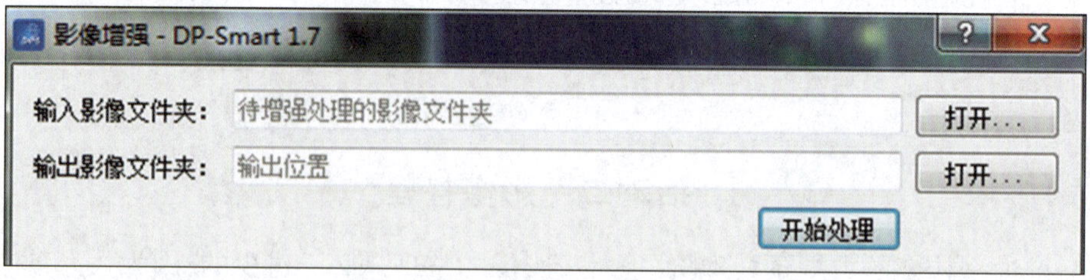

图 4-21　影像增强操作界面

活动三　常见问题分析

一、大型项目多架次数据的整理

对于大型项目，一般工期较长，每天都会有很多的架次，所以需要对日期进行区分。对于较大的航摄区域，需要分区进行，内业处理时要按照分区进行分架次的数据整理，例如“一”对应第一架次，“二”对应第二架次，同时相应的相机镜头也按这样的方式进行区分，图4-22所示为镜头分组显示界面。

图4-22　镜头分组显示界面

二、免像控或稀疏像控的POS整理

实际生产中，POS数据的坐标系规则较为混乱，普遍存在乱用或强行转换的情况，因大部分专业无人机采集的数据为WGS-84坐标（经纬度数据），如果有7参数或者经过CORS中心或其他专业软件解算后，可以转换成2000国家大地坐标系、西安80坐标系等。实际上，作业员普遍将WGS-84的经纬度坐标直接使用坐标投影方式转换成大地坐标，这样的方式是不对的。

例如，大疆无人机，可以使用网络差分解算系统（CORS）或采用千寻网络，得到的是2000国家大地坐标系坐标，此时获得的高程为大地高，不是正常高。要得到正常高，需要使用7参数或者大地水准面精细化工作或者经CORS中心解算。

同样，在专业航飞时获取的POS数据，也需要转换到正常高系统，如果要采用免像控或稀疏像控的方式，那么这种情况就需要转换到正常高系统中了。不过实际作业时，一般是以保证像控点的数量为前提，POS是不用转换的，可以采用像控点来定向，获得正常高系统的高程。

三、多架次数据，照片重名较多

项目区域较大，需要多架次航飞，有时会导致每个架次照片命名一致的情况出现。遇到此问题，可以下载图片批量重命名软件，对于多架次的照片进行批量重命名。

任务三　自动空中三角测量

DP-Smart软件是目前常用的自动化建模软件之一，它可以处理无人机影像、航空倾斜影像、地面近景影像、全景影像及视频影像等，自动选取连接点并组成测区的整体自由网，通过人工交互式的刺点，利用控制点和 POS 进行严格的区域网平差解算，得到所有影像的外方位元素以及加密点坐标。具体的作业流程如图 4-23 所示。

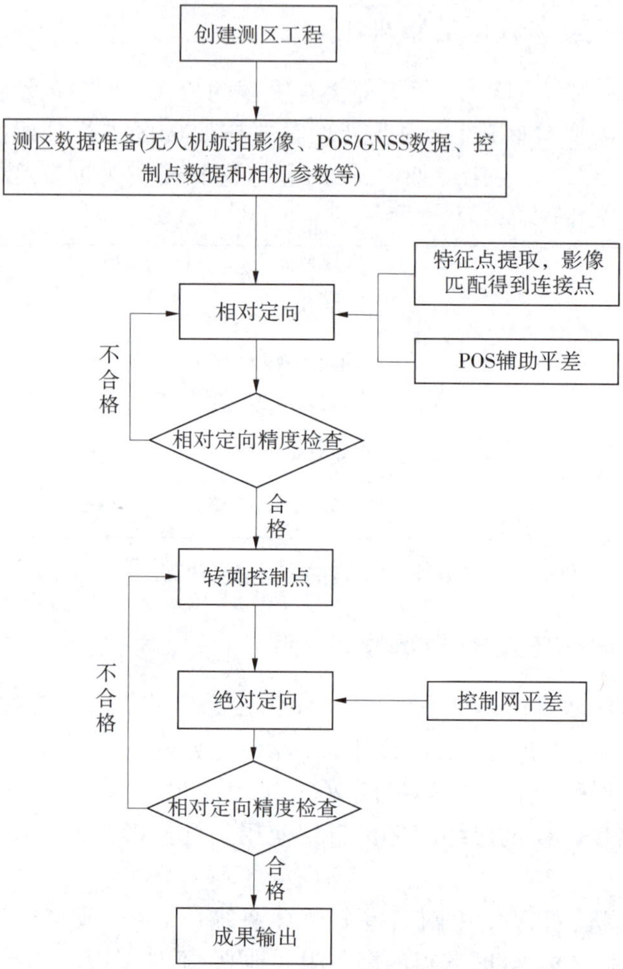

图 4-23　DP-Smart 空中三角测量作业流程

活动一　构建测区工程及数据导入

一、新建测区工程

在电脑桌面上选择 DP-Smart 快捷方式，或者直接在 DP-Smart 安装目录中运行软件。软件界面如图 4-24 所示。

选择文件菜单中的“创建工程”，弹出“新建工程”界面。如图 4-25 所示。

在新建工程对话框中，指定所生产测区的工程文件存储路径，输入测区的工程文件名称。注意，工程名不能含有中文、特殊标点符号。

二、导入影像

导入影像操作，可先扫码（见码 4-2）观看。在工程管理窗口中打开

码 4-2　导入影像

创建的新区块，右键“影像”选择导入影像，这里有两种导入方式，直接添加影像和导入影像文件夹。界面如图 4-26 所示。

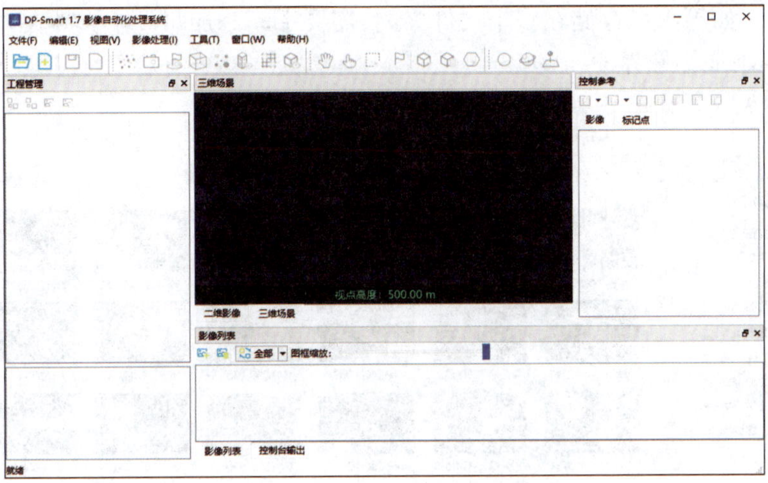

图 4-24　软件界面

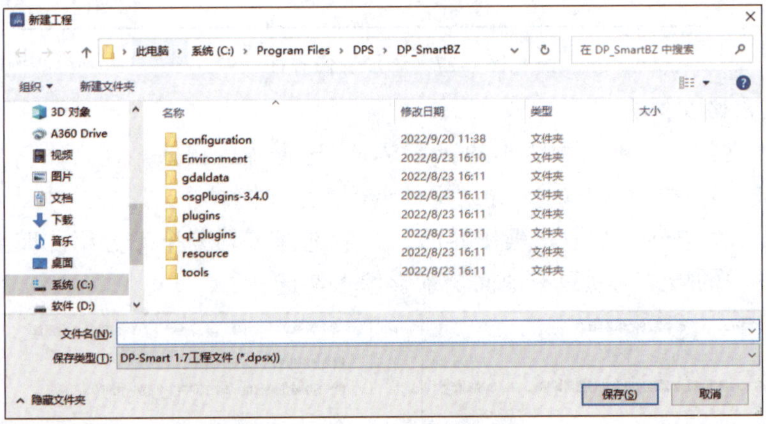

图 4-25　新建工程界面

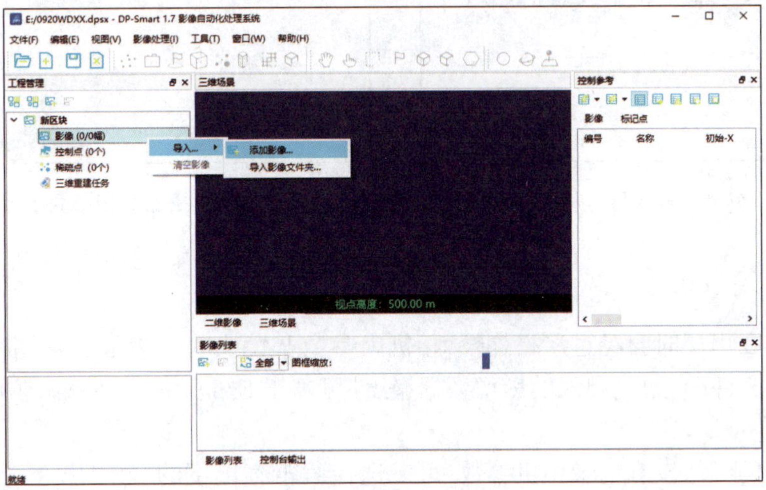

图 4-26　导入影像操作界面

(一)直接添加影像

点击“添加影像”,选择测区影像存储路径下的影像文件夹,全选影像,点击“打开”导入全部原始影像。如果影像存储在多个文件夹内,需要手动添加每一个文件夹内的所有影像。图 4-27 所示为添加影像界面。

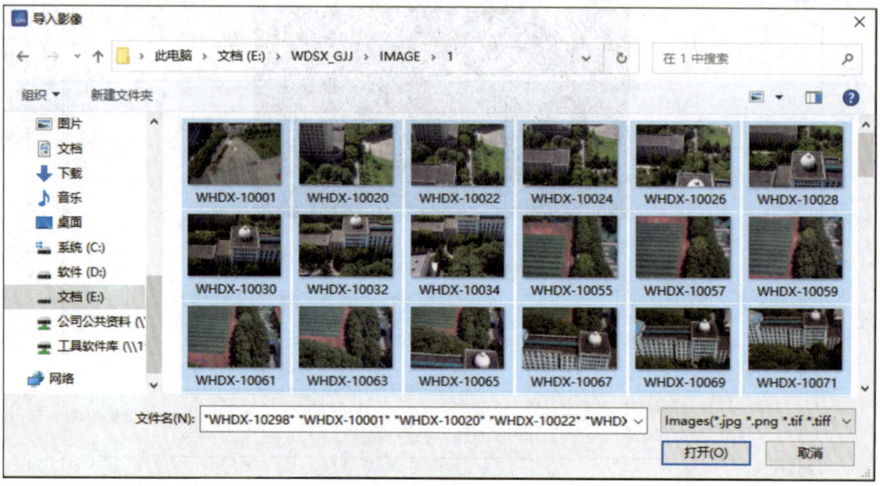

图 4-27　添加影像界面

(二)导入影像文件夹

点击“影像文件夹”,弹出如图 4-28 所示界面,选择导入模式。通常倾斜摄影测量中使用 5 镜头相机较多,这里可以勾选“导入文件夹(相机)”模式导入影像。

图 4-29 所示为摄站分组模式操作界面。一般选择不划分摄站分组。航空影像不需要选择摄站,软件中的摄站选项只有地面全景影像才勾选。

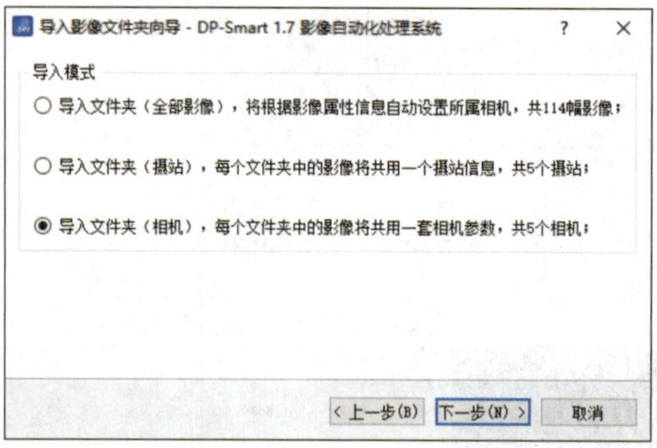

图 4-28　影像文件夹导入模式界面

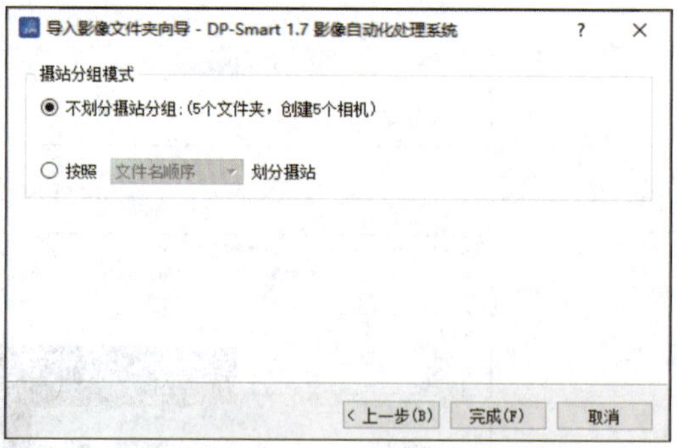

图 4-29　摄站分组模式操作界面

三、相机参数设置

航测相机在出厂时会经过严格检校,相机内参数及镜头畸变参数会存储在影像数据的 JPEG、TIFF 等文件中,通过导入的影像数据,软件可基于 Exif 元信息估算出较可靠的初始相机参数。

如果导入的影像没有记录相机参数,可以选择编辑菜单下的“相机设置”,如图 4-30 所示。手动输入相机参数。这里主要对相机名称、相机类型、传感器尺寸、像元大小、焦距等进行设置，一般情况下选择默认，如果 5 镜头的参数不一样，需要在影像列表中对 5 个镜头分别进行设置。如图 4-31 所示为相机参数设置界面。

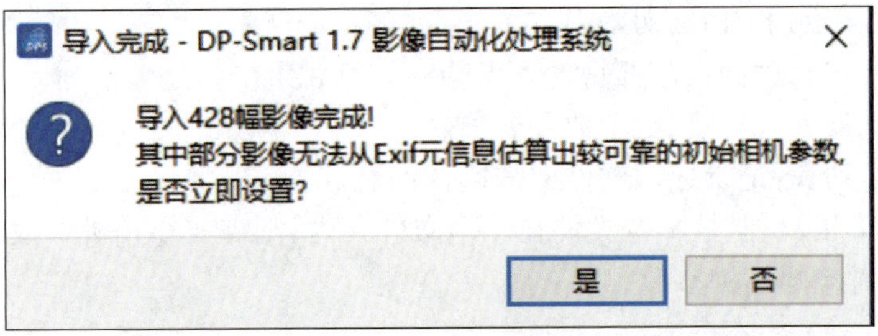

图 4-30　相机设置选择

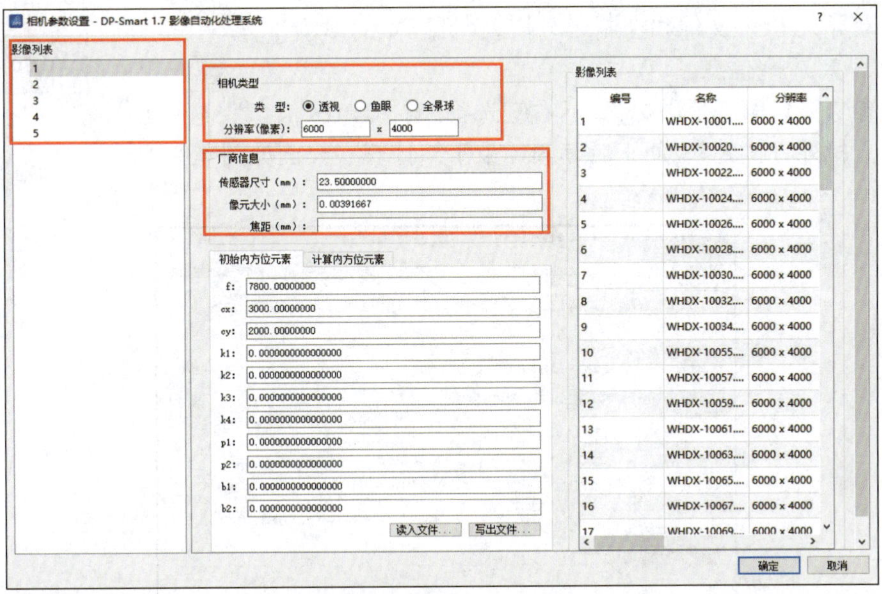

图 4-31　相机参数设置界面

图 4-32 所示相机设置窗口中各功能说明如下：

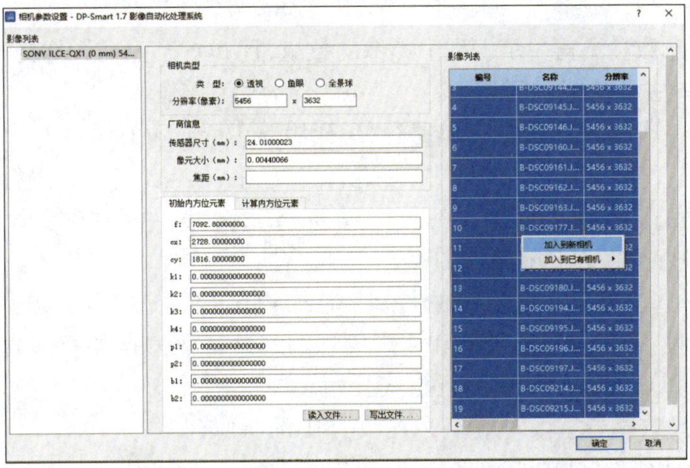

图 4-32　相机设置窗口

(1)相机类型:针对不同的传感器获取的影像数据,可以将相机类型分为三种:无人机影像选择透视:GOPRO 数据选择鱼眼,全景影像数据选择全景球。

(2)初始内方位元素:相机初始内方位元素。

(3)计算内方位元素:通过定向,计算出的内方位元素。

(4)左侧影像列表:记录相机个数和名称。

(5)右侧影像列表:记录导入软件中的影像信息。

如果是多镜头相机,但是影像文件在一个文件夹内,则需要在相机参数对话框中进行影像分组以及输入对应的相机参数。

四、导入 POS 文件和控制点

该活动导入 POS 文件和控制点可扫码(见码 4-3)观看。

码 4-3 导入 POS 和控制点

(一)导入 POS 信息

控制参考窗口第一个图标,鼠标右键选择“导入 POS 信息”,这一步是导入无人机外方位元素,便于后续的约束平差计算。界面如图 4-33 所示。

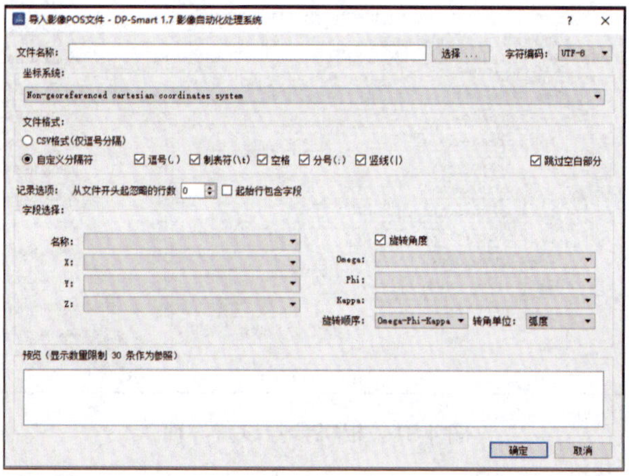

图 4-33 导入 POS 信息界面

注意:POS 信息数量不得少于工程中影像的数量,且 POS 信息与影像为一一对应的关系。

POS 导入窗口中各功能说明如下:

(1)文件名称:选择 POS 数据存储路径,编码默认 Unicode(UTF-8)。

(2)文件格式:POS 文件为 CSV 格式时选择 CSV 格式,“自定义分隔符”是选择 POS 文件中分隔符的类型,分别是“逗号”“制表符”“空格”“分号”“竖线”等形式,“跳过空白部分”是指合并以多行空格为分隔符的数据。

(3)记录选项:“文件开头起忽略的行数”定义 POS 信息是第几行开始,也就是我们整理 POS 文件资料时,第一个点的坐标和姿态信息的起始行数,“起始行包含字段”指 POS 文件中有表头文件,POS 信息是从第二行正式开始。

(4)字段选择:选择各字段对应于 POS 文件中的所属列。

“名称”:根据 POS 文件中影像名所属列进行选择。

“经度”“纬度”“高度”:分别根据 POS 文件中经度、纬度、高程所属列进行选择。

“X”“Y”“Z”：分别根据 POS 文件中 X、Y、Z 所属列进行选择。

“Omega”：根据 POS 文件中 Omega 所属列进行选择，如果 POS 信息中没有角度信息可以不选。

“Phi”：根据 POS 文件中 Phi 所属列进行选择，如果 POS 信息中没有角度信息可不选。

“Kappa”：根据 POS 文件中 Kappa 所属列进行选择，如果 POS 信息中没有角度信息可以不选。

“预览”：显示 POS 文件导入时的排列情况。

注：这里需检查每行每列数据有没有错误，有没有表头文件等。检查 *X* 和 *Y* 值有没有搞混，向东为 *X*，向北为 *Y*，我国标准坐标系中以及我国范围内 WGS-84 椭球的高斯投影和 UTM 投影通常 *X* 小数点前为 6 位或 8 位，*Y* 小数点前是 7 位，其中 *X* 小数点前 6 位或 8 位的区别在于 8 位是带有投影带号的，而 6 位则是去掉了投影带号。如图 4-34 所示为 POS 文件，第一列为影像的名称，第二列为 *X* 坐标，第三列为 *Y* 坐标，第四列为 *Z* 坐标。

(5)坐标系统：坐标系选择依据项目要求和 POS 文件，可通过输入坐标系编码直接搜索对应坐标系。如图 4-35 所示，这里选择的是 CGCS2000 3°带中央经线 114°。POS 文件导入成功后，可在三维场景中看到 POS 点的位置分布，如图 4-36 所示。

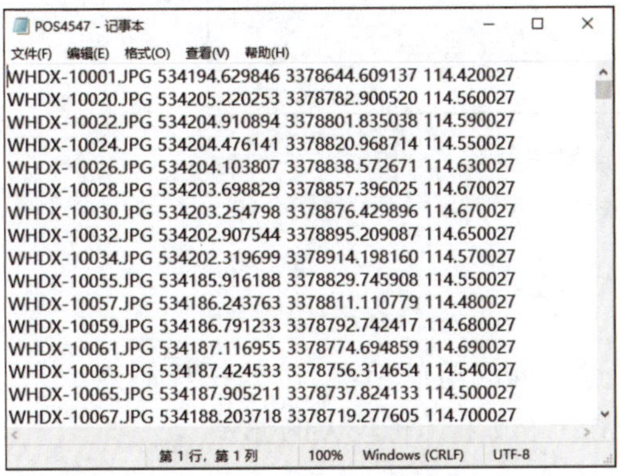

图 4-34　POS 文件预览界面

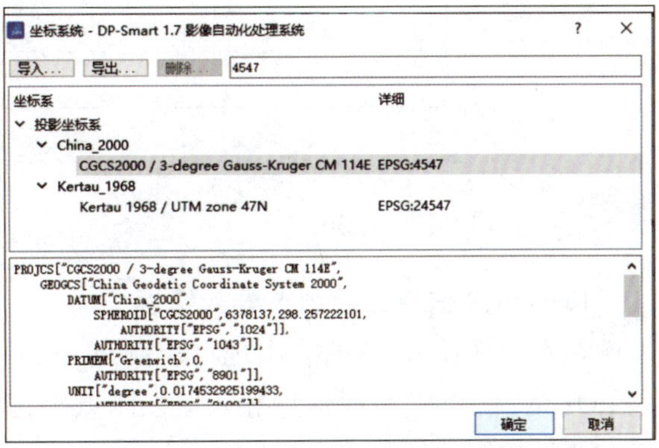

图 4-35　坐标系选择界面

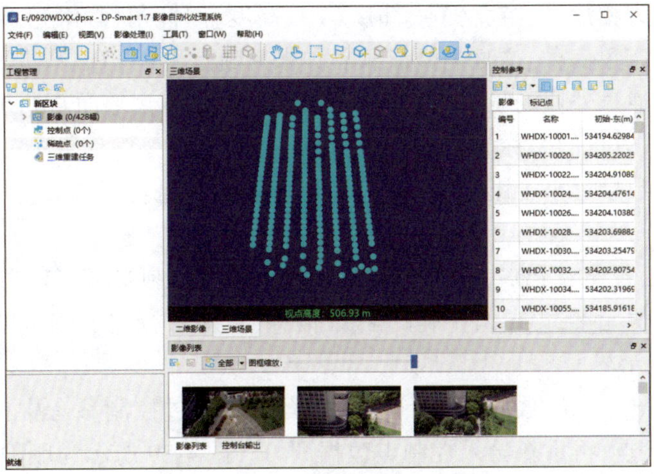

图 4-36　POS 点的位置分布界面

(二)导入控制点

控制参考窗口第一个图标,右键选择“导入控制点”,这一步是为了将场景通过平差调整,定向至控制点的坐标系下。图 4-37 所示为导入控制点操作界面。控制点导入成功后可在三维场景中查看。各参数与导入 POS 信息一致。

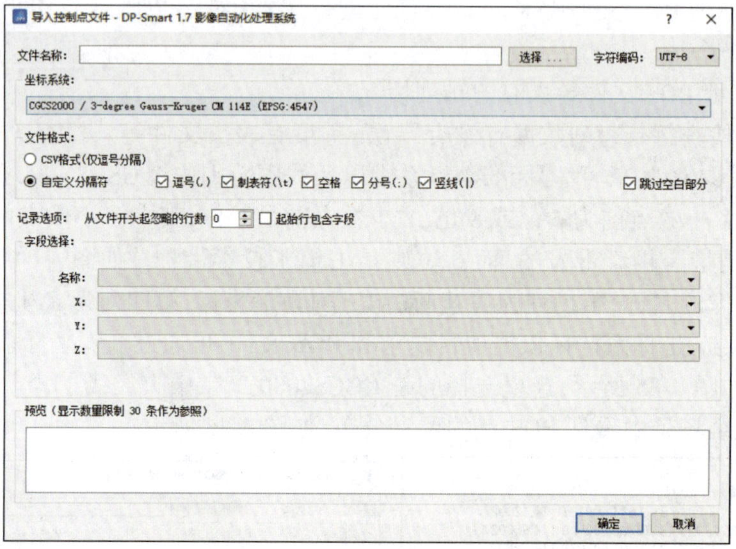

图 4-37　导入控制点操作界面

五、常见问题分析

(一)POS 信息或控制点导入错误

在实际作业中,有时会出现将控制点和 POS 点数据混淆的情况,例如把控制点成果导入 POS 信息,或把 POS 信息导入成控制点等,造成最终成果具有较大的偏差。

两种数据的区分:

POS 数据包含像片拍摄时的空间位置和三轴姿态信息,有 7 个数据。POS 文件记录的内容从左往右依次为相片号、经度(X)、纬度(Y)、高度、俯仰角、翻滚角、航偏角。有时 POS 信息也可能没有姿态角信息,这时主要依靠名称来判断是否是 POS 数据。

控制点数据是通过外业测量获取到的点位数据,主要包含平面直角坐标(经纬度)和高程信息,其命名方式以点的名称为主。

通常控制点的数量远小于影像的数量,而 POS 点的数量与影像数量一致。常据此判断数据是否有误。

在操作过程中,若导入 POS 点时选择错误,可以通过控制参考窗口选择所有影像,右键选择清除初始外方位元素,再导入正确的 POS 信息,重新进行空三测量即可。图 4-38 所示为清除 POS 数据显示界面。

如果是控制点导入,导入成了 POS 数据,那么可以通过控制参考中标记点的窗口全选数据,右键选择删除点,再重新导入控制点数据即可。图 4-39 所示为删除控制点显示界面。

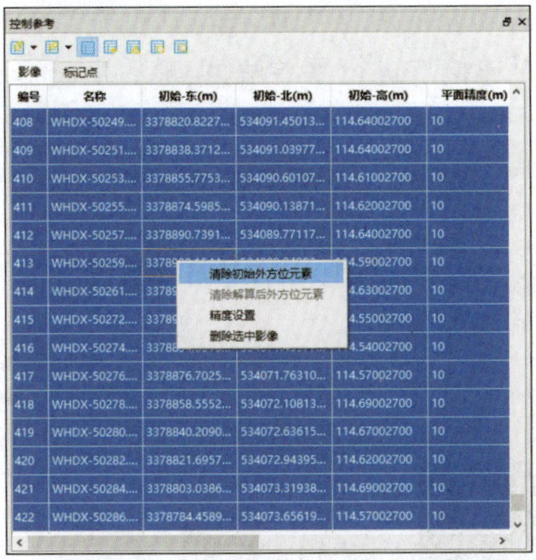

图 4-38　清除 POS 数据显示界面

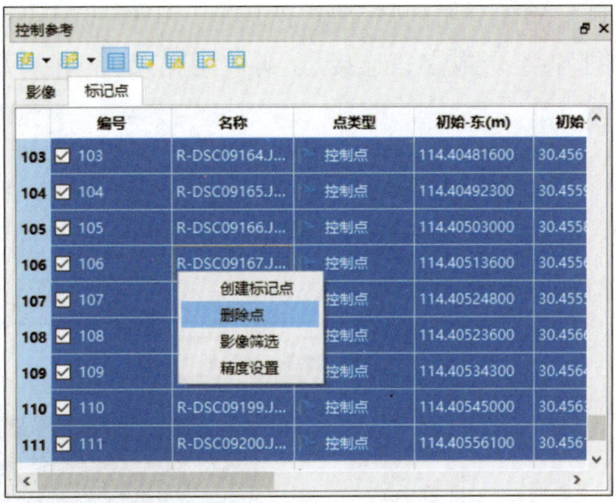

图 4-39　删除控制点显示界面

(二)POS 信息错误

在处理 POS 数据时，每个人的习惯不同，整理出的数据顺序也不一样，这里最容易混淆的是经纬度的顺序或 X、Y 坐标的顺序。

注意：常规的 POS 数据 X 小数点前为 6 位或 8 位，Y 小数点前是 7 位。可以根据小数点前的位数来判断 X、Y 所对应的列。在选择 POS 信息对应的列时，应注意核对选择的列是否正确。

如果前期没有发现 POS 信息错误，POS 点位置会发生变化，模型的生成也会出现变化，如图 4-40、图 4-41 所示。

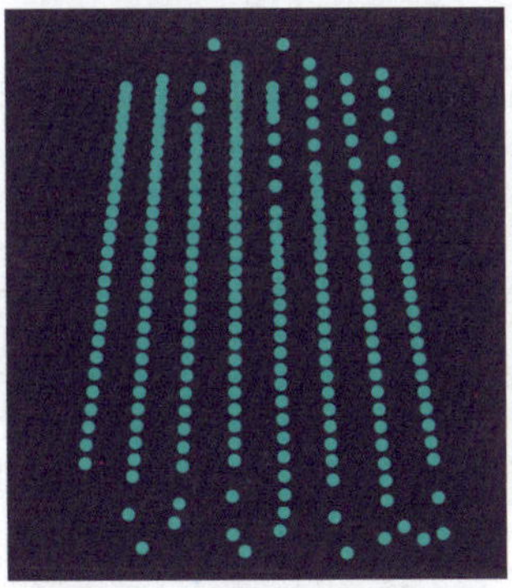

图 4-40　正常 POS 点分布

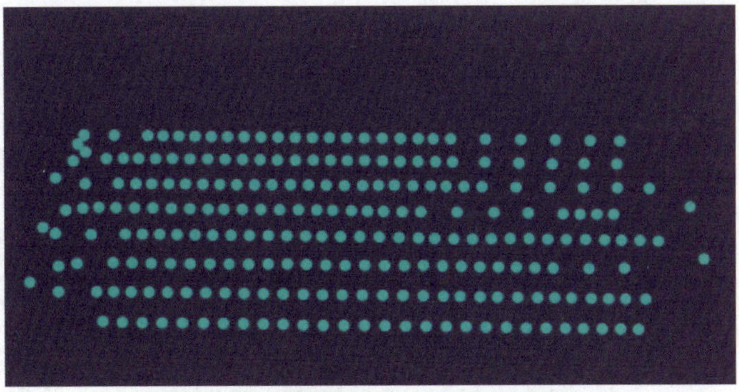

图 4-41　经纬度交换后的 POS 点分布

如果坐标系选择错误，会导致无法对控制点进行预测，即无法筛选该控制点涉及的影像，而且由于 POS 数据与控制点数据的坐标系不同，空三会出错。

活动二　学习自动空中三角测量解算流程

DP-Smart 软件将特征点提取、匹配连接点和光束法平差解算综合在影像处理菜单下的空中三角测量功能中。空中三角测量学习任务可扫码 4-4 观看。

码 4-4　空中三角测量

其核心算法是对测区工程内每一张影像提取特征点算子，选择其中明显且均匀分布的特征点,然后通过影像匹配的算法自动获取测区中所有与其重叠影像上的同名点,形成空三连接点,再使用光束法、平差算法对连接点进行平差解算,最后生成稀疏点云。

一、初始定向

选择影像处理菜单下空中三角测量选项(如图 4-42 所示),出现初始定向参数设置窗口,一般情况下选择默认,参数设置完成后点击“确定”开始初始定向。

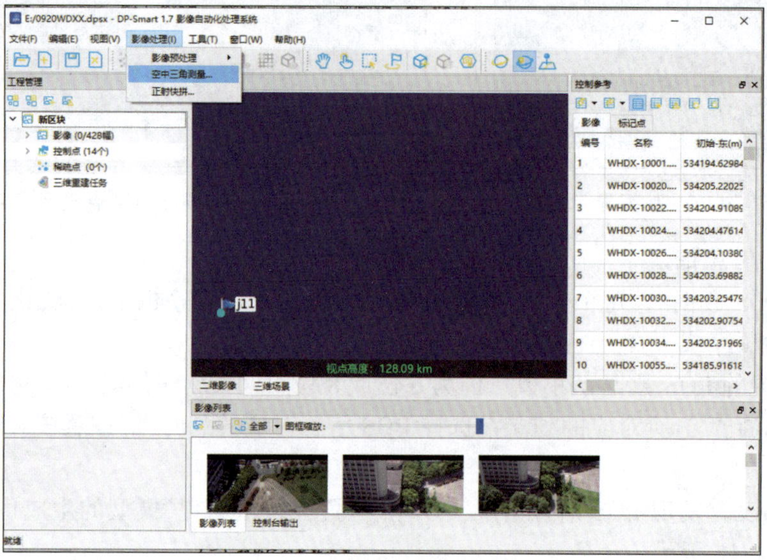

图 4-42　空中三角测量界面

初始定向时,会出现进度条提示,如图 4-43 所示。整个计算可以分为三步,在软件的控制窗口内会记录进度情况,可看到已做完的计算。

第一步,提取影像特征点。图 4-44 为提取影像特征点界面。

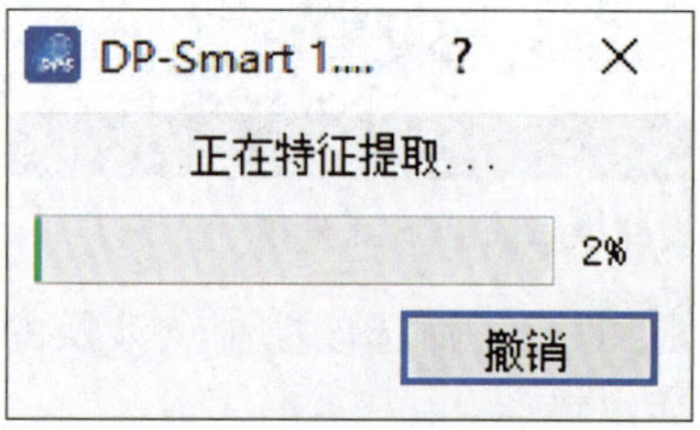

图 4-43　空三进度条提示界面

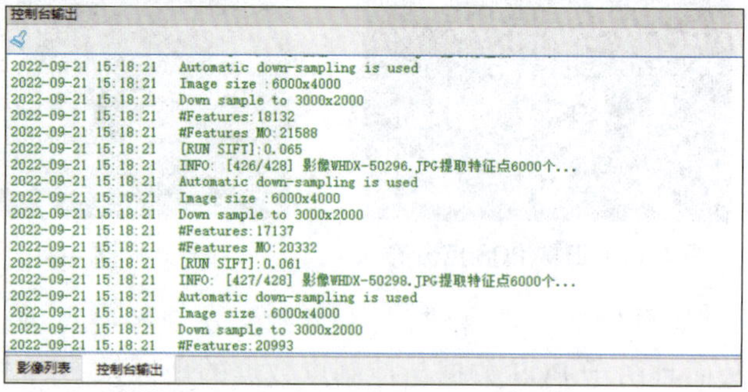

图 4-44　提取影像特征点界面

第二步,提取影像连接点。图 4-45 为提取影像连接点界面。

第三步,开始空中三角测量。图 4-46 为自动空中三角测量界面。

计算完成后会提示空三结果是否成功。可以在弹出的对话框查看,也可以在控制台输出中查看。空三结果记录包含空三所用时间、任务状态等,见图 4-47。

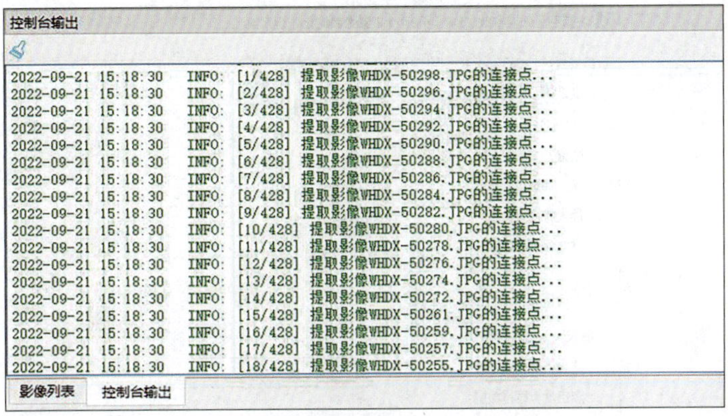

图 4-45 提取影像连接点界面

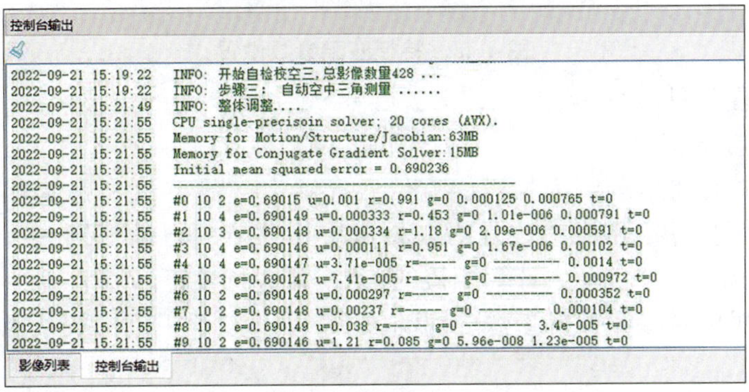

图 4-46 自动空中三角测量界面

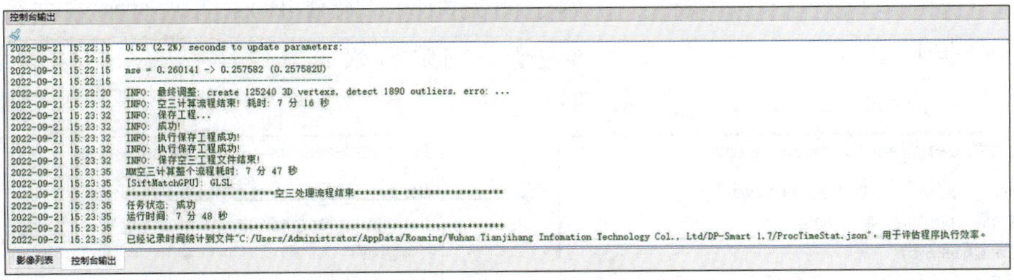

图 4-47 空三结果记录界面

二、初始定向参数设置

(一)特征点匹配

初始定向参数设置时,特征匹配窗口(见图 4-48)各选项说明如下:

(1)精度。低、中、高对应空三的精度(建议选择高)。

(2)像对筛选模式。通用模式(根据 POS 进行筛选)、遍历模式(根据单张影像进行筛选,速度非常慢)。

(3)最大特征点数量、最大连接点数量。决定空三的精度,一般选择默认,如果空三失败或精度不够,可以增加数量。

(4)高级:通常选择默认。

连接点最低观测数:对应的几度重叠。

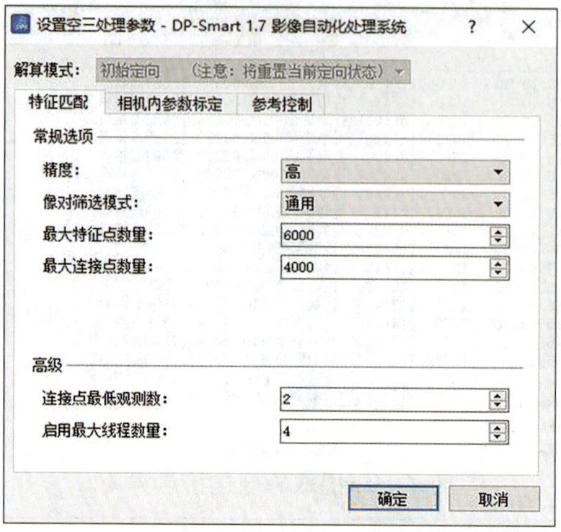

图 4-48　特征匹配参数设置

启用最大线程数量：默认 4。

（二）相机内参数标定

相机内参数标定可以理解为相机内方位元素标定。图 4-49 所示为相机内参数标定操作界面。勾选启用自标定相机参数是指在相机检校环节中自动识别或手动输入的相机参数，如果不勾选，软件也会自动去计算相机的参数，并进行校正。

这里涉及相机的各参数及各参数之间的关系，可以参考相机检校及像点坐标误差改正的相关基础知识。

（三）参考控制

这里勾选的是平差的约束条件。初始定向只能选择影像 POS 信息对平差进行约束，或者无 POS 数据自由网平差。图 4-50 所示为平差约束参数设置操作界面。常用的平差方式有自由网平差、联合平差、POS 平差、控制点平差。

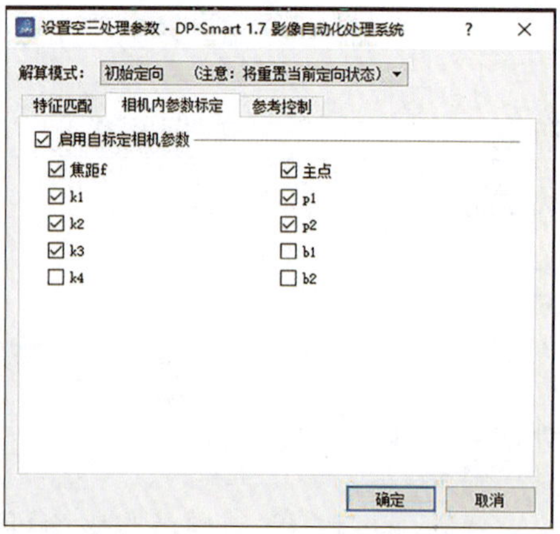

图 4-49　相机内参数标定界面

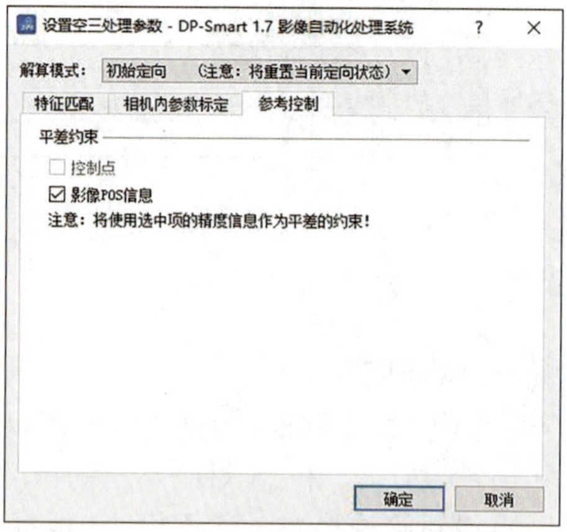

图 4-50　平差约束参数设置界面

优化定向后，会生成测区范围的密集点云，如图 4-51 所示。

三、刺控制点

控制点导入后，可以在三维场景中查看控制点的大体位置。控制点的信息在控制参考

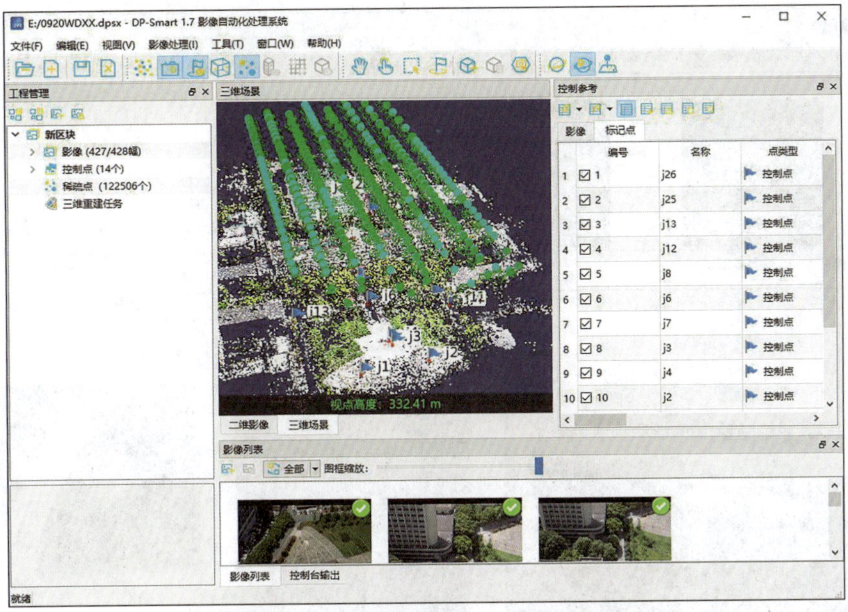

图 4-51　优化定向后生成的密集点云界面

窗口中标记点的模块下，如图 4-52 所示。

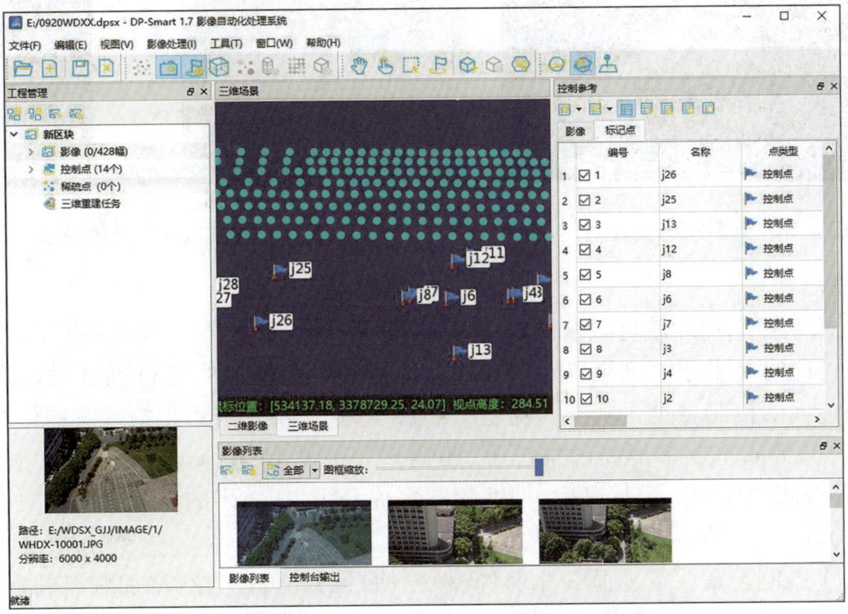

图 4-52　控制点分布情况和信息界面

选择一个控制点右键点击影像筛选，系统会自动筛选与该控制点相关的所有影像并显示在下方。图 4-53 所示为影像筛选操作界面。

作业人员需根据控制点点之记或图片判断点的具体位置（见图 4-54），点击影像列表中筛选好的影像，选择标记控制点工具，鼠标在影像中移动至控制点位置单击右键，选择对应的点位，完成刺点。图 4-55 所示为控制点刺点图。

图 4-53　影像筛选界面

图 4-54　判断点的位置

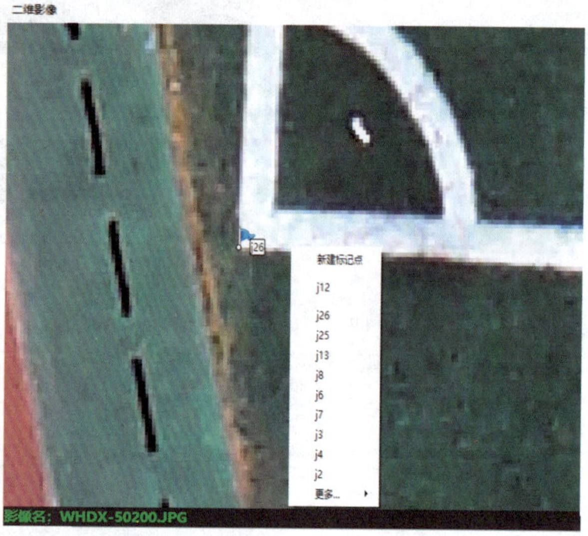

图 4-55　控制点刺点图界面

刺点技巧:

(1)刺两个控制点后就可以修正其他控制点在影像上的位置,如出现预测的控制点不准的情况,可能有几个原因,但最需要排除的是没有刺准,所以当进行刺点时发现预测得不准,需排查前面的控制点是否刺准。刺点时以目视为准,不要盲目相信预测的位置。

(2)航向、旁向重叠率都高的情况下,不需要每张影像上都刺,可以隔 2 张刺一个点。理论上多余观测增加到一定程度后,精度就不再提升了,加太多的点影响作业效率。

(3)刺点时要看清点之记,是内角还是外角。

(4)每个控制点最少需要刺 3 张影像,根据项目情况可以自行增加刺点的数量,倾斜摄影采集的影像,尽量保证每个方向都刺 3 张以上,如有遮挡或拍不到的情况,可以适当减少刺点。

(5)被遮挡导致拿不准具体位置的点,不要刺(坐标系的质量直接影响空三解算,影像不清楚的不刺点),如图 4-56 所示。

(6)刺点时可以进行影像的缩放来保证刺点的精确度,可以放大至像素级再刺点,选择颜色出现明显分界的点,如图 4-57 所示。

注意:在控制参考栏标记点中,可以选择一个控制点作为检查点,将其前面的勾号取消,作为空三结果精度判断依据,操作界面如图 4-58 所示。

图 4-56　被遮挡的控制点

图 4-57　放大至像素级刺点

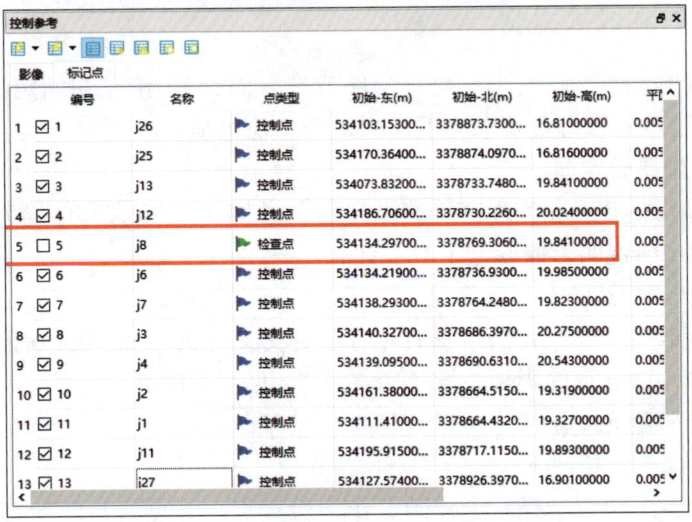

控制参考

影像　标记点

	编号	名称	点类型	初始-东(m)	初始-北(m)	初始-高(m)	平[
1	☑ 1	j26	控制点	534103.15300...	3378873.7300...	16.81000000	0.005
2	☑ 2	j25	控制点	534170.36400...	3378874.0970...	16.81600000	0.005
3	☑ 3	j13	控制点	534073.83200...	3378733.7480...	19.84100000	0.005
4	☑ 4	j12	控制点	534186.70600...	3378730.2260...	20.02400000	0.005
5	☐ 5	j8	检查点	534134.29700...	3378769.3060...	19.84100000	0.005
6	☑ 6	j6	控制点	534134.21900...	3378736.9300...	19.98500000	0.005
7	☑ 7	j7	控制点	534138.29300...	3378764.2480...	19.82300000	0.005
8	☑ 8	j3	控制点	534140.32700...	3378686.3970...	20.27500000	0.005
9	☑ 9	j4	控制点	534139.09500...	3378690.6310...	20.54300000	0.005
10	☑ 10	j2	控制点	534161.38000...	3378664.5150...	19.31900000	0.005
11	☑ 11	j1	控制点	534111.41000...	3378664.4320...	19.32700000	0.005
12	☑ 12	j11	控制点	534195.91500...	3378717.1150...	19.89300000	0.005
13	☑ 13	j27	控制点	534127.57400...	3378926.3970...	16.90100000	0.005

图 4-58　控制参考栏中设置检查点界面

四、优化定向

完成刺点后，就可以进行基于地面控制点和影像 POS 信息联合的高精度空中三角测量生产。以初始定向为基础进行平差解算。选择界面影像处理下的空中三角测量选项，弹出优化定向的参数设置窗口。

（一）相机内参数标定

图 4-59 所示为相机内参数标定界面，这里选择默认。

（二）参考控制

这里勾选的约束条件是控制点+影像 POS 信息，可以进行高精度联合平差。如图 4-60 所示为控制点+POS 约束平差设置界面。参数设置完点击“确定”开始计算，计算成功后软件会提示计算结果，“影像定向计算成功”—“确定”。如果发现控制点选项是无法选择状态，是因为控制点刺点数量不够。

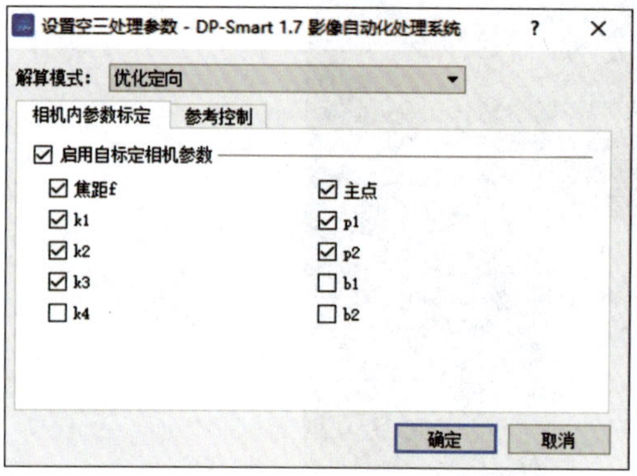

图 4-59　相机内参数标定界面

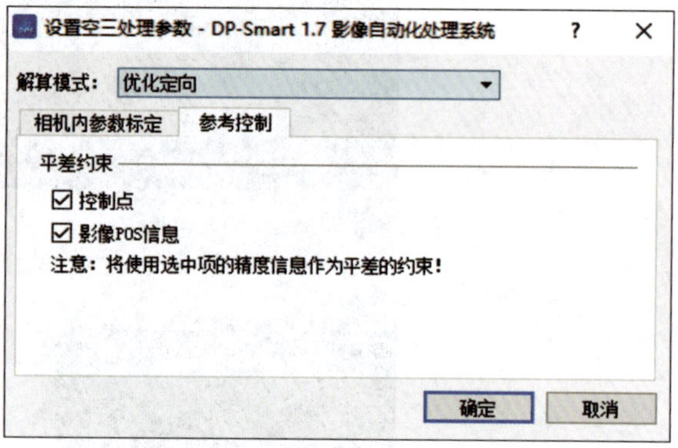

图 4-60　控制点+POS 约束平差界面

五、精度检查和成果提交

在整个测区的内业作业中，需要对每个环节进行检查，不论是初始定向还是优化定向，都需要去检查其精度是否符合要求。下面列举几个检查项。

（一）检查影像是否定向

在初始定向后，打开工程管理窗口的影像列表，判断是否所有影像均为已定向。影像显示已定向（见图 4-61）说明影像参与了空三计算。

（二）检查三维视图

在初始定向和绝对定向后，需检查航片有没有交叉现象，在道路或房屋区域是否出现特征点分层现象，同一曝光点的影像位置是否在一起（见图 4-62）。

点云分层、同一曝光点影像位置错开均为空三存在错误。

（三）设置检查点

在控制参考栏中，可以选择一个控制点作为检查点。该点参与匹配，但不参与计算，优化定向后，可以将该点的坐标与实际打点坐标对比，以此判断空三精度。但控制点的选择需要事先掌握在模型上提取控制点的方法。

在已有模型上提取坐标点的需求非常广泛，例如空地一体建模、视频定向、全景定向等

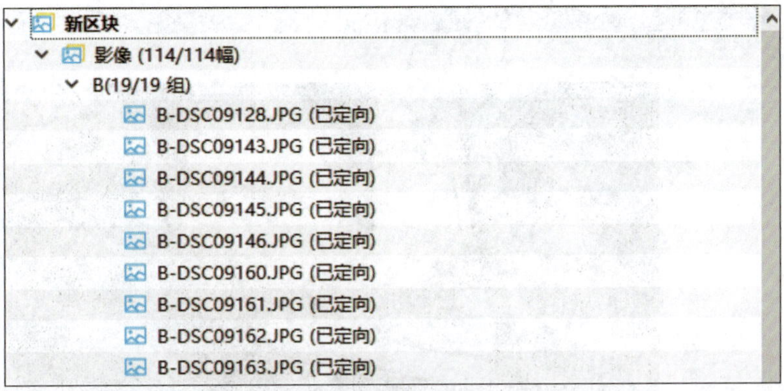

图 4-61 影像已定向

图 4-62 检查航片和点云

都需要在模型上取点。在实景三维模型上进行控制点提取的方法如下。

1. 添加地形数据

在模型上添加地形数据，放入平台，如图 4-63 所示。

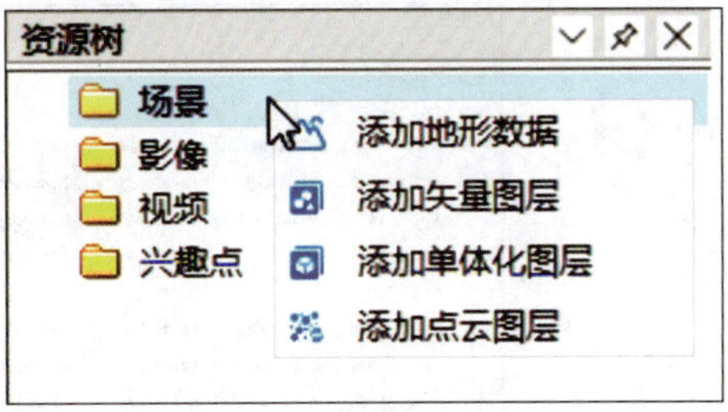

图 4-63 添加数据

2. 布控与测量

点击“布控与测量”，在场景中用鼠标点击模型上合适的位置，获取控制点，如图 4-64 所示。

3. 控制点导出

选择完控制点后，点击“控制点导出”，选择指定导出路径及项目对应的坐标系，如图 4-65 所示。

(四) 精度检查

点击控制参考窗口第 5 个图标误差，查看精度参数，判断是否符合规范要求。这里分为两部分。

首先，初始定向后，需要查看影像连接点是否均匀、点的密度是否适中以及精度是否符

图 4-64　选择控制点

图 4-65　控制点导出

合要求。初始定向环节，主要关注误差(pix)和综合误差值，如不满足要求，可修改连接点与特征点参数重新进行空三计算。图 4-66 所示为初始定向后精度参数界面。

控制参考

影像　标记点

编号	名称	误差-X(m)	误差-Y(m)	误差-Z(m)	平面精度(m)	高程精度(m)	综合误差(m)	误差(pix)	连接点数
1	WHDX-10001....	0.71787939	-1.17659925	-1.31931914	10	10	1.90796740	0.82481862	1606
2	WHDX-10020....	-0.37428765	0.24820835	-0.54645869	10	10	0.70733000	0.54962595	520
3	WHDX-10022....	-0.44306823	0.31180380	-0.33680640	10	10	0.63794170	0.60212490	878
4	WHDX-10024....	-0.39051529	0.34083283	-0.21051317	10	10	0.55945063	0.63745178	705
5	WHDX-10026....	-0.43880038	0.24451737	0.00171994	10	10	0.50233204	0.70185002	603
6	WHDX-10028....	-0.49970663	0.31158347	0.07328107	10	10	0.59343162	0.63420397	691
7	WHDX-10030....	-0.43548357	0.44652247	-0.05700686	10	10	0.62632103	0.61567734	581
8	WHDX-10032....	-0.45103362	0.17737613	-0.28209736	10	10	0.56077852	0.61519307	561
9	WHDX-10034....	-0.36284998	0.13206407	-0.23162976	10	10	0.45028143	0.70090561	332
10	WHDX-10055....	0.07088819	-1.16449207	-1.31892375	10	10	1.76085966	0.76367337	473
11	WHDX-10057....	0.13244798	-1.47713696	-1.45619374	10	10	2.07845526	0.80994972	723
12	WHDX-10059....	-0.04003385	-1.06687790	-1.06999516	10	10	1.51152929	0.82097941	699
13	WHDX-10061....	-0.08308923	-1.05354615	-1.13155757	10	10	1.54831710	0.84716663	566
14	WHDX-10063....	-0.07554157	-1.24728015	-1.05341180	10	10	1.63434719	0.86789162	407
15	WHDX-10065....	-0.06234212	-1.16221966	-0.30293803	10	10	1.20266892	0.85383171	546
16	WHDX-10067....	-0.07551999	-1.19104428	0.05976278	10	10	1.19493152	0.77103552	874

图 4-66　初始定向后精度参数界面

综合误差值描述的是POS信息的精确度,误差(pix)描述的是内符合精度。可以理解为前一个描述初始的POS信息准不准,POS很准确的情况下,综合误差值会较小;后一个描述的是影像匹配中同一个特征点之间的匹配误差。内符合精度一般优于1个像素值,也就是小于1 pix。

在优化定向后,需要查看控制点的综合误差和重投影误差(pix),以检查点为依据,查看其精度是否符合项目要求(见图4-67)。这里的综合误差是指综合了平面和高程的三维误差,而重投影误差也可以理解为是控制点计算值与其绝对位置的误差。

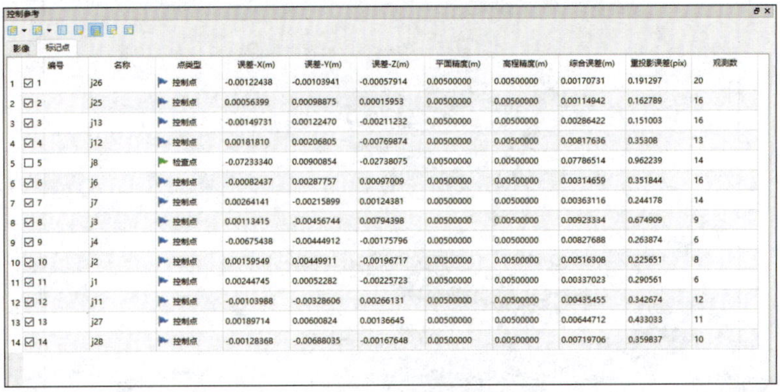

控制参考

影像　标记点

	编号	名称	点类型	误差-X(m)	误差-Y(m)	误差-Z(m)	平面精度(m)	高程精度(m)	综合误差(m)	重投影误差(pix)	观测数
1	☑ 1	j26	控制点	-0.00122438	-0.00103941	-0.00057914	0.00500000	0.00500000	0.00170731	0.191297	20
2	☑ 2	j25	控制点	0.00056399	0.00098875	0.00015953	0.00500000	0.00500000	0.00114942	0.162789	16
3	☑ 3	j13	控制点	-0.00149731	0.00122470	-0.00211232	0.00500000	0.00500000	0.00286422	0.151003	16
4	☑ 4	j12	控制点	0.00181810	0.00206805	-0.00769874	0.00500000	0.00500000	0.00817636	0.35308	13
5	☐ 5	j8	检查点	-0.07233340	0.00900854	-0.02738075	0.00500000	0.00500000	0.07786514	0.962239	14
6	☑ 6	j6	控制点	-0.00082437	0.00287757	0.00097009	0.00500000	0.00500000	0.00314659	0.351844	16
7	☑ 7	j7	控制点	0.00264141	-0.00215899	0.00124381	0.00500000	0.00500000	0.00363116	0.244178	14
8	☑ 8	j3	控制点	0.00113415	-0.00456744	0.00794398	0.00500000	0.00500000	0.00923334	0.674909	9
9	☑ 9	j4	控制点	-0.00675438	-0.00444912	-0.00175796	0.00500000	0.00500000	0.00827688	0.263874	6
10	☑ 10	j2	控制点	0.00159549	0.00449911	-0.00196717	0.00500000	0.00500000	0.00516308	0.225651	8
11	☑ 11	j1	控制点	0.00244745	0.00052282	-0.00225723	0.00500000	0.00500000	0.00337023	0.290561	6
12	☑ 12	j11	控制点	-0.00103988	-0.00328606	0.00266131	0.00500000	0.00500000	0.00435455	0.342674	12
13	☑ 13	j27	控制点	0.00189714	0.00600824	0.00136645	0.00500000	0.00500000	0.00644712	0.433033	11
14	☑ 14	j28	控制点	-0.00128368	-0.00688035	-0.00167648	0.00500000	0.00500000	0.00719706	0.359837	10

图4-67　优化定向后的精度参数界面

重投影误差一般以项目的要求为准,与分辨率有关,所有点错误(m)的误差应不高于分辨率的大小。如3 cm数据,误差不能超过3 cm。在点位刺准的情况下,该控制点的精度可以达到0.03 m以内。

(五)输出精度报告

完成空三解算及精度检查后,右键点击新区块,导出精度报告,作为本次自动建模的结果。图4-68所示为空三解算精度报告封面式样。

1. 空中三角测量文件输出

完成测区空中三角测量且精度符合项目要求后,需要输出该测区的空中三角测量文件及无畸变影像。这里主要介绍如何导入、导出空三文件,以及针对大范围测区如何进行空三合并。

2. 导入空三

在工程管理窗口,右键点击"新区块",选择"导入Block Exchange",即可导入已有的空三文件。这里导入的格式为.xml格式。图4-69所示为导入空三文件作业界面。

在工程管理窗口,右键点击"新区块",选择"导出Block Exchange",即可导出本项目的空三文件,作业界面如图4-70所示。这里可以设置文件及无畸变影像的输出位置、转角元素格式、相机转角方向和是否输出无畸变影像(无畸变影像可以用于后期的单体化模型重建和场景修饰等)。

3. 空三合并

在一些范围较大的测区,软件无法解算几万张影像。这种情况下通常会将测区划分成多个区块,分别去进行空三解算,最后统一合并空三文件。针对多个区块工程合并,可以选择文件菜单下的"合并空三数据"进行合并。图4-71所示为合并空三数据文件导出界面。

DP-Smart

影像定向处理报告

项目	说明
处理软件	DP-Smart 1.7 1.7.500
报告时间	2024-01-29 14:18:58

图 4-68　空三解算精度报告封面

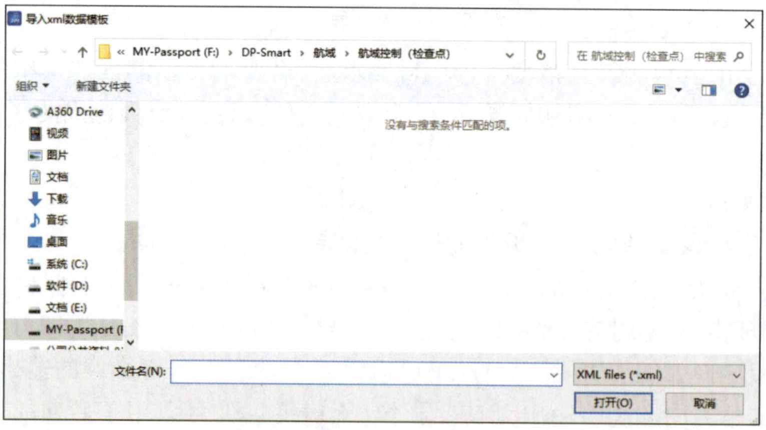

图 4-69　导入空三文件作业界面

选择添加文件可以导入多个区块的空三文件，指定一个输出合并空三文件的位置，点击“确定”，即可快速生成合并后的空三文件。

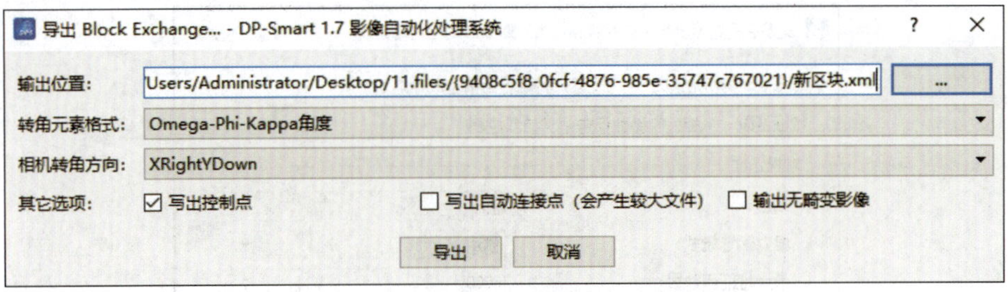

图 4-70 导出空三文件窗口界面

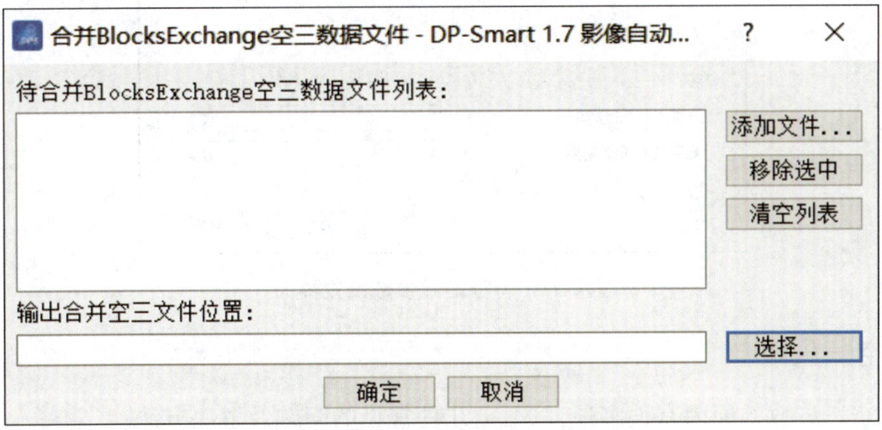

图 4-71 合并空三数据文件导出界面

活动三 空三加密常见问题分析

一、空三分层

出现 POS 信息分层现象的主要原因在于空三结果有问题,可以采取以下方法解决。

(一)检查相机参数

打开相机设置,检查软件识别的传感器尺寸、像元大小和焦距是否正确。多镜头拍摄应检查每个相机的参数。参数界面如图 4-72 所示。

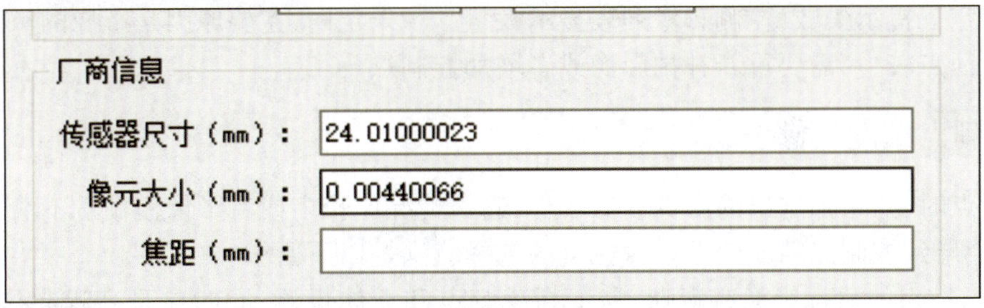

图 4-72 相机参数界面

(二)调整空三设置

可以调整精度、最大特征点数量、最大连接点数量等参数,提高空三成果精度。图 4-73 所示为特征匹配参数设置显示界面。

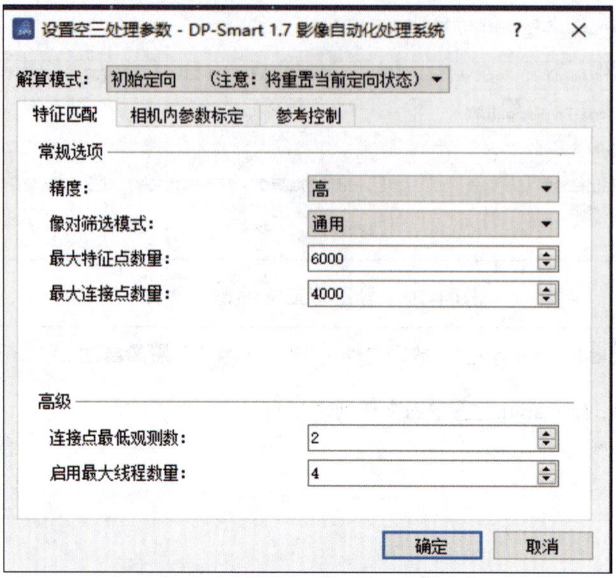

图 4-73　特征匹配参数设置界面

二、空三失败

导致空三失败的原因有很多种，以下是几种常见的问题及解决方法。

（一）数据量过大导致失败

根据不同数据情况和软件的性能上限，当遇到数据量过大导致的失败时，可以采取数据拆分的方法。将原始影像数据划分为多个区块，每个区块间应保证有重叠区域或公共控制点，分别对每个区块进行空三计算，计算成功后，再合并空三即可。合并的方法参考空三合并。

（二）电脑内存不足

电脑的内存不足或磁盘空间不足时，也会导致空三失败，建议使用软件推荐的配置和较大空间容量的磁盘作为数据输出地址。

（三）影像重叠率不够或特征点较少

如果空三提示失败，左侧影像列表显示大量影像未定向，主要原因是影像的重叠率不够或者是特征点较少，需要重新补拍影像或者增加控制点。

三、刺点精度不够

在刺点时，如果筛选出的影像数据较少，遮挡情况比较多或者影像模糊看不清具体刺点位置，都会导致控制点精度较差。像控点的选择应满足以下要求：

（1）像控点的目标影像应清晰，易于判读刺点和立体量测，同时应是高程起伏较小、常年相对固定且易于准确定位和量测的地点。弧形地物、阴影、高大建筑物，以及高大树木附近，与周边不易区分的地点等不应选作像控点。

（2）像控点宜按照区域网或航线布设。控制点分布应能控制整个测区并能满足成果精度要求，相邻像对和相邻航线之间的控制点宜公用。

任务四　模型重建

模型重建任务学习可扫码 4-5 观看。“实景三维重建”即“三维可视化技术”，指的是使用三维软件创建图形和渲染设计的过程。它早在 20 世纪 80 年代中期就诞生了，属于集数据处理、图像显示的综合性前沿技术。从诞生至今，三维可视化技术在建筑、电影、工程和制造等领域广泛应用，并发挥着重要作用。在地理信息技术领域，这项技术被称为实景三维重建，也叫三维实景重建。

码 4-5　模型重建

活动一　模型重建准备

一、提交三维模型重建任务

在三维模型重建的流程中，完成测区的空中三角测量后，要进行密集点云匹配，构建 TIN 网进行自动纹理映射，最终生产出实景三维模型。由于在模型构建的过程中人工无法干预，所以称为自动建模。

在工程管理界面下，选择三维重建任务进行新建重建，如图 4-74 所示，在右侧会出现对应的三维重建窗口，进行参数设置。

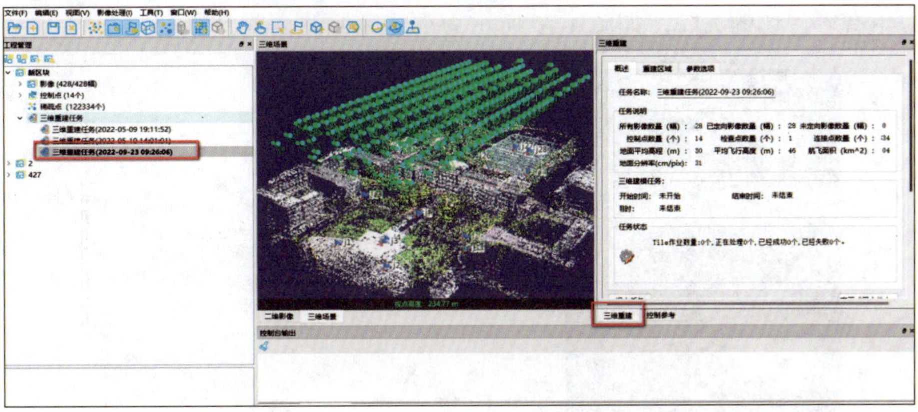

图 4-74　提交三维重建任务方案界面

二、了解任务概述内容

提交模型任务后，需要根据项目及电脑的情况对自动建模的参数进行配置，其中概述功能界面主要是对任务名称、数据详情、建模时间等进行概述。图 4-75 所示为任务概述界面。

(1) 任务名称：给新建的三维重建任务指定名称。

(2) 任务说明：显示全部影像、定向成功的影像、定向失败的影像、控制点、检查点、连接点数量等，显示地面平均高程、平均飞行高度、航飞面积、地面分辨率等信息。

(3) 三维建模任务：记录建模任务开始时间、结束时间和建模消耗的总时间，便于统计软件效率问题。

(4) 任务状态：显示当前三维重建任务内所有 Tile 的数量、正在处理中的模型数量、已

图 4-75　任务概述界面

经处理成功和处理失败的 Tile 的数量。

(5)提交任务：所有参数设置完成后点击该按钮自动进行三维重建任务，模型处理完成后，仍然有失败的模型，也可以点击该按钮提交处理模型任务(仅处理失败的模型)。

(6)查看成果文件夹：快速定位 mesh 模型成果存放位置。

三、重建区域设置

在实际生产中重建区域的设置与电脑的性能相关，同时也跟项目的要求以及后续的模型更新应用有着密切的关联。如图 4-76 所示为重建区域的设置界面。

图 4-76　重建区域设置界面

这一步主要是确定作业的边界以及 Tile 网格大小，网格大小决定了模型生产的瓦片大小及数量，如图 4-77 所示，设置网格大小为 50 m 软件会自动对大小和数量按 50 m×50 m 进行划分。网格大小一般会根据电脑性能进行设置(电脑运行内存与 CPU)，在系统中有两种模式，分别为根据电脑性能和数据量自动划分的模式以及取消勾选进行手动划分瓦片的模式(建议手动设置为 50~200 m 为最佳，模型运行内存较小，网格大小可适当降低)。

四、参数设置

参数设置操作界面如图 4-78 所示，设置内容包括如下几项：

(1)输出位置。设置输入成果的格式和路径，注意尽量避免存储路径中有中文和标点

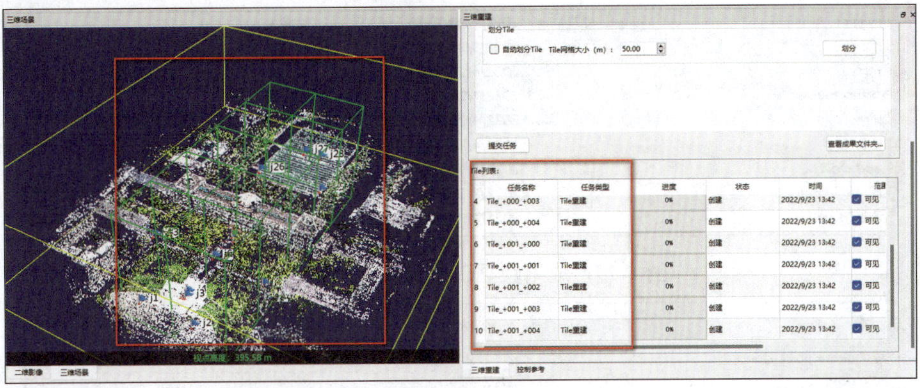

图 4-77　网格大小与数量

图 4-78　参数设置操作界面

符号存在。

（2）输出模型格式。固定生产为 obj 模型，可选择 osgb 模型和 DOM&DSM 模型。

（3）参数精度。分为快速建模、综合均衡建模、超高精细建模、自定义建模四种模式，可以根据项目需求以及电脑性能灵活配置。

注：选择密集匹配降采样会降低密集点云的稠密程度；选择 mesh 精细化采样会降低模型几何精细化的程度；简化此项是指模型的简化比例；正射影像分辨率项是指设置 TDOM 输出分辨率。设置完上述参数后，需要查看电脑的实际运行内存是否达到了建议运行的要求。

活动二　成果提交

一、成果文件的数据组成

实景三维模型建好后，可以在本地工程文件夹中查看对应的成果数据。如图 4-79 所示为成果数据工程文件夹显示界面。在工程文件夹中：

（1）mask：影像蒙版数据存放的文件夹。

（2）mesh：创建的三维重建任务存储路径，每个三维重建任务对应一个 ID 文件和一个 . json 文件，有多个三维重建任务时有多个 ID 文件夹和与之对应的. json 文件，所有重建的任务成果均存放在此处，每个任务 ID 文件夹下存放以下过程数据和成果数据。如图 4-80 所示为 mesh 成果数据文件夹界面。

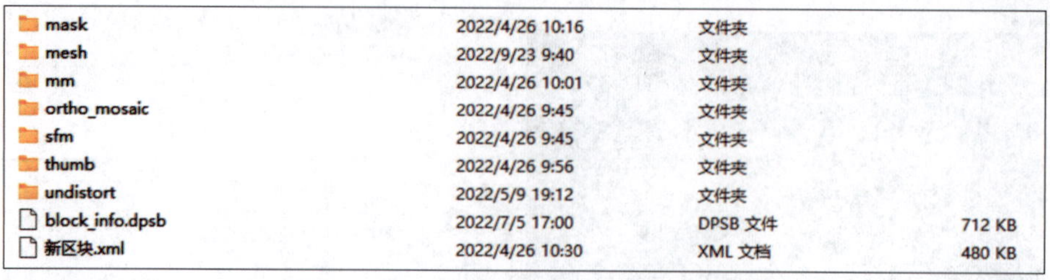

图 4-79　成果数据工程文件夹显示界面

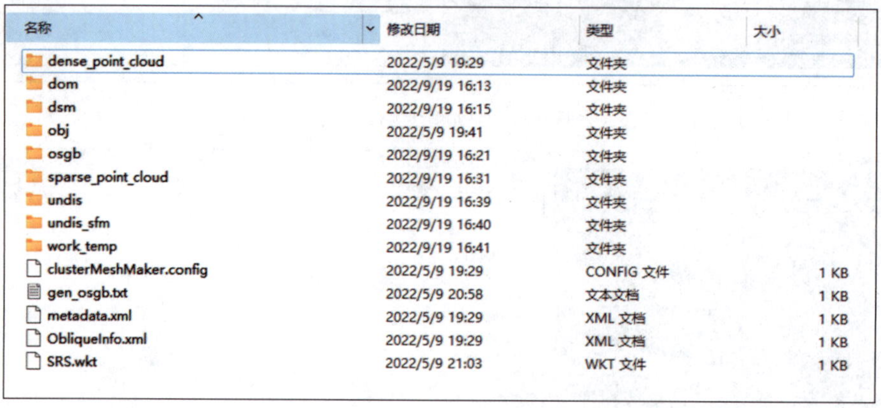

图 4-80　mesh 成果数据文件夹界面

mesh 文件夹中各子文件夹和文件的含义：

①dense_point_cloud：密集点云数据存放文件夹。

②dom：三维重建 DOM 模型成果文件。

③dpMapper_project：DPMapper 测图的工程文件和成果文件。

④dsm：三维重建 DSM 模型成果文件。

⑤obj：三维重建 OBJ 模型成果文件。

⑥osgb：三维重建 OSGB 模型成果文件。

⑦sparse_point_cloud：稀疏点云数据存放文件夹。

⑧undis：无畸变影像存放文件夹。

⑨undis_sfm：无畸变影像的空三成果存放文件夹。

⑩work_temp：三维重建处理模型时的过程文件。

⑪clusterMeshMaker. config：三维重建处理模型配置文件。

⑫gen_osgb. txt：模型转换的配置文件。

⑬metadata. xml：模型坐标信息和偏移值。

⑭tiles. txt：记录每个 tile 的范围。

(3) mm：POS 和空三结果文件。

①mm_input：数据的 POS 和控制点文件。

②mm_output：空中三角测量结果。

③paras. json：解算空三的配置文件。

(4) ortho_mosaic：快拼成果存放文件夹。

(5) sfm_data. bin：数据处理中的过程文件。

(6) sparse_v10. dat：数据处理中的过程文件。

(7) thumb：影像列表中的缩略图文件。

(8) block_info. dpsb：已创建区块的信息文件。

(9) log 文件夹：记录程序计算过程中所有的操作日志文件，如图 4-81 所示。

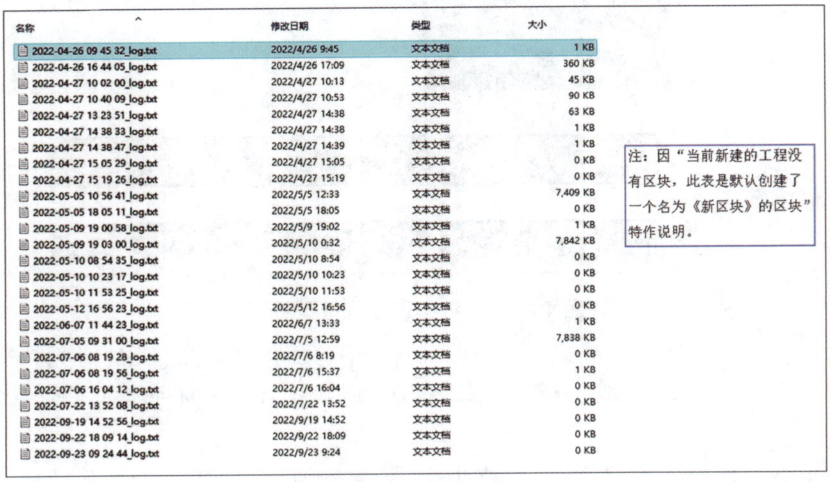

图 4-81 lod 文件

二、任务成果提交

所有参数设置完成后，点击提交任务，程序开始按照瓦片数量依次进行模型解算，并输出无畸变影像。如图 4-82 所示为提交任务界面。

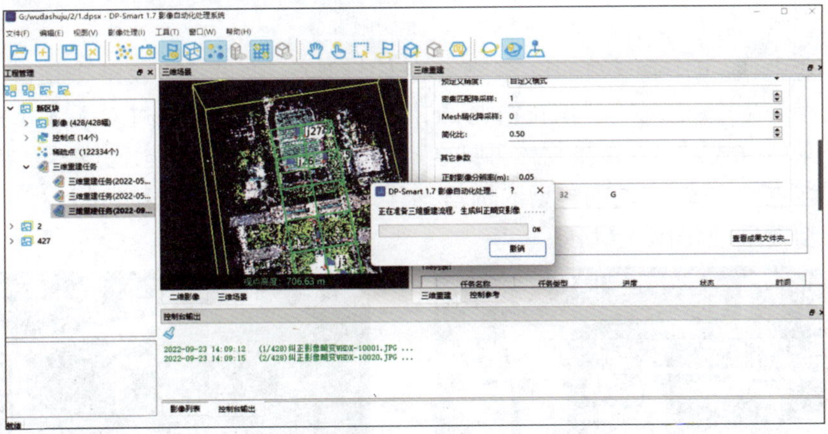

图 4-82 提交任务界面

注：在控制台中实时关注解算过程，遇到计算失败的情况，可根据提示分析原因。

模型重建解算完成后，点击“三维重建”，成果可见。在三维场景中查看实景三维模型。如图 4-83 所示即为所建模型。

三、成果提交

提交时间：成果最终提交时间（项目经理需要根据项目情况，判断时间是否足够完成）。

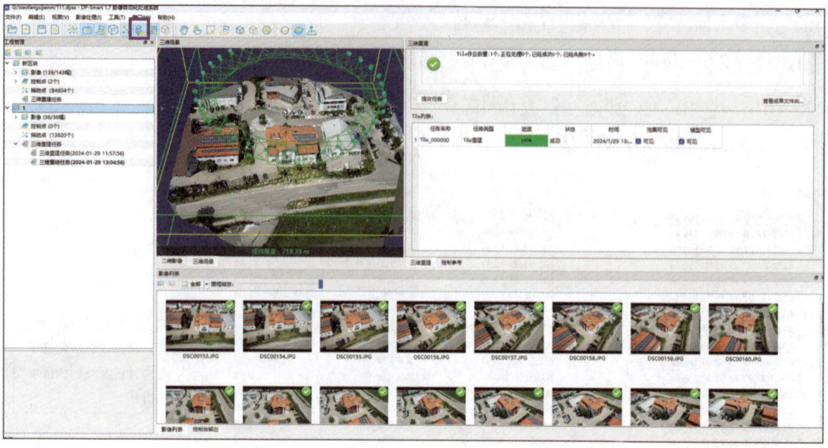

图 4-83　查看实景三维模型界面

提交格式：甲方需要哪些格式，如 osgb、obj、3ds、无畸变影像、DSM（何种格式、是否分幅）、DOM（是否需要外扩、分幅、分辨率要求多少、格式）、DEM（何种格式、外扩多少、是否分幅）等。

特殊要求：纹理质量、网格大小、网格坐标点、坐标原点、是否需要场景修饰（如水面、道路、悬浮物）。

模型精度要求：应满足影像分辨率和控制点密度能满足的范畴之内。

活动三　建模常见问题分析

一、模型拉花

实际作业中，航飞作业参数的设置、光影条件、数据采集设备以及被摄物体的可见度都会影响到模型的生产，出现模型拉花情况，如图 4-84 所示。可以通过对无人机拍摄不到的地方进行补采的方式来弥补被摄物体可见度不高的问题，同时对于水面或者复杂地区，可以通过添加连接点的方式，来辅助模型的构建，也可以后期通过专业软件进行模型的修饰，来提高三维模型效果，如图 4-85 所示。

图 4-84　模型拉花

图 4-85　模型修饰

二、大型项目如何多人分区协同作业

在建模设置中,一般通过瓦片大小划分,系统会自动将具体的瓦片数量划分出来。如图 4-86 所示为瓦片划分操作界面。根据划分好的瓦片名称,可以明确每个人制作的瓦片名称,如小明制作 Tile+000+003 至 Tile+000+010,小李制作 Tile+001+000 至 Tile+001+005,依次类推。在实际工作中,多人协同除了明确每个人制作的瓦片名称,还需要在设置工程输入坐标系、原点、网格大小时,每个人的选择应保持一致。

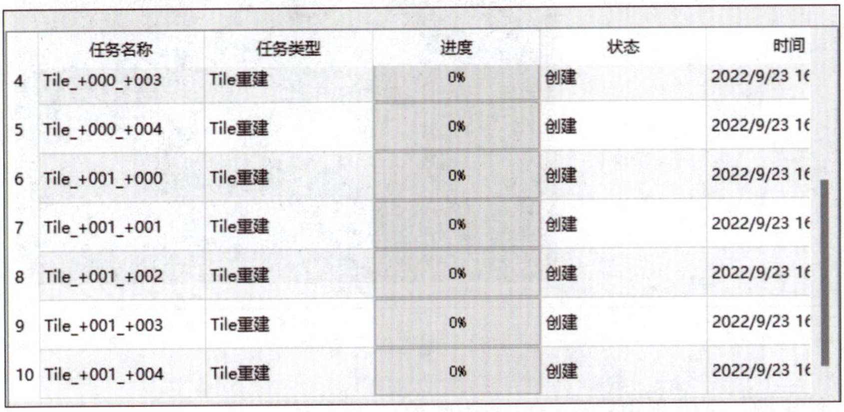

	任务名称	任务类型	进度	状态	时间
4	Tile_+000_+003	Tile重建	0%	创建	2022/9/23 16
5	Tile_+000_+004	Tile重建	0%	创建	2022/9/23 16
6	Tile_+001_+000	Tile重建	0%	创建	2022/9/23 16
7	Tile_+001_+001	Tile重建	0%	创建	2022/9/23 16
8	Tile_+001_+002	Tile重建	0%	创建	2022/9/23 16
9	Tile_+001_+003	Tile重建	0%	创建	2022/9/23 16
10	Tile_+001_+004	Tile重建	0%	创建	2022/9/23 16

图 4-86　瓦片划分操作界面

三、DOM 生成失败

首先检查影像是否有正射,只有倾斜影像无法生产出 DOM 以及 DEM,建议进行补飞弥补数据缺失。

若无法进行补飞,可以通过影像增强系统 ARExplorer,利用 OSGB 模型生产 DOM 数据。同时注意检查是否有足够的内存和储存空间,最好不要在移动硬盘上存放工程,部分软件需要生产模型才能够生产 DOM。如图 4-87 所示为基于 OSGB 生产 DOM 的操作界面。

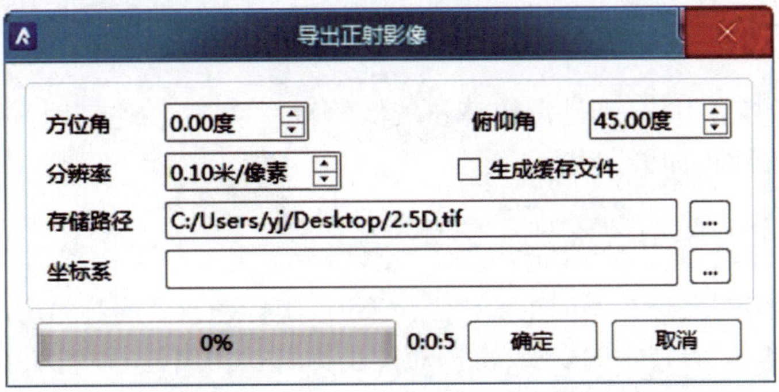

图 4-87　基于 OSGB 生产 DOM 界面

四、建模失败

首先查看运行内存是否满足当前设置的模型精细度要求,可以适当降低精细度以及瓦块配置,同时查看成果文件夹的储存是否足够。若在建模的过程中电脑断电或死机造成缓存文件损坏，可以通过重新创建空三任务将失败的瓦片重新提交。如图 4-88 所示为重建失败的界面。

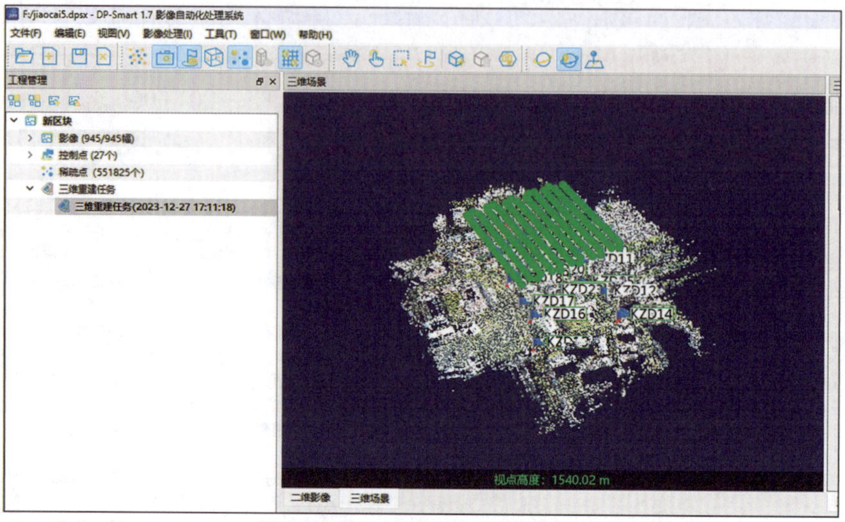

图 4-88　重建失败界面

五、如何提升建模效率

如果一台电脑的算力无法满足目前的建模要求，可以通过集群的方式，将多台电脑的算力并行计算，辅助软件自动建模。

六、不同航高的影像如何联合建模

此种情况一般分为两类：

(1)无像控点时，可以采取先进行较高航高相片的自动化模型构建，然后在较高航高相片生产的模型中提取控制点(见知识点在模型上取点)，将这些控制点作为较低航高空三时的地面控制点，在空中三角测量时进行人工转刺控制点，然后将较高与较低航高的空三合并再进行建模。

(2)有地面像控点时，分别进行较高和较低的航片空三，在空三时采取一套像控点，然后将空三合并提交建模即可。

七、不同批次的模型放不到一起

出现这种问题，主要是在不同批次模型生产时，坐标系或者高程精度出了问题。以往的方式只能重新建模，随着技术的发展，可以通过坐标转换工具进行转换，避免重新耗时间建模。在此，以天际航实景三维建模坐标转换工具为例，介绍如何进行坐标和高程转换，来解决不同架次建模时因为提交的坐标系或精度问题放不到一起的问题。

(1)启动软件后点击“导入”选择输入文件夹路径(其中包含 obj 格式或 osgb 格式的模型文件和 metadata. xml 坐标系偏移值文件)，点击“导出”选择输出文件夹路径，然后选择转换方式下拉菜单中“四参数+高程常数转换”。图 4-89 所示为高程转换操作界面。

(2)输入两组以上公共点，每输入一组，点击“增加”，新增加的点会默认勾选参与计算，

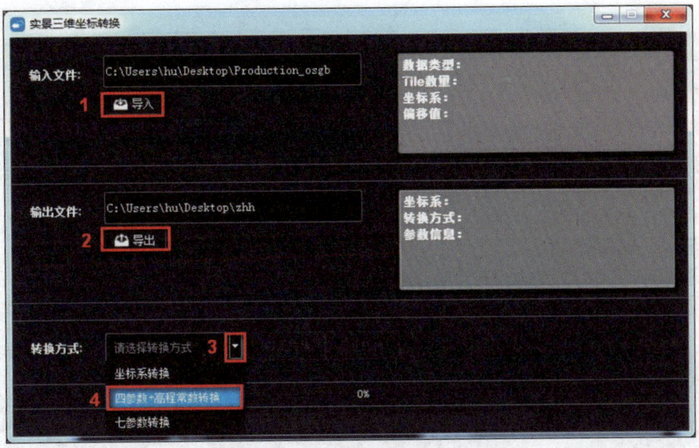

图 4-89　高程转换操作界面

也可以将需要输入的公共点按模板整理成.txt 文档直接导入,模板如图 4-90 所示。

点名	X0	Y0	Z0	X1	Y1	Z1
点名	X0	Y0	Z0	X1	Y1	Z1
点名	X0	Y0	Z0	X1	Y1	Z1
点名	X0	Y0	Z0	X1	Y1	Z1

图 4-90　公共点模板

(3)可根据需求选择需要参与计算的公共点(单击“使用”可以全选或全不选公共点)。点击“计算”,得到四参数和偏移值(点击“导出”,可将公共点数据以 txt 文本格式导出);图 4-91 所示为导入公共点进行计算的显示界面。

(4)四参数计算完成可点击“确定”按钮,使用计算结果对模型进行四参数转换(如果已知四参数,则可以按照默认的格式手动输入四参数,然后点击“计算”得到转换后合理的偏移值,避免模型抖动)。图 4-92 所示为核对计算后参数的显示界面。

(5)点击“确定”后系统主界面会显示转换前后的参数信息,确认无误后点击“开始转换”。图 4-93 所示为开始坐标转换显示界面。

(6)当转换进度条达到 100%时,即完成“四参数+高程常数”转换。图 4-94 所示为转换进度操作界面。

八、电脑建模有点吃力,推荐的基本配置

影响空三及建模的主要是中央处理器(CPU)+ 图形处理器(GPU)+显卡。目前主流的建模软件对于空三的特征提取匹配大部分是 GPU+CPU,平差消耗的多为 CPU 的性能。由此可见,尽可能让 CPU 主频越高越好,GPU 的要求可以适当降低,同时显卡作为电脑的核心,选择 AMD 的游戏显卡往往会更好,一套推荐配置如下:

处理器:英特尔 第七代酷睿 I7-7700K @3.6 GHz 八核以上。

主板:X99A、Z270、B250 类型主板。

内存:64 GB(DDR4 2 134 MHz)以上。

硬盘:2 TB、7 200 r/min、缓存 128 MB 以上。

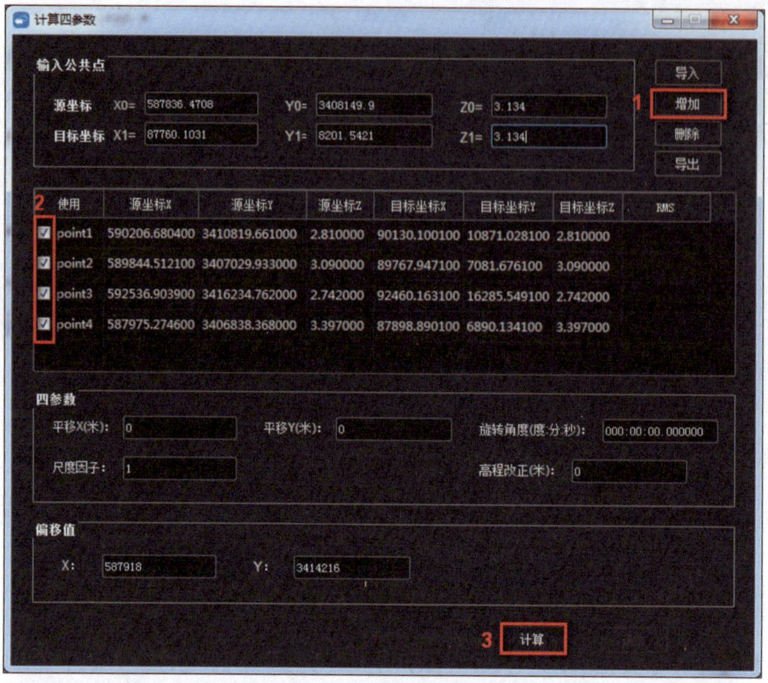

图 4-91　导入公共点进行计算的显示界面

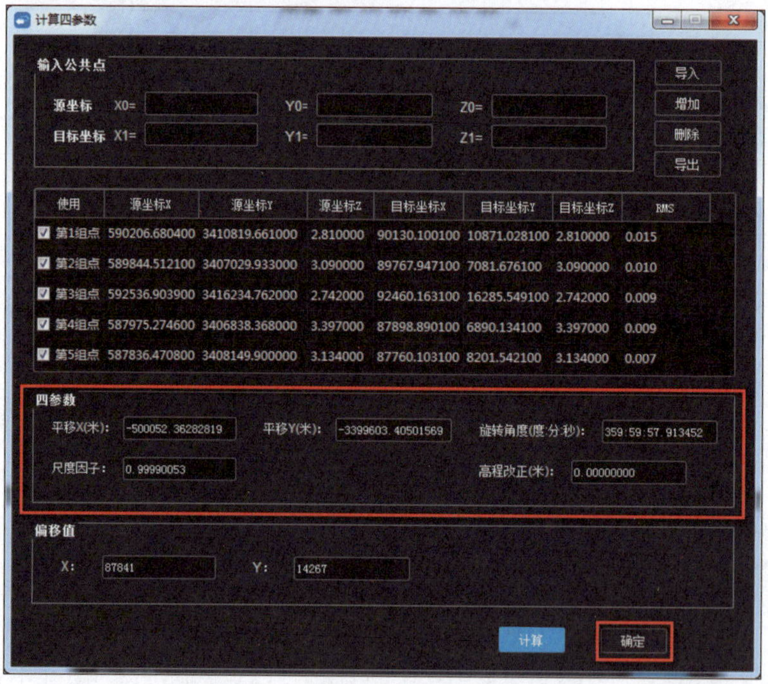

图 4-92　核对计算后参数显示界面

显卡：Nvidia GeForce GTX 1060，6 GB 显存以上。

九、实景三维模型精度的查看

实景三维模型的精度，即为倾斜影像数据的测量值与真实值之间的差值，一般模型的高

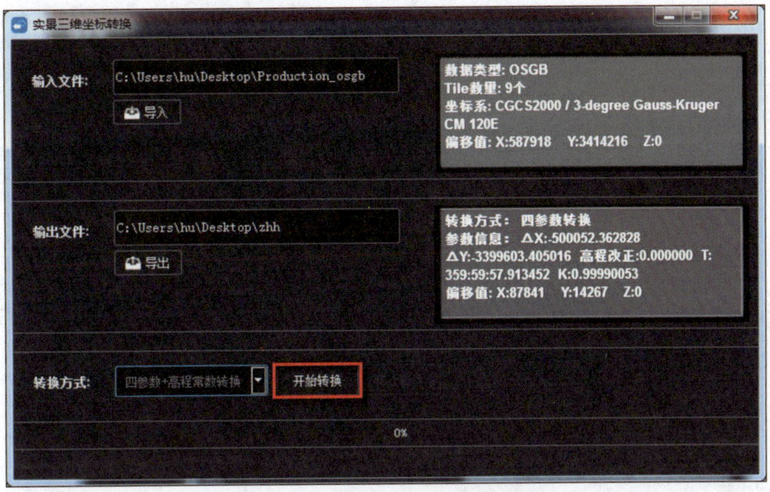

图 4-93　开始坐标转换显示界面

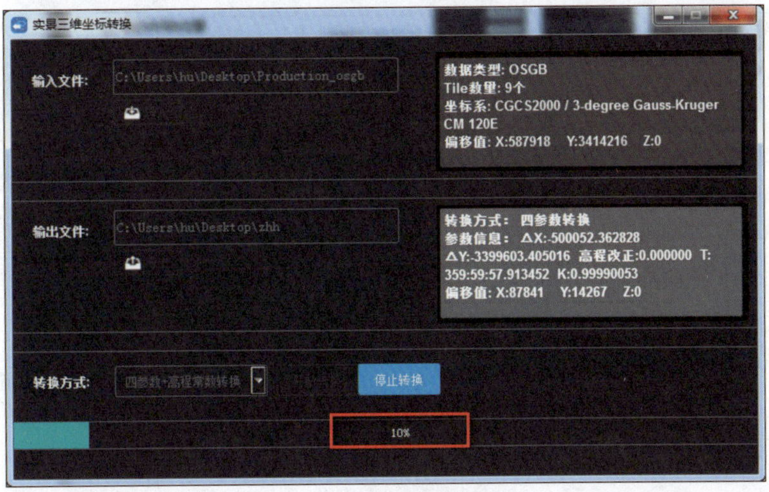

图 4-94　转换进度显示界面

程精度是地面分辨率(GSD)的 3 倍。比如生产的正射影像分辨率为 0.5 m,那么模型的精度也就是 1.5 m 左右。

若精度报告是英文的,可通过浏览器打开,使用浏览器自带的翻译功能进行翻译。

十、如何提高模型效果

(一)提高相机畸变参数精度

无人机搭载的非量测相机影像畸变较大且检校结果不稳定,可通过提高相机畸变参数的精度解决该问题。一是建立三维控制场,及时检测无人机航拍前后的相机畸变参数;二是固定相机镜头,减小相机畸变参数变化对加密成果的影响。

(二)提高影像清晰度

无人机航拍影像清晰度受飞行速度、快门速度、飞行颠簸程度等影响。将无人机飞行速度控制在 80 km/h 以内、相机快门速度 1/120 s,可降低影像噪声。

相机的曝光时间选取和天气有着密切的关系,当光线条件不好时,应该尽量增加曝光时间,同时在选定的两个曝光时间分别照相,通过相机的 ISO 数值进行比较,ISO 数值越小,则像片质量越好,所以选择 ISO 数值较小的。

任务五　实景三维建模训练与考核(知行合一)

一、考核内容与用时

学生使用处理软件对无人机原始数据进行空三处理、刺点及建模操作,最终上交空三精度报告、重建报告、模型成果(osgb 格式)。考核用时 60 min。

二、评分标准

评分标准见表 4-2。

表 4-2　评分标准(本项考核满分为 100 分)

序号	评分项	评分标准	分数
1	空三精度报告	按要求提交	5
2	空三文件	按要求提交	5
3	纠畸变影像	按要求提交	5
4	连接点中误差(<1 pixels)	以空三精度报告为准	5
5	坐标系选择	指定 2000 投影坐标系	20
6	控制点精度误差(<1 pixels)	以空三精度报告为准	10
7	建模分块大小合理性	按要求规则切块	10
8	设置建模范围约束	适应连接点	10
9	模型质量	有效区域模型无拉花、分层错位等问题	10
10	控制点刺点合理性	刺点数量及误差	20

三、考核流程

(一)检查作业任务

考核开始前 5 min,考生在所用计算机中检查像控点、点之记、POS 数据、原始影像等资料有无缺失。

(二)摄影测量影像处理

老师宣布开始后,学生根据所给的资料,对原始影像进行空三定向、模型生产。

(三)成果要求

提交作业任务中的空三文件、纠畸变影像、空三精度报告、模型成果(osgb、obj 格式)。

四、考核样例数据

已知成果与数据界面如图 4-95 所示。

（1）包含影像数据 428 张及对应的 POS 数据与点之记。
（2）地面实测 13 个点（控制点及检查点），本次实习学生自行选择控制点。
（3）POS 数据与控制点数据坐标系均为 CGCS2000 3°带，中央经线 114°（4547）。

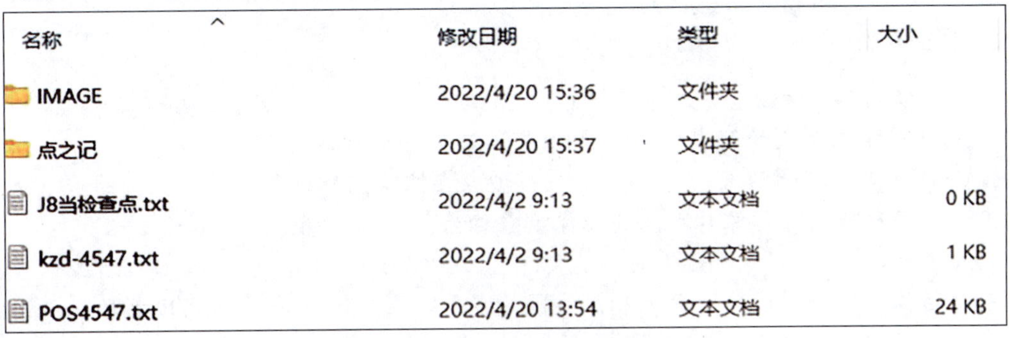

图 4-95　已知成果与数据界面

五、考核评价

考核评价内容如表 4-3 所示。

表 4-3　考核评价

<table>
<tr><td>院系</td><td></td><td>班级</td><td></td><td>学号</td><td></td></tr>
<tr><td>姓名</td><td></td><td>起止时间</td><td colspan="3"></td></tr>
<tr><td rowspan="12">考核内容</td><td>听从老师安排</td><td colspan="4">优秀□　良好□　中等□　及格□　不及格□</td></tr>
<tr><td>满分分值</td><td colspan="3">考核说明</td><td>分数</td></tr>
<tr><td>空三精度报告（5 分）</td><td colspan="3">按要求提交</td><td></td></tr>
<tr><td>空三文件（5 分）</td><td colspan="3">按要求提交</td><td></td></tr>
<tr><td>纠畸变影像（5 分）</td><td colspan="3">按要求提交</td><td></td></tr>
<tr><td>连接点中误差
（<1 pixels）（15 分）</td><td colspan="3">以空三精度报告为准</td><td></td></tr>
<tr><td>坐标系选择（5 分）</td><td colspan="3">指定 2000 投影坐标系</td><td></td></tr>
<tr><td>控制点精度误差
（<1 pixels）（15 分）</td><td colspan="3">以空三精度报告为准</td><td></td></tr>
<tr><td>模型质量（30 分）</td><td colspan="3">有效区域模型无拉花、分层错位等问题</td><td></td></tr>
<tr><td>控制点刺点合理性（20 分）</td><td colspan="3">刺点数量及误差</td><td></td></tr>
<tr><td>合作交流意识</td><td colspan="4">优秀□　良好□　中等□　及格□　不及格□</td></tr>
<tr><td>指导老师评语</td><td colspan="4"></td></tr>
</table>

习　题

一、选择题

1. 立体像对的前方交会原理能用于(　　)。
   A. 相对定向元素的解求　　B. 求解像点的方向偏差
   C. 地面点坐标的解求　　D. 模型点在像空间辅助坐标系中坐标的解求
2. 同一条航线内相邻像片之间的影像重叠称为(　　)重叠。
   A. 航向　　B. 旁向　　C. 水平　　D. 垂直
3. 航摄像片上一线段与地面上相应线段的水平距离之比称为(　　)比例尺。
   A. 地形图　　B. 测图　　C. 摄影　　D. 制图
4. 一张航摄像片有(　　)个内方位元素,有(　　)个外方位元素。
   A. 2,2　　B. 3,3　　C. 3,6　　D. 6,6
5. 下列关于航空摄影时飞行质量的要求,叙述错误的是(　　)。
   A. 航向重叠率一般应为60%~65%,个别最大不应大于75%,最小不应小于56%。
   B. 像片倾斜角一般不大于3°,个别最大不大于5°。
   C. 航摄比例尺越大,像片旋角的允许值就越大,但一般以不超过8°为宜。
   D. 航线弯曲度一般不大于3%。

二、填空题

1. 摄影测量中常用的坐标系有__________、__________、__________、__________、__________。
2. 列出3种线特征提取算法:__________、__________、__________。
3. 最小二乘影像匹配的基本思想为:__________、__________、__________。
4. 像点坐标的系统误差包括:__________、__________、__________、__________。
5. 影像匹配实质上是在两幅(或多幅)影像之间识别__________。
6. 摄影测量中立体像对相对定向的元素有__________个。
7. 地形图采用的是__________投影,而航空摄影像片为__________投影。

三、简答题

1. 简述利用软件实现自动化建模的流程。
2. 简述自动空中三角测量的基本原理。

码4-6　项目四习题参考答案

项目五　裸眼立体测图与入库

本项目内容可扫码学习。

项目六　地理实体三维表达模型构建

项目描述

【项目介绍】 本项目包括五个学习任务。任务一学习地理实体三维模型数据准备，任务二学习简单房屋的结构与实体三维表达模型构建，任务三了解地理实体单体化及属性挂接，任务四学习单体化模型数据的修改，任务五综合实训与考核是在前四个学习任务完成的基础上，结合给定的已知数据进行强化训练，并按要求考核评价各自的实训成果。

【学习重点】 地理实体及其三维模型构建技术流程，单体化制作的一般要求和几何框架数据采集要求，简单房屋的实体构建，房屋纹理修改，地理实体单体化的理解、意义，单体化常见问题分析，模型单体化切割后的 osgb 修饰和 obj 修饰的方法。地理实体三维表达模型构建的综合实训与考核。

【学习难点】 快速建模的技巧，复杂建筑物的构建。

项目目的

通过实际操作，使学生掌握地理实体三维表达模型构建、整饰和属性挂接等基本原理和方法，学会数据生产的实操技能，使学生的专业基本素质、专业基本能力和技能得到全面发展，为学生从事摄影测量的实际工作奠定基础。

◆ **知识目标**

1. 掌握单体化模型制作规范。
2. 熟悉简单房屋的模型构建流程。
3. 了解地理实体三维表达模型的属性挂接要求。

◆ **能力目标**

1. 能够进行房屋纹理修改。
2. 掌握不同场景的修饰技巧和方法。
3. 能够对 osgb、obj 格式单体化数据进行修改。
4. 能够完成本项目综合实训的考核要求。

◆ **情感目标**

1. 通过该项目的学习，使学生掌握地理实体三维表达模型构建的基本工作内容和流程，让学生对亲自获取的建模成果有成就感和自豪感。
2. 通过学习，使学生明白做事情只有努力才会有收获。
3. 通过学习，使学生明白从事专业技术工作，要规范操作，要有质量意识和作业效率。
4. 通过学习，使学生明白测绘地理信息数据成果的取得要有足够的耐心和细心。

项目成果

1. 地理实体三维表达模型构建准备工作内容总结。
2. 简单房屋的结构实体构建课堂成果。
3. 单体化模型数据的修改成果。
4. 按照实训考核要求需要提供的各类成果,考核评价表。

课时建议

22 学时(根据学生所学专业情况,学时数可适当增减,见表 6-1)。

表 6-1　学时分配

序号	学习内容	讲课学时
1	任务一　数据准备	2
2	任务二　简单房屋的结构与实体三维表达模型构建	4
3	任务三　了解地理实体单体化及属性挂接	2
4	任务四　单体化模型数据的修改	4
5	任务五　综合实训与考核	8
合计		22

思政引导

情感态度与价值观

(1)注意培养自身健康积极情感,不仅对科学的学习有兴趣、有热情,还要有明确的学习动机,并注意丰富内心体验和心灵世界。

(2)历练正确的人生态度,不仅要端正学习态度、明白责任,还要具有乐观的生活态度、求实的科学态度、宽容的人生态度。

(3)树立崇高的理想,形成正确的人生观、价值观,不仅注重个人的价值,更要注重个人价值与社会价值的统一;不仅强调科学的价值,更强调科学价值与人文价值的统一;不仅强调人类的价值,更强调人类价值与自然价值的统一,从内心确立起对真、善、美的价值追求,以及与自然和谐相处及可持续发展的理念。

任务一　地理实体三维表达模型构建的数据准备

活动一　了解地理实体及三维表达模型构建技术流程

一、关于地理实体知识

(一)地理实体概念

地理实体指的是地球上具体的自然地理或人文地理要素,可以理解为地理上实际存在或具体的物质要素。它可以包括地理景观、地貌、地表特征、地理区域、地形地势、水系、气候、植被、动植物群落、环境等地理要素。例如山脉、河流、湖泊、海洋、草原、森林、平原、岛屿、荒漠,以及地球上包括大气、水圈、生物圈和岩石圈在内的相互作用的地球系统等属于常见的地理实体。

地理实体是现实世界中占据一定且连续空间位置和范围、单独具有同一属性或完整功能的地理对象,包括基础地理实体、部件三维模型及其他实体。地理实体是物理世界在计算机环境下的"抽象",具有识别意义和地理空间特征。

地理实体是地理数据库中的实体,是指在现实世界中再也不能划分为同类现象的现象。例如城市可看作一个地理实体,并可划分成若干部分,但这些部分不叫城市,只能称为区、街道。

地理实体的命名权:按照国际惯例,地理实体的命名权通常归属于地理实体的主权所有者或发现者。

实体模型:GIS 中的地理数据库是地理实体的集合,是一种与现实的地理世界保持一定相似性的实体模型。

以相同的方式表示和存储的一组类似的地理实体,可以作为地理实体的一种类型。

地理实体的构成:地理实体通常分为点状实体、线状实体、面状实体和体状实体,复杂的地理实体由这些类型的实体构成。

(二)地理实体分类

地理实体根据其性质和特点可以分为自然地理实体(地物实体)和人文地理实体(地理单元)。

1. 自然地理实体

自然地理实体主要包括地表及地下各种自然形成的地形地貌、土壤类型、水资源等要素或人工建造的物体,如水系、交通基础设施、建(构)筑物、场地设施、管道线及地名和地址等。

2. 人文地理实体

人文地理实体(地理单元)主要指地表上那些具有相同管理或自然属性的空间区域,通常包括行政区划单位或其他自然地理分区等。例如土地利用、交通网络、居民分布等要素。

(三)基础地理实体

基础地理实体是通过基础测绘采集和表达的地理实体,是其他地理实体和相关信息的定位框架与承载基础。

基础地理实体可分为自然地理实体、人工地理实体和管理地理实体三大类。自然地理实体重在表示自然生成或生长的地理实体,人工地理实体重在表示人类建造或改造的地理实体,管理地理实体重在表示重要管理需求所对应的地理实体。自然地理实体和人工地理实体可作为各实体的空间定位框架和分析基础,管理地理实体所蕴含的内容可同时作为自然地理实体和人工地理实体的属性。

(四)地理实体数据

地理实体数据是地理实体在计算机系统中的数字化描述,包括图元、实体属性及实体关系数据三部分。

图元为基础地理实体的几何构成单元,一个实体包含一个(类)或多个(类)图元;实体属性数据包括基本属性数据及扩展属性数据；实体关系数据包括空间关系、类属关系、时间关联关系及几何构成关系数据等。

（五）地理实体与地理要素的联系和区别

地理实体和传统 4D 产品中的地理要素都是对物理世界的一种现象的抽象，但是地理要素只能把物理世界的一种现象抽象成一种图元，如一个道路要素，它只能包含道路中线或者道路边线或者道路面；而地理实体可以把物理世界的一种现象抽象成多种、多个图元，如一个道路实体，它包含道路中线、道路边线及道路面等多个图元。

（六）地理实体与地理场景的联系和区别

地理场景是承载地理实体的连续空间范围内地表的"一张皮"表达，通常包括正射影像（DOM）、真正射影像（TDOM）、数字高程模型（DEM）、数字表面模型（DSM）、倾斜摄影三维模型等，它是未经过对象化或者单体化处理的、较为初级的产品形态，这类产品只需要具备实际地理空间分布和相互关系等信息就可以满足用户可视化需求。

地理实体产品是对现实世界更加详细表达的产品类型，是在地理场景产品基础上经过对象化或单体化处理后的深加工产品，主要用于空间计算、分析和统计。

（七）地理实体三维表达模型生产的路径

地理实体三维表达模型生产的第一条路径为基于现有地理信息数据进行几何信息补偿、语义信息转换、重构与整合、实体间关系处理等，获取地理实体数据。

地理实体三维表达模型生产的第二条路径为依据倾斜摄影等技术，构建现实世界的数字孪生地理场景，"将现实世界搬回家"，进而在该环境下直接获取地理实体。

（八）地理实体数据管理服务

作为新型基础测绘体系下的一种新型地理信息产品，地理实体数据通过唯一标识、对象化处理和实体关联融合，以期解决地理对象所表达的空间语义与现实社会中的表达方法差异较大，且缺乏全局唯一标识，难以满足快速更新、生命周期管理、多源数据关联和多样的社会化服务等需求的问题。

地理实体数据管理服务涵盖模型结构关系、多尺度细粒度数据存储、语义处理技术、空间语义关联知识图谱，支持挂接外部业务数据，赋予实体时空编码，可进行图谱化管理，能够实现实体可视化查询、按需组装、按需发布等功能，提供统一生产、统一存储、统一管理、统一发布的地理实体数据全链条服务。具体服务如下：

（1）语义关联知识图谱。建立实体数据结构关系，实现实体数据关联查询和推理分析其他实体数据。

（2）查询结果统计分析。查询结果支持按图表、按图谱、按三维场景等多种展示方式。统计分析可显示实体分类，以及每种类型下的实体个数；支持根据实体属性提取不同类型实体对应某种属性的分析结果。

（3）一库多能、按需组装。面向特定应用场景，按需抽取数据，完成智能组装，组装数据可预览和导出。

（4）一码多态、快速挂接外部数据。基于地理实体唯一编码标识，可挂接整合外部数据，如 BIM、物联网（IoT）、视频等多源异构的非结构化数据，满足智慧城市各行业的智能化分析。

二、地理实体三维表达模型的构建和场景修饰流程

图 6-1 所示为地理实体三维表达模型的构建和场景修饰流程。

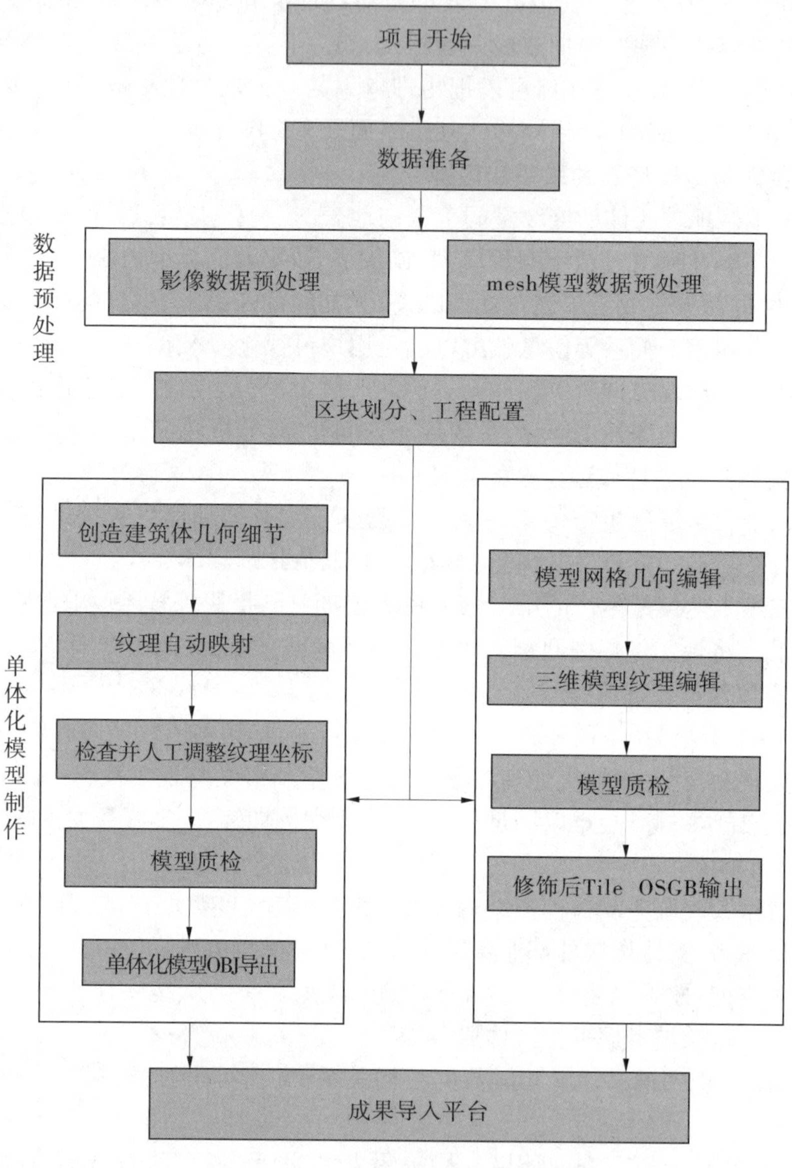

图 6-1 地理实体三维表达模型构建和场景修饰流程

活动二 数据预处理

一、数据准备及配置工程

为了充分了解和系统地学习地理实体三位维表达模型的生产、场景修饰和纹理修改等作业过程，这里以使用较为广泛的单体化建模软件 DP-Modeler 为例进行详细阐述。

首先需要准备 osgb 数据、obj 数据、空三文件和无畸变影像等四种数据，然后将其配置到作业工程中。

二、了解 osgb 数据

osgb 全称为 Open Scene Gragh Binary，是开源三维渲染引擎 OpenSceneGraph(OSG)数据文件格式的二进制版本，带有嵌入式链接纹理数据(.jpg)的 osgb 格式，是目前倾斜摄影模型(尤其是使用 CC 处理的模型)常用的存储格式。OpenSceneGraph 是一个开源的、跨平台的高性能 3D 图形工具包，它完全用标准 C++ 和 OpenGL 编写，可以用来进行三维仿真，OSG 包含的多线程技术、PagedLOD 技术，可以方便地处理大数据的三维模型的可视化及其调度。

倾斜摄影数据是以 osgb 格式来组织的树形结构的数据，是目前实景三维生产中的主流格式之一，可以通过自动化三维建模软件生成它。osgb 格式数据是 OpenSceneGraph 框架的自有格式，是一种二进制数据。

这里借助几种常用软件讲述导出 osgb 数据的方法。

(一) DP-Smart

在生产三维模型时，在三维重建的窗口内，可以设置输出模型的格式和输出位置，这里注意勾选 osgb 模型。图 6-2 所示为 osgb 输出操作界面。

图 6-2　osgb 输出操作界面

三维建模完成后，可在输出文件夹中查看或点击三维重建窗口内的查看成果文件夹选项。点击 mesh 文件夹，选择 osgb 文件夹内，即可查看 osgb 数据。图 6-3 所示为三维重建操作窗口。

整理获得的 osgb 数据，将其移动至新的 osgb 文件夹，在根目录下创建 data 文件夹，将 osgb 数据存储进去，同时复制偏移值 metadata 文件至 osgb 文件夹内。图 6-4 所示为可查看成果的文件夹。

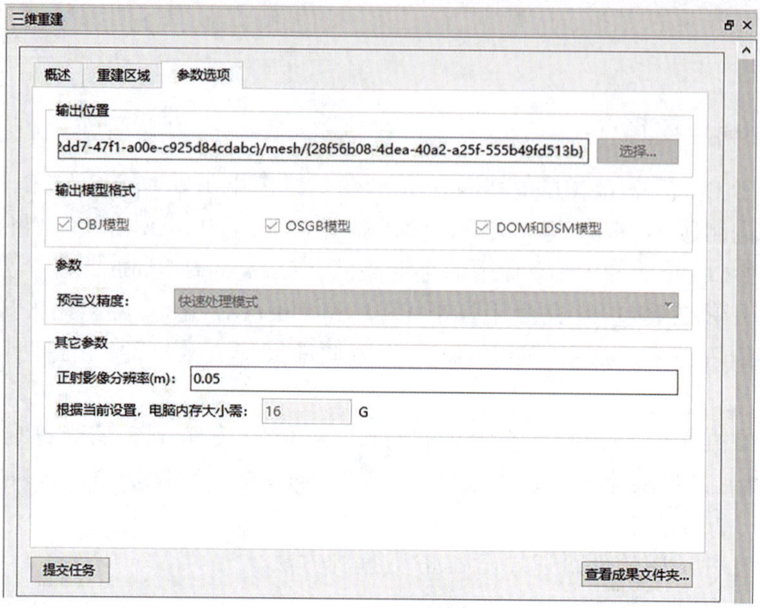

图 6-3　三维重建操作窗口

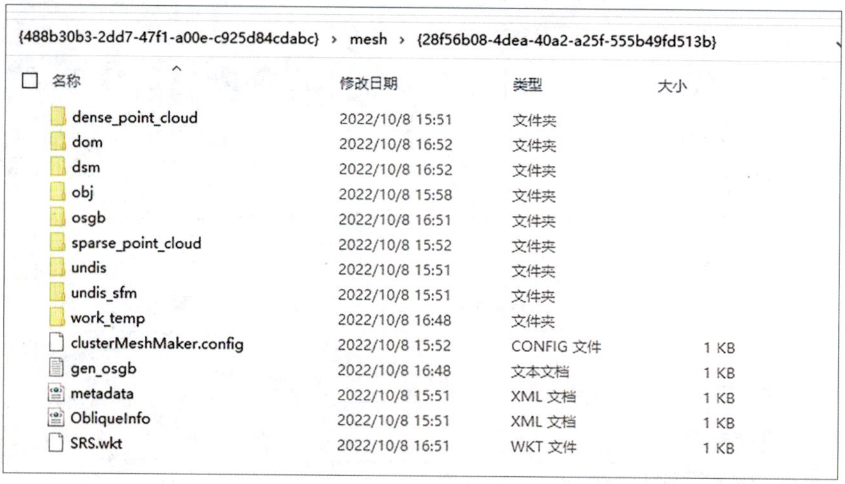

图 6-4　查看成果文件夹

(二) ContextCapture

在完成空中三角测量后，可以选择新建一个重建任务，在重建任务的选择界面，可以选择生成 osgb 格式的模型数据。如图 6-5 所示为 osgb 数据整理后的显示界面。图 6-6 为选择生成 osgb 模型格式的操作界面。

(三) PhotoScan

在完成生成纹理操作后，可以在模型窗口看到已制作完成的模型效果，选择文件菜单下的导出模型，自定义选择 osgb 模型即可。注意：PhotoScan 软件导出后的 osgb 模型与 obj 模型位置会有偏差，需要通过偏移值进行校正。

后续可通过 obj 转换 osgb 来快速获取 osgb 数据。图 6-7 为导出 osgb 模型操作界面。图 6-8 为导出模型参数设置。

图 6-5　osgb 数据整理后界面

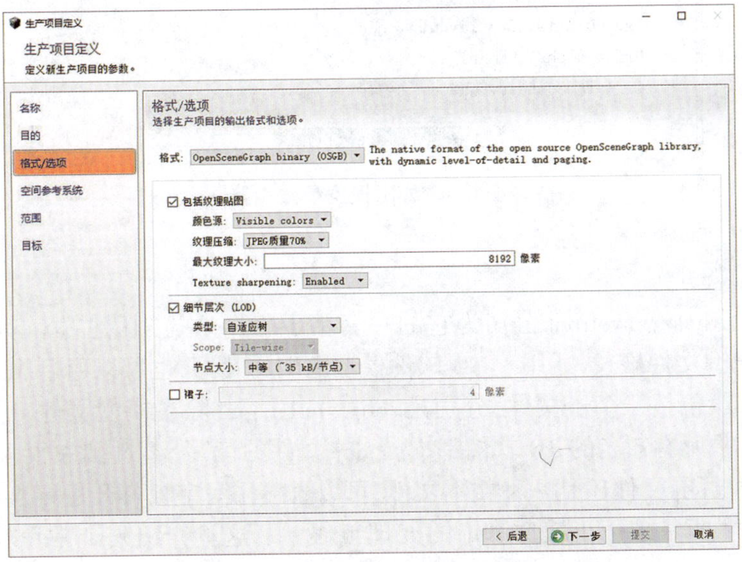

图 6-6　选择生成 osgb 模型格式界面

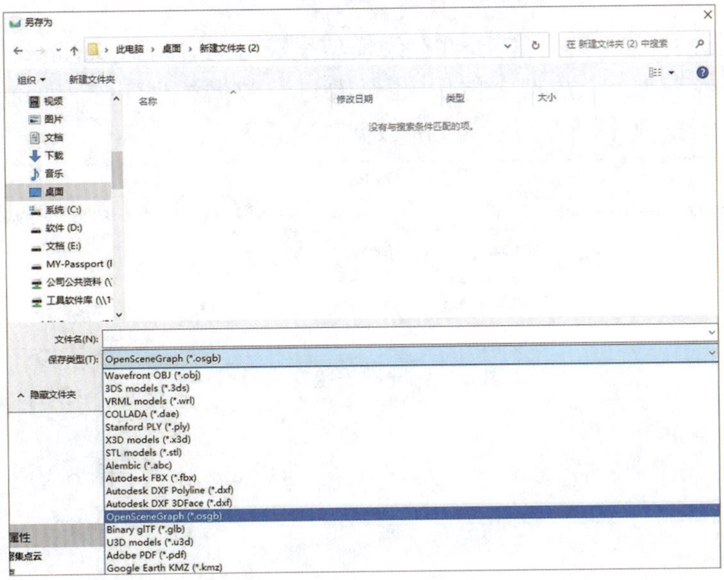

图 6-7　导出 osgb 模型界面

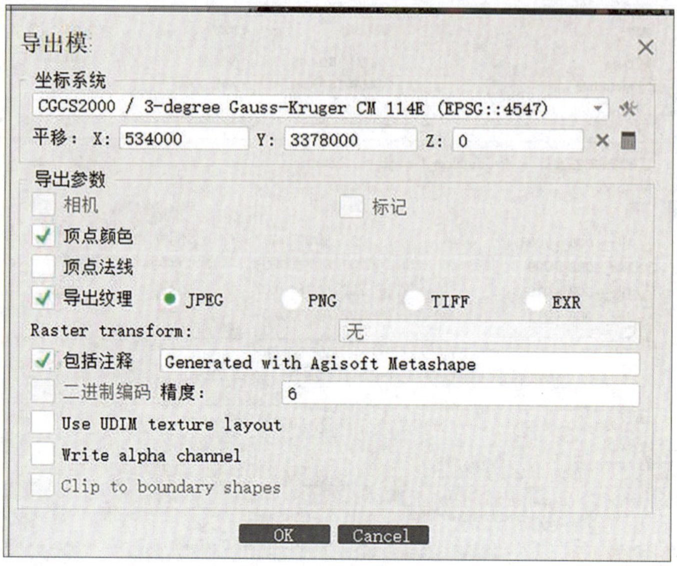

图 6-8　导出模型参数设置

三、obj 数据

obj 文件是 Alias/Wavefront 公司为它的一套基于工作站的 3D 建模和动画软件开发的一种标准 3D 模型文件格式，适用于 3D 软件模型之间的互导，也可以通过 Maya 读写。

obj 文件一般包括三个子文件，分别是. obj、. mtl、. jpg，除了模型文件，还需要. jpg 纹理文件。目前，几乎所有知名的 3D 软件都支持 obj 文件的读写，不过其中很多需要通过插件才能实现。另外，obj 文件还是一种文本文件，可以直接用写字板打开进行查看和编辑修改。

obj 格式的数据一般用于模型修饰的处理工作中。这里介绍几个常用软件导出 obj 数据的流程。

(一) DP-Smart

如 osgb 数据的导出一样，只需要在三维模型生成时同时勾选 obj 格式即可获得模型的 obj 数据文件。在获取 obj 数据文件后，也需要进行数据整理工作，将 obj 数据和偏移值 metadata 文件进行整理，图 6-9 所示为 obj 数据整理后界面。

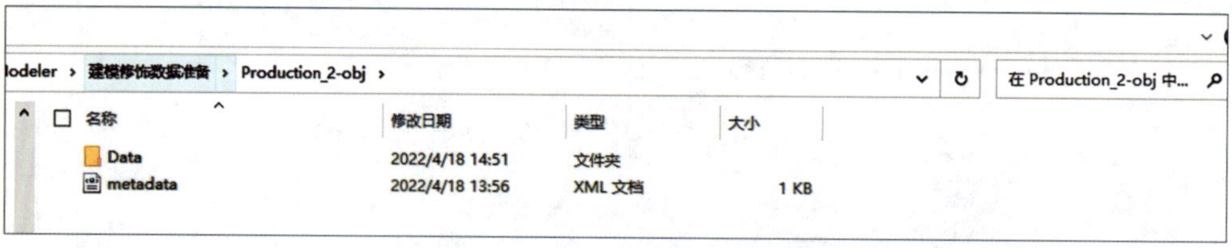

图 6-9　obj 数据整理后界面

(二) ContextCapture

同 osgb 数据的生成一样，新建一个重建任务，选择 obj 格式。图 6-10 为 CC 生成的 obj 模型数据格式。

(三) PhotoScan

选择文件菜单下的导出模型选项，选择 obj 格式，如图 6-11 所示，点击“确定”。图 6-12

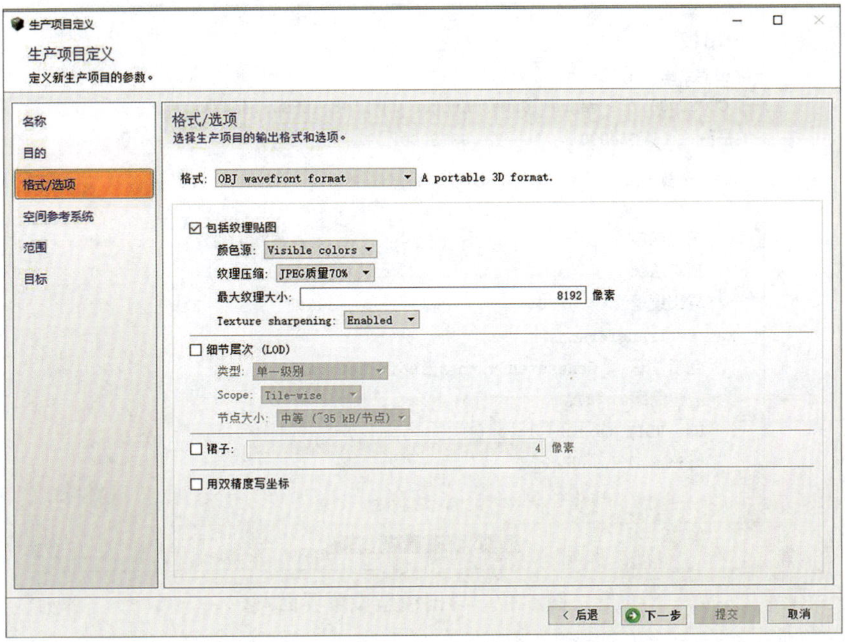

图 6-10　CC 生成 obj 模型数据的格式设置

所示为导出模型设置界面。

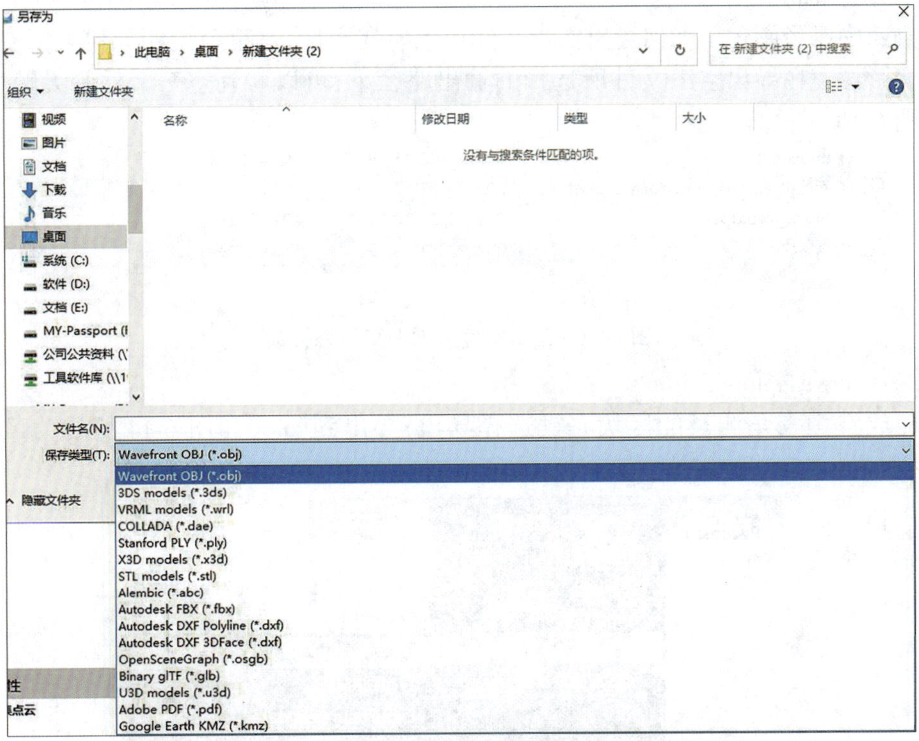

图 6-11　导出 obj 数据

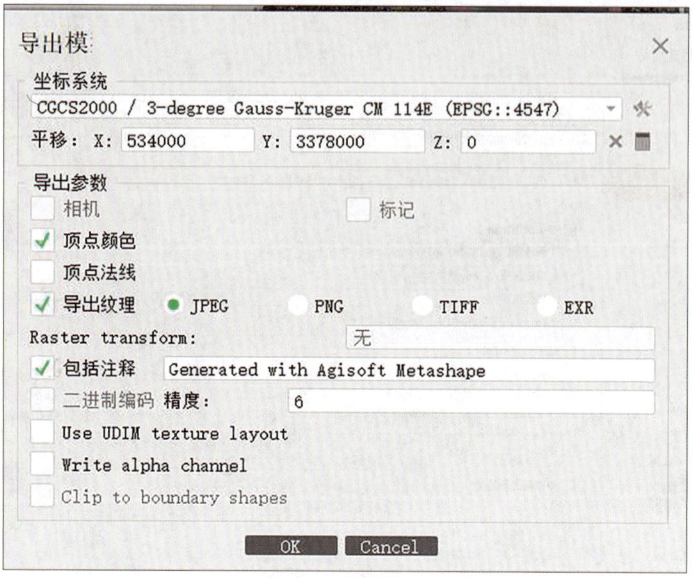

图 6-12　导出模型设置界面

四、空三文件和无畸变影像

(一) DP-Smart

项目四中已经阐述了如何导出空三文件和无畸变影像，这里只说明如何查看空三文件和无畸变影像。在导出空三文件所选择的输出路径下，可以看到空三文件和无畸变影像。界面如图 6-13 所示。

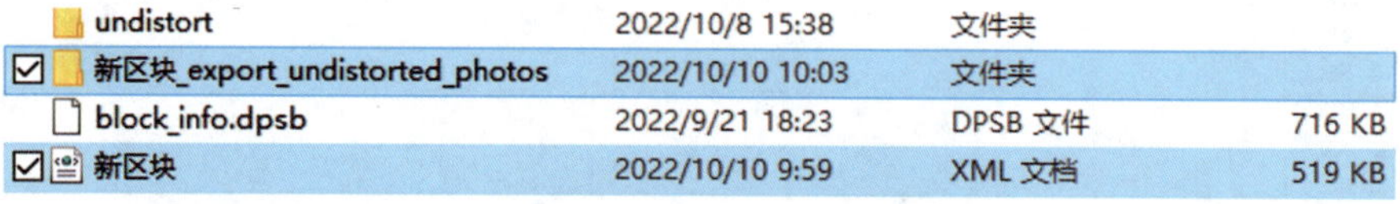

图 6-13　空三文件和无畸变影像界面

(二) ContextCapture

已完成空中三角测量的区块右键选择导出，导出到 xml，如图 6-14 所示为区块导出界面。

图 6-14　区块导出界面

选择输出格式、输出位置、空间参考系统和勾选导出镜头未畸变影像。输出路径下会存储已生成的空三文件和无畸变影像，如图 6-15 所示为空三和无畸变影像导出操作界面。

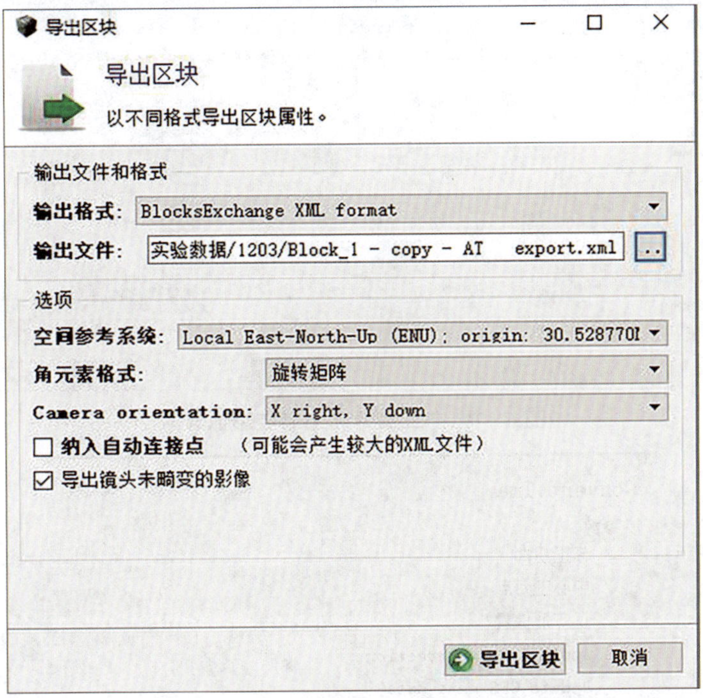

图 6-15　空三和无畸变影像导出操作界面

(三) PhotoScan

右键点击区块文件选择导出相机选项，选择 Blocks Exchange(＊. xml) 可以导出. xml 格式的空三文件。如图 6-16 所示为导出空三文件和无畸变影像的操作界面。

图 6-16　空三文件和无畸变影像导出界面

通常来说，作业员完成空中三角测量后，会将空三文件导入至 ContextCapture 软件中，完成后续模型构建，无畸变影像也可通过 ContextCapture 软件进行导出，如图 6-17 所示。

若 PhotoScan 需要导出无畸变影像，可以通过右键点击新区块选择导出选项下的 Convert Images 选项，进行无畸变影像的选择。其操作界面如图 6-18 所示。

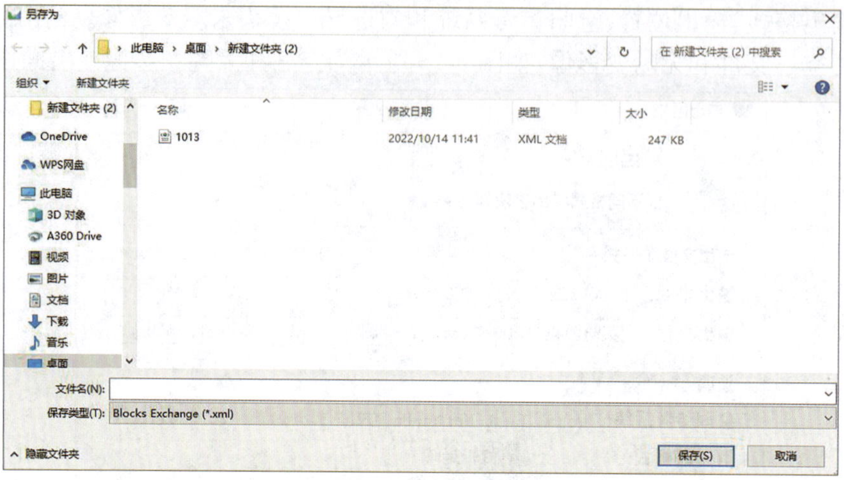

图 6-17　空三文件和无畸变影像导入

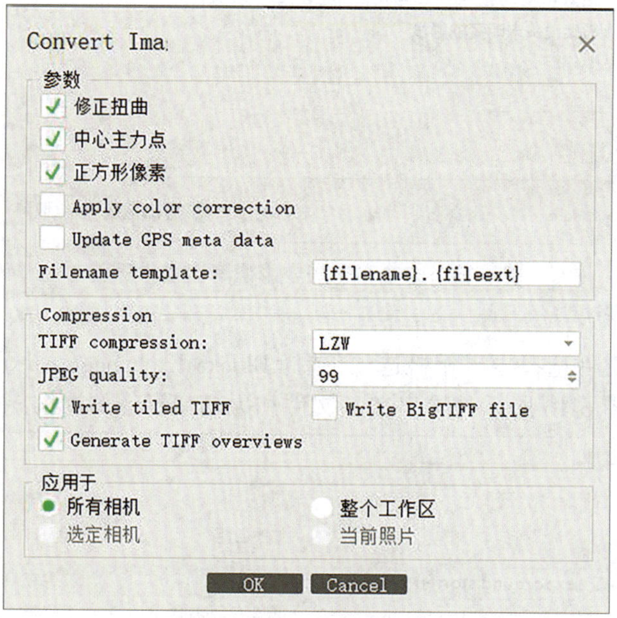

图 6-18　导出无畸变影像

活动三　工程配置

该活动以 DP-Modeler 为例，学习如何进行工程配置。

一、工程配置的操作过程

打开解决方案管理器软件，新建解决方案。操作界面如图 6-19 所示。

进入数据导入窗口中的影像选项，选择影像数据的类型，点击“导入影像”，如图 6-20 所示。

选择航空影像，进入导入影像选项：

（1）导入影像选项，可通过空三文件进行导入，这里可以选择. xml 或. csv 格式。

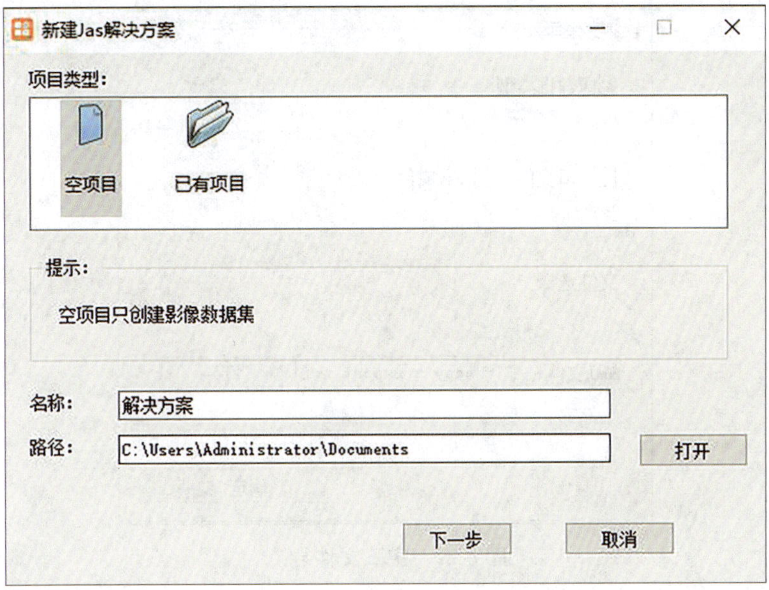

图 6-19　新建解决方案

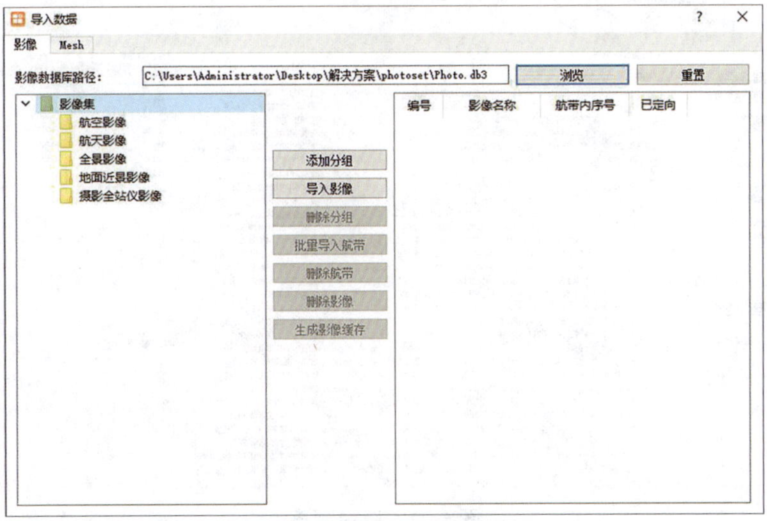

图 6-20　导入影像数据

(2) 清除选项,可将导入后的影像数据进行一键清除。

(3) 映射新路径选项,将已导入的影像数据映射到对应的无畸变影像文件夹。

(4) 导出文本选项,导出影像数据的 POS 信息,进行纠畸变处理或只导出映射后的影像 POS。

(5) 导出工程选项,将配置后的工程保存在解决方案文件夹中。

选择影像导入,这里可以导入.xml 和.csv 格式的空三文件,根据已有数据进行选择。空三文件影像导入如图 6-21 所示。

空三文件导入后,分组列表可以查看相机组的数量、分辨率、名称。属性窗口可以查看相机组的详细信息。影像列表记录影像的编号、原始路径和新路径。影像列表如图 6-22

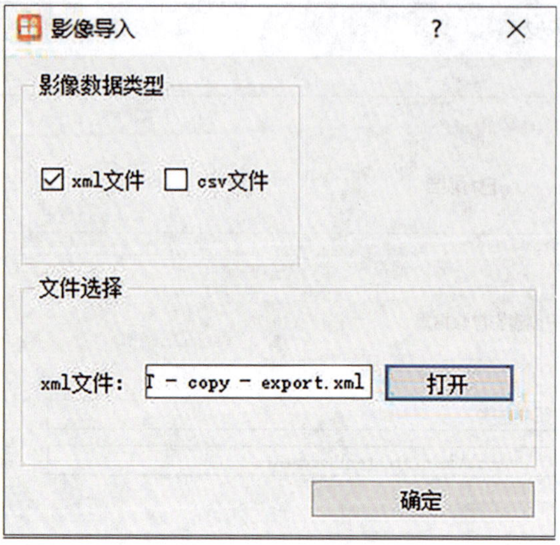

图 6-21　空三文件导入

所示。

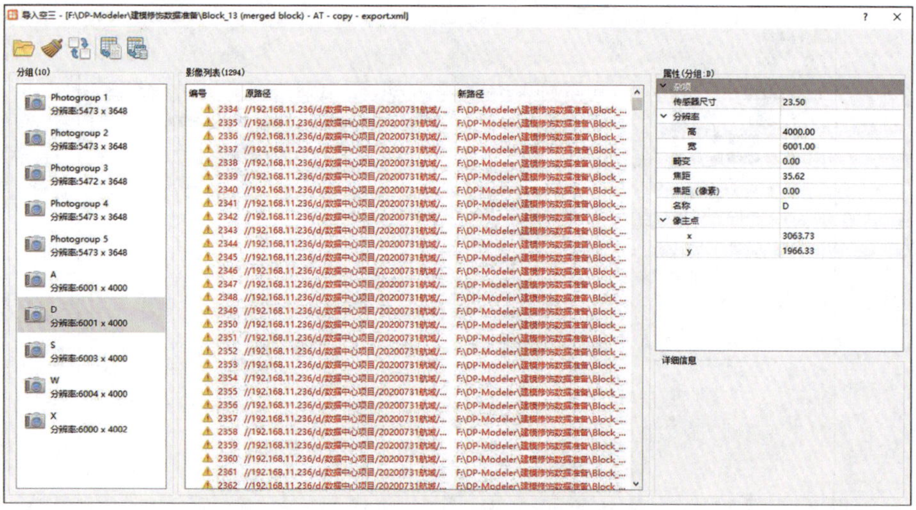

图 6-22　影像列表

导入影像数据后，应映射影像数据对应的无畸变影像路径，如出现多个目录，应一一指定相应的影像路径。影像路径选择后，可在影像列表中查看映射状态和映射成功的数量，黑色为已映射，红色为映射失败。影像路径映射情况显示如图 6-23 所示。当出现未映射的照片时，会进行窗口提示（见图 6-24），后续若执行影像纠畸变，只会针对已映射的照片进行处理。

导入文本窗口可导出影像的 POS 信息，如勾选畸变纠正，则导出已映射影像的 POS 信息和无畸变影像。界面如图 6-25 所示。此功能针对仅获得原始影像，未进行纠畸变处理的照片使用。若通过自动化建模软件导出了无畸变影像，则不需要进行这一步处理。

当完成影像路径映射后，选择导出工程选项，进入相关设置窗口，如图 6-26 所示。

工程设置中的各种选项功能如下：

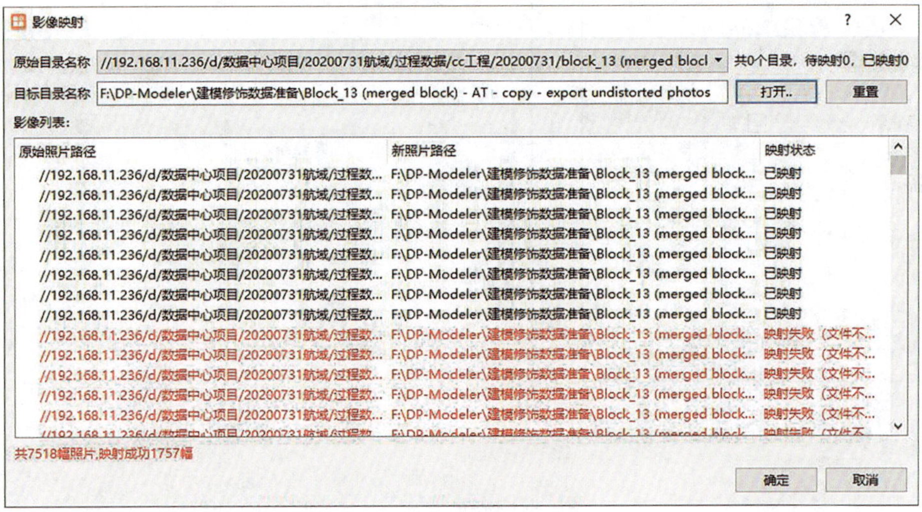

图 6-23　影像路径映射

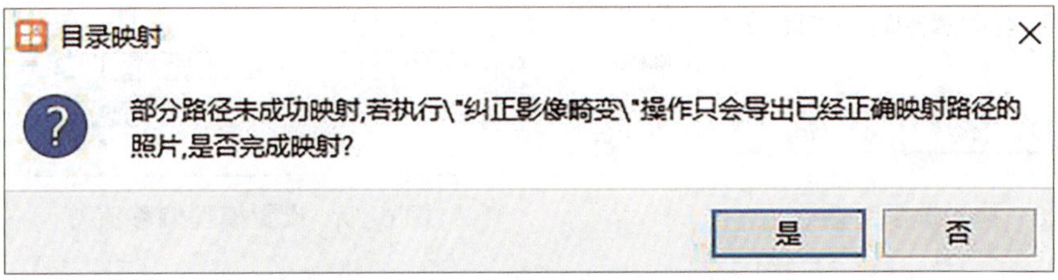

图 6-24　部分未映射成功提示

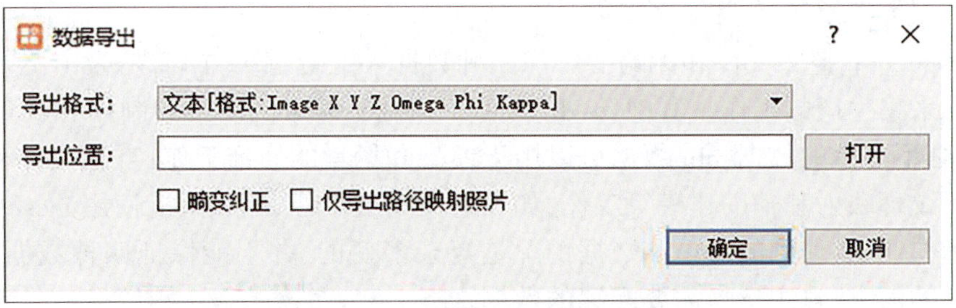

图 6-25　POS 导出和影像畸变纠正

(1)计算站点。针对全景影像拍摄特点进行勾选。

(2)站点间隔。针对全景影像拍摄的实际站点间隔填写。

(3)复制影像。进行影像纠畸变计算并将无畸变影像复制到解决方案文件夹内。

影像配置完成后,开始配置模型数据,选择导入数据 mesh 选项。界面如图 6-27 所示。可以分别导入 osgb、obj 两种数据。

选择 osgb 文件夹,选择导入 osgb,选择 osgb 存放路径下的 data 文件夹即可。软件会自动识别 data 文件夹内不同 tile 的 osgb 数据。点击“确定”后弹出拷贝数据对话窗,如图 6-28 所示。这里是选择是否将 osgb 数据拷贝至解决方案内。然后按照上述方法导入 obj 数据即可。

在两种数据导入完成后,选择设置偏移值选项,导入 osgb 或 obj 文件夹内的 metadata 偏移值文件或手动输入偏移值,点击“确定”,完成本次解决方案的配置工作。操作界面

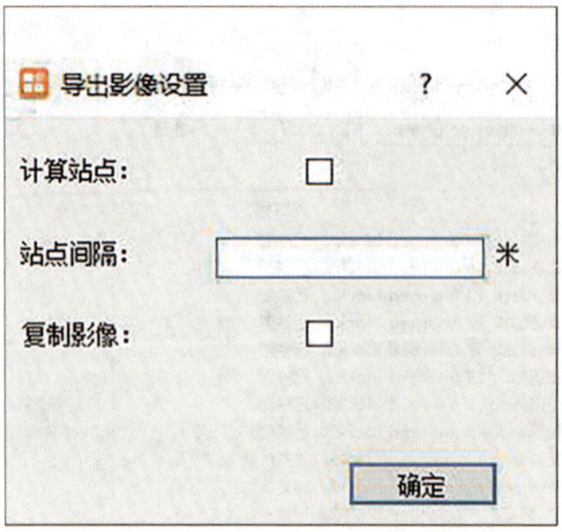

图 6-26　导出工程设置

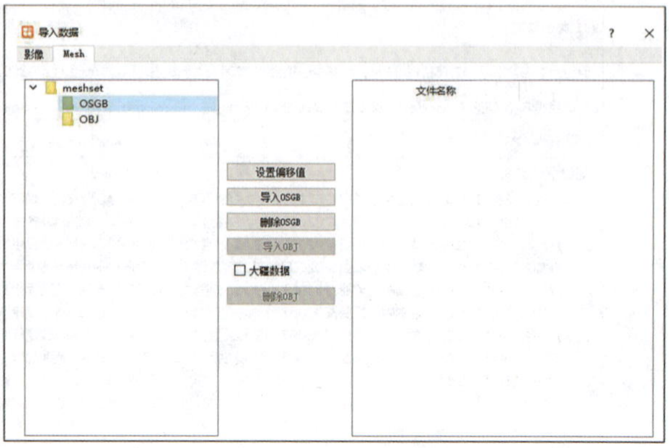

图 6-27　配置模型数据

如图 6-29 所示。

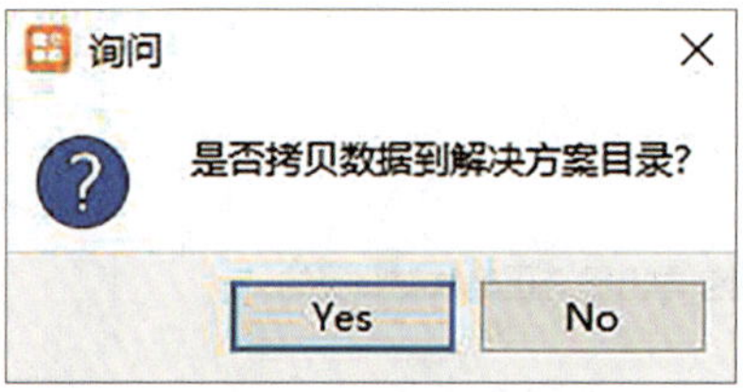

图 6-28　拷贝选项对话框

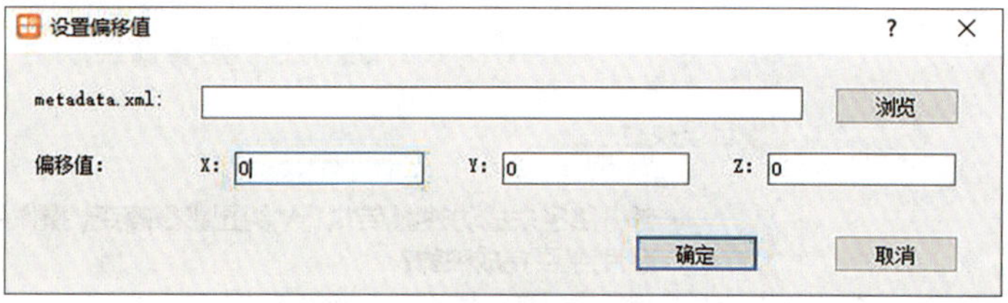

图 6-29　设置模型偏移值

二、利用四种文件配置解决方案

选取 osgb、obj、空三文件和无畸变影像四种数据来配置解决方案，是为了更好地进行后续三维图元采集生产的工作。其中，osgb 数据可以用于单体化模型的制作和少量场景修饰工作，也是必不可少的数据；obj 数据可以用于模型和场景的修饰工作；空三文件和无畸变影像可以用于纹理映射和辅助建模等工作，如没有无畸变影像，那么只能使用 mesh 纹理贴图。

在实际作业中，遇到的环境和数据情况是复杂多变的，并不能保证四种数据的完备性，可根据项目的需求，自主选择需要配置的数据。

活动四　了解单体化制作规范

单体化建模是基础地理实体数据三维图元采集生产的技术手段之一，通过单体化获取的三维图元能否满足不同项目的需求，首先要明确单体化制作的规范。只有充分学习不同等级的模型采集要求，才能在三维图元的采集生产中制作符合项目要求、精度要求的成果数据。

一、一般性要求

（1）可单一使用倾斜摄影影像数据、激光点云数据作为源数据采集三维图元的几何框架，也可采用经上述数据融合形成的数据进行采集。

（2）三维图元的几何框架应完整，准确表达目标的三维几何形态特征。

（3）三维图元的各组成部分之间相对应关系真实准确。

(4)在满足模型细节层次的要求下,精简三维图元的面片数量。

(5)应避免模型的缝隙和错位,无多余面和破面。

二、几何框架数据采集具体要求

(一)自然地理实体

1. 山体

山体采集应首先确定其边界范围,按照该范围在 mesh 三维模型上,依据其形态特征进行三维图元几何框架采集及纹理映射,若出现漏洞、纹理变形或缺失等情况,应结合激光点云数据等,进行漏洞填充和纹理修复。在此基础上,自动生成空间身份编码,采集基本属性数据,依照《基础地理实体语义化基本规定》进行必要的属性扩展。图 6-30 所示为山体形态的表示。

2. 水系、冰雪、海洋以及农林用地与土质等实体的数据采集

水系、冰雪、海洋以及农林用地与土质的数据采集同山体实体采集要求。其采集形态分别如图 6-31~图 6-34 所示。

图 6-30　山体形态

图 6-31　水系(池塘形态)

图 6-32　冰雪(雪山形态)

(二)人工地理实体

1. 水利设施

(1)应准确反映实体结构特征,任一维度变化超过 1 m 的结构特征均应获取三维几何信息。

(2)纹理细节清晰,准确反映建模物体材质特征,不同材质或铺装形式之间的差别与分

图 6-33　海洋

图 6-34　农林用地与土质

隔应清晰反映。

(3)模型的基底与所处地形位置处于同一水平面上,与地形起伏相吻合。

(4)按照地物实体采集精度选取适宜的 mesh 三维模型,采集三维图元几何框架并进行纹理映射,若出现漏洞、纹理变形或缺失等情况,应结合激光点云数据等进行漏洞填充和纹理修复。

(5)自动生成空间身份编码,采集基本属性数据,依照《基础地理实体语义化基本规定》进行必要的属性扩展。

图 6-35 所示为水利设施水闸形态示意。

图 6-35　水利设施水闸形态示意

2. 交通路线及设施

(1)应准确反映实体的结构特征,任一维度变化超过 1 m 的结构特征均应获取三维几何信息。

(2)纹理应反映路面材质和交通标线。

(3)模型位置和几何尺寸与现状一致。

(4)模型的基底与所处地形位置应处于同一水平面上,与地形起伏相吻合。

(5)按照地物实体采集精度选取适宜的 mesh 三维模型,进行三维图元几何框架采集及纹理映射,若出现漏洞、纹理变形或缺失等情况,应结合激光点云数据等,进行漏洞填充和纹理修复。

(6)自动生成空间身份编码,采集基本属性数据,依照《基础地理实体语义化基本规定》进行必要的属性扩展。

图 6-36 所示为交通线路网示意图。

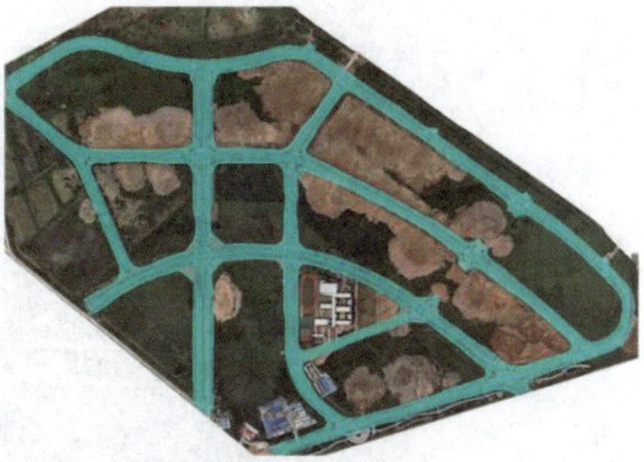

图 6-36　交通线路网示意图

3. 建(构)筑物及场地设施

1)建(构)筑物及附属设施的一级模型

(1)进退结构大于 0.2 m 的均应进行建模表现。模型应反映建(构)筑物体长、宽、高等任意维度变化大于 0.2 m 的细节(个别标志性古建(构)筑物应反映变化大于 0.15 m 的细节),如建(构)筑物的外观转角变化,阳台、门窗的框架样式,屋檐的造型。图 6-37 为一级模型对比。

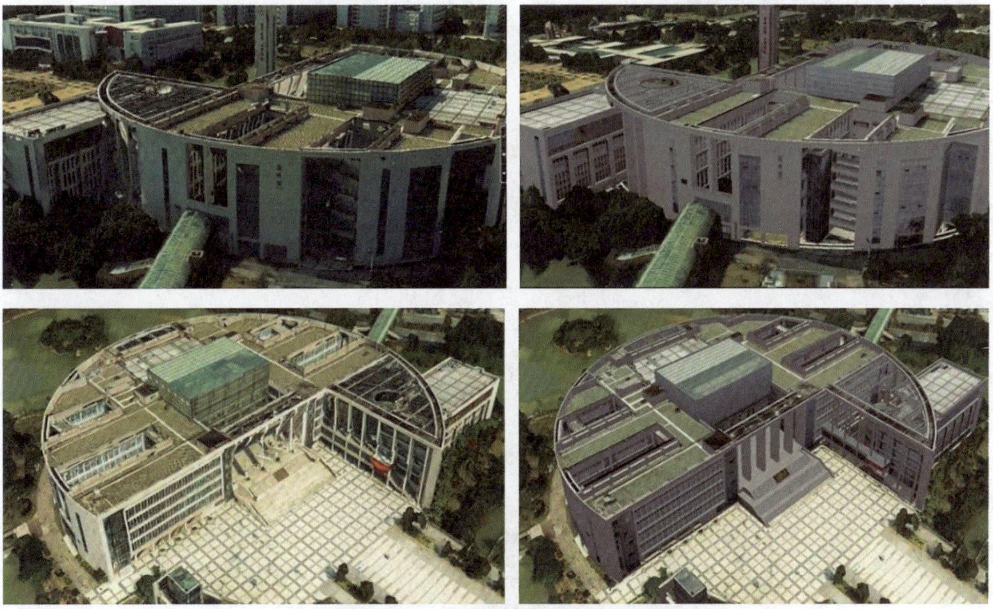

图 6-37　一级模型对比

(2)模型结构利用 mesh 三维模型和激光点云数据进行提取。建(构)筑物及附属设施的二、三、四级模型也应遵循此项要求。

(3)沿街具有标志性意义的建(构)筑物,因遮挡造成结构、纹理不全的,需通过车载街景或人工方式予以补全。建(构)筑物及附属设施的二、三、四级模型也应遵循此项要求。图 6-38 为底商纹理补拍示意。

(4)模型真实反映建(构)筑物体的外观细节,侧面上的阳台、窗、广告牌及各类附属设备都应清晰表现,且侧面轮廓线应反映侧面上的变化细节。

(5)模型使用的纹理材料应与建(构)筑物外观保持一致,反映实际的图像、颜色、透明度等,区别出砖头、木头、玻璃等不同材质。纹理中不应含有建(构)筑物以外的物体,物体的内部及屋顶变化细节应清晰可辨。建(构)筑物及附属设施的二、三、四级模型也应遵循此项要求。图 6-39 所示为不同纹理材料效果示意。

图 6-38　底商纹理补拍

图 6-39　不同纹理材料效果示意

(6)模型的屋顶应反映屋顶结构形式、附属设备等细节。建(构)筑物及附属设施的二、三、四级模型也应遵循此项要求。

(7)对于主体包含球面、弧面、折面或多种几何形状的建(构)筑物,应表现建(构)筑物的主体几何特征。建(构)筑物及附属设施的二级模型也应遵循此项要求。

(8)对于包含以上提到的多种类型建(构)筑物,可拆分成为不同类型的建(构)筑物再建模。建(构)筑物及附属设施的二、三、四级模型也应遵循此项要求。

(9)模型的基底与所处地形位置应处于同一水平面上,与地形起伏相吻合。建(构)筑物及附属设施的二、三、四级模型也应遵循此项要求。

（10）建筑底部与地面衔接处，可允许建筑立面有少许插入地面，但不超过 0.5 m。建（构）筑物及附属设施的二、三、四级模型也应遵循此项要求。

2）建（构）筑物及附属设施的二级模型

（1）进退结构大于 0.5 m 的均应进行建模表现。模型应反映建（构）筑物体长、宽、高等任意维度变化大于 0.5 m 的细节，如建（构）筑物的外观转角变化，阳台、门窗的框架样式，屋檐的造型。

（2）其他要求见“1）建（构）筑物及附属设施的一级模型”所述内容。

图 6-40 所示为二级模型对比。

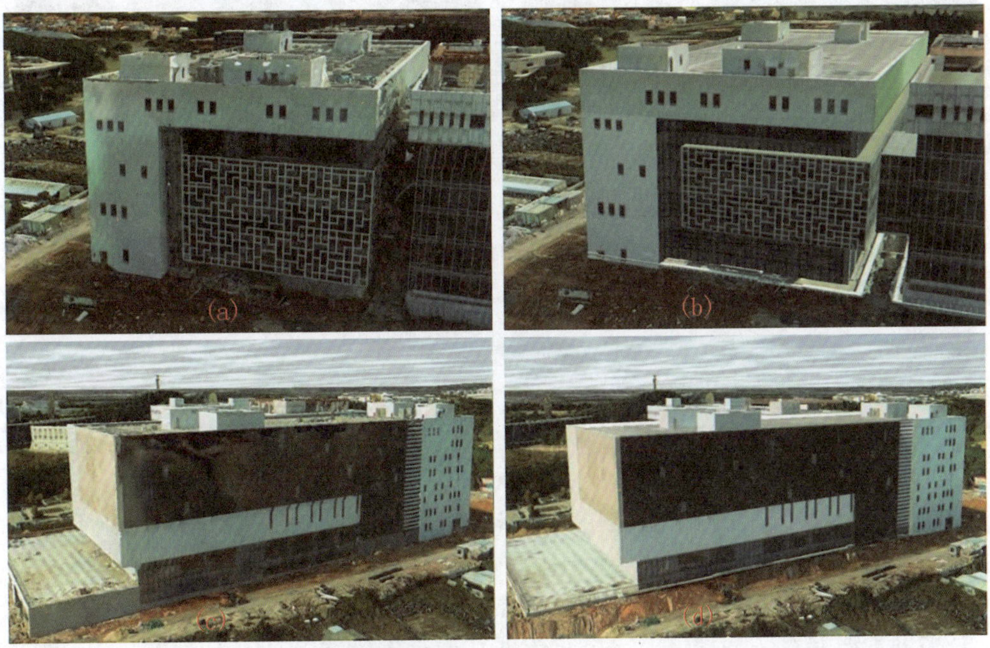

图 6-40　二级模型对比

3）建（构）筑物及附属设施的三级模型

（1）进退结构大于 0.8 m 的均应进行建模表现。模型应反映建（构）筑物体长、宽、高等任意维度变化大于 0.8 m 的细节，如建（构）筑物的外观转角变化，阳台、门窗的框架样式，屋檐的造型。

（2）其他要求见“1）建（构）筑物及附属设施的一级模型”所述内容。

图 6-41 所示为三级模型对比。

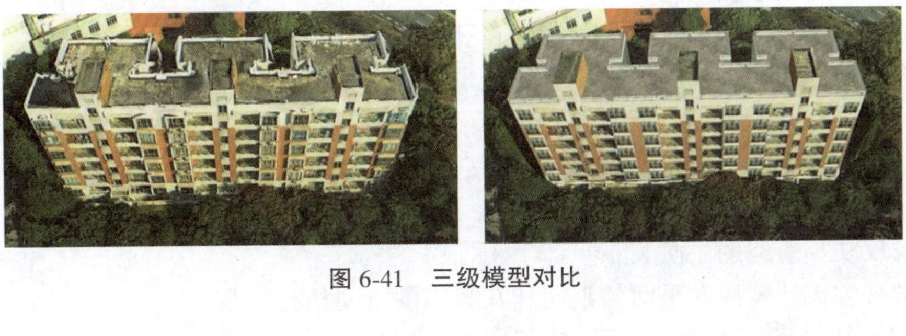

图 6-41　三级模型对比

4）建（构）筑物及附属设施的四级模型

（1）进退结构大于 1.2 m 的均应进行建模表现。模型应反映建（构）筑物体长、宽、高等任意维度变化大于 1.2 m 的细节，如建（构）筑物的外观转角变化，阳台、门窗的框架样式，屋檐的造型。

（2）其他要求见“1）建（构）筑物及附属设施的一级模型”所述内容。

图 6-42 所示为四级模型对比。

图 6-42　四级模型对比

4. 管线及设施

1）管线的一级模型

（1）应反映出管线的主次关系和连接点。管线的二、三、四级模型也应遵循此项要求。

（2）应真实反映管线口径形状，管线断面应做圆滑处理。管线的二、三、四级模型也应遵循此项要求。

（3）匝口、放水口、消防栓、电杆、塔架和各种窨井等与地上其他精细模型结合紧密的附属设施与实际地物的水平误差、垂直误差不宜超过 0.5 m。

（4）使用的纹理应真实反映实际物体的材料。

（5）多种管线在水平、垂直交叉时，宜依据其最近的管线特征点高程差异，反映空间的交错结构细节。

2）管线的二级模型

（1）附属设施模型的外观，应能直观反映其功能及相同管线实体段之间的分流调节特征。

（2）其他要求见“1）管线的一级模型”所述内容。

3）管线的三级模型

（1）断面尺寸应真实反映管线口径及类型。

（2）应真实表达管线在平面的走向和在竖向的空间拓扑关系。

（3）管线节点及附属设施可采用符号表现。

4）管线的四级模型

（1）应基于测量数据生成，中心线上管线特征点的坐标值与实际管线实体中心线上特征点保持一致。

（2）应反映出管线的主次关系。

（3）应真实表达管线在平面的走向和在竖向的空间拓扑关系。

（4）管线节点及附属设施可不予表现。

图 6-43 所示为管线模型等级效果。

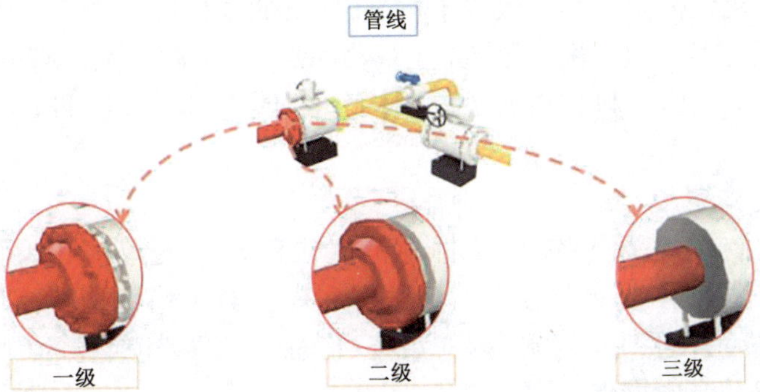

图 6-43　管线模型等级效果

5. 院落采集

院落采集应首先确定其边界范围,按照该范围在 mesh 三维模型上,依据其形态特征进行三维图元几何轮廓采集及纹理映射。在此基础上,自动生成空间身份编码,采集基本属性信息数据,依照《基础地理实体语义化基本规定》进行必要的属性扩展。图 6-44 所示为院落采集形态示意图。

6. 人工地貌

同院落实体采集要求。图 6-45 所示为人工地貌(梯田)采集形态示意图。

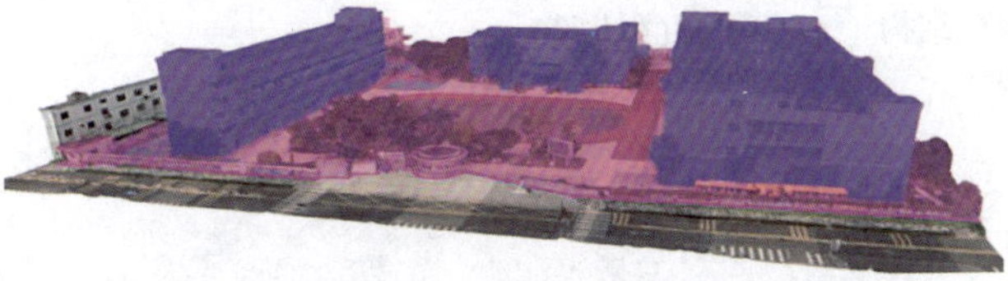

图 6-44　院落采集形态示意

图 6-45　人工地貌(梯田)采集形态示意

(三)纹理数据采集一般性要求

(1)纹理贴图应清晰真实,色彩饱和度、对比度适中。

(2)纹理数据应拼接无缝,且过渡自然。

(3)纹理数据应进行纠正处理,消除摄影视角和镜头畸变引起的变形。

(4)避免纹理图像中存在未被模型引用的冗余纹理。

(5)同类实体的纹理色调和亮度等要保持一致,确保整体区域范围视觉效果一致。

(6)纹理格式应为 tif、jpg、tga、png,纹理命名需规范,纹理尺寸应为 $2n$,行列数不宜超过 2 048×2 048。

三、常见问题分析

(一)模型单体化制作原因

“单体化”指的就是每一个想要单独管理的对象,是一个个单独的、可以被选中的实体,可以附加属性,可以被查询统计等。

倾斜摄影自动化建模由于其生成技术机制,导出的成果模型为一张连续的三角网,可以理解为“一张皮”的形状,在应用方面例如建筑物的选中、属性查询、空间查询以及专题图操作等 GIS 操作都无法实施。只有具备了“单体化”的能力,数据才可以被管理,而不仅仅是被用来查看。

(二)简单房屋构建

掌握了单体化制作规范,就需要依据规范去构建相应的单体化模型。以 DP-Modeler 2.6 版本为例,本节详细介绍基于 osgb 模型数据和影像数据快速构建简单房屋的方法和步骤,让学生从基础单元入手建立学习兴趣,后续自主探索复杂建筑物的构建方法。

(三)房屋构建的基本操作

房屋构建的流程如图 6-46 所示。

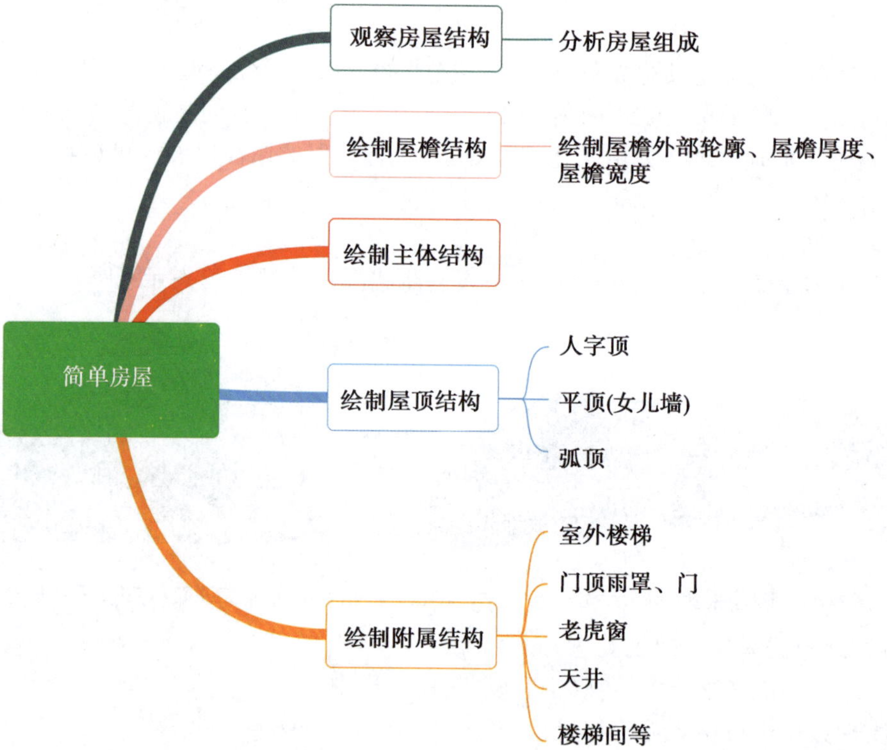

图 6-46　房屋构建流程

活动五　掌握软件操作方式、控制模式及工具使用

一、软件的常规操作方式

常规操作方式见表 6-2。

表 6-2　常规操作方式

操作	功能
滚轮	屏幕上下左右平移和放大缩小
Alt+滚轮	屏幕中心 360°旋转
Shift	减选
Ctrl	加选
Delete	删除
Ctrl+Z	撤销(单体化建模)
空格	重置视野
Ctrl+鼠标	旋转基准面

二、软件的控制模式及工具

视图工具帮助作业人员从不同角度进行观察和作业,提高作业精度和效率。

(一)顶视图

从上往下看,所看到的物体上形状正投影得到一个平面的图形、图像。多用于建筑顶部轮廓采集。

(二)前视图

从物体正面观测,物体的影像投影在背后的投影面上。若基准面为垂直方向,铅垂面 Z 轴方向为前视图。

(三)透视图

人的视线(投射线)透过投影面而与投影面相交,多用于模型的编辑及三维模型的观测。

(四)重置视角

点击重置视角,场景回到视图中心。

(五)mesh

显示和隐藏三维自由视图里面的 3D mesh 模型。

(六)灯光

开启关闭环境光,一般默认开启状态,利于判断模型法线方向。

(七)相机视图

根据基准点的位置,计算出所有可以看到该点的相机并把相机的俯仰位置平铺到相机视图中。其中灰色点代表的是下视影像,绿色点代表该范围内的倾斜影像,紫色点代表全景影像,三角形为地面近景影像。图 6-47 为相机视图界面。

图 6-47　相机视图界面

左键点击相机视图中的点，颜色变为橘黄色，并在该点四周出现橘黄色投影线框，影像投影视图会显示该点对应的影像图片。

红色三角形关联三维自由视图，指当前观测模型方向，用于手动选取最优影像，辅助修改贴图。当三维自由视图为顶视图时，三角形会切换成圆形。顶部滑块调节影像球大小。黄色小点代表基准点位置。

影像显示用于筛选影像类别，可全部显示，亦可单独显示航空影像、全景影像、地面近景影像等。

（八）投影视图

二维投影视图可与三维自由视图联动，辅助采集模型轮廓，保证模型精度。打开视图菜单下的投影视图窗口，在相机视图内选择不同的影像，显示在投影视图中。图 6-48 所示为投影视图。

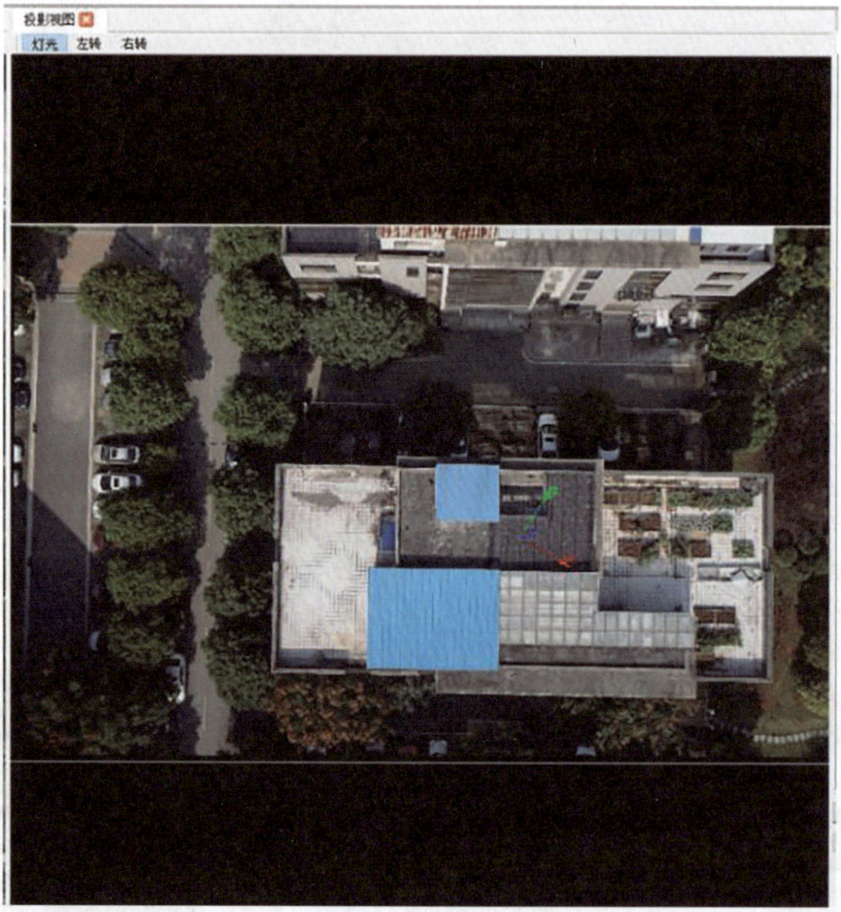

图 6-48　投影视图

（九）mesh 视图

mesh 视图中加载 *.obj 格式 mesh 模型，主要用于模型修饰，包含重置视角、灯光开启关闭、撤销与重做等。图 6-49 所示为 mesh 视图。

（十）默认工具

默认工具主要用于辅助作业，使作业更便捷。

图 6-49 mesh 视图

(十一) 基准面

基准面表示的是以指定的点来确定的工作平面。激活基准面会有以下几个选项:

(1) 单点模式:可以通过鼠标指定一点,以该点的高程确定一个水平面。图 6-50 所示为单点模式。

(2) 两点模式:可以由鼠标指定两点,确定这两点所在的竖直面。第一点定中心点,第二点定 x 轴的方向。图 6-51 所示为两点模式。

图 6-50 单点模式

图 6-51 两点模式

(3) 三点模式:可以通过鼠标指定三点,确定这三点所在的平面。三点模式可以确定任意方向的基准面,可以是斜面、平面或竖直面。图 6-52 所示为三点模式。

(4) 多点模式:可由鼠标指定任意多点,点击右键即可生成对应的平面。图 6-53 所示为多点模式。

图 6-52　三点模式

图 6-53　多点模式

(5)显示/隐藏网格:可以显示、隐藏基准面的网格。

(6)增加网格宽:每个网格按 1 m 大小增加宽度。

(7)减少网格宽:每个网格按 1 m 大小减小宽度。

(8)复制基准点:复制当前基准点的坐标值。

(十二)选择要素

该工具可以选中视图中各个要素,并高亮显示选中目标,选择内容包含点、线、面、体、标签、建筑全选、反选、删除选择和立面选择(该功能多用于立面测量方向)。图 6-54 所示为选择要素的各个选项功能。

注意:鼠标左键+Ctrl 键是加选,鼠标左键+Shift 是减选。

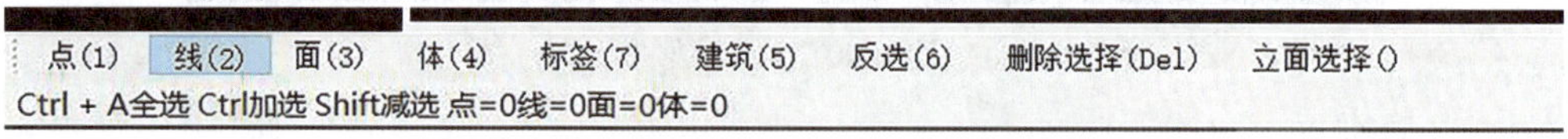

图 6-54　选择要素的各个选项功能

线选择对矢量线进行选择。这里的矢量线可以是导入的 shp 矢量线,也可以是用线工具创建出来的范围线。图 6-55～图 6-58 分别为点、线、面、体的选择。

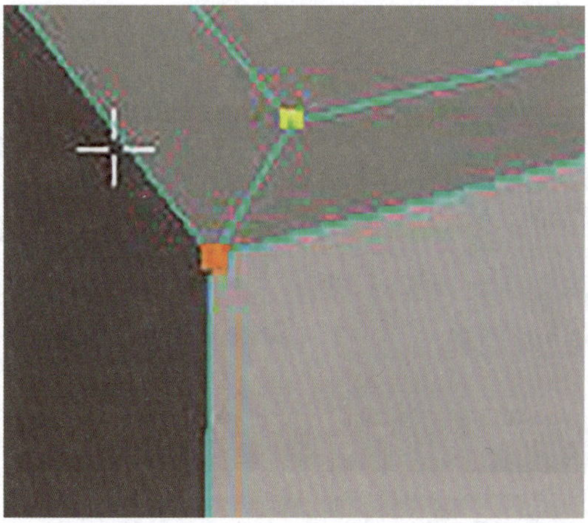

图 6-55　点选择

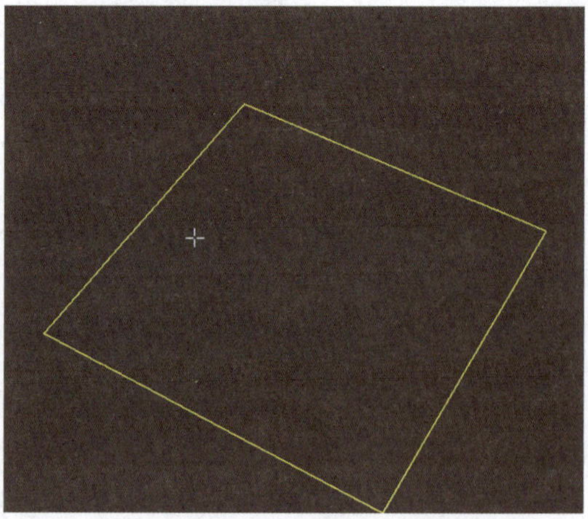

图 6-56　线选择

(十三)调节透明度

实体模式下,移动滑条可使模型处于半透明状态,用于参照影像调整模型几何结构。图

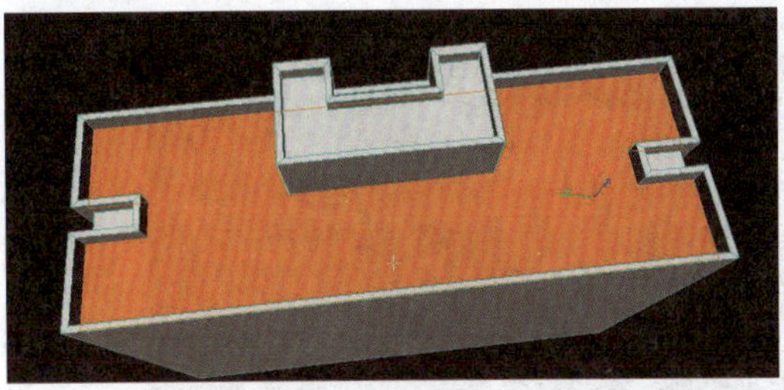

图 6-57　面选择

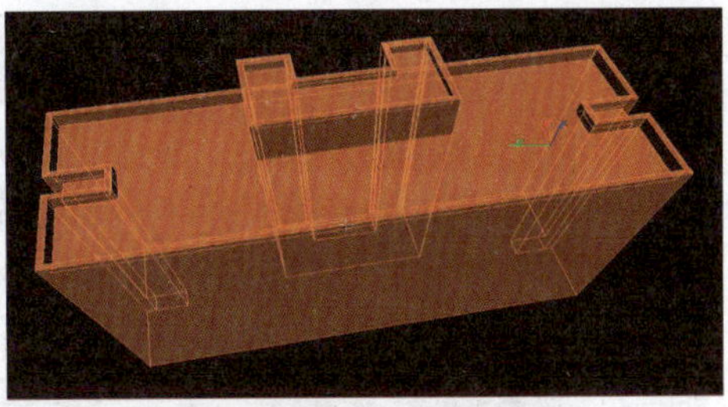

图 6-58　体选择

6-59、图 6-60 分别为实体显示和半透明度(50%)显示。

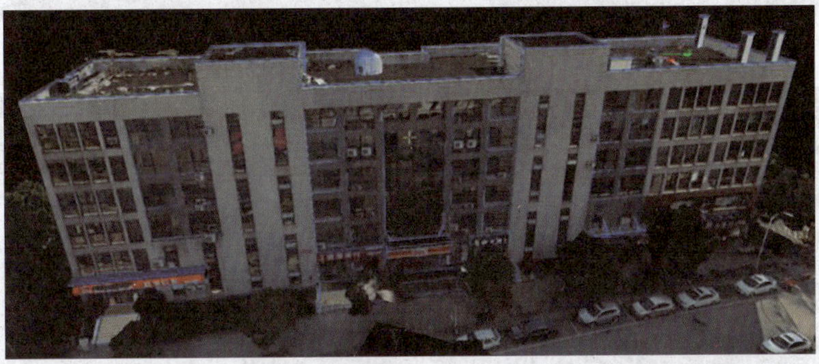

图 6-59　实体显示

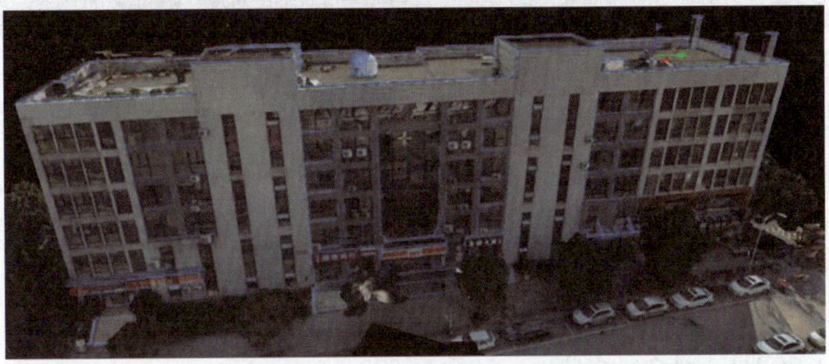

图 6-60　半透明度(50%)显示

(十四)显示模式

用于切换单体化模型显示模式,含三种显示模式:实体显示、线框实体显示、线框显示。图 6-61～图 6-63 分别为实体显示、线框实体显示和线框显示。

图 6-61　实体显示

图 6-62　线框实体显示

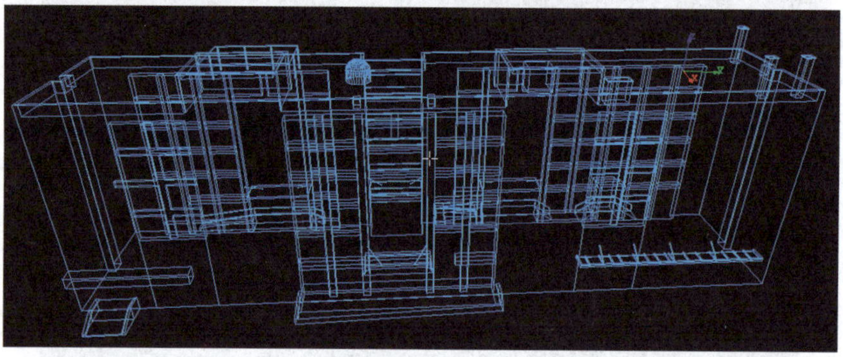

图 6-63　线框显示

(十五) 缓存记录

操作历史记录,每个动作会记录一次,最多记录 20 次。当程序因不可抗因素自动关闭后,重启软件,可加载缓存记录里面的 DPM,找回丢失数据。图 6-64 所示为缓存记录样式。

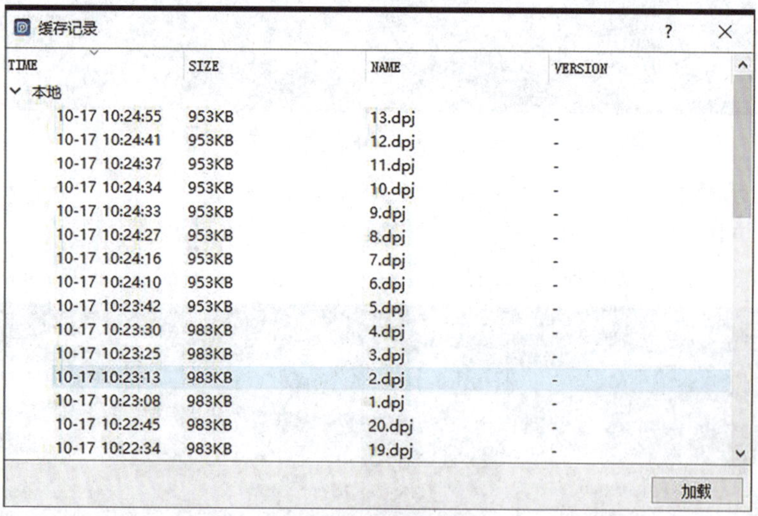

缓存记录

TIME	SIZE	NAME	VERSION
本地			
10-17 10:24:55	953KB	13.dpj	-
10-17 10:24:41	953KB	12.dpj	-
10-17 10:24:37	953KB	11.dpj	-
10-17 10:24:34	953KB	10.dpj	-
10-17 10:24:33	953KB	9.dpj	-
10-17 10:24:27	953KB	8.dpj	-
10-17 10:24:16	953KB	7.dpj	-
10-17 10:24:10	953KB	6.dpj	-
10-17 10:23:42	953KB	5.dpj	-
10-17 10:23:30	983KB	4.dpj	-
10-17 10:23:25	983KB	3.dpj	-
10-17 10:23:13	983KB	2.dpj	-
10-17 10:23:08	983KB	1.dpj	-
10-17 10:22:45	983KB	20.dpj	-
10-17 10:22:34	983KB	19.dpj	-

加载

图 6-64　缓存记录样式

(十六) 捕捉设置

捕捉设置包含三维捕捉及二维捕捉的方式。捕捉:勾选“开启捕捉”,可设置在三维空间的顶点、中点、垂足等捕捉功能；勾选“投影至基准面”时进行二维捕捉，即只捕捉点的平面位置，高度由当前基准面的高度决定，多用于采集平面搭接但高度不同的附属结构。图 6-65～图 6-68 分别为捕捉面板、垂足捕捉、中点捕捉、捕捉平面基准位置。

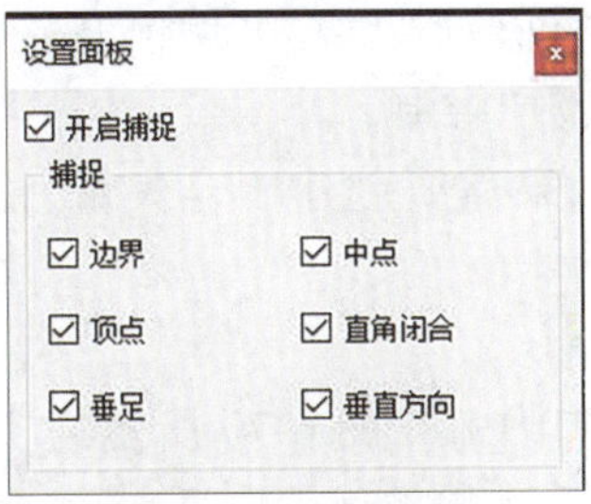

图 6-65　捕捉面板

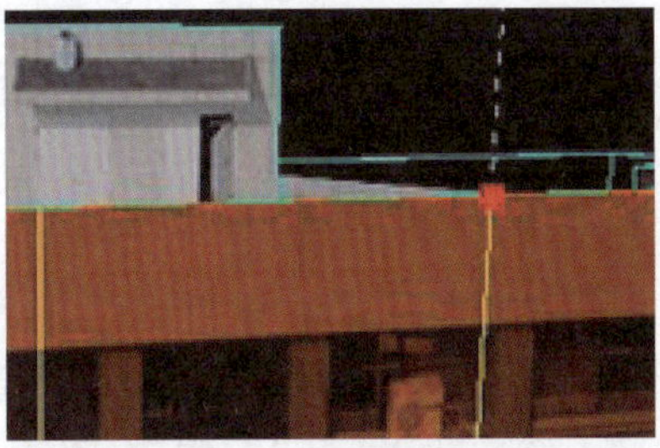

图 6-66　垂足捕捉

图 6-67　中点捕捉

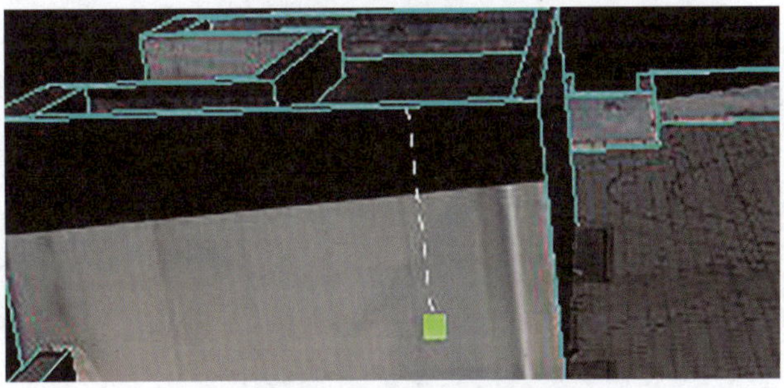

图 6-68　捕捉平面基准位置

(十七)创建工具

创建工具主要用于构建点、线、面、体等各种房屋结构和附属结构。

1. 线

线可以用于采集矢量，建模主要组合车削工具使用，在模型修饰方面可以用于水面修饰范围线、重命名范围线。创建线如图 6-69 所示。操作步骤如下：

图 6-69　创建线

(1)确定基准面。

(2)左键点击“线”按钮。

(3)根据影像或 3D mesh 模型采集矢量。

(4)按快捷键“1”或点击命令属性栏的“开始/停止创建圆弧”,可切换开始创建圆弧,圆弧段数由命令属性栏的“增加圆弧段数”“减少圆弧段数”控制。

(5)点击鼠标右键结束创建,撤销一步是 Ctrl+Z,如果需要创建闭合矢量,请回到第一个点。

2. 多边形

多边形工具有三种:一般多边形、直角拐点多边形和圆弧。图 6-70 所示为多边形选项功能。其中直角拐点多边形使用较少,主要用于创建建筑物的顶部轮廓面。

图 6-70　多边形选项功能

结合下视影像,采集建筑顶部轮廓。操作步骤如下:

(1)左键点击“基准面”,在实景三维模型上设置基准面高程。

(2)在相机视图选择一张接近基准点的下视影像,点击左键激活。

(3)左键点击“多边形”,在投影视图上顺次连接建筑顶部点,点击右键完成创建,如图 6-71 所示。

3. 矩形

矩形是四个内角都是直角的四边形。大部分建筑设计都是矩形建筑。图 6-72 所示为矩形绘制工具使用示例。

图 6-71　多边形绘制工具使用

图 6-72　矩形绘制工具使用示例

1)三点矩形法

(1)点击左键激活“矩形面”工具。

(2)鼠标左键点击矩形的一个顶点。

(3)鼠标左键点击矩形的另一个顶点。

(4)鼠标左键点击矩形的第三个顶点,完成绘制。

2)两点矩形

根据基准点网格方向两点绘制矩形。

4. 圆形

DP-Modeler 里面的圆其实是正多边形,含两种绘制方式:两点式和三点式。

1)两点画圆

参照正多边形圆心式绘制,如图 6-73 所示。

2) 三点画圆

(1) 激活“圆形”工具。

(2) 选择“三点画圆”选项。

(3) 鼠标移动到圆形的边上。

(4) 点击鼠标左键,确定第一点。

(5) 鼠标左键再次点击圆形边上的另一点,确定第二点。

(6) 鼠标左键最后点击圆形边上的其他一点,确定第三点,完成绘制,如图 6-74 所示。

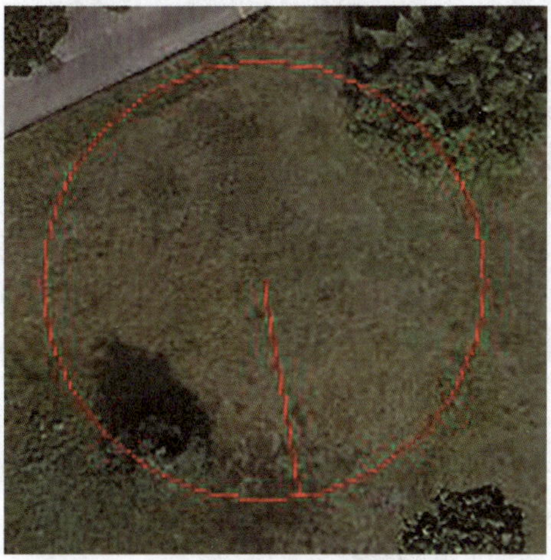

图 6-73　两点画圆

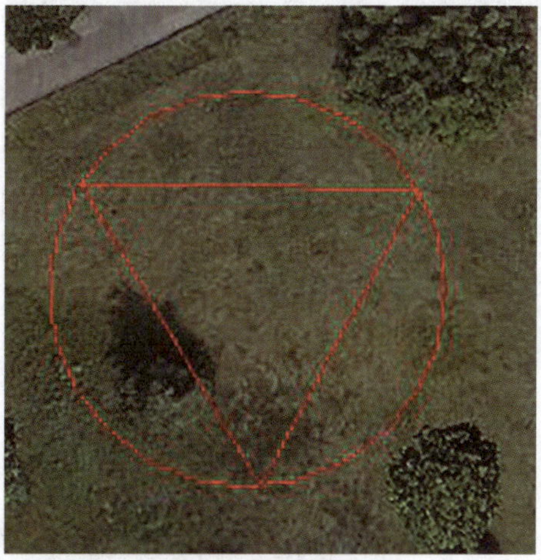

图 6-74　三点画圆

5. 球体

球体从圆心到表面各个距离都相等,球体工具可以解决一些特殊建筑。

(1) 激活“球体”工具。

(2) 鼠标移动到球心上。

(3) 点击鼠标左键,确定第一点。

(4) 鼠标左键点击球体边上的一点,确定第二点,完成绘制,如图 6-75 所示。

图 6-75　球体

(十八)快速屋脊

该功能可以快速构建简单建筑物的屋顶结构。根据在屋顶多边形上勾勒屋脊线，快速完成屋脊制作。操作步骤如下：

(1)自右视图切换为顶视图，如图 6-76 所示 。

(2)激活“快速屋脊”功能，选择屋顶所在面变为黄色，使用边功能创建，开启实时显示预览功能，如图 6-77 所示 。

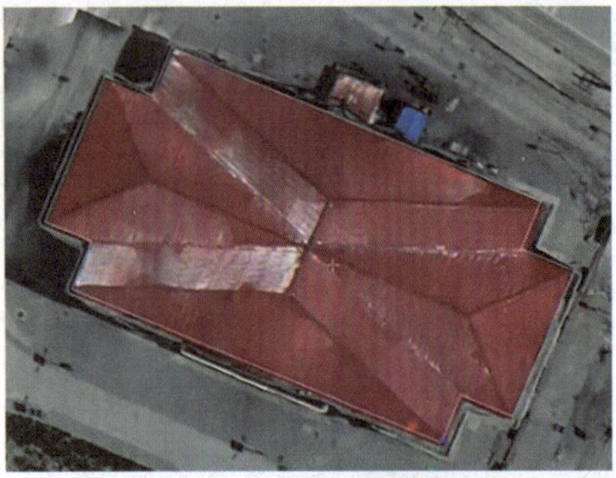

图 6-76　调整顶视图模式

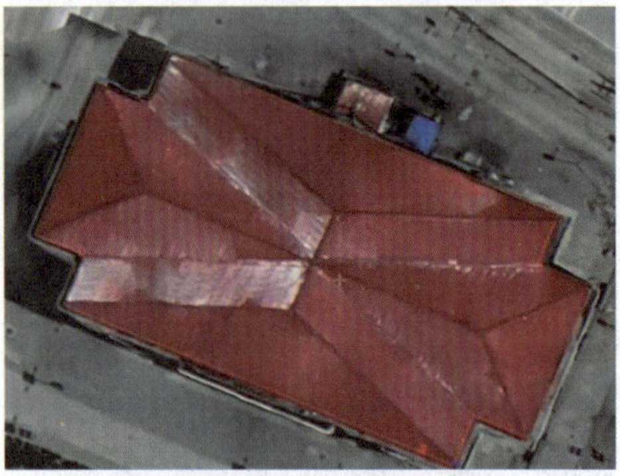

图 6-77　激活快速屋脊

(3)左键在 mesh 上勾勒屋脊线，点击右键完成创建。图 6-78 所示为快速屋脊构建步骤。

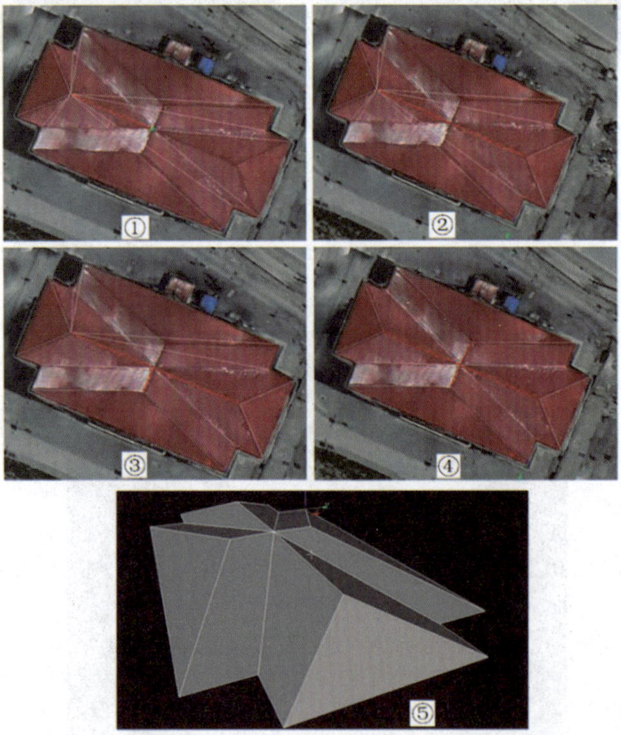

图 6-78　快速屋脊构建步骤

(十九)挤出柱体

将平面模型通过挤出操作，转化成立体模型。包含挤出到指定高度，挤出到指定高程、挤出到基准面，挤出到 DEM、跟随挤出、沿基准面法线挤出。

1. 挤出到指定高度

将多边形挤出指定的高度,多用于女儿墙制作。操作步骤如下:

(1)激活“选择要素”,选择需编辑的面,如图 6-79 所示。

(2)激活“挤出柱体”工具。

(3)选择“挤出到指定高度”。

(4)输入高度,点击“确定”,如图 6-80 所示。图 6-81 所示为挤出柱体成果。

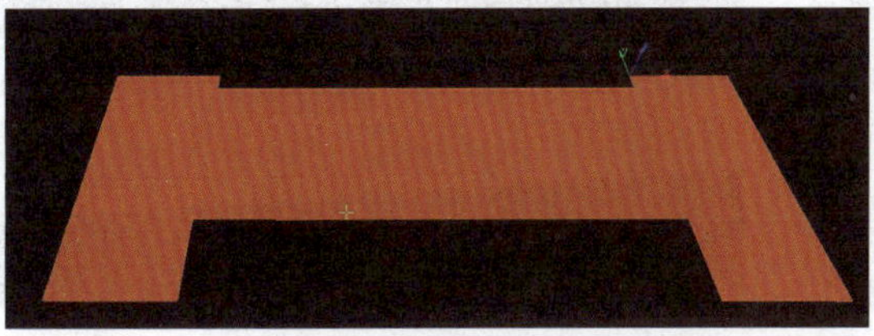

图 6-79 选择需编辑的面

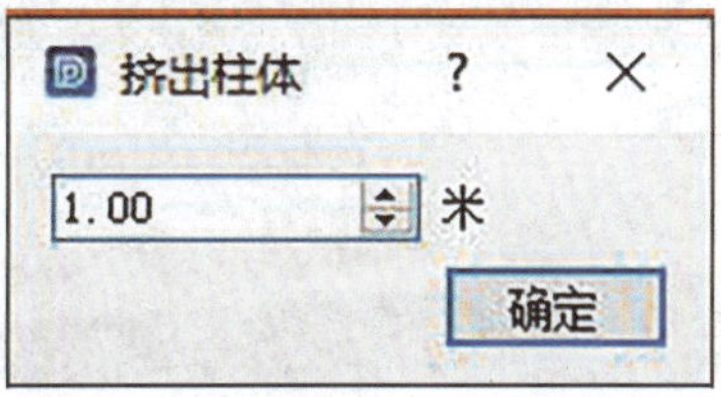

图 6-80 选择挤出到指定高度

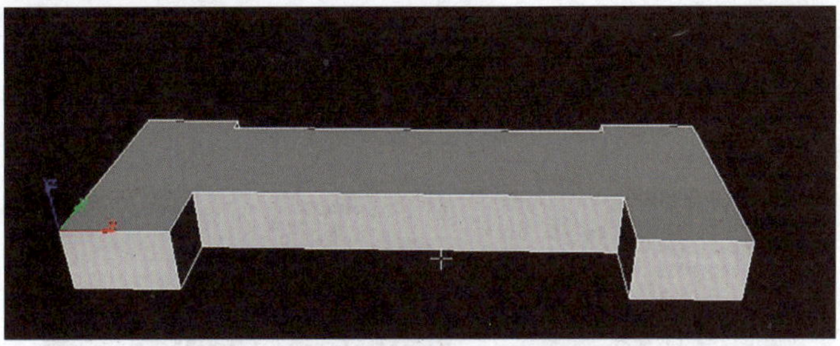

图 6-81 挤出柱体成果(挤出到指定高度)

2. 挤出到指定高程

将多边形挤出指定的高程。操作步骤如下:

(1)激活“选择要素”,选择需编辑的面。

(2)激活“挤出柱体”工具。

(3)选择“挤出到指定高程”。

(4)输入高程值,点击“确定”,如图 6-82 所示。挤出柱体成果如图 6-83 所示。

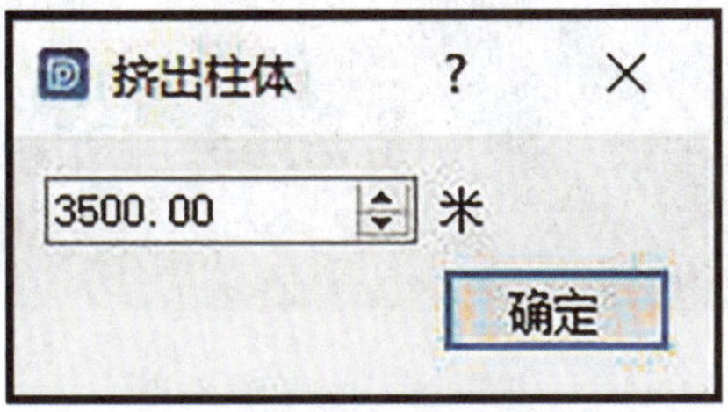

图 6-82 选择挤出到指定高程

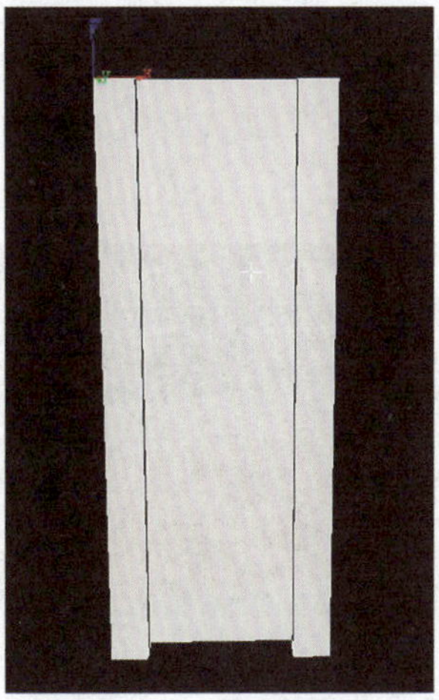

图 6-83 挤出柱体成果(挤出到指定高程)

3. 挤出到基准面

此功能是将多边形挤出到基准面,可用于老虎窗制作和屋脊房顶部分平顶制作。

1)老虎窗编辑操作步骤

(1)激活“选择要素”,选择需编辑的面,如图 6-84 所示。

(2)激活“基准面”,设置基准面,如图 6-85 所示。

图 6-84　选择需编辑的面

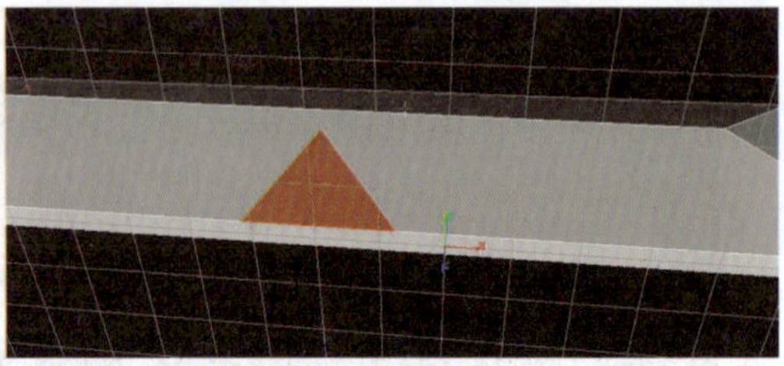

图 6-85　设置基准面

(3)激活“挤出柱体”工具。

(4)选择“挤出到基准面”。如图 6-86 所示。

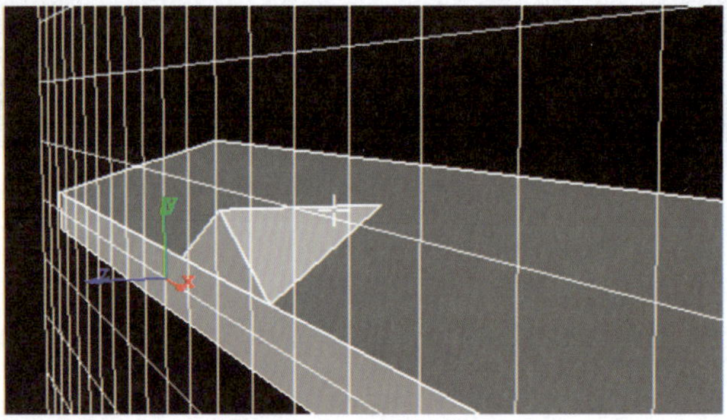

图 6-86　挤出到基准面

2)屋脊房顶部部分平顶

(1)激活“选择要素”,选择需编辑的面,如图 6-87 所示。

(2)激活“基准面”,设置基准面,如图 6-88 所示。

图 6-87　选中编辑面

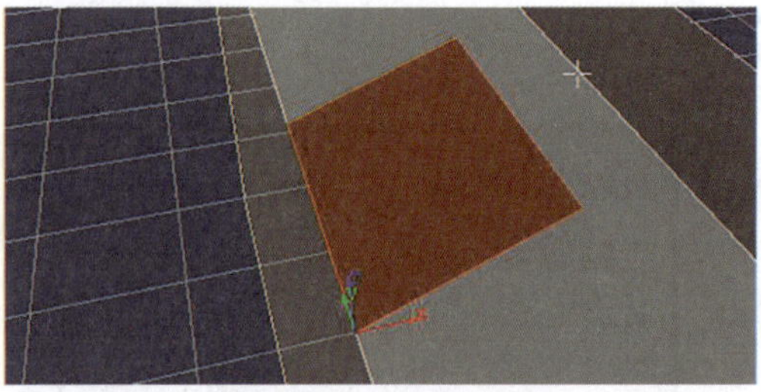

图 6-88　设置基准面

(3)激活“挤出柱体”工具。

(4)选择“挤出到基准面”,如图 6-89 所示。

图 6-89　挤出到基准面

4. 挤出到 DEM

此功能是将多边形挤出至 DEM。操作步骤如下:

(1)激活“选择要素”,选择需编辑的面,如图 6-90 所示。

(2)激活“挤出柱体”工具。

(3)选择“挤出到 DEM”,如图 6-91 所示。

图 6-90　选中编辑面

图 6-91　挤出到 DEM

5. 跟随挤出

跟随挤出即同时选中几个面,一起挤出。用于台阶扶手制作。操作步骤如下:

(1)激活“选择要素”,选择需编辑的面,如图 6-92 所示。

(2)激活“挤出”命令。

(3)选择“跟随挤出”“沿基准面法线”,如图 6-93 所示。

(4)确定合适的高度完成。

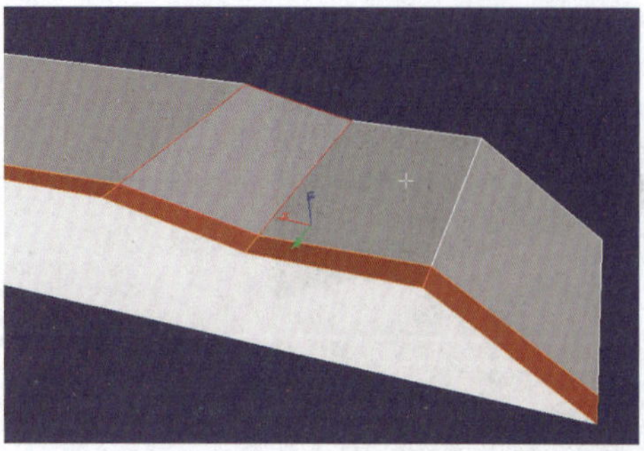

图 6-92　选择需编辑面

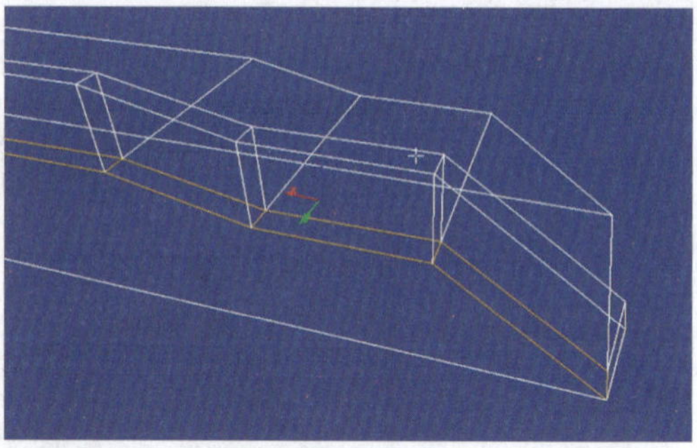

图 6-93　跟随挤出、沿基准面法线挤出

沿基准面法线挤出默认是沿面的法线挤出，当面是斜面时，需要沿基准面法线方向挤出。这里需要注意定义一下基准面，基准面的 z 轴方向就是法线方向。图 6-94 所示为完成挤出示例。

6. 沿基准面法线挤出

该功能以我们指定的基准面的法线方向为依据进行挤出（见图 6-95），常用于台阶扶手、特殊斜面同时挤出的情况。

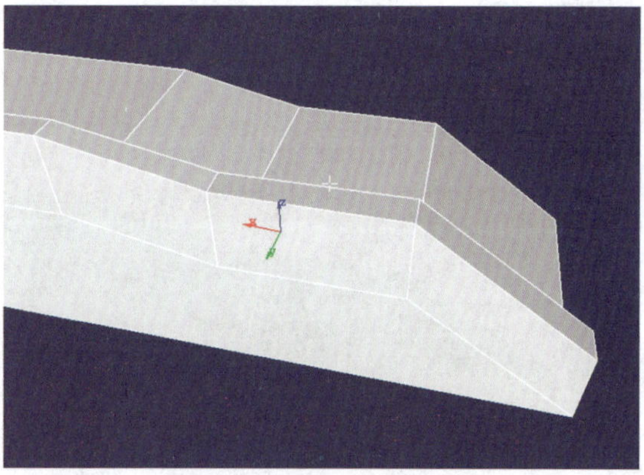

图 6-94　完成挤出示例

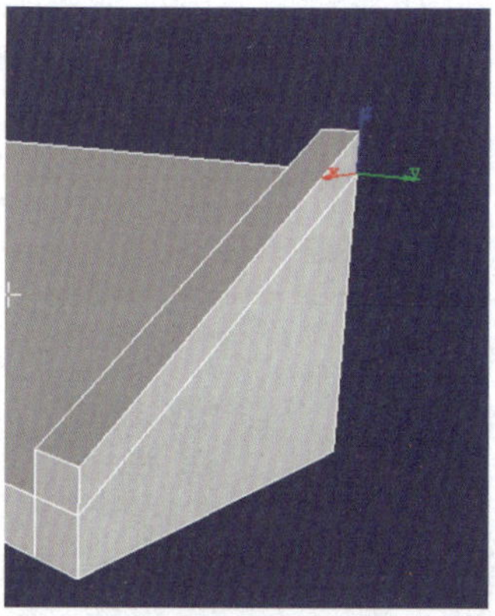

图 6-95　沿基准面法线方向挤出

1) 封底

挤出柱体时，自动保留底面，常用于屋檐结构制作。图 6-96 和图 6-97 分别为未封底和封底情况。

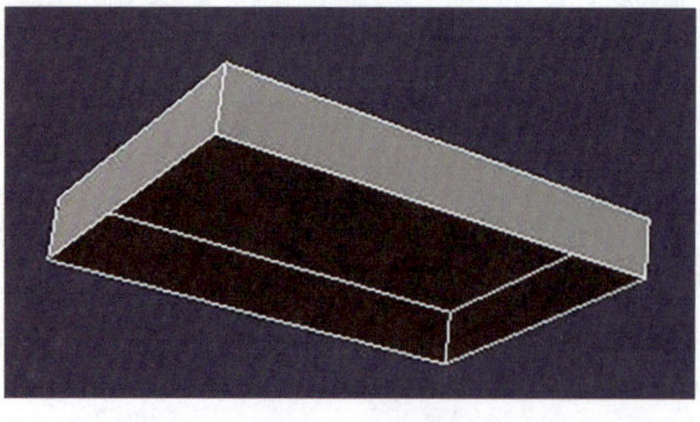

图 6-96　未封底

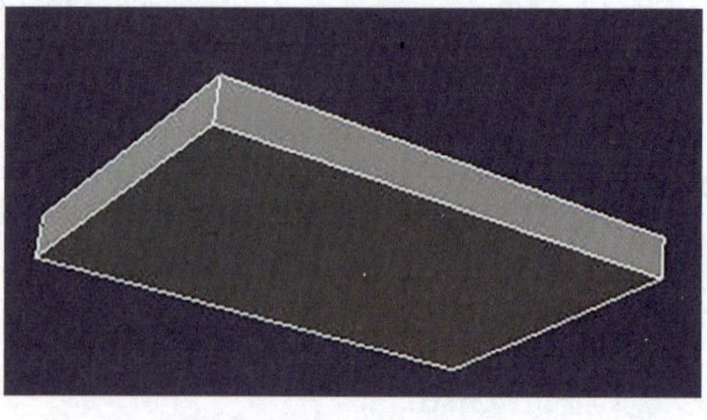

图 6-97　封底

2) 自动合并

挤出时,共面的两个平面会自动合并为一个平面。图 6-98 所示为自动合并情况。

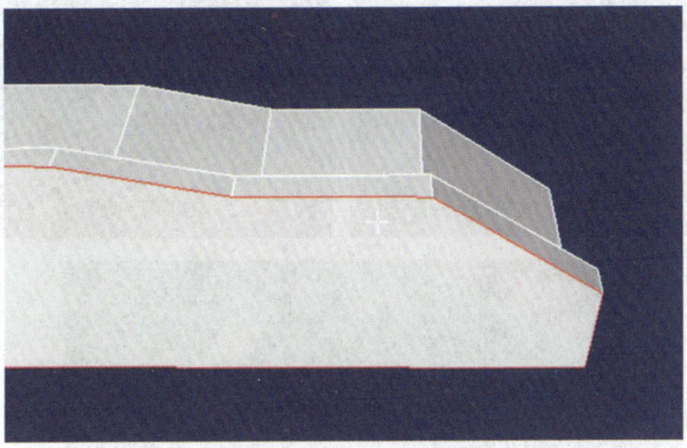

图 6-98 自动合并

(二十) 补面

创建一个面,顺次连接同一个平面的点,点击右键完成面的创建。操作步骤如下:

(1) 激活“补面”工具。

(2) 左键点击第一个顶点(见图 6-99),依次点击剩下点。

(3) 回到起始点或点击右键结束创建(见图 6-100)。

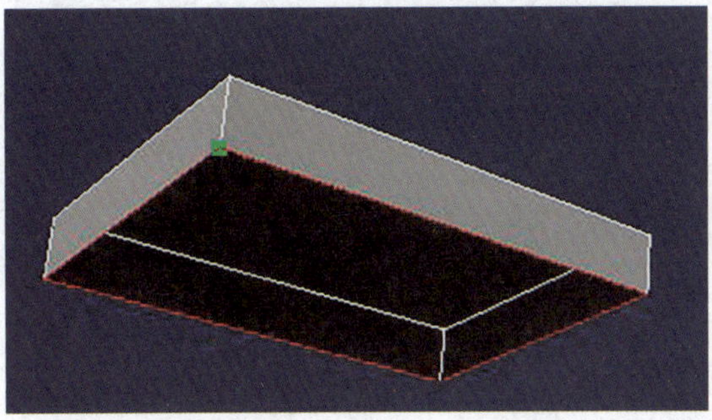

图 6-99 选择顶点

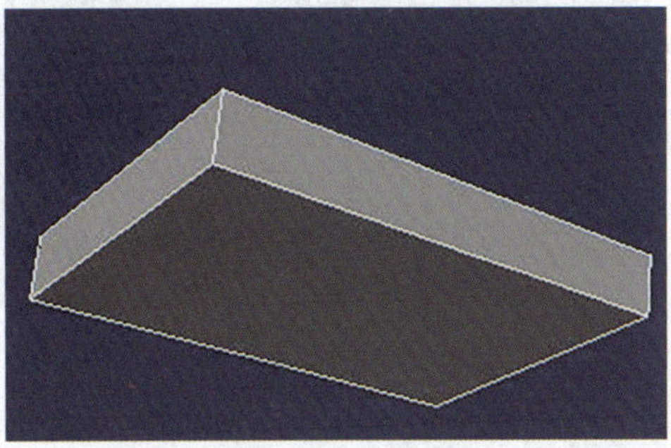

图 6-100 补面完成

(二十一) 围墙

指定围墙一边轮廓,给定围墙宽度及高度,即可完成围墙体制作。图 6-101 所示为围墙构建流程。

(二十二) 编辑工具

编辑工具主要用于对已构建的点、线、面、体进行编辑、修改等处理。

1. 内偏移和外扩

偏移平面上所有的线,将一个平面分为多个面,可以同步向内收缩或向外扩张,多用于制作屋顶和女儿墙等结构。图 6-102 、图 6-103 所示分别为内偏移和外扩示例。

2. 面切割

将一个面切割为两个面,用于屋脊、窗户等结构的制作。操作步骤如下:

(1) 在工具栏内激活切割面工具(或使用快捷键激活)。

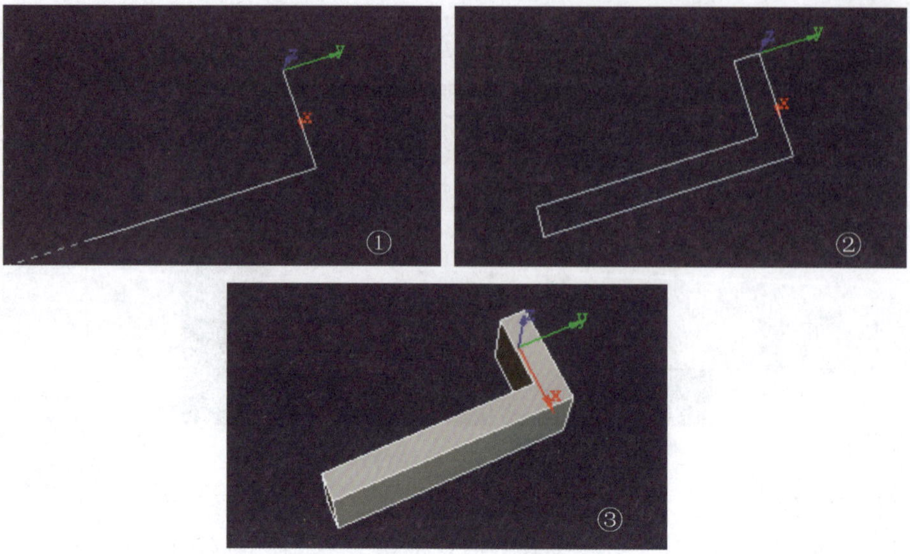

图 6-101　围墙构建流程

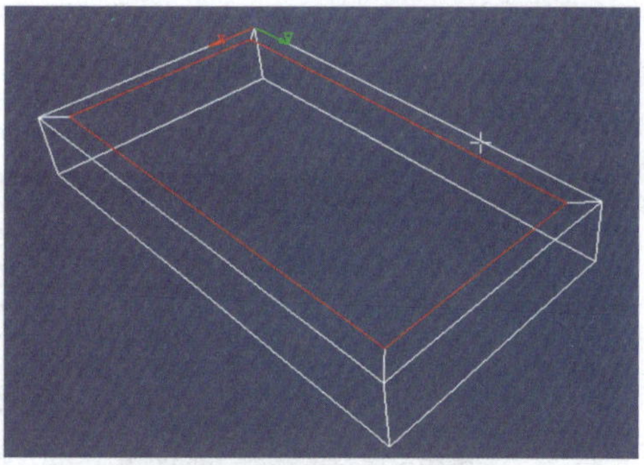

图 6-102　内偏移

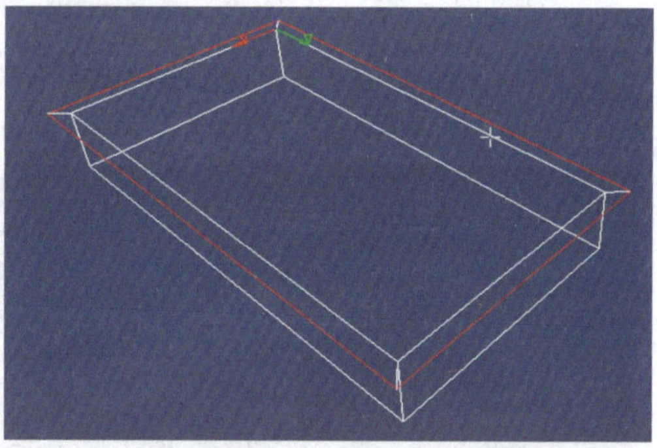

图 6-103　外扩

(2)选择需要切割的面,将鼠标移动至边或点附近,如图 6-104 所示。

(3)按住鼠标左键,确定起始切割边,放开鼠标左键完成选择。图 6-105 所示为开始切割。

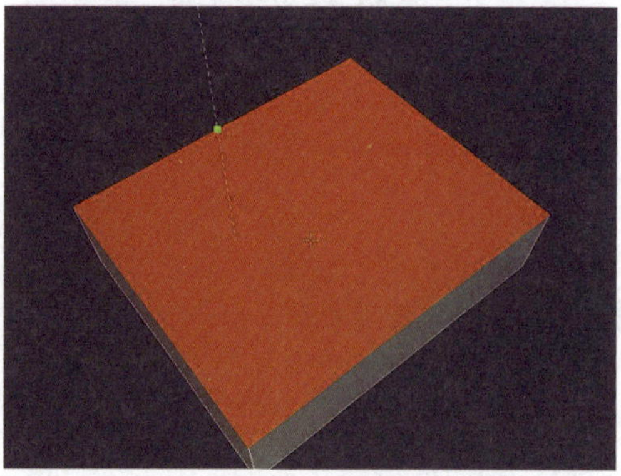

图 6-104　选中编辑面

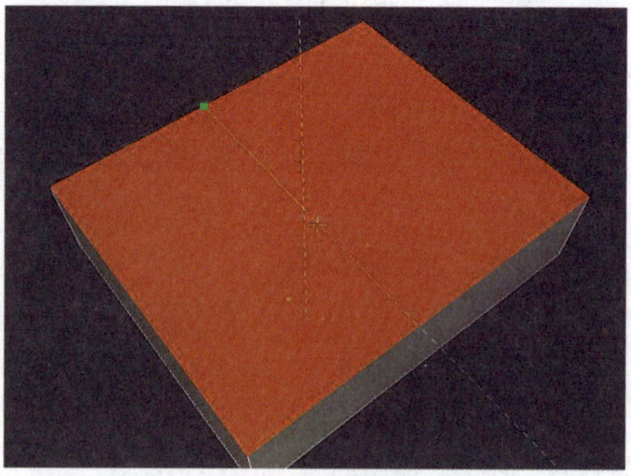

图 6-105　开始切割

(4)在面上继续添加切割点,或直接进入下一步。图 6-106 所示为切割面上添加多个切割点的情况。

(5)鼠标移近边或点。

(6)按住鼠标左键确定终结边,放开鼠标左键完成选择。

(7)完成切割,如图 6-107 所示。

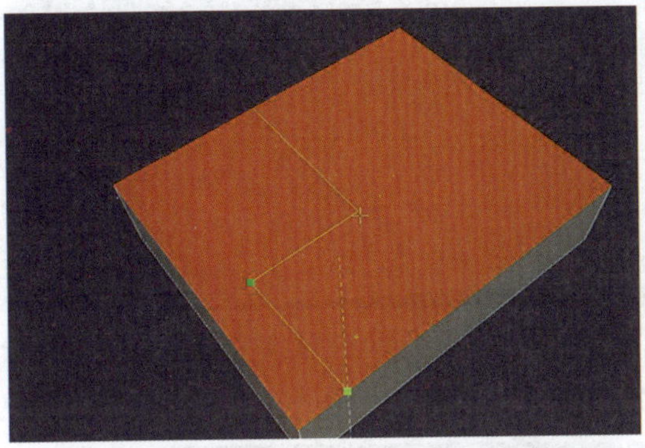

图 6-106　切割面上添加多个切割点

图 6-107　完成切割

注意:面切割工具必须由边线开始边线结束,无法在面的中心直接开始切割。

3. 平面切片

根据基准面,将选中的面切割为两个面。操作步骤如下:

(1)激活“选择要素”,选择需编辑的面,如图 6-108 所示。

(2)激活“基准面”设置基准面,如图 6-109 所示。

(3)激活“平面切割”,完成切割,如图 6-110 所示。

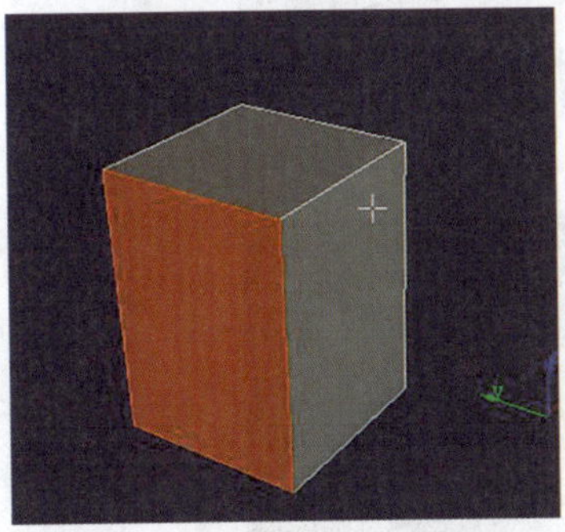

图 6-108　选择需要编辑的面

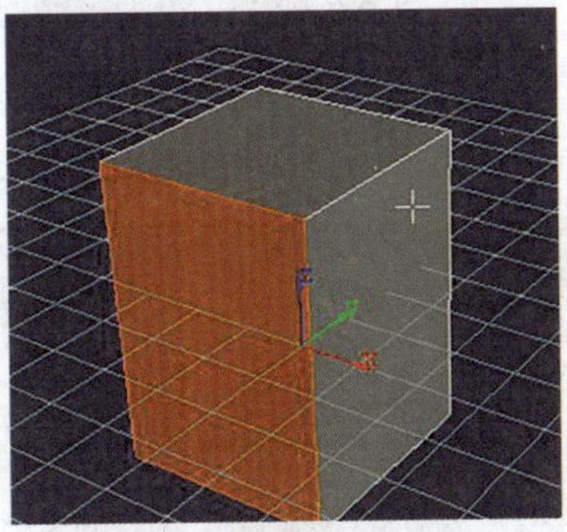

图 6-109　设置基准面

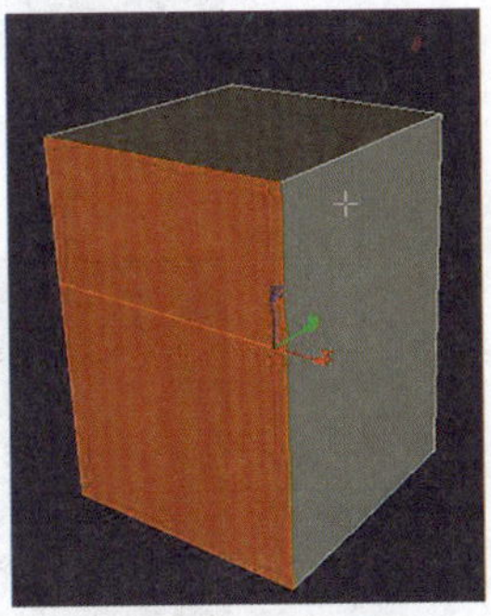

图 6-110　完成切割

4. 焊接

两个点通过焊接,得到一个点。图 6-111、图 6-112 所示为焊接前、后显示界面。

操作步骤如下:

(1)激活“焊接”命令。

(2)点击第一个点,点击第二个点,将第一个点焊接到第二个点位置。

5. 平移

在一个平面内,将一个图形上的所有点都按照某一个方向做相同距离的移动。操作步骤如下:

(1)激活“选择要素”按钮。

(2)选择点、线、面、体、建筑。

(3)根据轴方向,移动点、线、面、体、建筑。

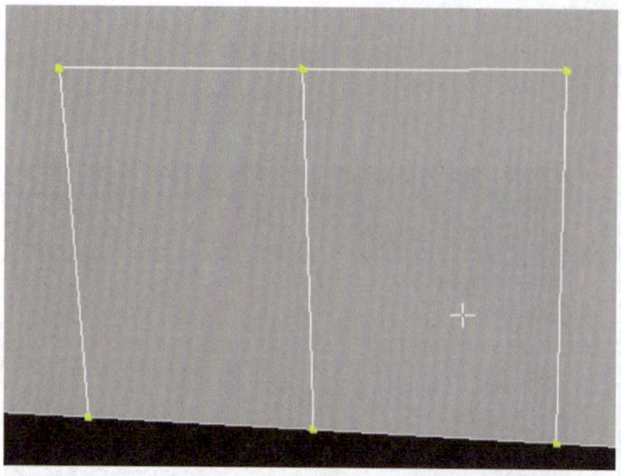

图 6-111　焊接前显示界面

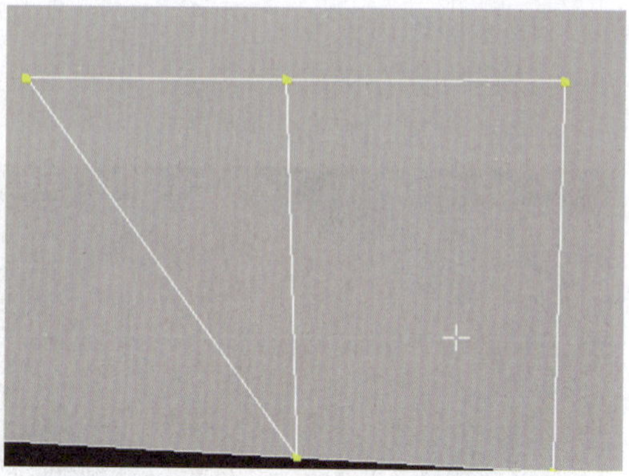

图 6-112　焊接后显示界面

图 6-113～图 6-115 分别为点、线、体平移前后作业对比示例。

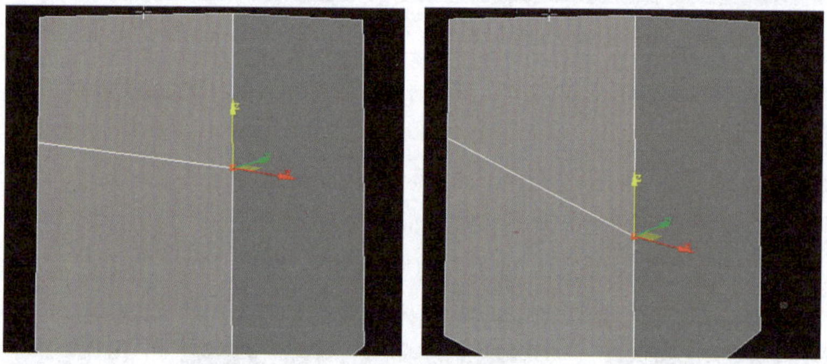

(a)平移前　(b)平移后

图 6-113　点平移前后对比

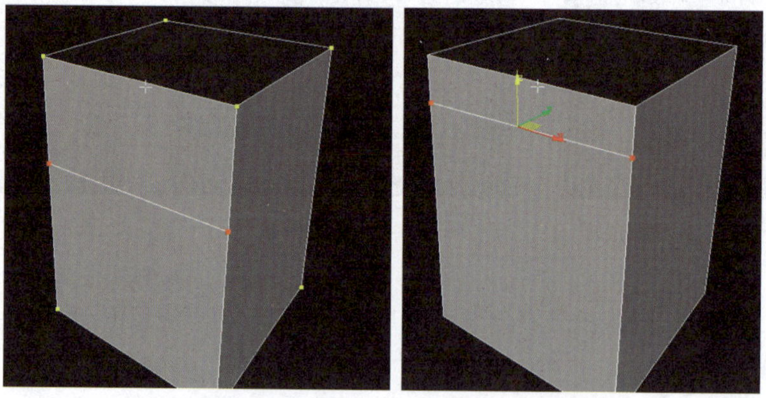

(a)平移前　(b)平移后

图 6-114　线平移前后对比

6. 旋转

在一个平面内，将一个图形绕一点按某个方向转动一个角度。操作步骤如下：

(1)旋转平面为当前基准面平面，设置基准面确定旋转平面，如图 6-116 所示。

(2)选中需要移动的面或体，如图 6-117 所示。

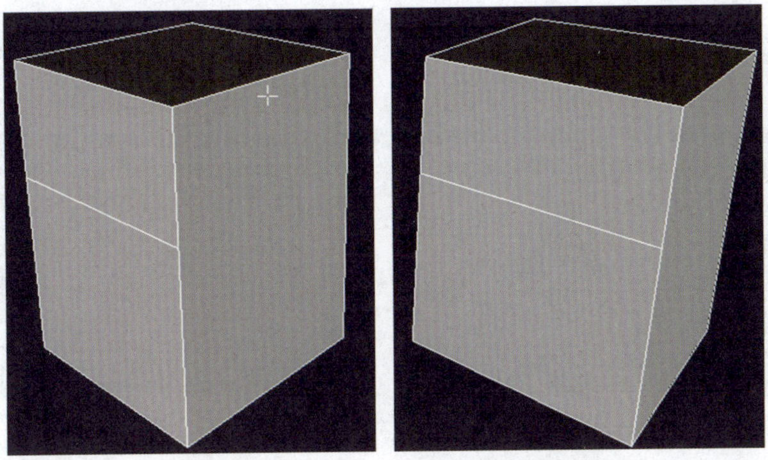

(a)平移前　(b)平移后

图 6-115　体平移前后对比

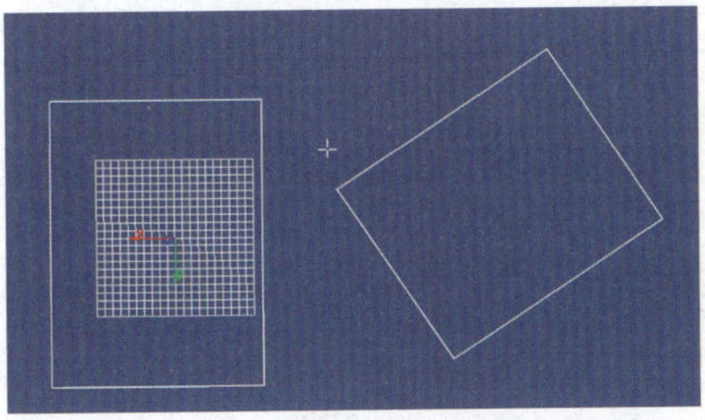

图 6-116　设置基准面

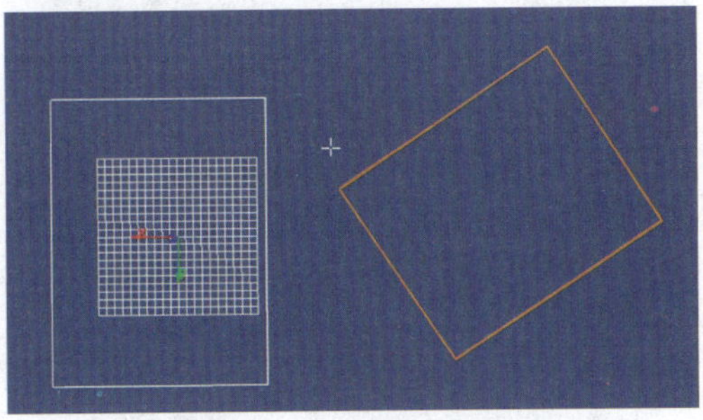

图 6-117　选择需要旋转的面

(3)将需要旋转的面进行平移，和基准面交会，移动鼠标，点击右键确定平移终点，如图 6-118 所示。

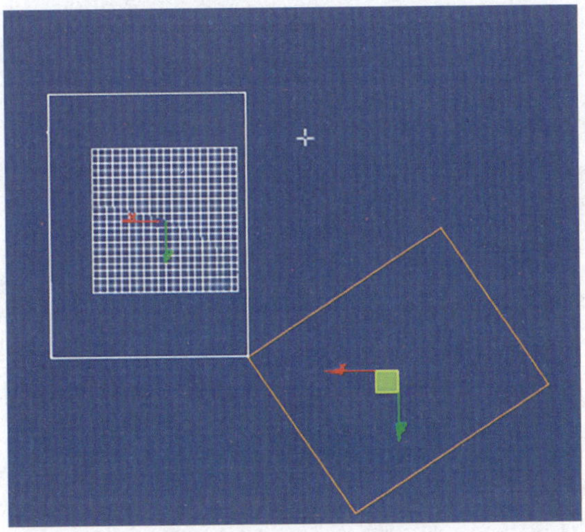

图 6-118　确定平移终点

(4)确定旋转的起点和终点(见图 6-119)，进行移动(见图 6-120)，左键点击旋转结束。

注意：旋转工具的使用要根据当前基准点轴方向旋转。

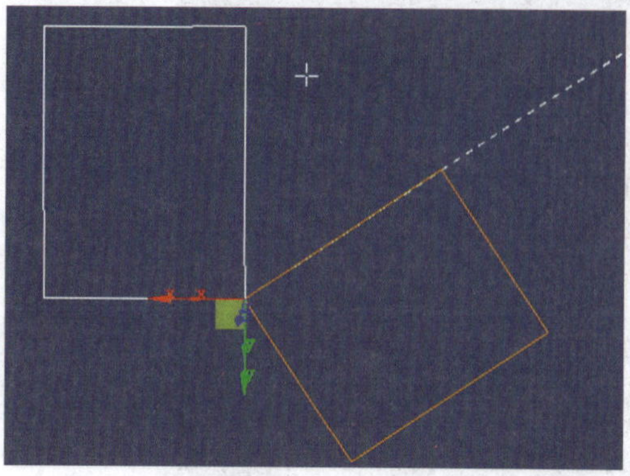

图 6-119　确定旋转的起点和终点

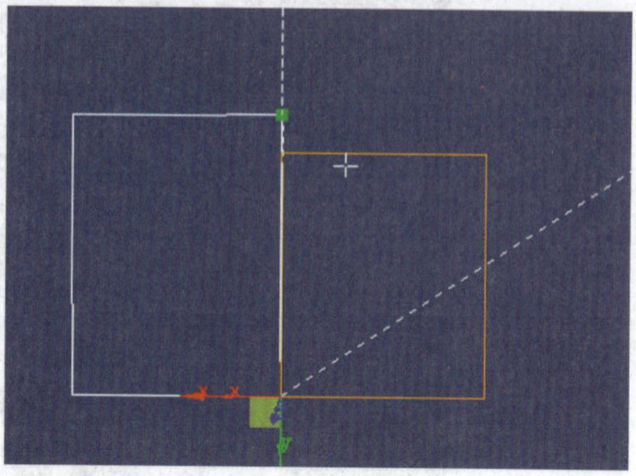

图 6-120　开始旋转

除了设定基准面的框进行手动旋转外，还可以依据给定的旋转角度，确定旋转的起点和终点后，按一下 Ctrl 键，设置旋转参数。这里可以选择旋转角度、是否拷贝一份出来或者是直接旋转。图 6-121 所示为旋转参数设置。

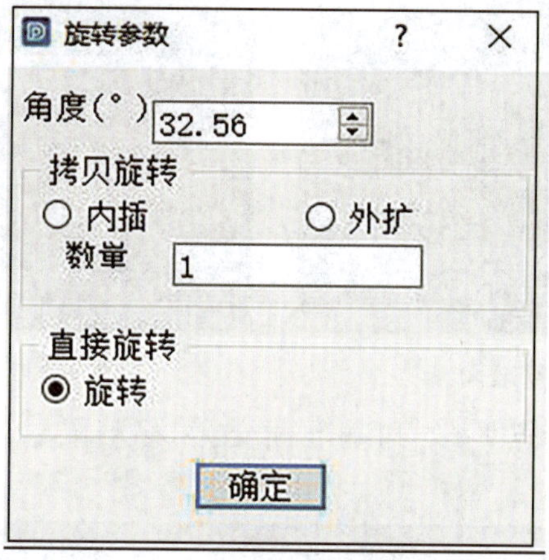

图 6-121　旋转参数设置

7. 缩放

对模型大小进行调整。操作步骤如下：

(1) 激活“选择要素”。

(2) 选择需缩放的体，如图 6-122 所示。

(3) 左键挪动坐标轴缩放，或输入数值，参数化缩放，如图 6-123 所示。

8. 镜像

镜像就是沿选择的轴中心点复制一个对立的对象。操作步骤如下：

(1) 激活“选择要素”，选择对象，设定基准面。

(2) 激活“镜像”。

(3) 设置镜像的选项。

(4) 退出镜像选项卡，完成。

图 6-124～图 6-126 分别表示 *ZOY*、*ZOX*、*XOY* 的平面镜像。

镜像平面：选中需要镜像的体，然后选择沿当前选择平面来镜像（*ZOY*、*ZOX*、*XOY*）。对

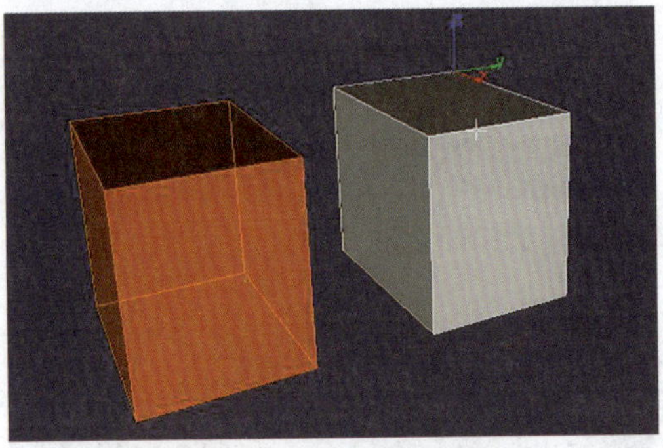

图 6-122　选择需要缩放的体

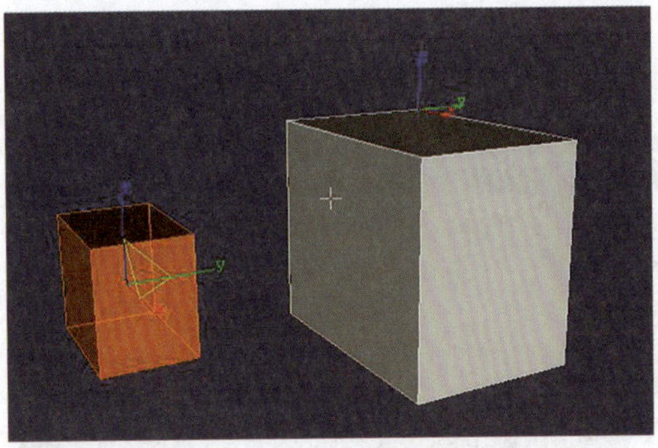

图 6-123　体的缩放

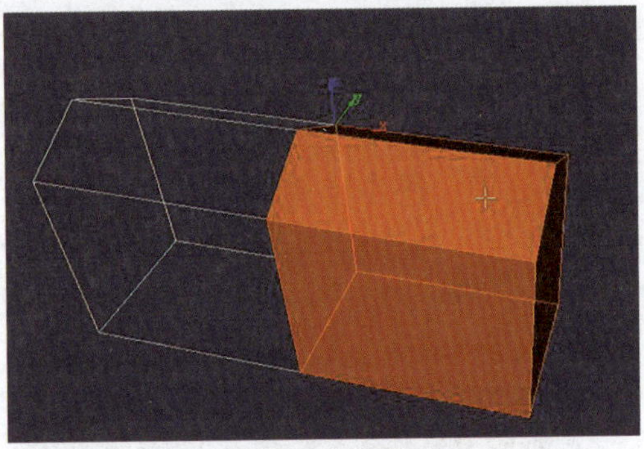

图 6-124　*ZOY* 平面镜像

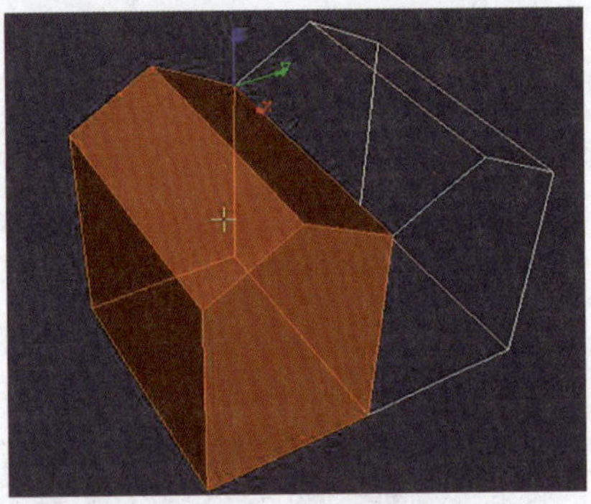

图 6-125　*ZOX* 平面镜像

当前选择进行克隆，若不复制，点击该选择后，镜像当前建筑；若复制，点击该选择后，需要复制建筑后，再进行镜像。图 6-127 所示为镜像参数设置窗口。

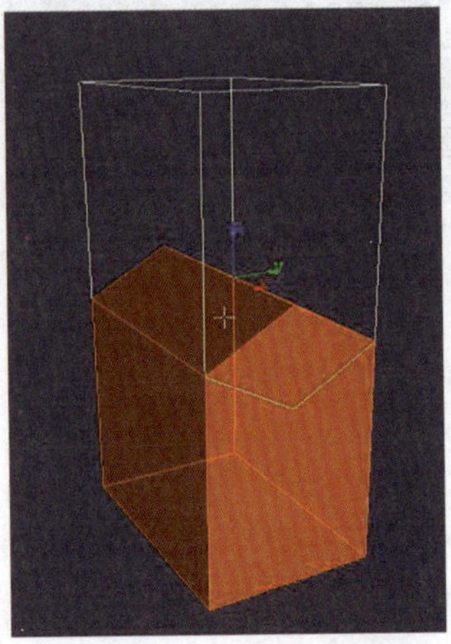

图 6-126　*XOY* 平面镜像

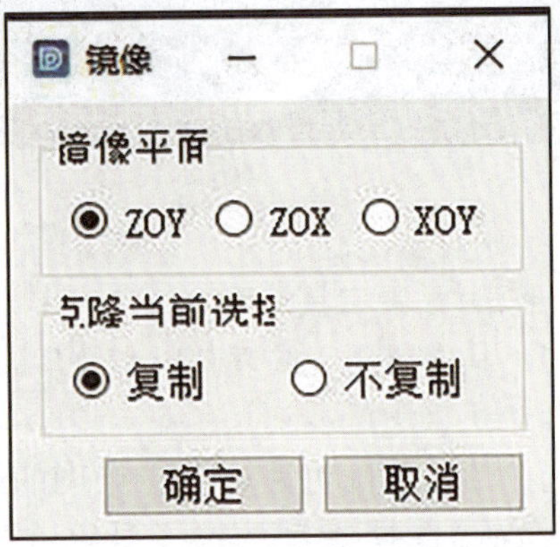

图 6-127　镜像参数设置窗口

9. 合并共边面

将两个同体共平面的面合并为一个面，操作步骤如下：

(1) 激活“合并共边面”。

(2)选择第一个面,如图 6-128 所示。

(3)选择第二个面,合并完成,如图 6-129 所示。

图 6-128　选择第一个面

图 6-129　合并完成

10. 翻转法线

将选中的面法线进行翻转,常用于反面(黑面)处理。操作步骤如下:

(1)激活"选择要素",选择对象。

(2)右键,翻转法线,或者激活"翻转法线"按钮。图 6-130、图 6-131 所示分别为法线翻转前后情况。

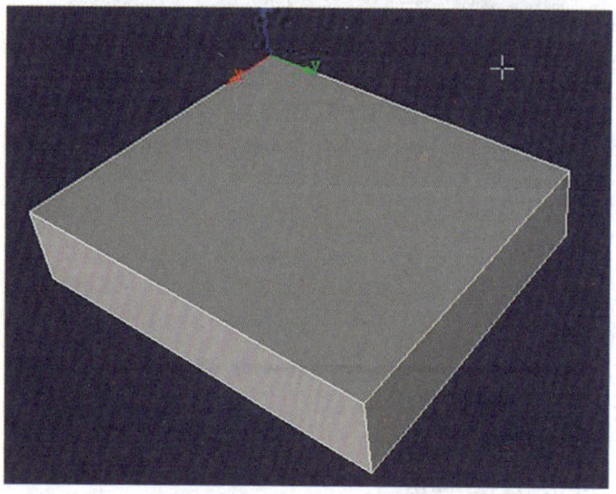

图 6-130　翻转法线前

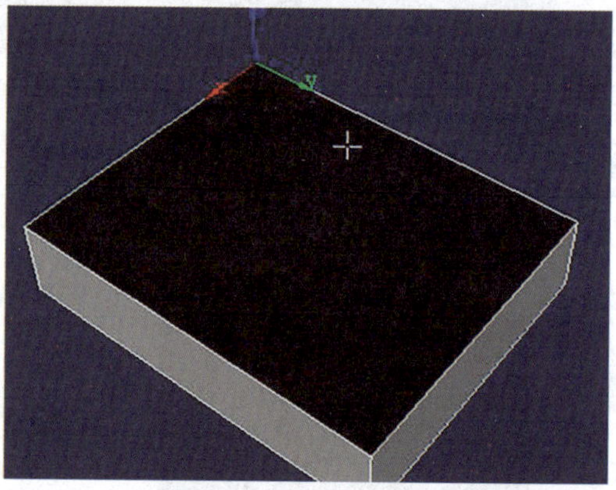

图 6-131　翻转法线后

(二十三)贴图工具

贴图工具主要用于纹理映射和纹理修改。

1. 自动纹理映射

将选中的模型自动附上纹理,贴图的纹理依据是导入的航摄影像。操作步骤如下:

(1)激活"选择要素",选择对象,这里可以选择面或体。图 6-132 所示为选中的模型体。

(2)激活"自动纹理映射"。图 6-133 所示为自动纹理映射进度显示。

自动纹理映射后会提示贴图失败面的数量,这里贴图失败是指像屋檐底部等无法检索到影像的面或影像拍不到的面。图 6-134 所示为贴图失败提醒界面,图 6-135 所示为纹理映射完成情况。

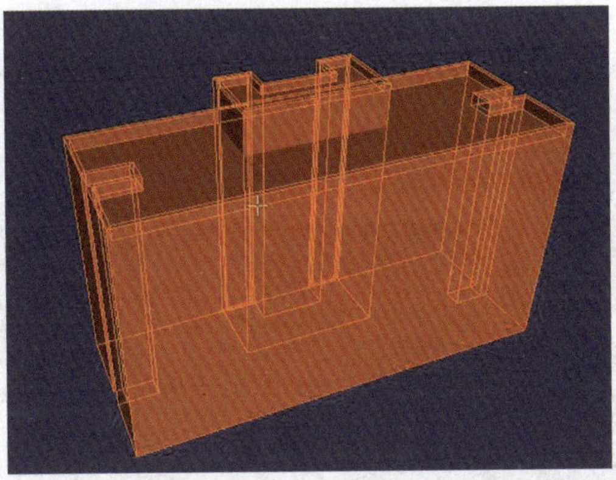

图 6-132　选中的模型体

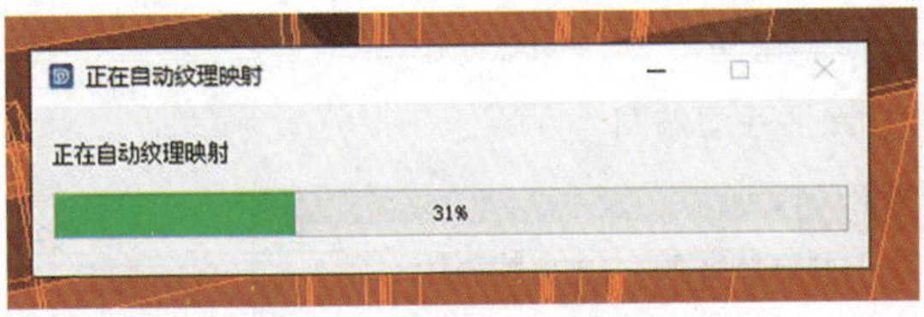

图 6-133　自动纹理映射进度

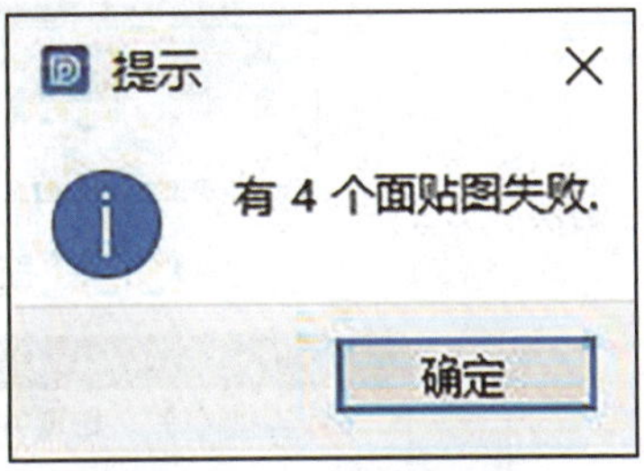

图 6-134　贴图失败提醒

2. 手动贴图

1) 手动调整 UV

手动调整 UV 主要用于手动挑选合适的影像并贴图。操作步骤如下：

(1) 激活“选择要素”，如图 6-136 所示。

图 6-135　纹理映射完成

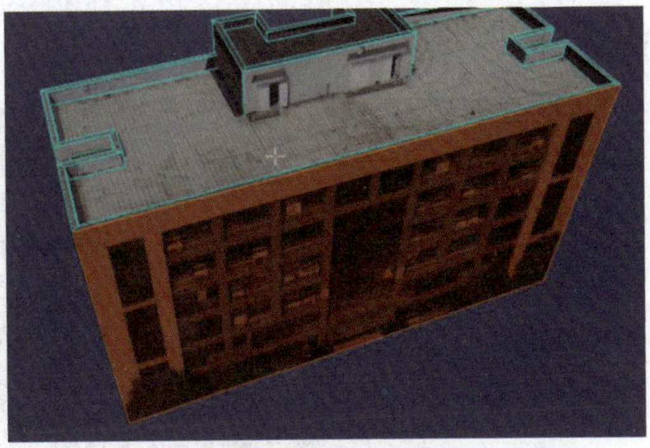

图 6-136　选择需调整的面

(2) 激活“手动贴图”，如图 6-137 所示。

(3) 选取最优影像，截取纹理。

2) 手动贴图功能

图 6-138 所示为手动贴图功能。

挑选影像：用于对选择的面进行自动影像筛选，将能拍到该面的影像筛选出来，并显示在影像列表中。也可以手动在相机视图内选择影像。

截取并贴图：对符合要求的影像按照红色范围框进行截取并贴图至已选择的面。

图 6-137　激活手动贴图

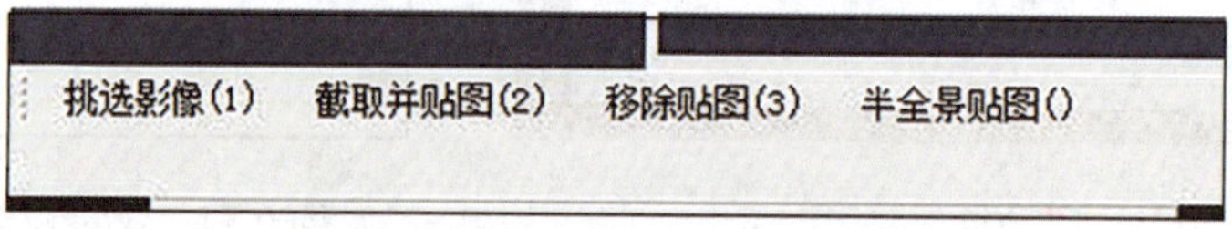

图 6-138　手动贴图功能

移除贴图:将选中面的贴图进行移除。

3. 编辑视图

支持图片编辑、UV 修改等。图 6-139 所示为 UV 编辑视图,图 6-140 所示为 UV 编辑功能界面。

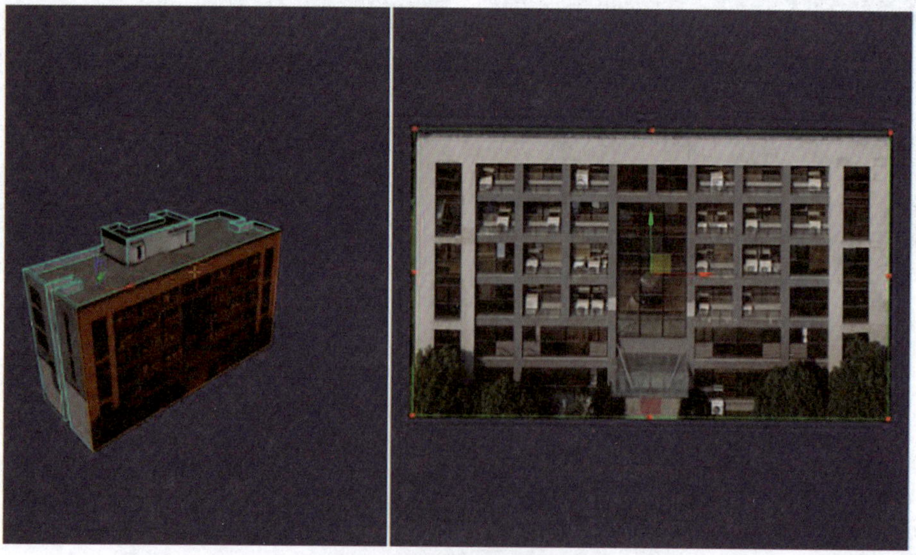

图 6-139　UV 编辑视图

图 6-140 UV 编辑功能界面

面：对选中面纹理进行点移动、面移动、线移动。如图 6-141 所示为点移动编辑。

图 6-141 点移动编辑

编辑贴图：跳转至第三方编辑软件（如 photoshop）进行图片编辑。

完成编辑：将修改后的纹理贴图至选择面。

水平翻转：将纹理进行水平翻转。

垂直翻转：将纹理进行垂直翻转。

4. 样本颜料

生产过程中，受建筑高度、密度，植被遮挡等因素影响，进行自动纹理映射时，多数面需要进行手动修改。提供纹理复制功能，提升单体化效率。

操作步骤如下：

（1）点击样本颜料插件。

（2）拾取修改好的贴图。

（3）点击需要修改的面，将拾取的图片复制到选择的面上。

图 6-142 所示为未贴图面情况，图 6-143 为拾取纹理面情况，图 6-144 为贴图进度及贴图完成。

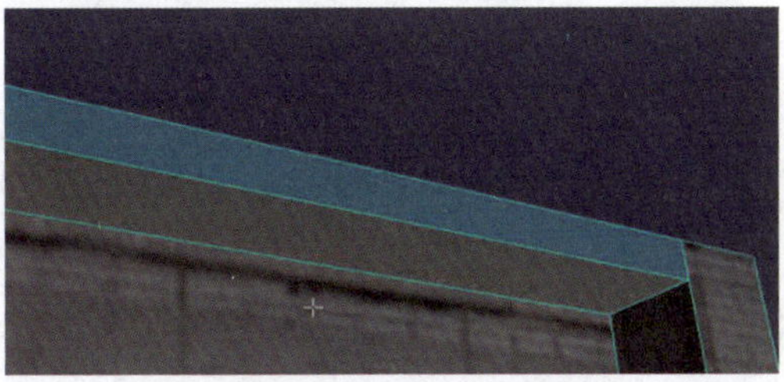

图 6-142 未贴图面

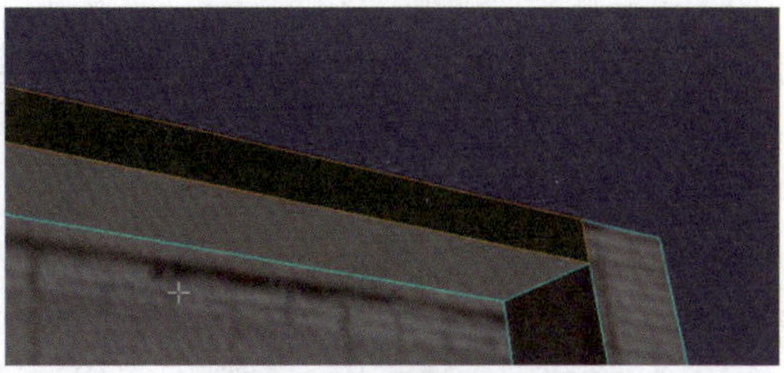

图 6-143 拾取纹理面

5. 材质库贴图

内置材质库功能,内含各种类型公共材质素材,如图 6-145 材质库示意。用户可以扩展,能指定材质贴图。

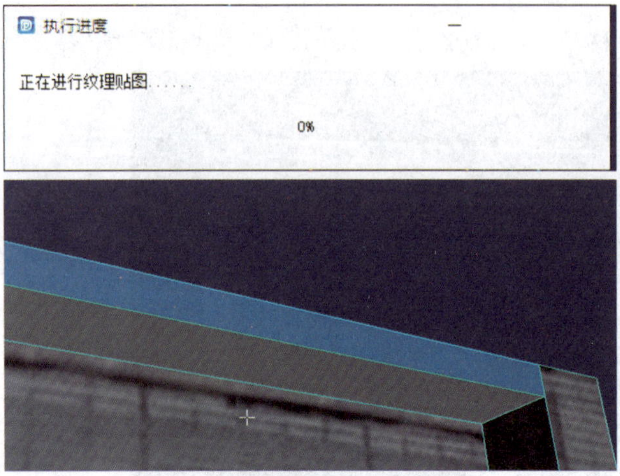

图 6-144　贴图进度及贴图完成

图 6-145　材质库

材料:内置的公共材质,可以通过下拉列表进行类别切换,用户可自定义扩展。

编辑:支持外部指定的纹理贴图,支持选中面进入第三方图像处理软件修图,支持对材质重复次数调整。图 6-146 所示为导入外部材质操作界面。

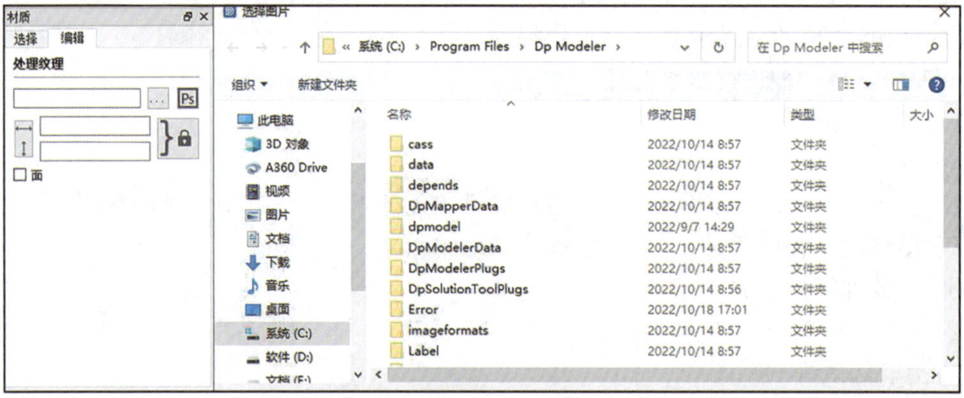

图 6-146　导入外部材质操作界面

操作步骤如下:

1)单个面指定材质贴图

(1)通过材质浏览器中下拉列表选择材质库。

(2)从材质库中选择样本材料。

(3)点击需要贴图的面贴图。

2)多个面指定材质贴图

(1)选择多个面要素。

(2)从材质库中选择样本材料即完成贴图。

6. mesh 自动贴图

对 osgb 实景三维模型纹理进行提取，回贴到单体化模型。图 6-147、图 6-148 分别为 mesh 纹理映射和自动纹理映射显示。

图 6-147 mesh 纹理映射

图 6-148 自动纹理映射

7. 易错结构

易错结构有如图 6-149 所示几种情况。

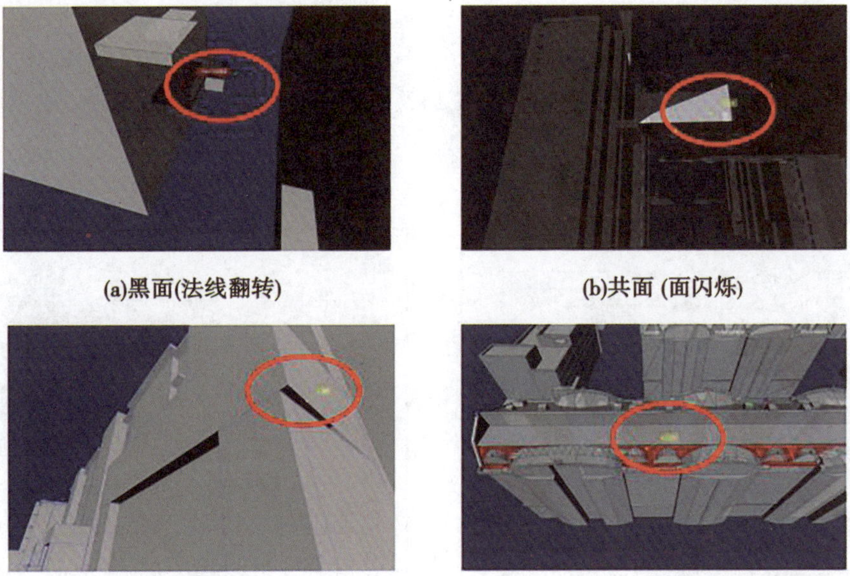

(a)黑面(法线翻转)

(b)共面 (面闪烁)

(c)闪缝

(d)红面

图 6-149 易错结构

(二十四) 设置功能

1. 全局设置

图 6-150 所示全局设置界面中，图片编辑器路径是设置 PS 桌面快捷方式路径，可用于纹理修改等。所有面共有纹理，可以减少贴图量，减少数据量。

2. 拆分设置

在实际作业中需将有间隔的建筑拆分开，大型连体建筑按栋数拆分，所有单栋建筑的面不允许超过 5 000 个，贴图不允许超过 1 000 张（具体需求可根据项目而定）。图 6-151 所示为拆分设置界面。

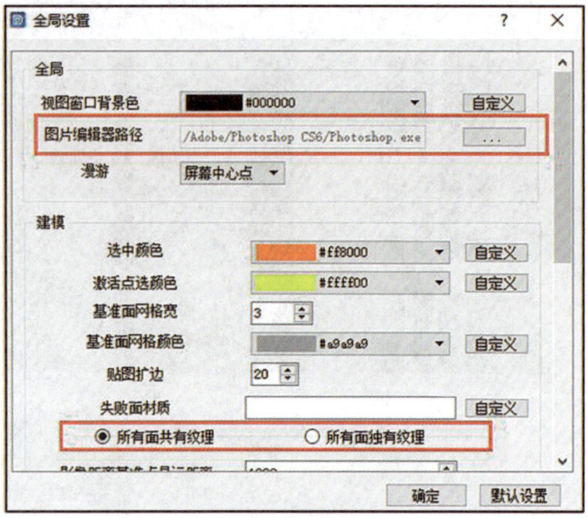

图 6-150　全局设置

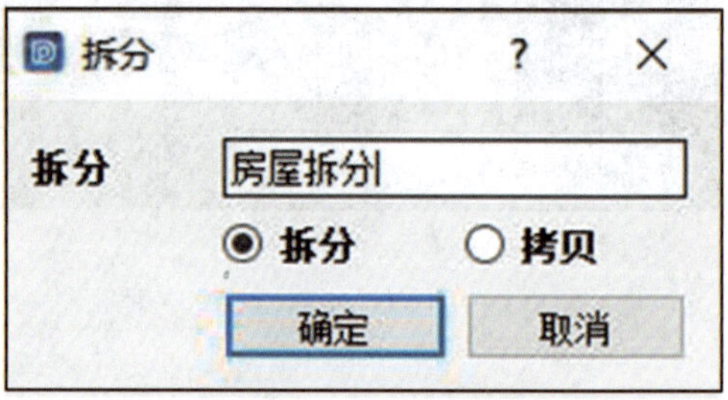

图 6-151　拆分设置

3. 数据导出设置

数据提交常用的两种格式是 obj 和 osgb。下面介绍两种格式导出时的常用设置（具体需求根据项目而定，这里仅供参考）。图 6-152、图 6-153 分别为 obj、osgb 数据导出操作界面。

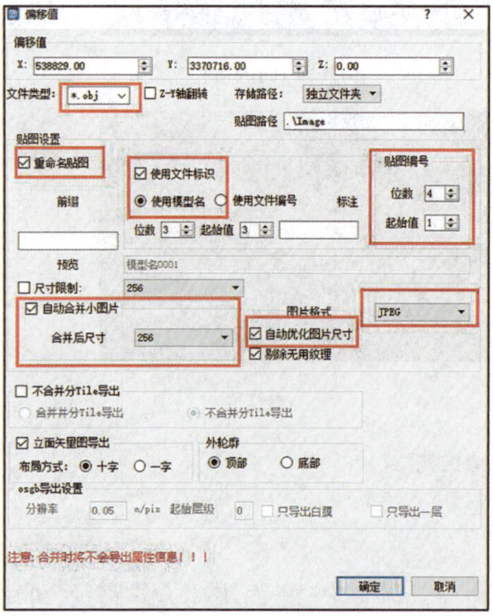

图 6-152　obj 导出界面

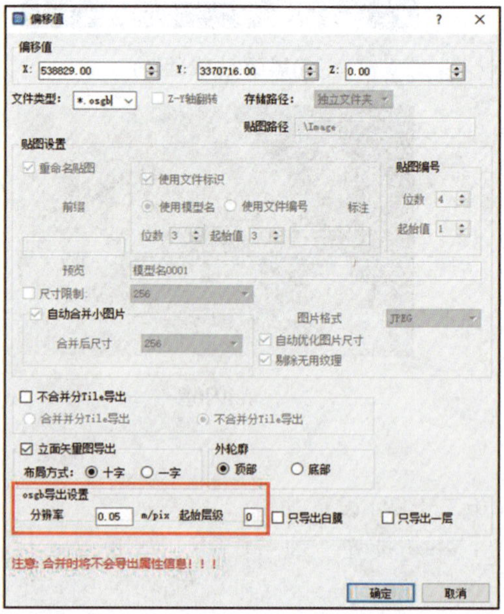

图 6-153　osgb 导出界面

任务二 简单房屋的结构与实体三维表达模型构建

活动一 了解房屋结构

一、屋檐结构和主体结构

屋檐结构是房屋构建的第一步，作为承接屋顶和主体结构的中间结构具有重要的意义。屋檐结构首先通过创建工具建立屋檐平面，通过挤出柱体工具向下挤出屋檐高度。制作屋檐结构时，需要选择封底形成底面，便于后期通过内偏移得到主体结构。

房屋的主体结构在构建时需要注意不能产生底面，实际生产中，一般通过房屋底部去观察内部结构是否正确。房屋的主体结构不宜超过底面太多，具体根据项目需求确定。

二、屋顶结构

屋顶结构是房屋构建的第二步，屋顶结构的构建方式有很多，可以选择快速屋脊或面切割、平移拉出等方式来构建屋顶结构。这里主要介绍一些房屋屋顶结构以供学习参考。

（一）人字顶

形状似人字形的屋顶，常见的人字形屋顶有人字尖顶、人字平顶和人字折顶几种，分别如图 6-154～图 6-156 所示。

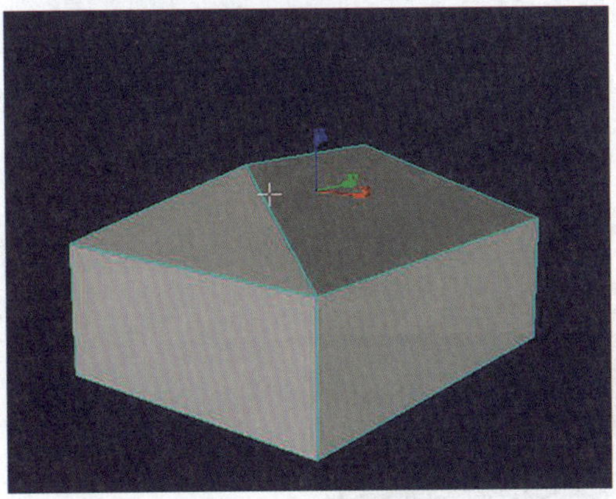

图 6-154 人字尖顶

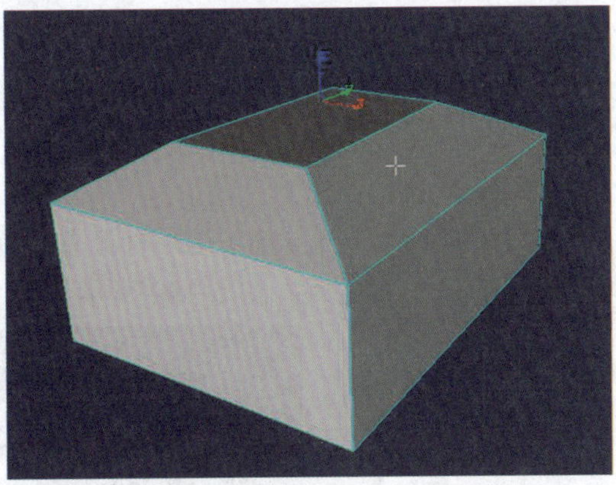

图 6-155 人字平顶

（二）平顶（女儿墙）

平顶是屋顶外部形式的一种，平顶的屋面较平缓，多数具有女儿墙结构，如图 6-157 所示。

（三）弧顶

弧顶指以圆弧形或圆形结构形成的屋顶，如图 6-158 所示。

三、附属结构

房屋的附属结构是构成完整房屋的关键，根据模型构建的等级要求，判断是否需要对附

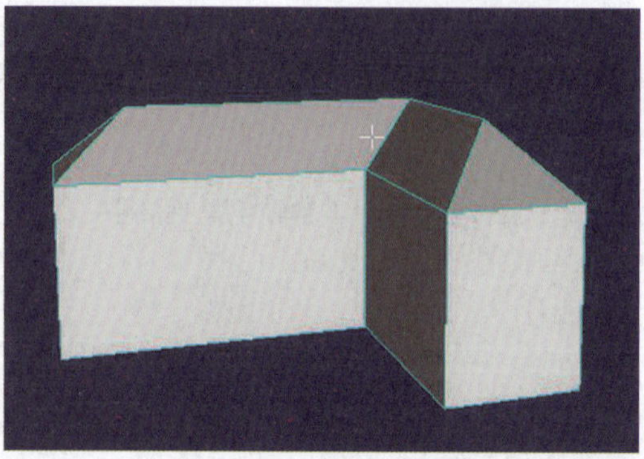

图 6-156　人字折顶

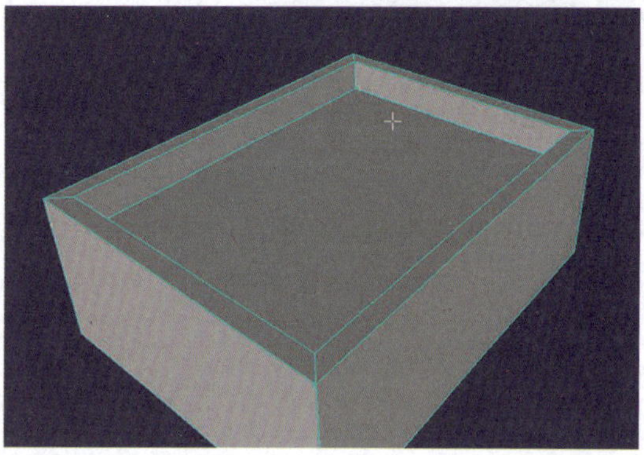

图 6-157　女儿墙结构

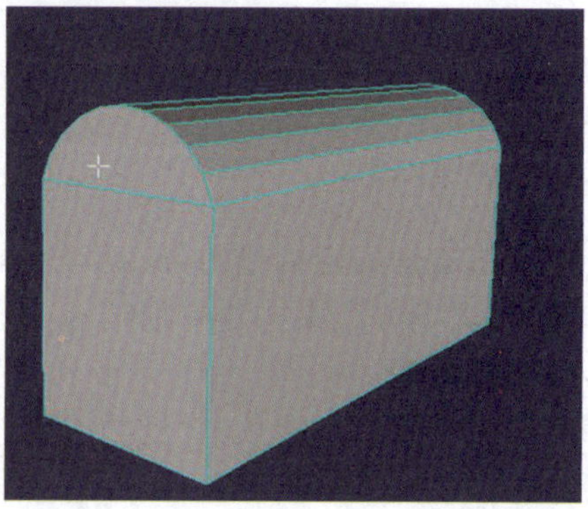

图 6-158　弧顶

属结构进行精细化的模型构建。常见的附属结构有老虎窗、天井、楼梯间、配电室、室外楼梯、门顶雨罩等。

(一)老虎窗

老虎窗又称为老虎天窗,是一种开在屋顶上的天窗,也就是在斜屋面上凸出的窗,用作房屋顶部的采光和通风。图 6-159 所示为老虎窗样式。

图 6-159　老虎窗

（二）天井

天井是指宅院中房与房之间或房与围墙之间所围成的露天空地，即四面有房屋、三面有房屋另一面有围墙或两面有房屋另两面有围墙时中间的空地，如图 6-160 所示。

（三）楼梯间

楼梯间是指楼梯所占用的一个空间，分为开敞楼梯间、封闭楼梯间和防烟楼梯间等几种。如图 6-161 所示为开敞楼梯间。

图 6-160　天井

图 6-161　楼梯间

（四）配电室

配电室是指带有低压负荷的室内配电场所，主要为低压用户配送电能，如图 6-162 所示。

（五）室外楼梯

依附在楼房外墙安装和修建的非封闭楼梯，如图 6-163 所示。

图 6-162　配电室

图 6-163　室外楼梯

(六)门顶、雨罩(搭)等

围墙大门或建筑物门窗上方用于遮雨的顶盖,如图 6-164 所示。

(a)门顶　　(b)雨罩(搭)

图 6-164　门顶、雨罩(搭)

活动二　简单房屋的构建流程

简单房屋构建时的操作界面及功能介绍可扫码 6-1 观看,构建过程可扫码 6-2 观看。

码 6-1　界面及功能介绍

以常见的人字形、平顶房、回形建筑为例,学习对建筑物进行单体化重建的操作流程。

一、平顶房

(一)观察房屋结构

如图 6-165 所示的平顶房建筑物,整体结构以三个垂直方向的房屋主体和两个裙楼结构组成,房屋顶部有顶上房结构,整体结构较为简单,可以采取整体重建或拆分重建两种方式。

码 6-2　简单房屋单体化构建

图 6-165　平顶房整体结构

(二)房屋结构拆分重建方法

1. 工作准备

在解决方案资源管理器“Dpmodel 文件”处右键点击新建模型,如图 6-166 所示。

输入文件名,点击“确定”,激活文件,如图 6-167 所示。

选择基准面工具,在建筑屋檐处点击确定基准面,其显示如图 6-168 所示。

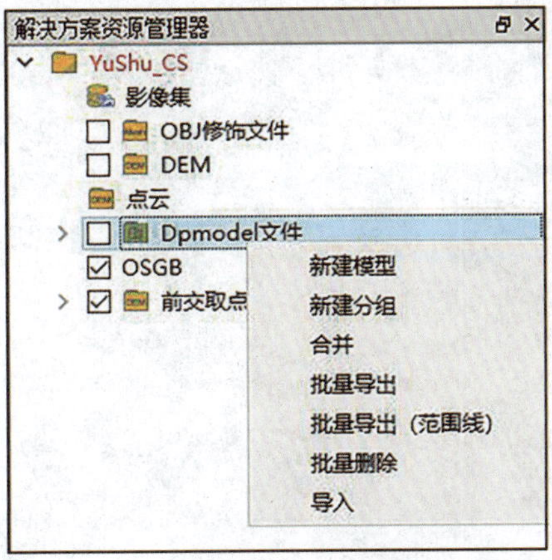

图 6-166 新建模型

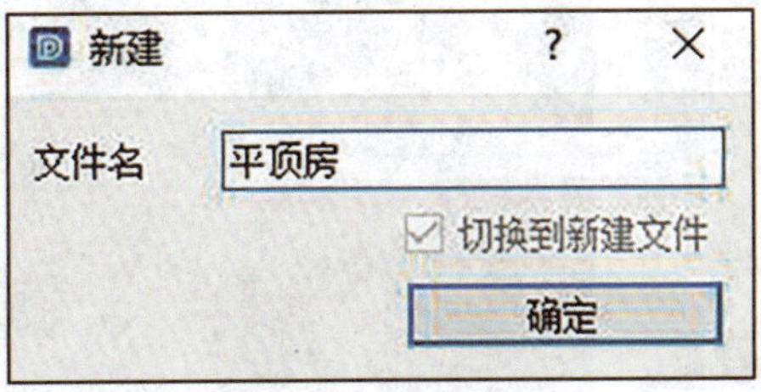

图 6-167 模型命名

图 6-168 确定基准面

打开投影视图在相机视图内挑选一张下视的影像，或自由视图切换至顶视图。这一步便于作业人员观察建筑物屋檐的顶部轮廓，如图 6-169 所示。

2. 绘制房屋的顶面

选择多边形工具，在投影视图中绘制，点击右键结束绘制或返回至起始点结束绘制，如图 6-170 所示。

在相机视图中挑选一张合适的倾斜影像，这里以能清楚看清屋檐高度为准。使用调节透明度工具，将模型透明度调低，如图 6-171 所示。

3. 绘制屋檐

使用挤出柱体工具，勾选封底，向下挤出至屋檐底部，如图 6-172 所示。

在自由视图中，关闭 mesh 按钮，隐藏实体模型，如图 6-173 所示。

在模型底部使用内偏移和外扩工具，使紫色铅垂线与墙角线对齐，获得屋檐宽度，如图 6-174 所示。

4. 绘制主体结构

使用挤出柱体工具，取消勾选封底，直接将底面向下挤出到合适的位置，得到主体结构

图 6-169　选择下视影像

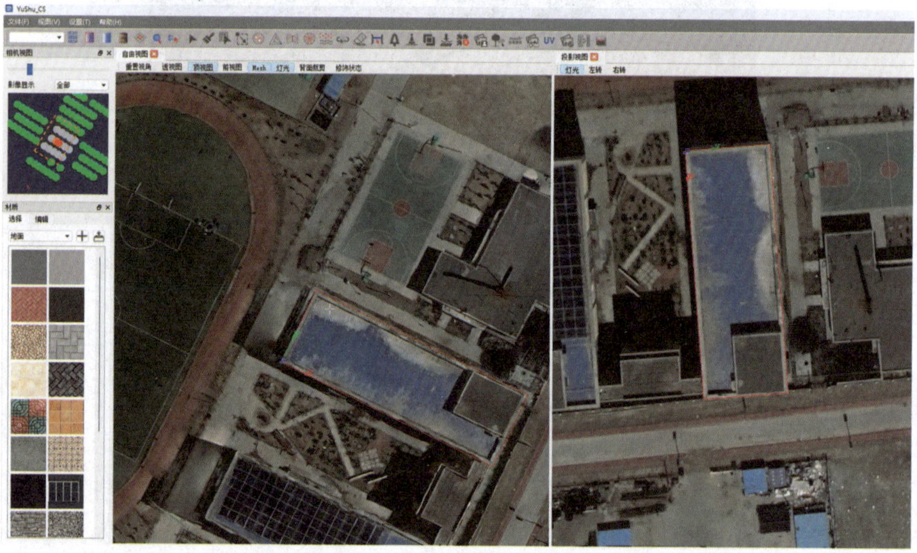

图 6-170　房屋顶部轮廓绘制

(见图 6-175)。也可以通过在地面上定一个基准面,通过捕捉方式挤出到基准面的高度,如图 6-176 所示。

通过调节透明度可以观察整体轮廓。

5. 绘制房上附属结构

使用基准面工具,在屋檐顶部定基准面,切换一张下视影像,如图 6-177(a)所示。

使用“面切割”工具,在房屋顶面切割出房上结构的轮廓面,如图 6-177(b)所示。

在自由视图中打开 mesh,使用基准面工具,在房上结构顶部定基准,如图 6-178 所示。

使用挤出柱体工具,挤出到基准位置,做出房上结构,如图 6-179 所示。

图 6-171　切换倾斜影像,调节模型透明度

图 6-172　挤出屋檐

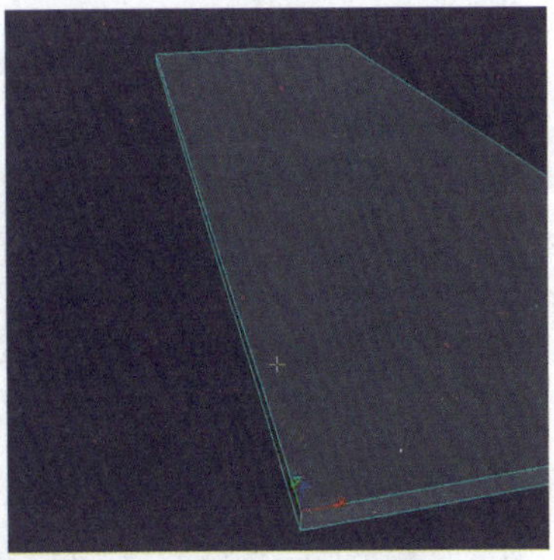

图 6-173　关闭 mesh

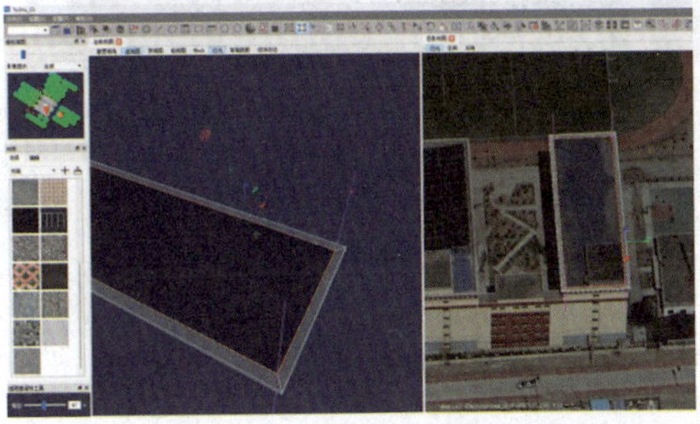

图 6-174　内偏移和外扩

图 6-175　挤出墙体高度

使用内偏移和外扩工具,做出屋檐,如图 6-180 所示。

使用面切割工具,针对于不需要偏移的位置做出切割,如图 6-181 所示。

使用焊接工具,对点进行焊接,如图 6-182 所示。

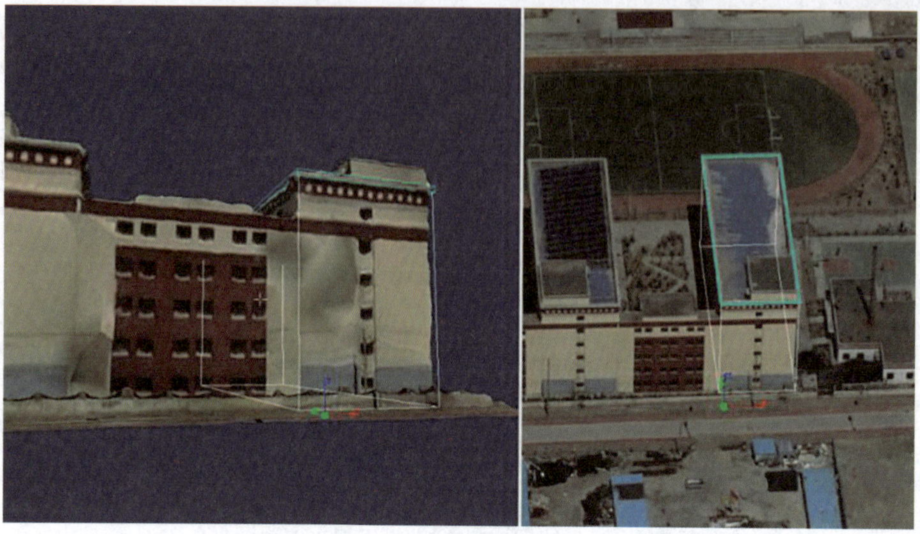

(a) (b)

图 6-176　捕捉至基准面高度

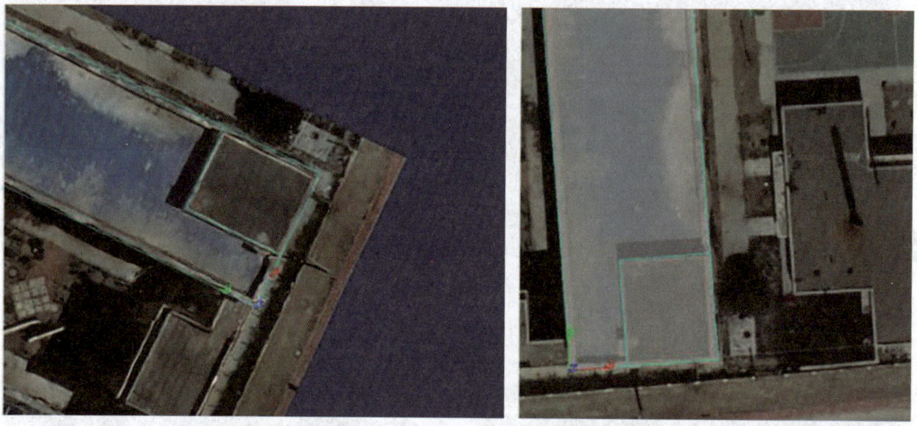

(a) (b)

图 6-177　切割出房上结构轮廓

6. 绘制女儿墙结构

挑选一张倾斜照片，使用挤出柱体工具，直接向下挤出，得到女儿墙，如图 6-183 所示。

7. 绘制裙楼结构

使用基准面工具，在房屋顶部确定基准，挑选一张下视的照片，使用多边形工具，绘制房屋顶部外轮廓，如图 6-184 所示。

图 6-178 顶部定基准面

图 6-179 挤出房上结构

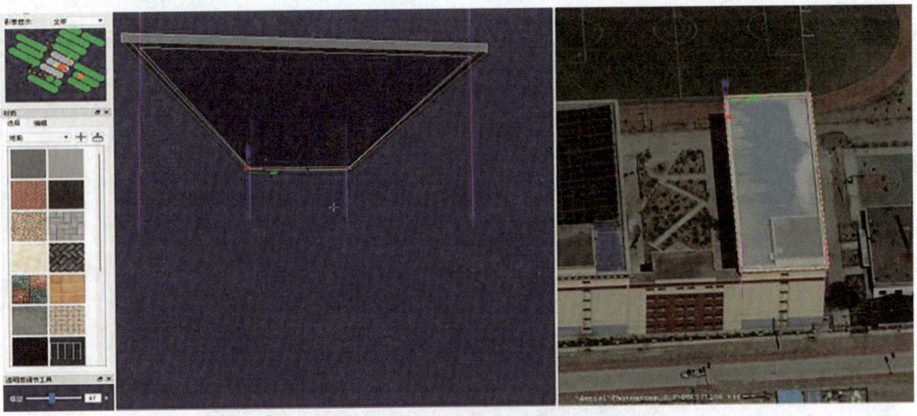

图 6-180 内偏移屋檐宽度

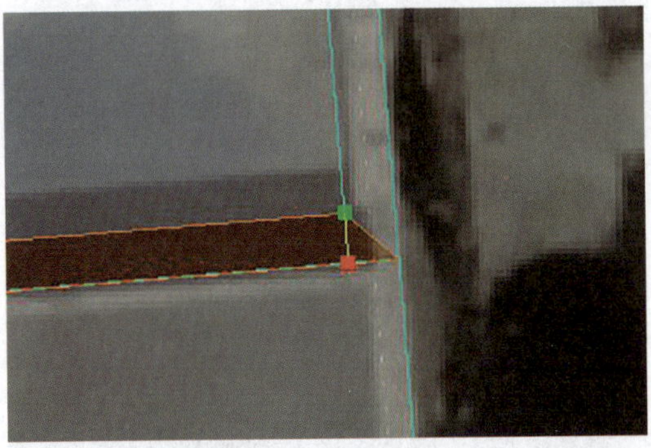

图 6-181 面切割

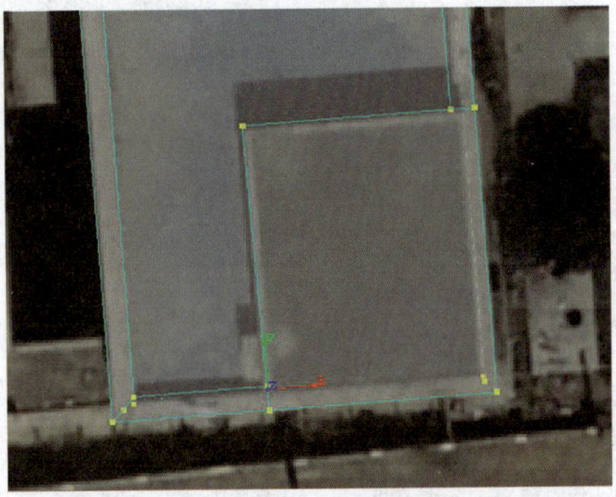

图 6-182 对点焊接

捕捉功能的使用：当确定了一个基准面后，即使选择其他高度的结构，也会自动捕捉到基准面的高度上，如图 6-185 所示。捕捉功能的灵活使用可以增加作业的效率。

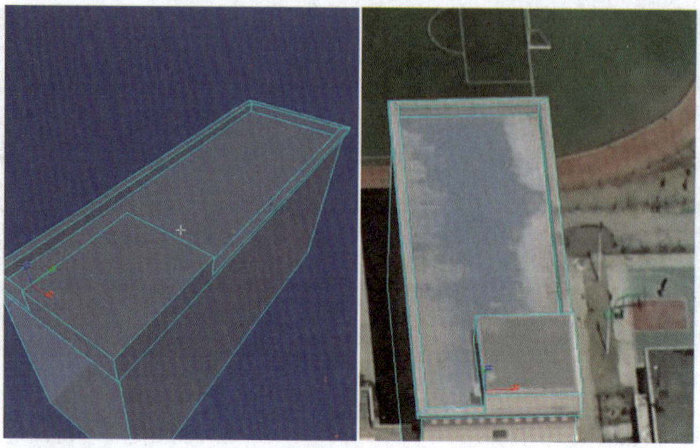

图 6-183 挤出女儿墙结构

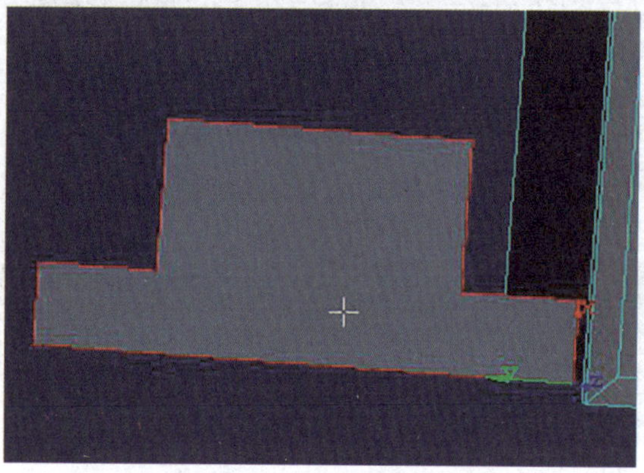

图 6-184 绘制裙楼顶部外轮廓

挤出柱体工具使用：挑选一张倾斜照片，使用挤出柱体工具，直接向下挤出，得到墙体。也可以将鼠标放置于旁边结构的底部，捕捉到同样的高度，如图 6-186 所示。

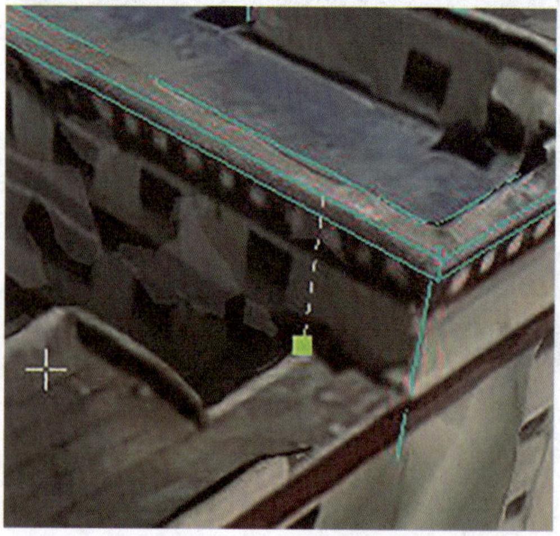

图 6-185 捕捉功能

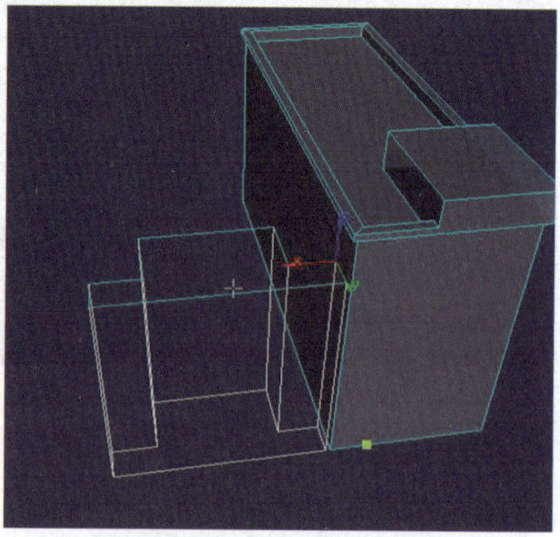

图 6-186 挤出到底部

利用复制功能:针对结构相同的建筑,也可以通过复制来完成。激活选择要素工具,选择体,将整个结构选中;使用平移工具,平移时先选择轴向,轴向方向变成黄色即为激活,然后按住 Ctrl 键直接移动轴即可复制,复制完成后经过微调,调整对应的位置,将其对齐。如图 6-187 所示为复制平移示例。

也可以通过选择要素选择点、线或镜像,来进行结构调整,使其与实际结构吻合,如图 6-188 所示。

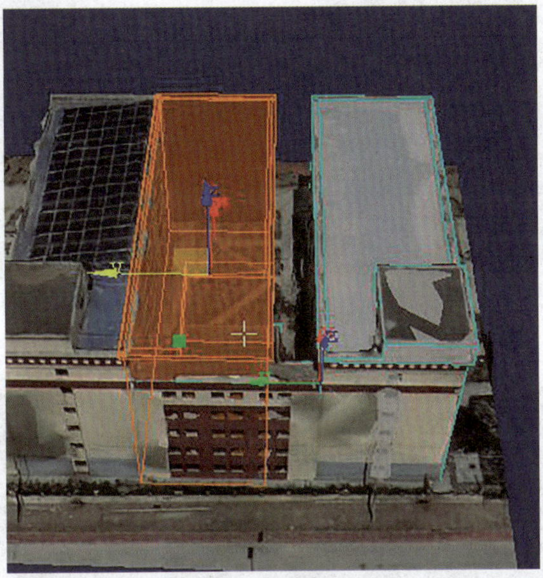

图 6-187　复制平移

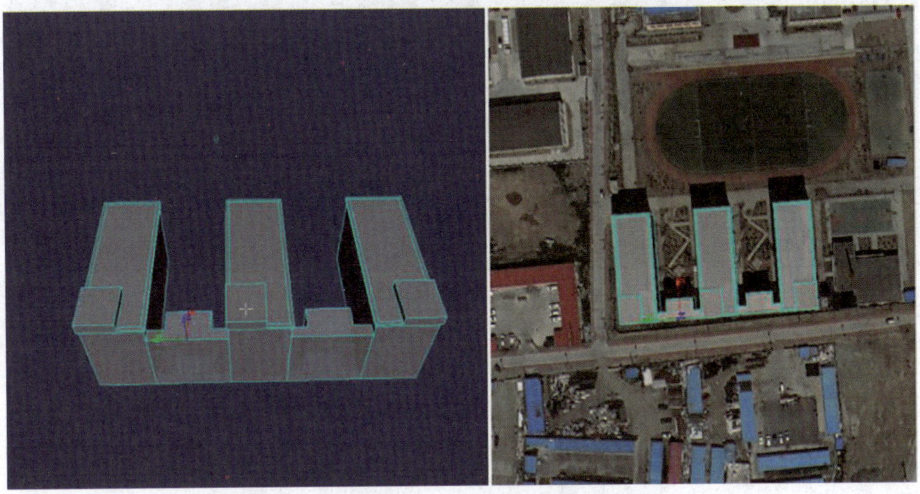

图 6-188　完成其他结构

8. 纹理映射

整个结构完成后,通过选择要素工具,选择体或面,框选整个结构;点击自动纹理映射,完成贴图。图 6-189 所示为自动纹理映射。整个结构绘制完成,如图 6-190 所示。

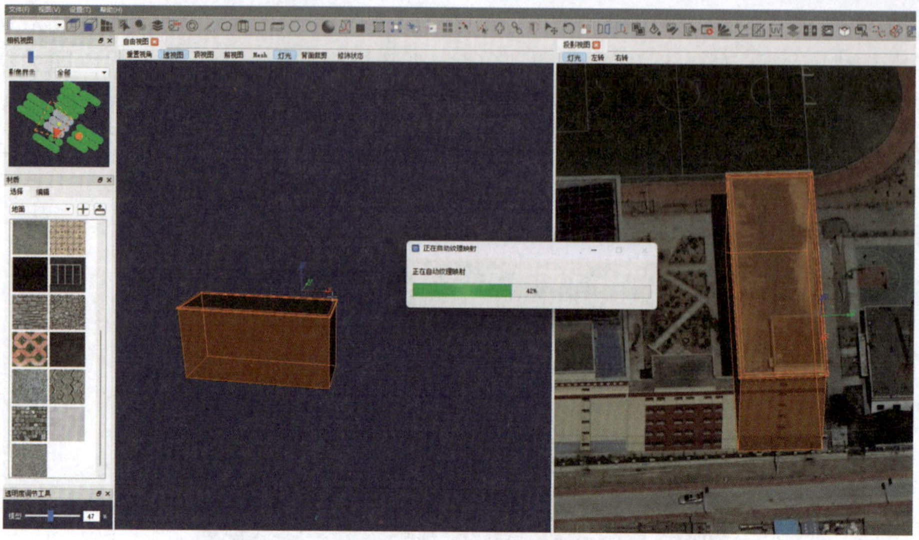

图 6-189　自动纹理映射

图 6-190　完成贴图

二、人字顶房 1

(一)观察房屋结构

如图 6-191 所示的人字顶房整体结构,由简单的主体结构、人字形屋顶、老虎窗和底部门顶组成。将其拆分为三个部分:房屋的主体、老虎窗和底部门顶。

(二)房屋结构重建

1. 准备工作

在解决方案资源管理器“Dpmodel 文件”处,点击右键新建文件。操作界面如图 6-192 所示。

选择基准面工具,在屋顶边缘处或房檐处点击,确定基准面,如图 6-193 所示。

图 6-191 人字顶房整体结构

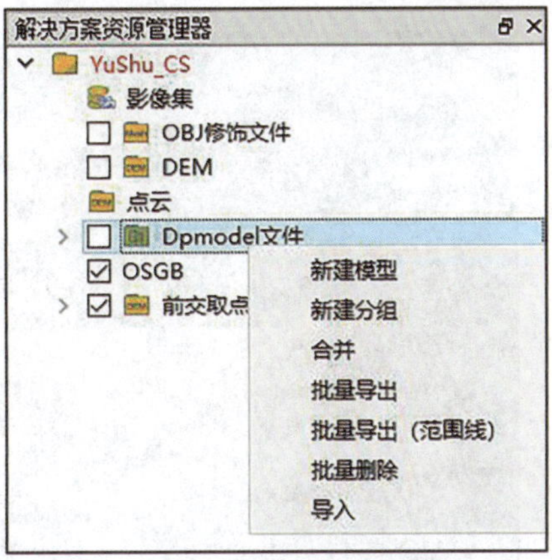

图 6-192 新建文件

图 6-193 确定基准面

2. 绘制房屋顶面

使用多边形工具绘制房屋顶部外轮廓，按点击右键结束，如图 6-194 所示。

3. 绘制屋檐

挑选一张能看到屋檐结构的倾斜照片，将模型透明度调低。然后使用挤出柱体工具，勾选封底，将顶面向下挤出至屋檐的下边缘，获得整个房檐，如图 6-195 所示。

在自由视图中，关闭 mesh 按钮，将结构翻转，使用内偏移和外扩工具，使紫色铅垂线与墙角线对齐，制作出屋檐宽度，如图 6-196 所示。

图 6-194　创建房屋轮廓

图 6-195　绘制屋檐

4. 绘制主体结构

使用挤出柱体工具，取消勾选封底，直接在投影视图观测，挤出到合适的高度上，获得墙体，如图 6-197 所示。

5. 绘制人字顶

选择一张下视影像，依据投影视图里的轮廓，使用内偏移和外扩工具做出屋檐宽度，如图 6-198 所示。

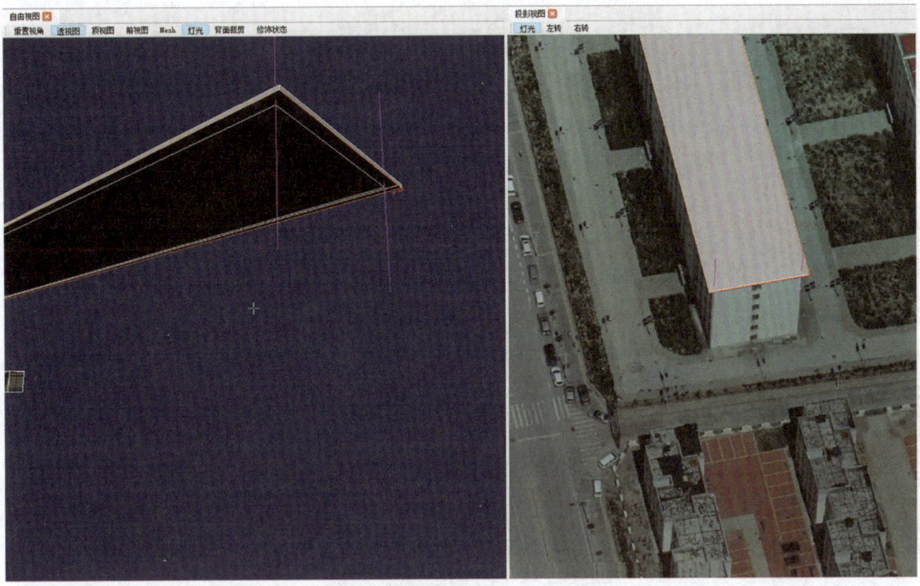

图 6-196 内偏移制作屋檐宽度

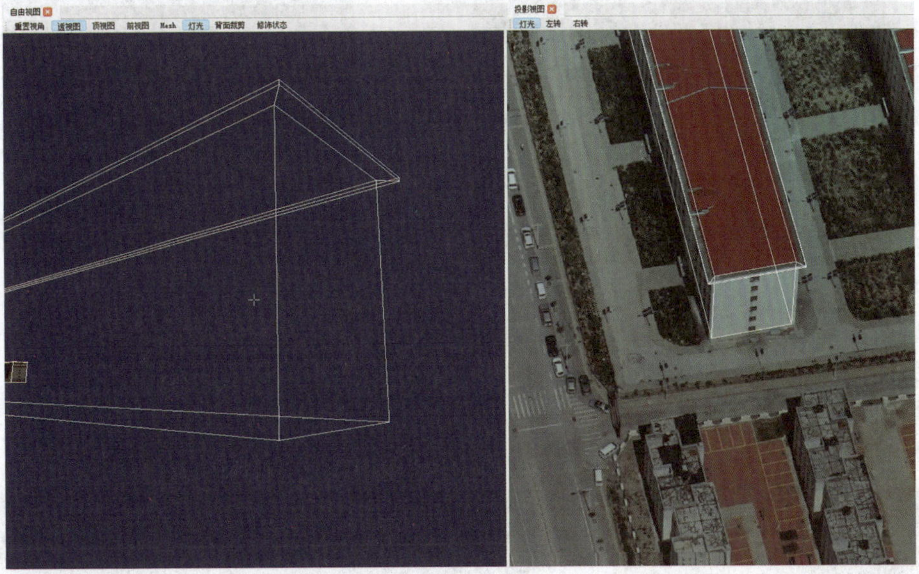

图 6-197 绘制主体结构

6. 制作屋脊

打开自由视图中的 mesh，使用快速屋脊工具，在屋脊上较高的点点击，绘制出屋脊线，如图 6-199 所示，点击右键预览。再次点击右键完成屋脊绘制，如图 6-200 所示。可以通过开关 mesh、调节透明度来浏览建筑结构。

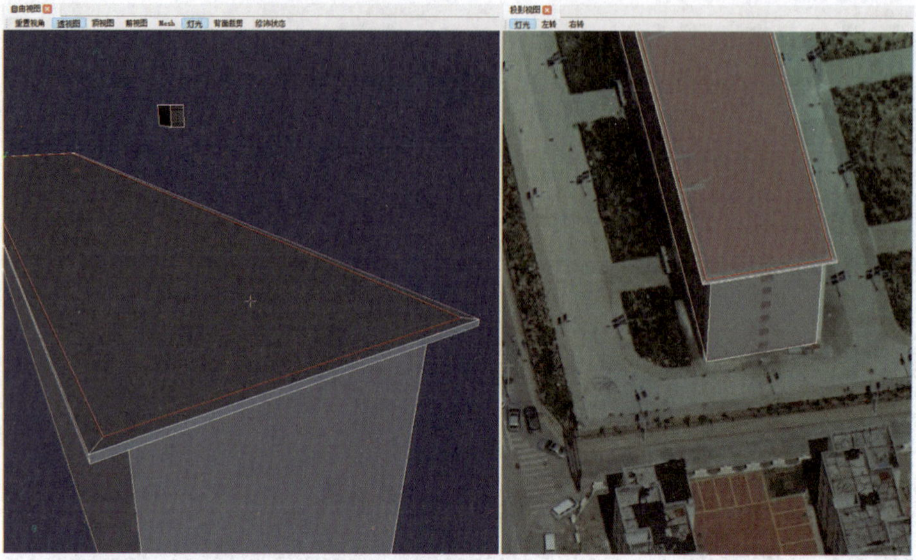

图 6-198　内偏移屋檐宽度

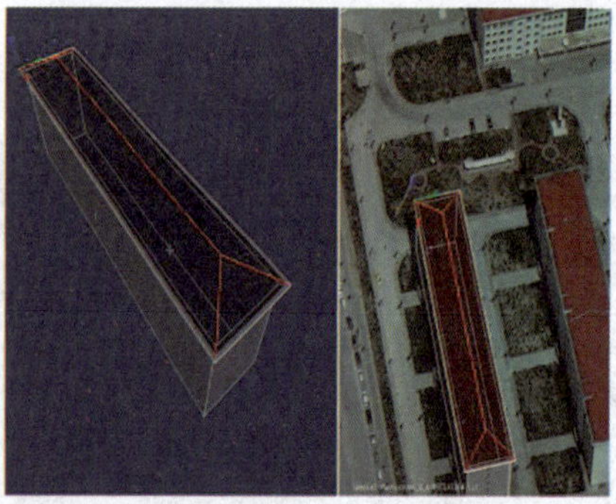

图 6-199　快速屋脊工具使用

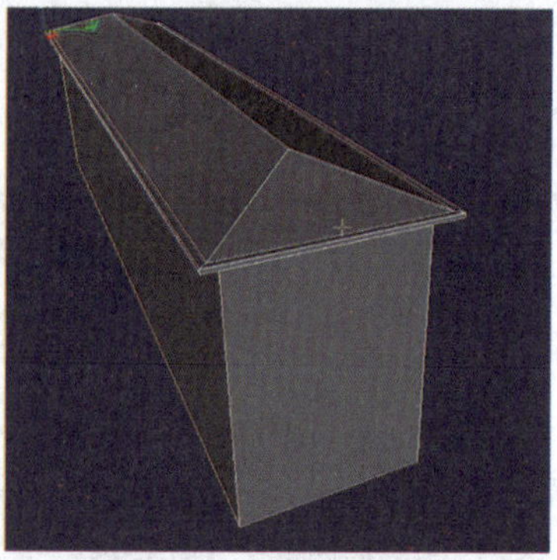

图 6-200　屋顶绘制完成

7. 绘制老虎窗

在老虎窗的屋檐顶部设置基准面，将自由视图切换至顶视图，使用矩形工具，画出老虎窗的轮廓，如图 6-201 所示。

切换至透视图，使用挤出柱体工具，将老虎窗的体挤出，如图 6-202 所示。

图 6-201　绘制老虎窗的轮廓

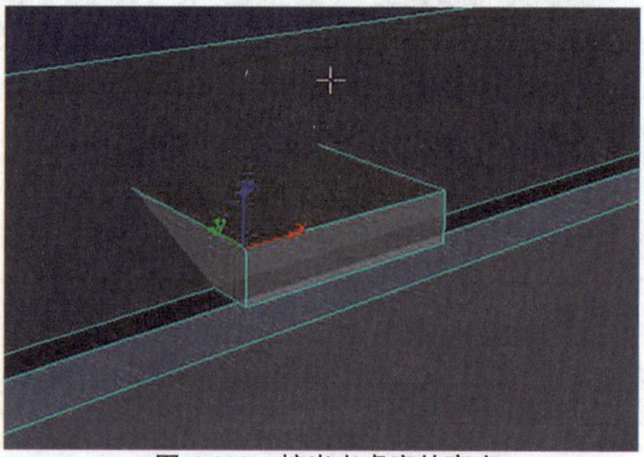

图 6-202　挤出老虎窗的高度

为了更好地对这个体进行单独编辑，可以将 mesh 关掉，选择要素，选择老虎窗的体，点击右键体孤立，如图 6-203 所示。

打开 mesh，切换顶视图，使用内偏移和外扩工具，将顶部突出部分偏移出来，如图 6-204 所示。

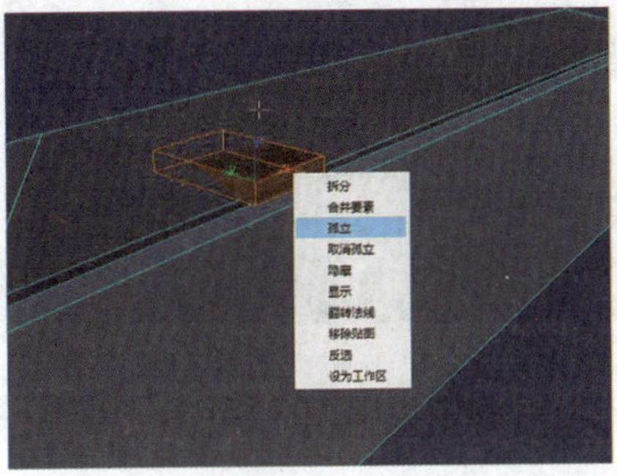

图 6-203　体孤立

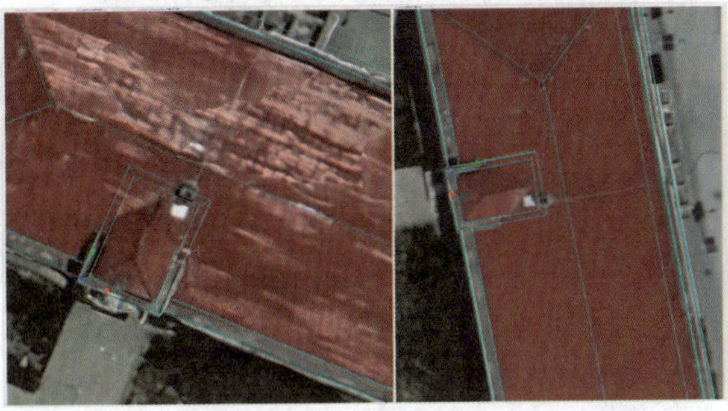

图 6-204　内偏移老虎窗屋檐宽度

使用面切割工具，将老虎窗顶部切割出来，如图 6-205 所示。

切换透视图，关闭 mesh，选择要素，选择点，选择屋脊线的两个端点。当需要选择一条线的两端点时，点击线即可快速选中两端点，或按着 Ctrl 进行加选，或直接框选需要选中的点，如图 6-206 所示。

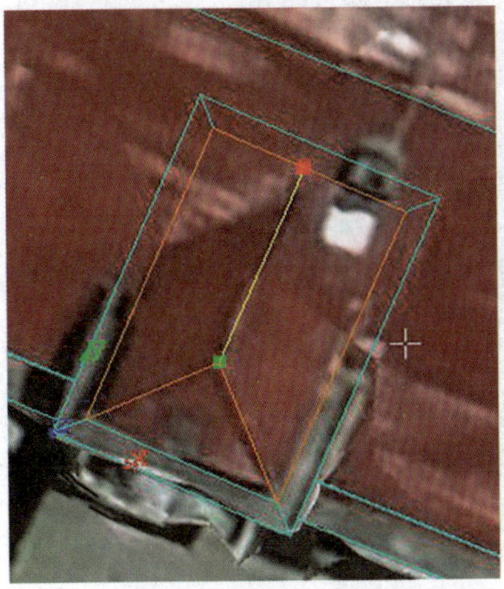

图 6-205　切割出老虎窗的顶部结构

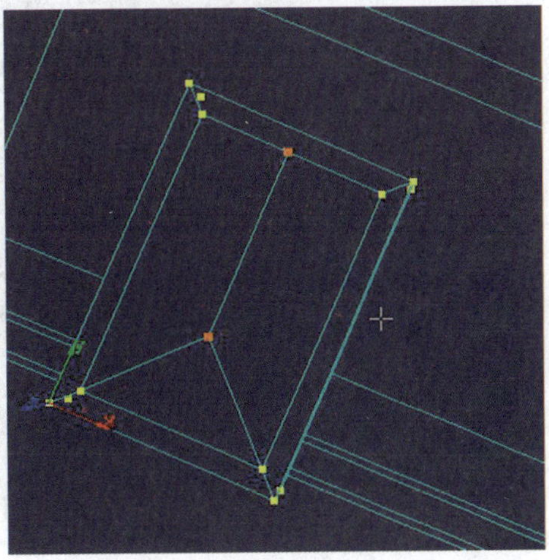

图 6-206　选中屋脊线两端点

使用平移工具，激活平移轴向，打开 mesh，将老虎窗的顶部结构平移出来，如图 6-207 所示。

切换至选择要素工具，在自由窗口处点击右键取消孤立，如图 6-208 所示。

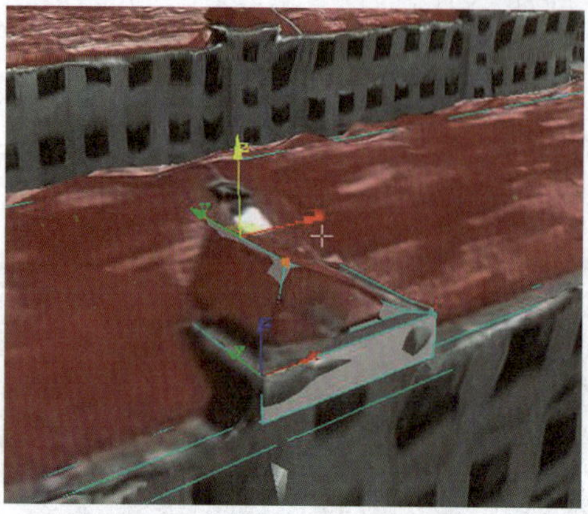

图 6-207　构建屋顶结构

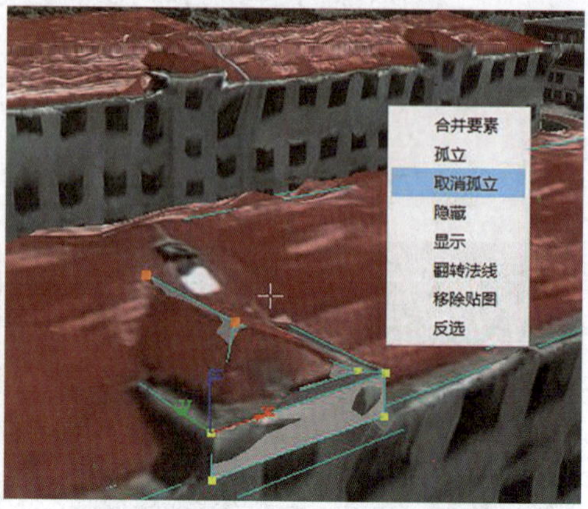

图 6-208　取消孤立

使用基准面的三点模式，将基准面定在房屋的斜面上，如图 6-209 所示。可以打开网格，协助观察。

图 6-209　三点模式确定基准面

关闭 mesh，使用选择要素工具，将老虎窗的结构选中，点击右键孤立，如图 6-210 所示。

使用平面切片工具，将选中的体沿着基准面切割为两个部分，如图 6-211 所示。

使用选择要素工具，将内嵌在主体结构中的部分选中并删除，点击右键取消孤立，老虎窗制作完毕，如图 6-212 所示。相同结构可以通过复制来完成。

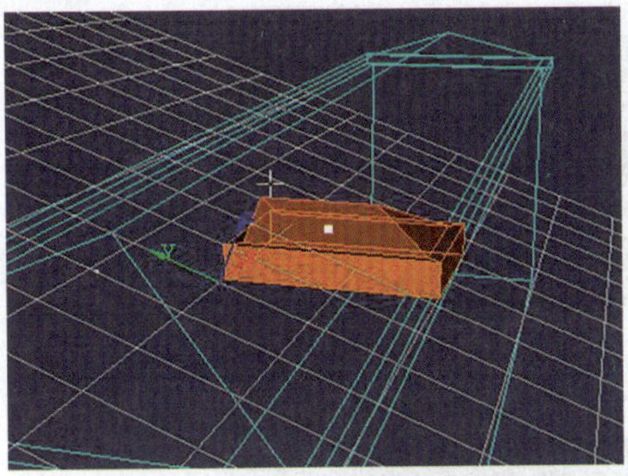

图 6-210 选择老虎窗孤立

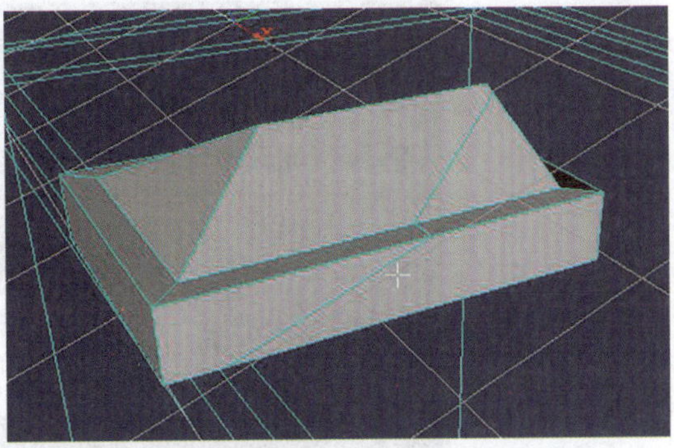

图 6-211 平面切片切割为两部分

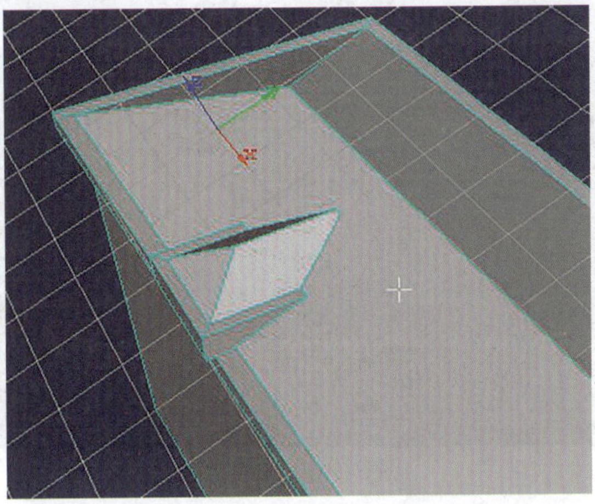

图 6-212 老虎窗结构绘制完成

8. 绘制门顶

打开 mesh，找到门顶结构，使用基准面工具在门顶顶部确定一个基准面，使用矩形结构绘制门顶的轮廓，如图 6-213 所示。

旋转模型，直至可以看到门顶的下边缘，使用挤出工具，勾选封底，向下挤出门顶的厚度，如图 6-214 所示。相同结构的可以通过复制来完成。

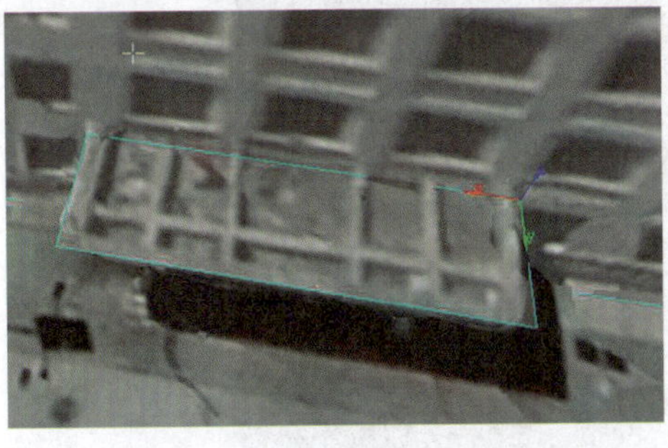

图 6-213 绘制门顶外轮廓

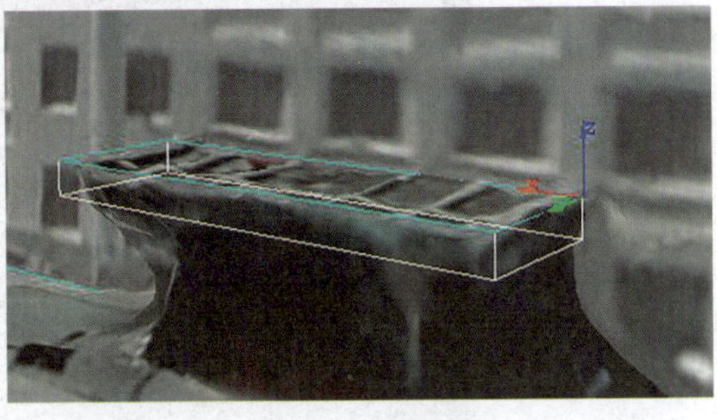

图 6-214 挤出门顶

9. 纹理映射

整个结构完成后，通过选择要素工具，选择体或面，框选整个结构；点击自动纹理映射，如图 6-215 所示；完成贴图，这样整个结构就绘制完成，如图 6-216 所示。

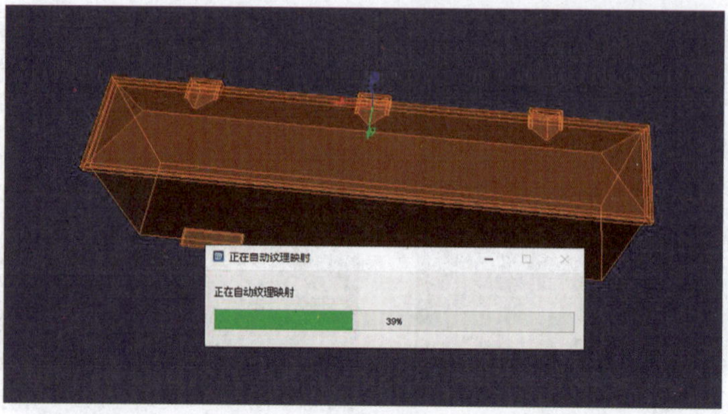

图 6-215　自动纹理映射

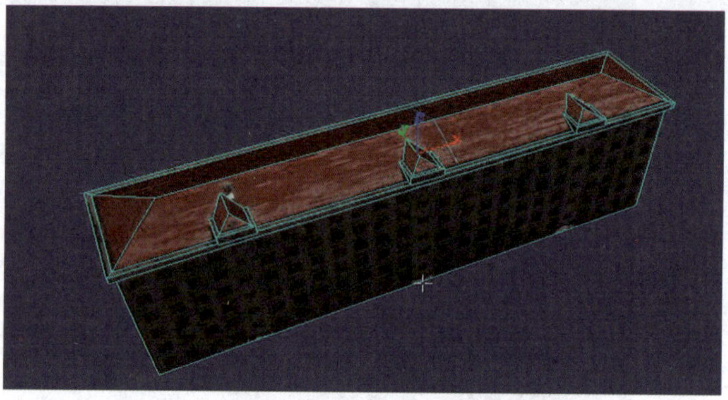

图 6-216　完成贴图

三、人字顶房 2

(一)观察房屋结构

如图 6-217 所示建筑物,以人字形屋顶、主体结构、四个房上结构和三个楼梯组成,整体结构较为简单。

图 6-217　人字顶房屋整体结构

(二)准备工作

在解决方案资源管理器“Dpmodel 文件”处,点击右键新建模型。图 6-218 所示为新建模型操作界面。

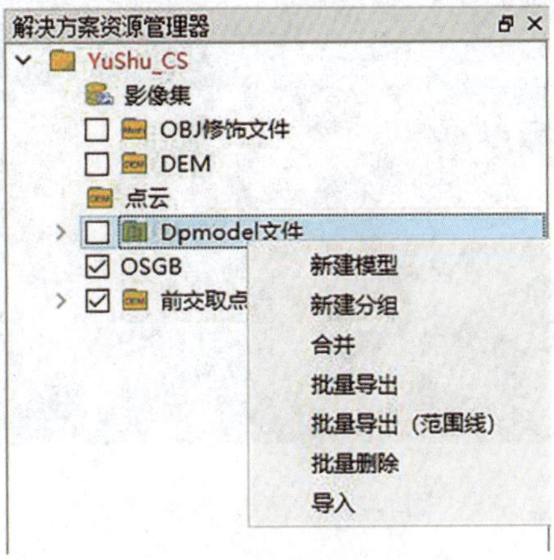

图 6-218 新建模型操作界面

输入文件名，点击“确定”，激活文件。选择基准面工具，在建筑屋檐顶部点击确定基准面。

打开投影视图在相机视图内挑选一张下视的影像，或自由视图切换至顶视图。这一步是便于作业人员观察建筑物屋檐的顶部轮廓，如图 6-219 所示。

(三) 绘制房屋的顶面

选择多边形工具，在顶视图中绘制房屋的外轮廓，如图 6-220 所示。点击右键结束绘制或返回至起始点结束绘制。使用调节透明度工具，调节模型的透明度。

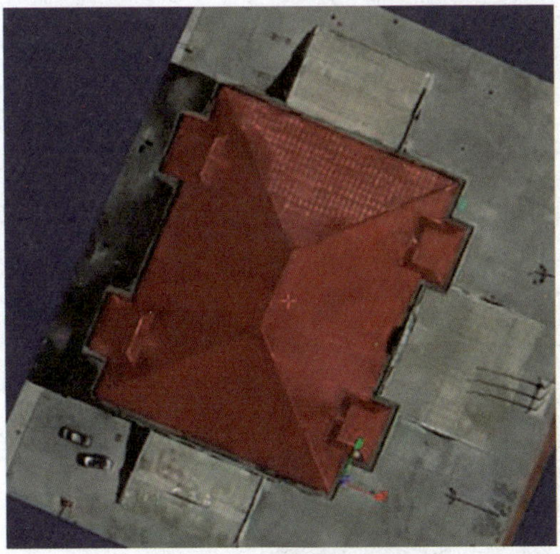

图 6-219 切换顶视图

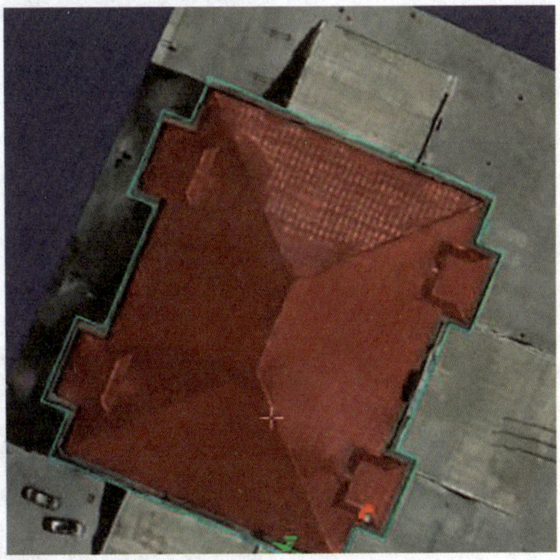

图 6-220 绘制房屋外轮廓

(四) 绘制屋檐

切换至透视图，调节模型角度，使用挤出柱体工具，勾选封底，向下挤出屋檐高度，如图 6-221 所示。

在自由视图中，关闭 mesh 按钮，隐藏实体模型。观察模型结构。选择内偏移和外扩工具，选中底部的面，打开 mesh，将紫色铅垂线与墙角线对齐，如图 6-222 所示。

图 6-221　挤出屋檐高度

图 6-222　内偏移屋檐宽度

(五)绘制主体结构

选择基准面工具,在地面平坦处确定一个基准面。关闭 mesh,选择挤出柱体工具,取消勾选封底,将底面向下挤出,捕捉至基准面的高度,如图 6-223 所示。

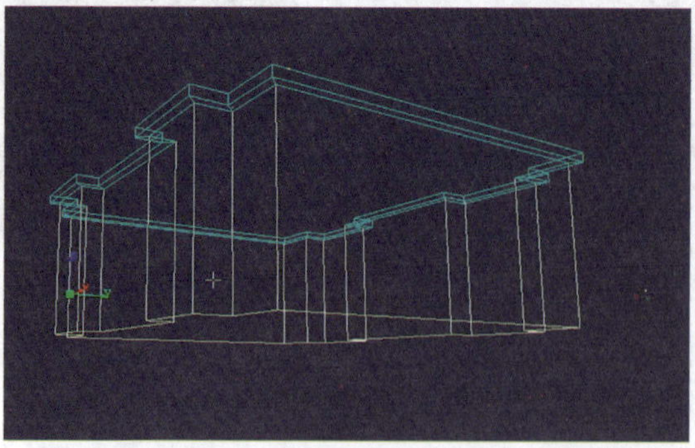

图 6-223　挤出主体结构

（六）绘制人字顶

打开 mesh，切换至顶视图，使用内偏移和外扩工具，将房屋顶面向内偏移出屋檐宽度，如图 6-224 所示。

使用面切割工具，对拐角处进行切割，使其内部形成一个规则的图形，如图 6-225 所示。

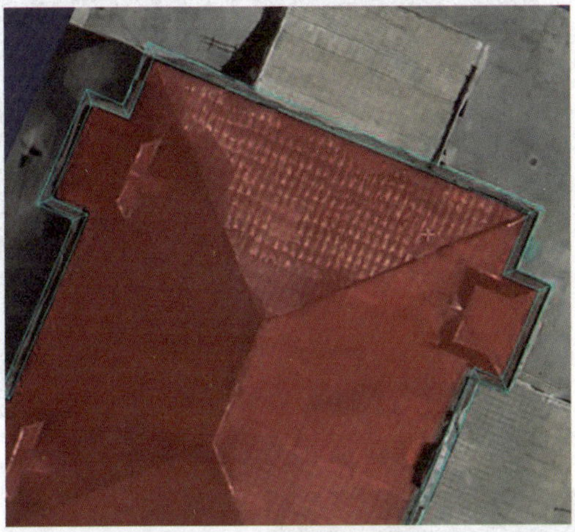

图 6-224　内偏移屋檐宽度

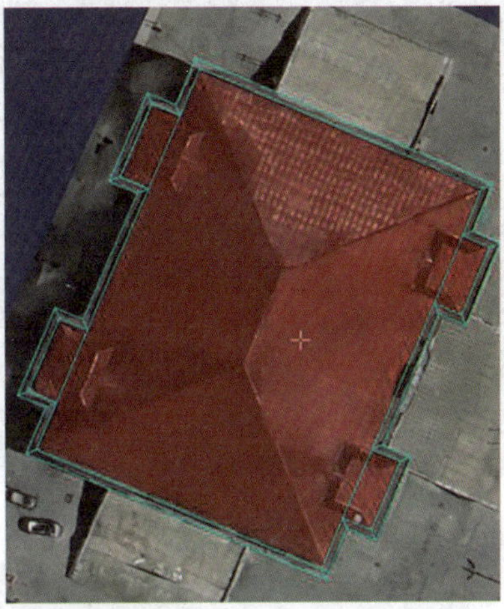

图 6-225　切割出拐角结构

使用快速屋脊工具，点击屋顶上较高的点，绘制出屋脊线，右键开始预览，再次右键完成屋脊，如图 6-226 所示。

（七）绘制房上小结构

切换至透视图，使用基准面工具，在房上小结构屋顶点击。再切换至顶视图，使用矩形工具绘制出小结构的外轮廓，如图 6-227 所示。

图 6-226　快速屋脊

图 6-227　绘制房上结构外轮廓

切换至透视图，使用选择要素工具，关闭 mesh，选择遮挡的面进行隐藏，如图 6-228 所示。

使用选择要素工具，将绘制的面孤立出来。孤立是为了对需要编辑的面进行单独编辑，不用影响整体结构，如图 6-229 所示。

打开 mesh，使用基准面工具，在结构顶部重新定基准。使用挤出柱体工具，直接将面向上挤出，获得立体结构，如图 6-230 所示。

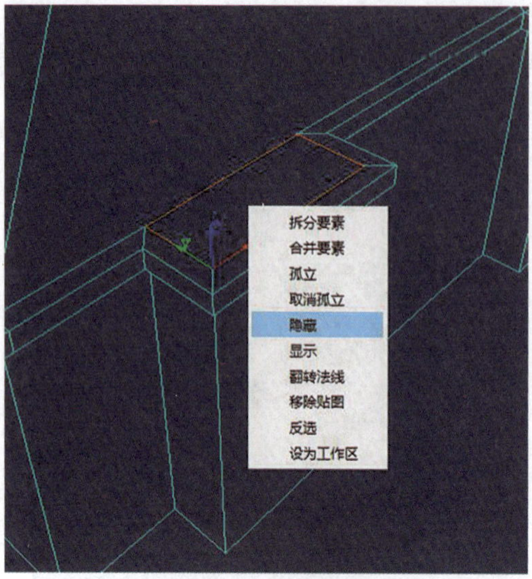

图 6-228　隐藏遮挡面

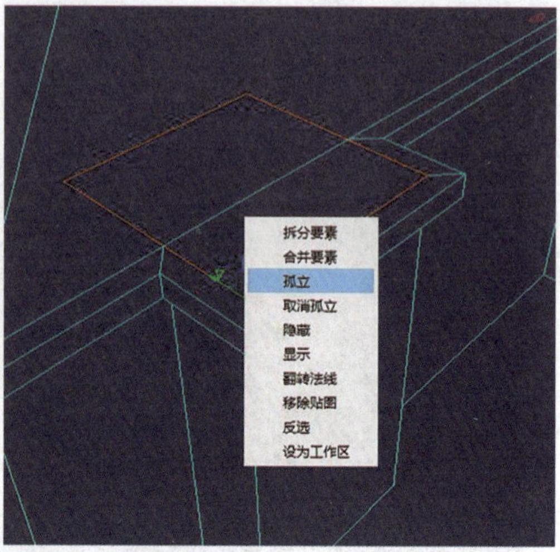

图 6-229　孤立编辑面

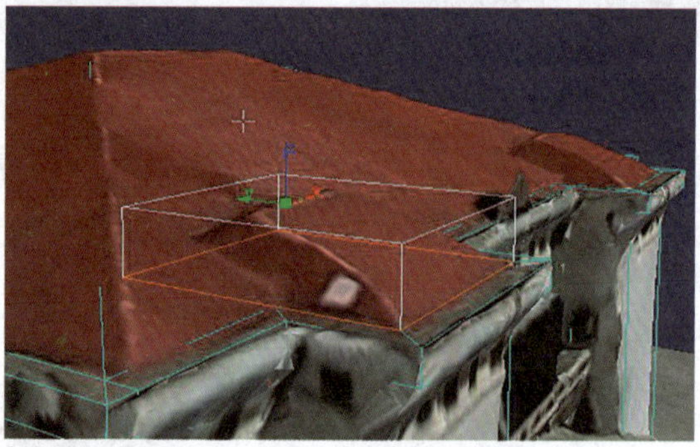
图 6-230　挤出房屋小结构

使用选择要素工具选中顶面，切换至顶视图，使用缩放工具对结构进行调整，如图 6-231 所示。

也可以通过选择要素选择点，对局部进行水平和竖直方向的微调，如图 6-232 所示。

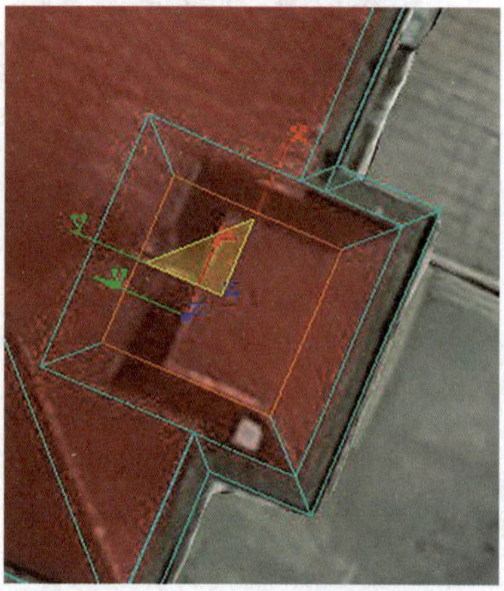
图 6-231　使用缩放工具

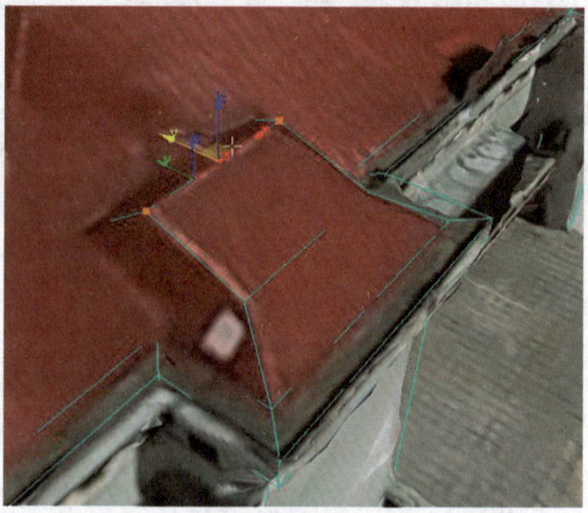
图 6-232　水平和竖直方向调整

使用选择要素工具，在自由视图中点击右键取消孤立。

相同结构可以通过复制来得到。选择要素工具，选择需要复制的体，如图 6-233 所示。

使用平移工具，按住 Ctrl 键，选择轴向沿轴向方向拖动即可复制，如图 6-234 所示。

图 6-233　选择体

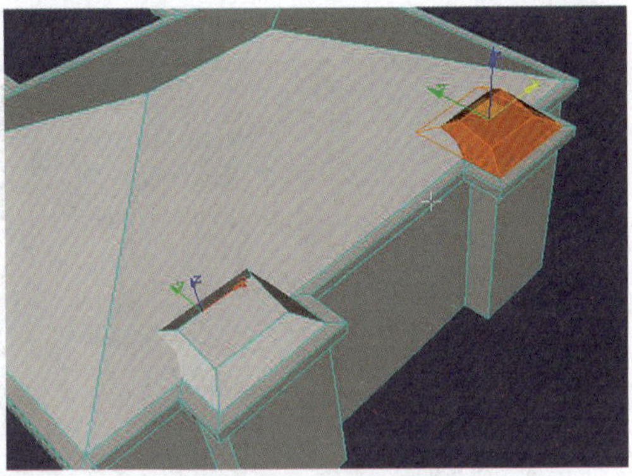

图 6-234　复制体

复制后的结构可以在平移状态下，右键按住一个端点，拖动平移至捕捉的位置上，如图 6-235 所示。这里捕捉的是轴向上的位置关系，选择不同轴向可以捕捉不同轴向上的位置。

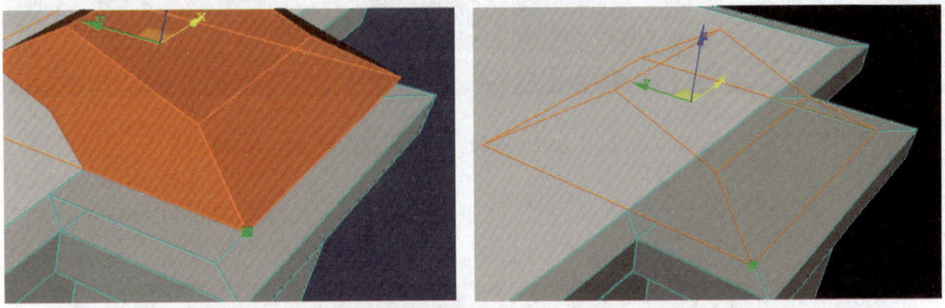

图 6-235　利用平移进行微调

对称结构可以使用镜像工具。先使用基准面工具在中心位置定一个基准面，使用选择要素工具选中需要镜像的物体，点击镜像工具，选择镜像的平面，确定并勾选复制即可，如图 6-236 所示。

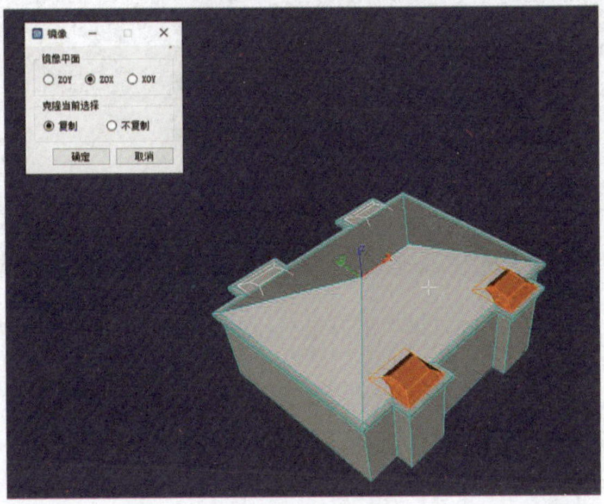

图 6-236　镜像

如果镜像位置有偏差，可以通过平移、缩放等方式来进行调整。

(八)绘制台阶

打开投影视图，在相机视图中挑选一张倾斜影像，可以看到台阶的大致结构。使用基准面工具在台阶的顶部进行点击，如图 6-237 所示。

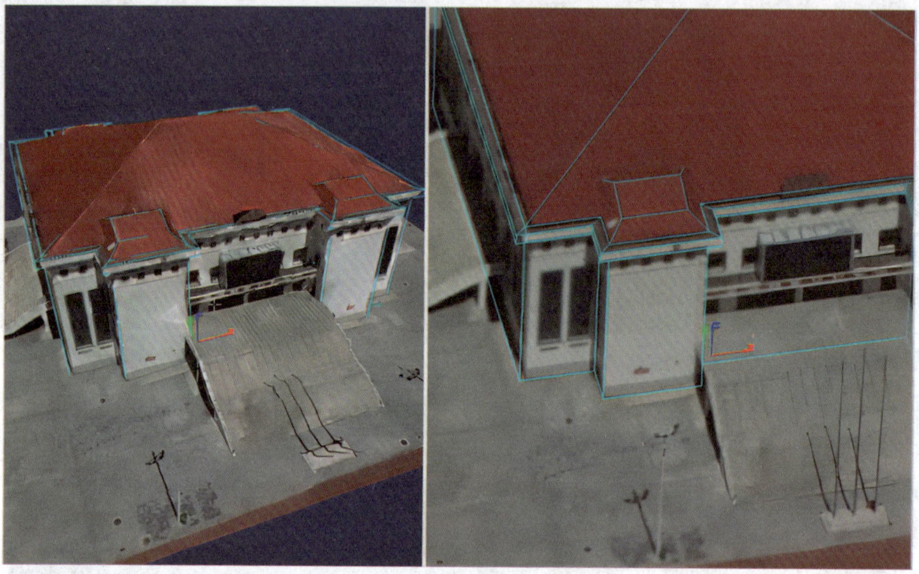

图 6-237　确定台阶基准面

使用矩形工具绘制台阶，一层一层进行绘制，从最顶层进行绘制，如图 6-238 所示。

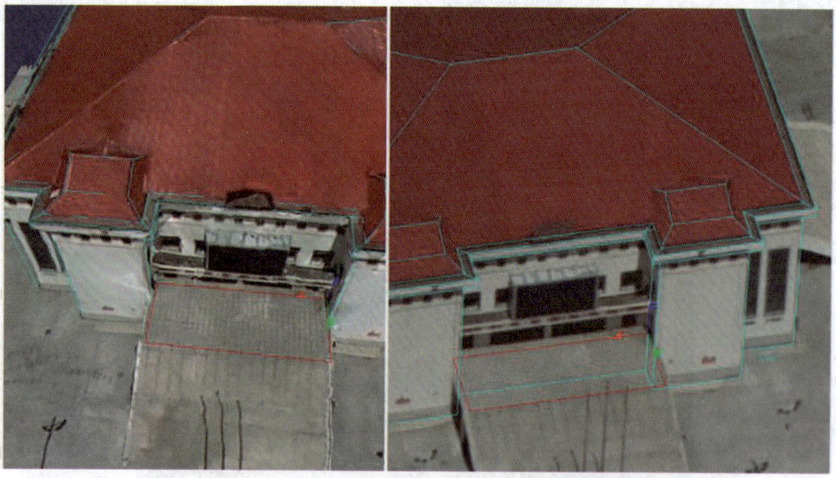

图 6-238　矩形工具绘制台阶顶部

使用挤出柱体工具，向下挤出第一级台阶，如图 6-239 所示。

其余台阶需重新定基准面，使用挤出柱体工具依次挤出。图 6-240 所示为挤出第二层台阶示例。注意：挤出柱体时，要取消勾选自动合并。

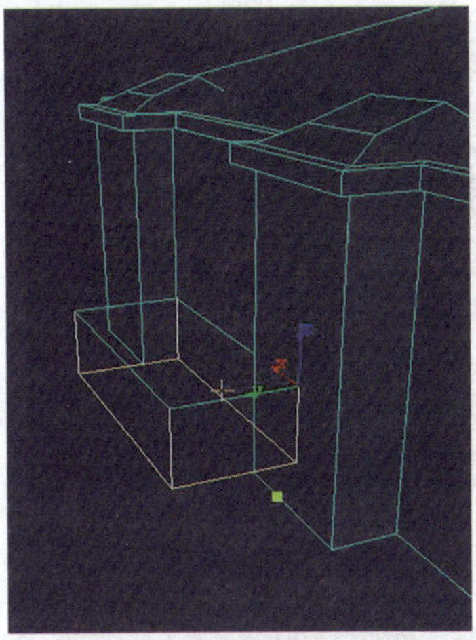

图 6-239 挤出台阶

图 6-240 挤出第二层台阶

台阶高度不一需要调整时，如图 6-241 所示。使用选择要素工具选择点，使用平移工具，选择对应的轴向进行调整。将台阶一级一级构建出来，如图 6-242 所示。

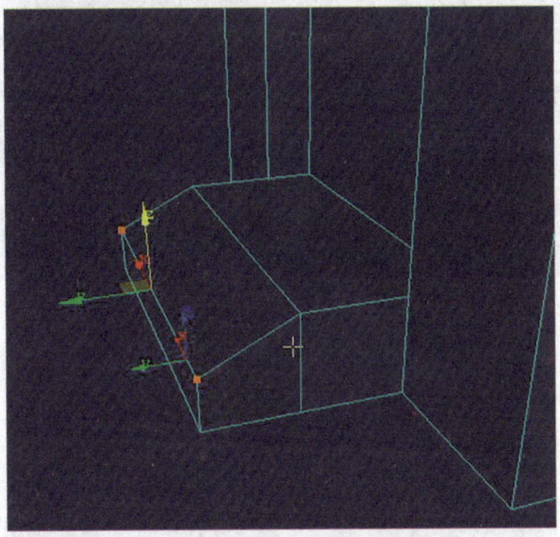

图 6-241 调整台阶高度

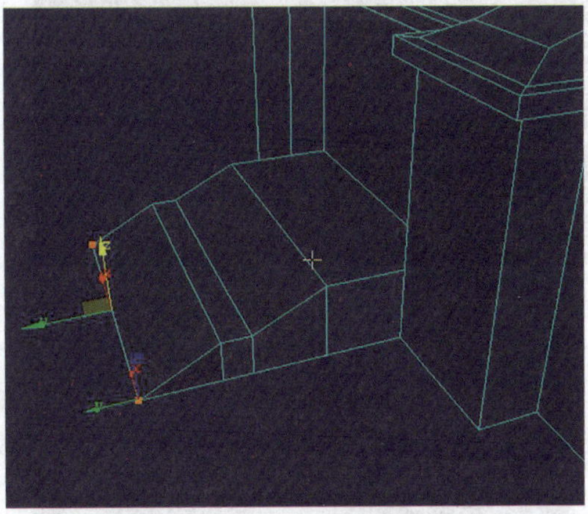

图 6-242 完成台阶结构的构建

（九）绘制台阶扶手

选择基准面工具，左下角切换两点模式，在台阶两边确定一个竖立面基准，如图 6-243 所示。然后将基准面向台阶中心移动 0. 2，如图 6-244 所示。

使用选择要素工具，按住 Ctrl 键，加选，将台阶顶面依次选中。通过平面切片工具对台阶顶面整体切割，得到扶手的宽度，如图 6-245 所示。

使用选择要素工具，选择面，按住 Shift 键，进行减选，只留下左侧扶手的面，如图 6-246 所示。

使用基准面工具定一个平面基准面，使用挤出柱体工具，勾选跟随挤出和沿基准面法线挤出，选中某一个面，向上挤出，制作出台阶的扶手，如图 6-247 所示。

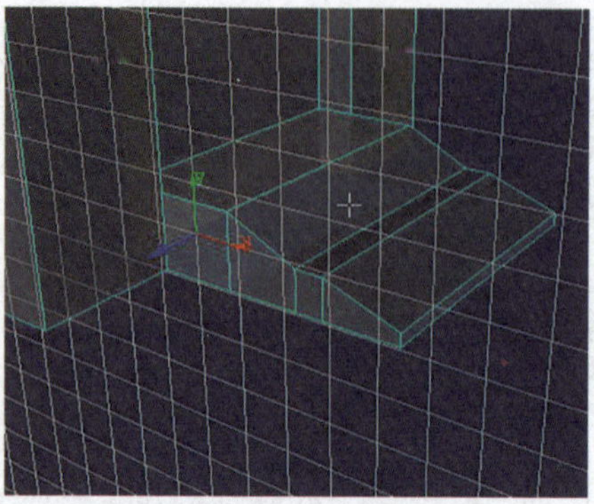

图 6-243　两点模式确定基准

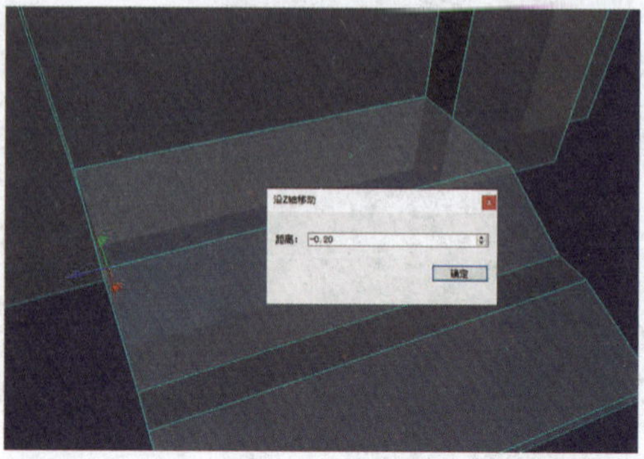

图 6-244　移动基准面位置

图 6-245　绘制扶手宽度

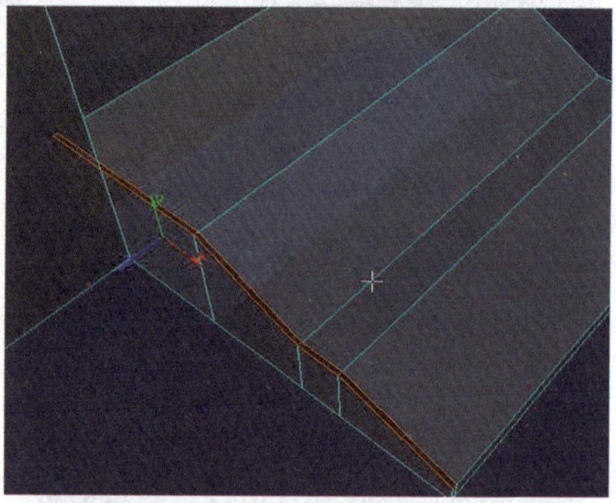

图 6-246　选中扶手面

另一边使用同样的操作，在挤出时可以捕捉另一边的扶手高度，挤出同样的高度，如图 6-248 所示。其他两侧台阶可以通过复制微调完成。

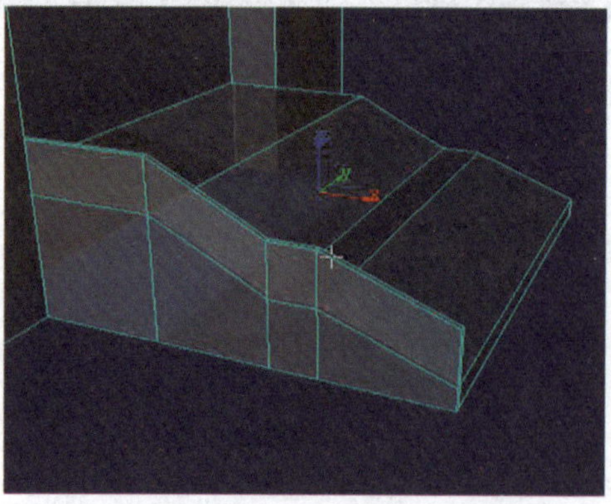

图 6-247　完成一侧台阶扶手

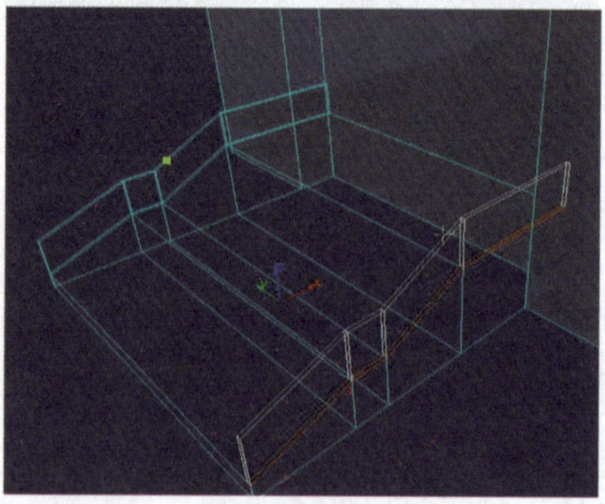

图 6-248　捕捉扶手高度

利用要素选择工具，选择台阶的整体结构，然后使用平移工具，将台阶平移至另一侧台阶附近，如图 6-249 所示。选择旋转工具，点击第一个点确定旋转点，再点击第二个点确定旋转轴向，如图 6-250 所示。

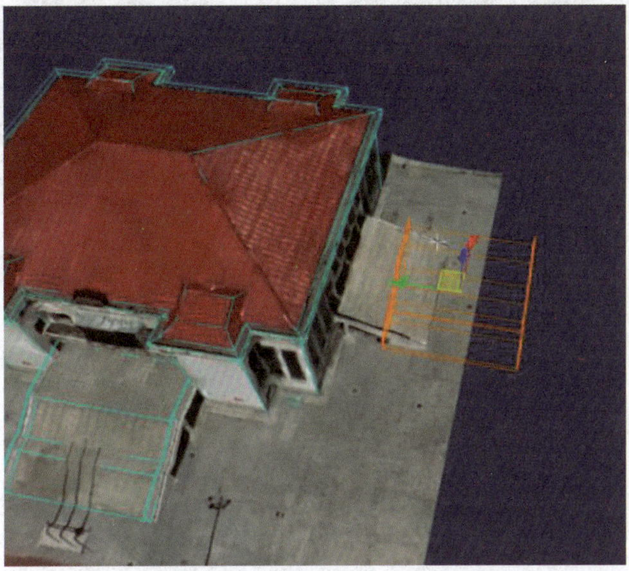

图 6-249 台阶结构复制平移

使用平移工具，将台阶位置对齐至模型位置，如图 6-251 所示。

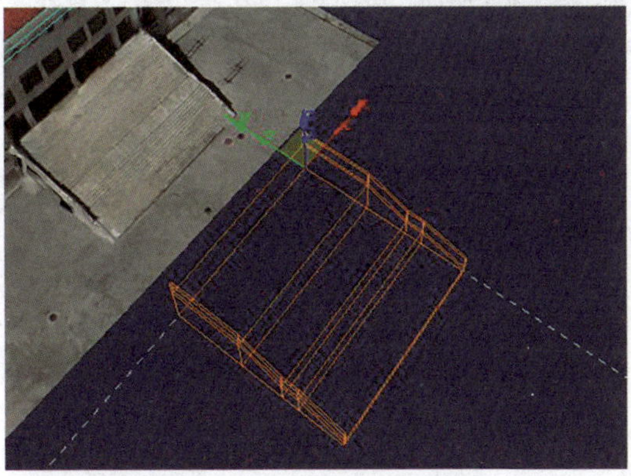

图 6-250 旋转台阶

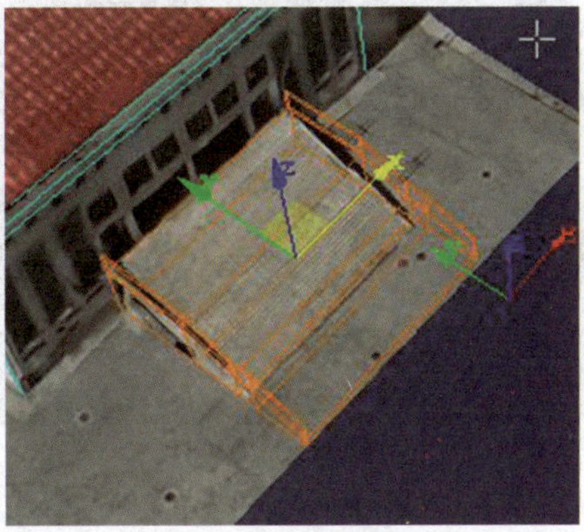

图 6-251 平移对齐

当楼梯结构不符合模型结构时，可通过选择要素选择点，使用平移工具进行调整。图 6-252 所示为楼梯结构调整前后比对。

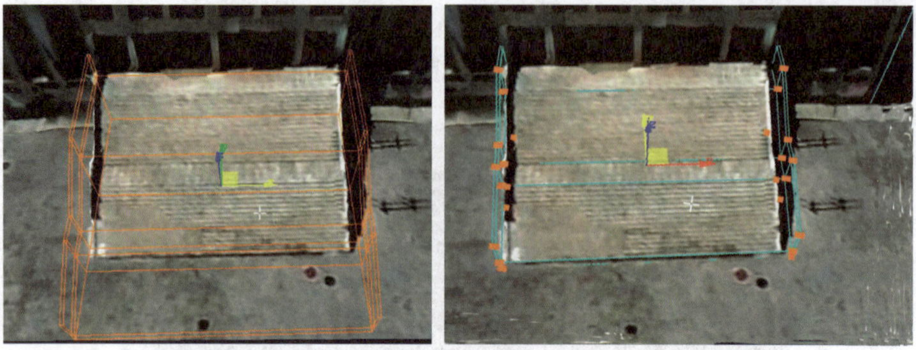

图 6-252　调整前后对比

(十) 纹理映射

整个结构完成后,通过选择要素工具,选择体或面,框选整个结构;点击自动纹理映射,完成贴图,整个结构就绘制完成了。图 6-253 所示为贴图完成情况实例。

四、回形建筑

(一) 观察房屋结构

回形建筑房屋由回形结构、人字形屋顶、穿插结构和贯穿结构、底部门顶、台阶等组成,如图 6-254 所示。可将其拆分为两个部分,房屋的主体结构、附属结构。

图 6-253　贴图完成实例

图 6-254　回形建筑房屋

(二) 准备工作

在解决方案资源管理器"Dpmodel 文件"处,点击右键新建模型,如图 6-255 所示。

输入文件名,点击确定,激活文件。选择基准面工具,在建筑屋檐顶部点击确定基准面,如图 6-256 所示。打开投影视图在相机视图内挑选一张下视的影像,或自由视图切换至顶视图。

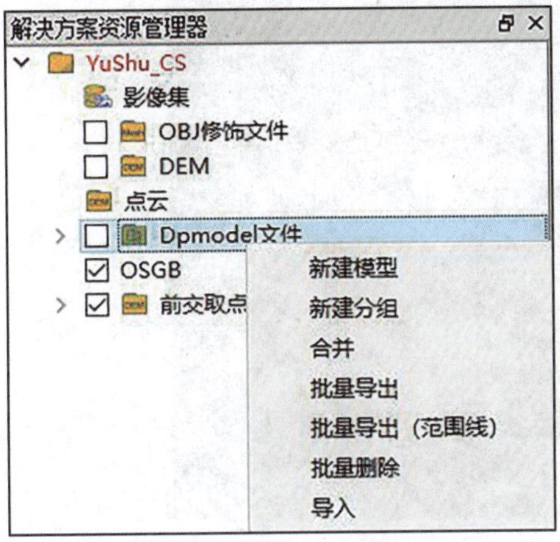

图 6-255　新建模型

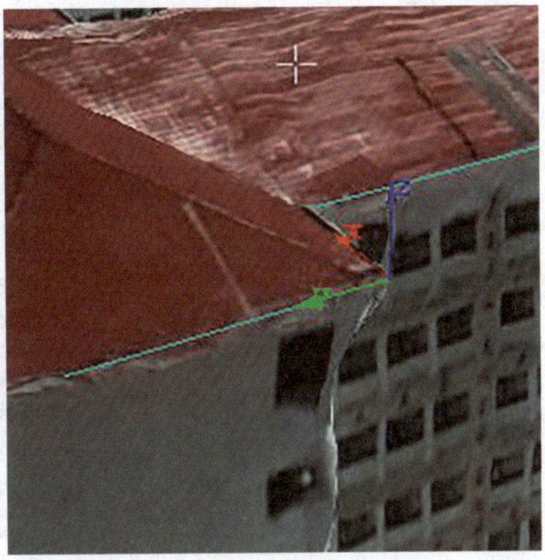

图 6-256　确定房屋顶部基准面

（三）绘制房屋的顶面

选择多边形工具，在投影视图中绘制房屋的外轮廓，右键结束绘制，如图 6-257 所示。将透明度调至最低，挑选一张可以看到房檐结构的倾斜影像。

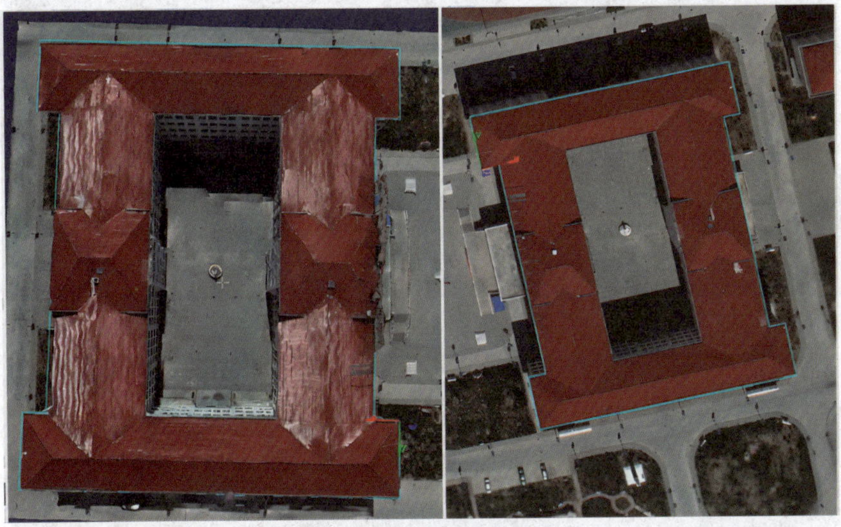

图 6-257　绘制房屋顶部轮廓

（四）绘制屋檐

使用挤出柱体工具，左下角勾选封底，向下挤出至屋檐下边缘位置，如图 6-258 所示。

在自由视图中，关闭 mesh 按钮，将结构翻转，使用内偏移和外扩工具，使紫色铅垂线与墙角线对齐，获得屋檐的宽度，如图 6-259 所示。

（五）绘制回字形结构

使用挤出柱体工具，取消勾选封底，直接将底面向下挤出到合适的位置，如图 6-260 所示。

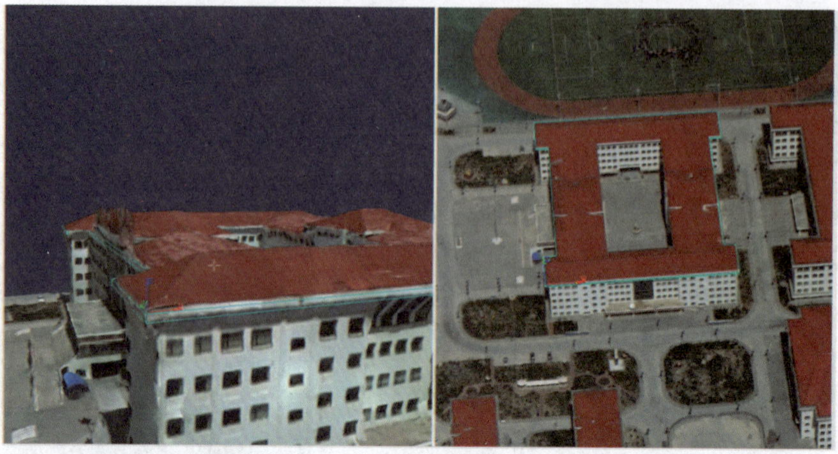

图 6-258 挤出屋檐高度

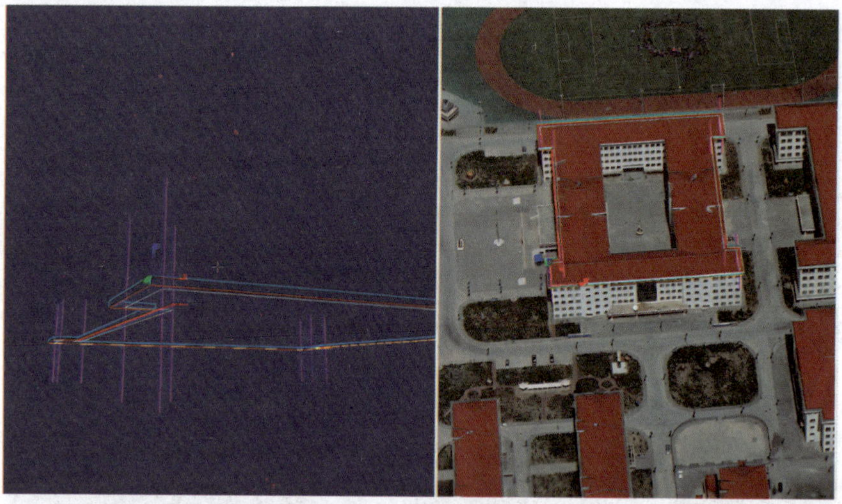

图 6-259 制作屋檐宽度

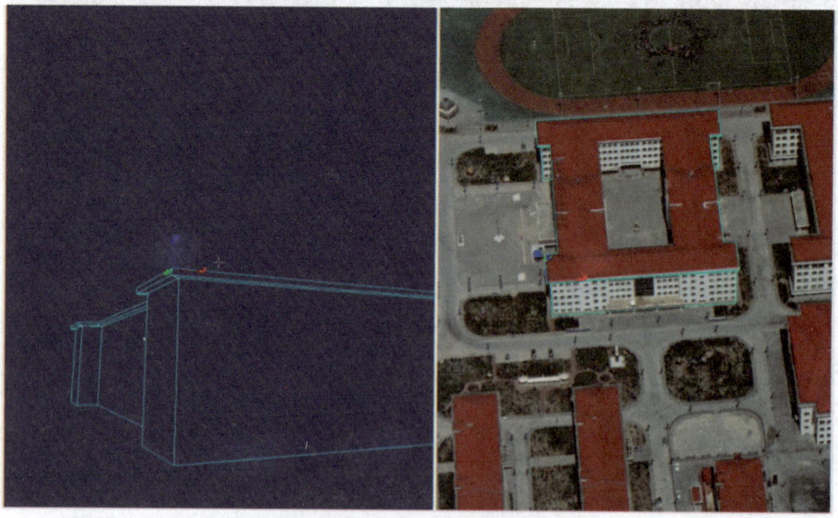

图 6-260 挤出柱体

挑选一张下视影像，使用内偏移和外扩工具，对顶面进行内偏移，做出屋檐宽度，如图 6-261 所示。

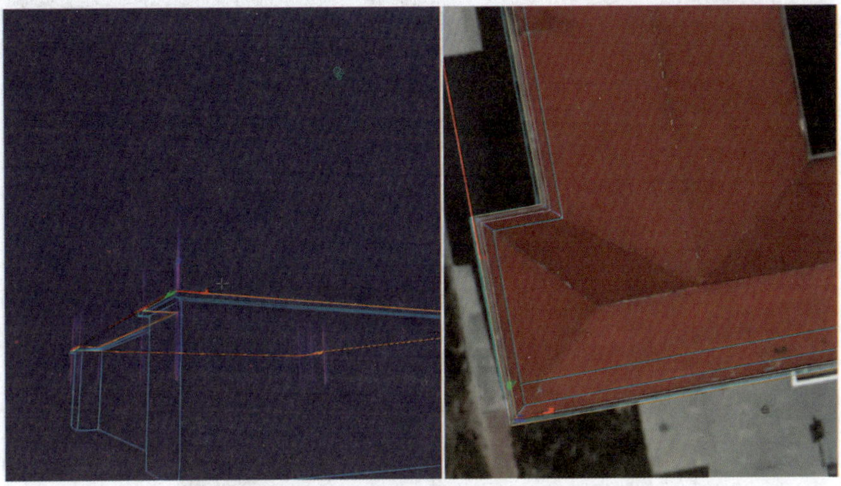

图 6-261 内偏移出屋檐宽度

使用面切割工具，对回形建筑结构进行分割，将回形建筑物的中间切割出来，如图 6-262 所示。

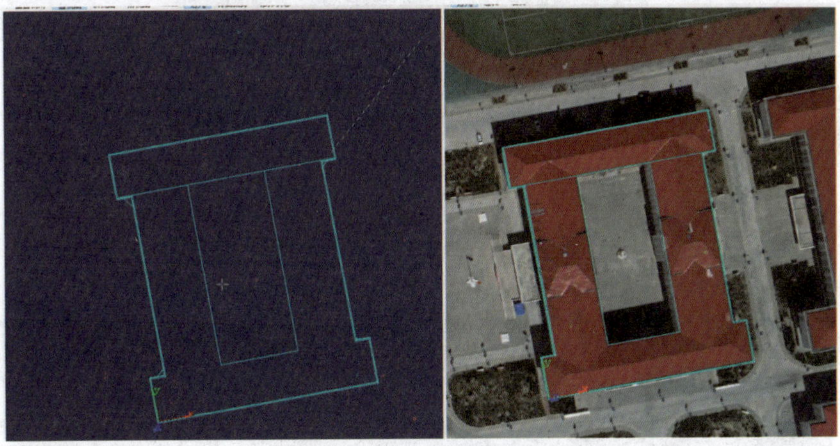

图 6-262 切割出回形结构

挑选一张能看到回字形内部的倾斜影像，向下挤出至屋檐的下边缘，先做出内部结构的屋檐，如图 6-263 所示。

挑选一张能看到回字形内部的墙角线的倾斜影像，使用内偏移和外扩工具，使紫色铅垂线对齐墙角线，向内偏移出屋檐宽度，如图 6-264 所示。

使用挤出柱体工具，将底面向下挤出至墙体位置，如图 6-265 所示。

挤到底部位置后，使用选择要素工具选择底部面删除，即可得到回形结构，如图 6-266 所示。

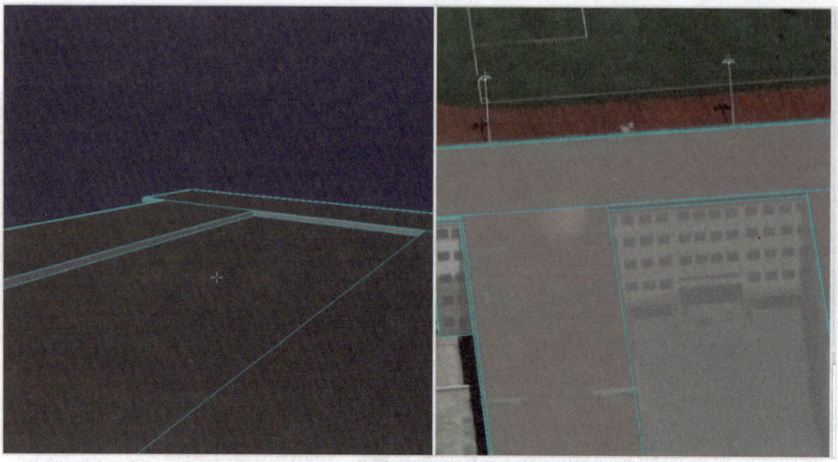

图 6-263　挤出内部结构的屋檐高度

图 6-264　内偏移出内部结构屋檐宽度

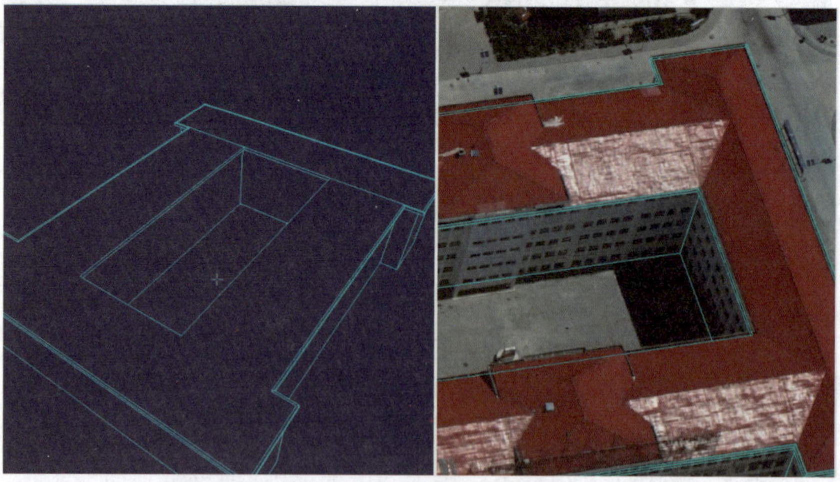

图 6-265　挤出内部结构

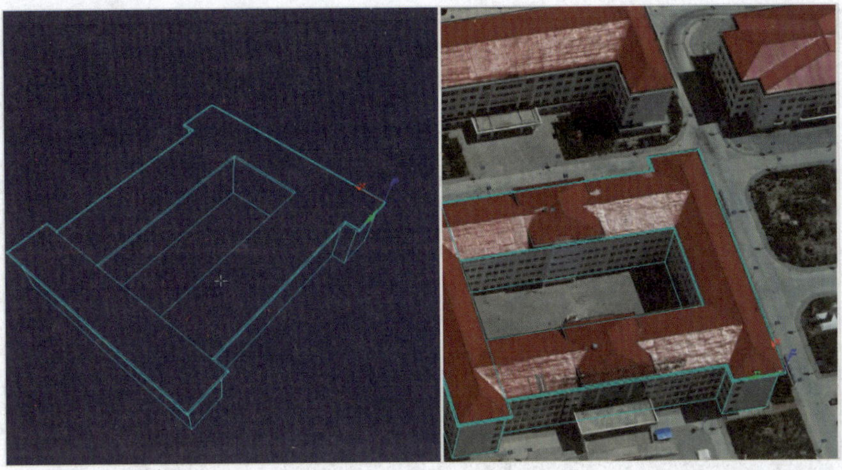

图 6-266 绘制回形结构

(六) 绘制人字顶

在自由视图内打开 mesh，切换至顶视图。首先做两侧人字顶结构，使用快速屋脊工具对房屋顶部两点进行点击，得到屋脊线，如图 6-267 所示。点击右键预览，再次右键结束绘制。复制相同结构如图 6-268 所示。

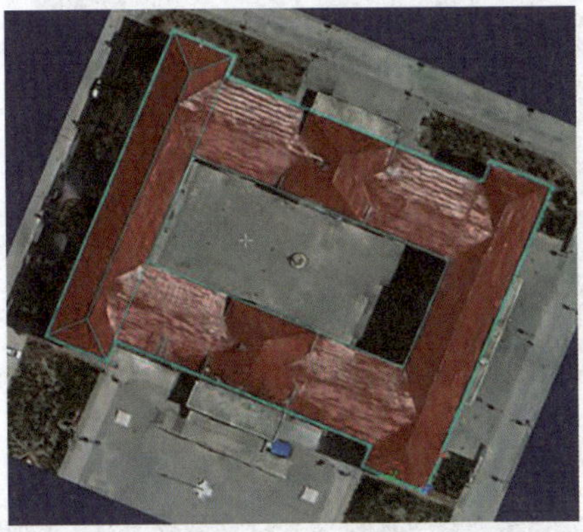

图 6-267 绘制屋脊

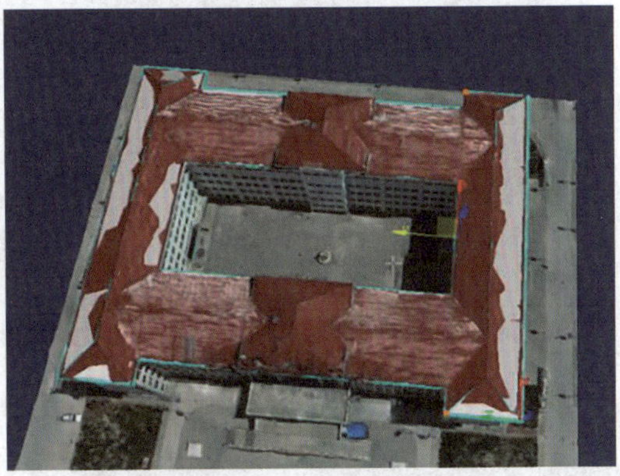

图 6-268 复制相同结构

回字形的另外两边可以直接用矩形工具绘制出一个顶面，如图 6-269 所示。

选择要素工具，对选中绘制的面进行孤立，如图 6-270 所示。

使用挤出柱体工具，将绘制的矩形向上挤出至屋顶位置，可以捕捉两侧屋顶的高度，如图 6-271 所示。

使用选择要素工具，选择屋檐两边的点进行焊接获得屋脊，如图 6-272 所示。

使用选择要素工具选择点，使用平移工具，选择轴向，进行移动，移动时可以右键移动捕捉至两侧屋顶的位置，如图 6-273 所示。相同结构通过复制来完成，如图 6-274 所示。

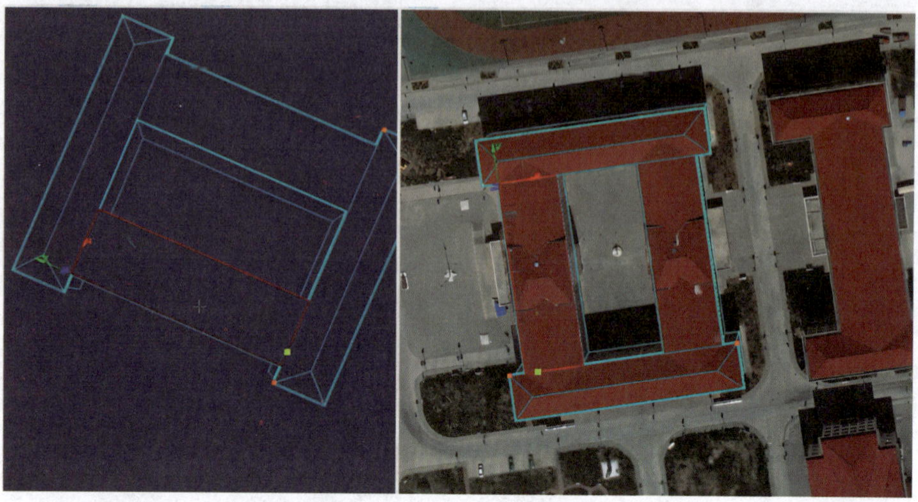

图 6-269　绘制屋顶顶面

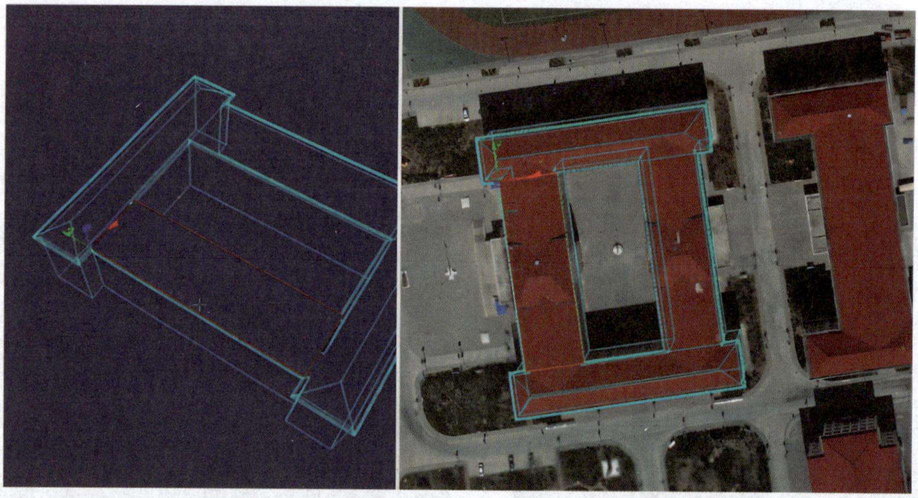

图 6-270　孤立面

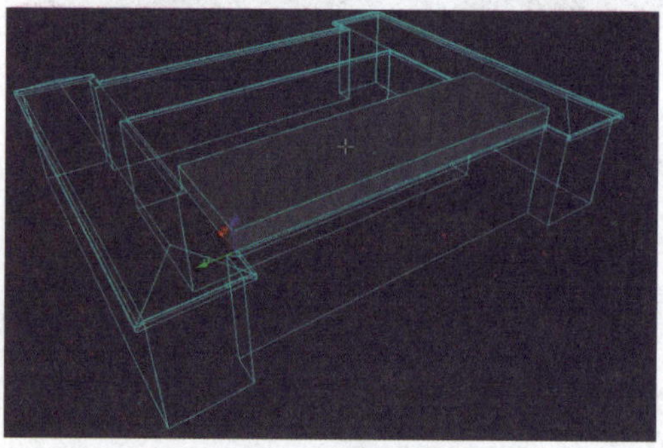

图 6-271　挤出屋顶高度

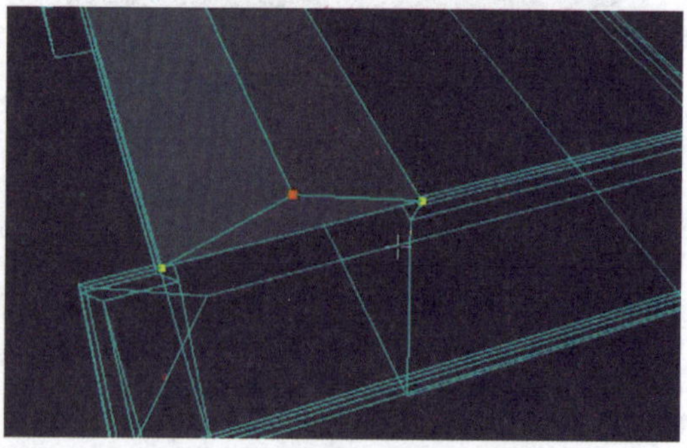

图 6-272　焊接点

激活选择要素工具，在自由视图内右键取消孤立。针对这种闪面结构（见图 6-275）的情况，可以通过删除多余面解决。选择要素工具，选择屋顶结构，点击右键孤立，选中重合面进行删除（见图 6-276），点击右键取消孤立，如图 6-277 所示。

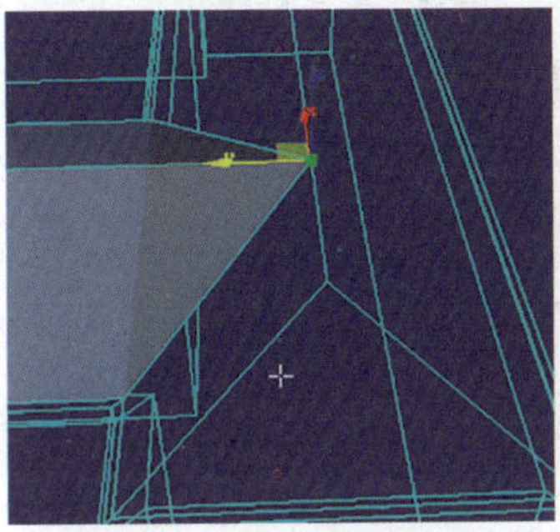

图 6-273　平移至两侧屋顶

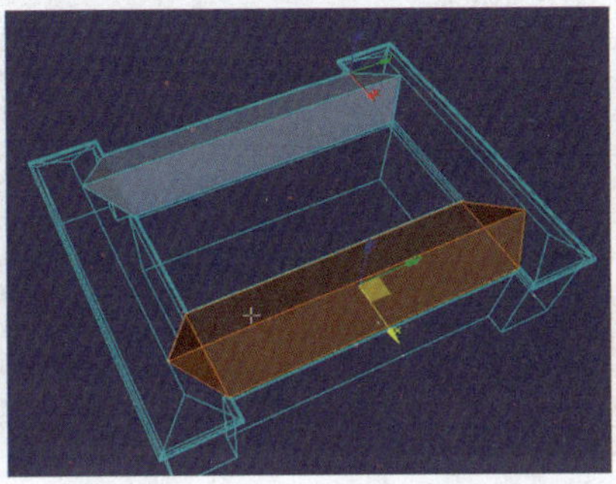

图 6-274　复制相同结构

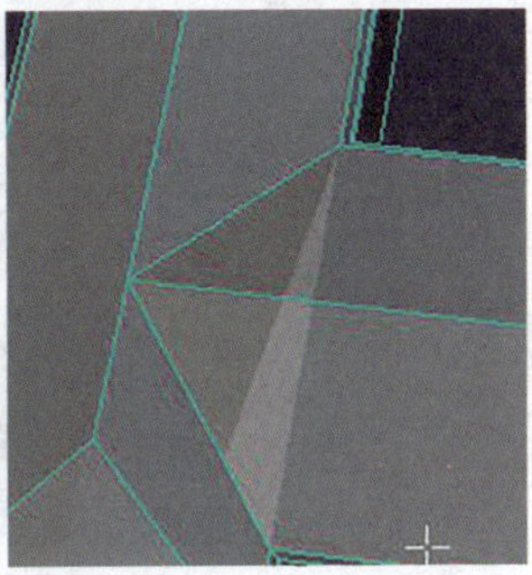

图 6-275　闪面结构

图 6-276　删除重叠面后

图 6-277　绘制穿插结构的顶部轮廓

（七）绘制穿插结构

在自由视图中，使用基准面工具在穿插结构的顶部定基准面。挑选一张下视影像，使用矩形工具，在顶部绘制穿插结构的外轮廓，如图 6-278（a）所示。

挑选一张可以看到穿插结构屋檐高度的倾斜影像，使用挤出柱体工具，向下挤出至屋檐底部，如图 6-278（b）所示。

激活选择要素工具，选择穿插结构，点击右键将整个结构进行孤立。选择一张可以看到房屋立面结构的倾斜照片，使用内偏移和外扩工具，以紫色铅垂线对齐之前的房屋边线，作出屋檐，如图 6-279 所示。

使用挤出柱体工具，向下挤出到房屋顶部屋檐高度，如图 6-280 所示。

切换至一张下视影像，制作穿插结构的屋顶。使用内偏移和外扩工具，将顶面向内偏移出屋檐宽度，如图 6-281 所示。

在自由视图中打开 mesh，切换至顶视图使用快速屋脊工具，绘制出屋脊线，点击右键预览，再次右键构建屋脊，如图 6-282 所示。

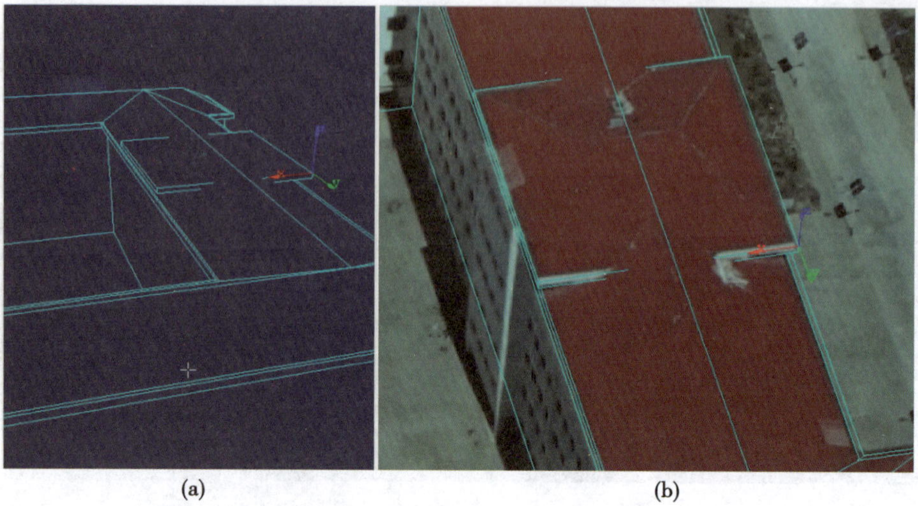

图 6-278 挤出穿插结构的屋檐高度

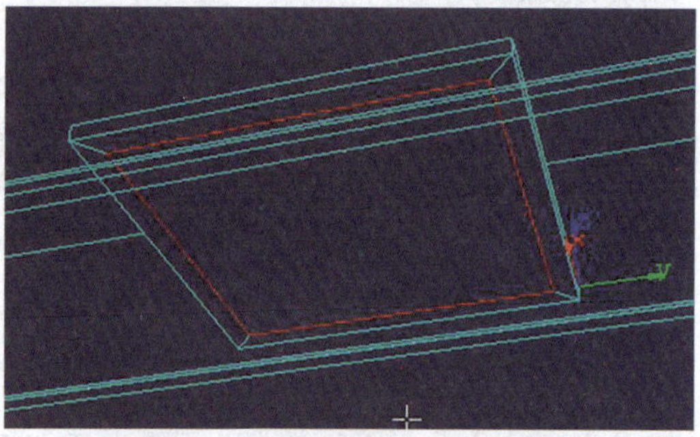

图 6-279 作出穿插结构的底部屋檐

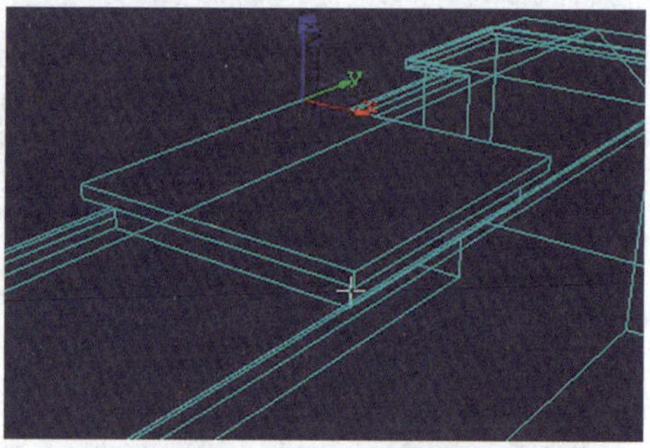

图 6-280 挤出穿插结构

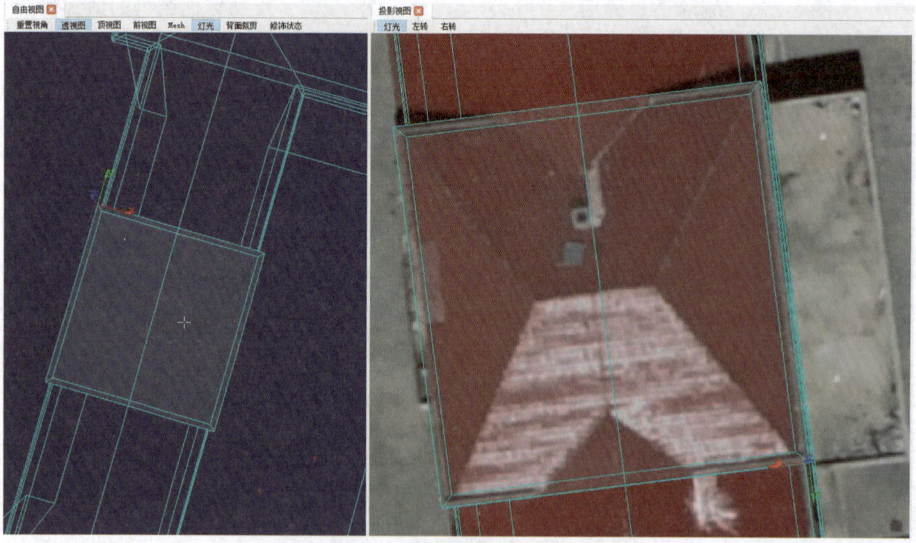

图 6-281 向内偏移出屋檐宽度

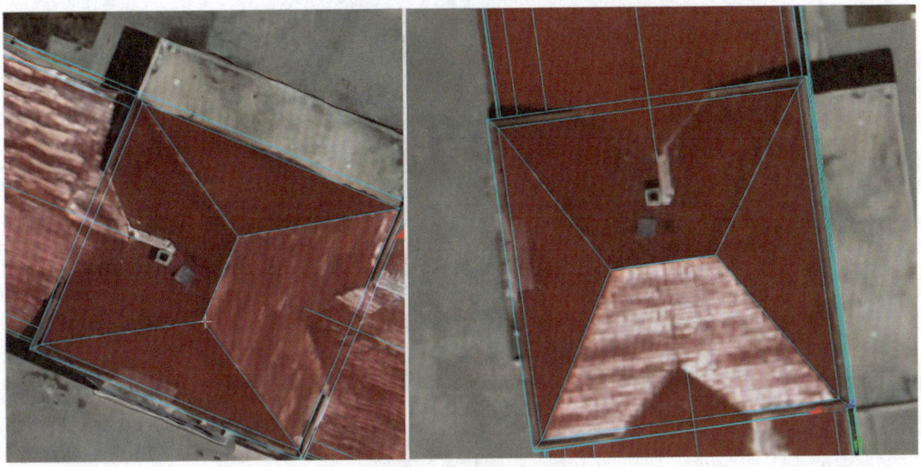

图 6-282 穿插结构的屋脊

相同结构可以通过复制完成。选择要素选中需要复制的结构，使用平移工具，选择轴向，按住 Ctrl 键沿轴向方向拖动至所需位置。可通过微调确定具体位置，完成穿插结构，如图 6-283 所示。

（八）绘制贯穿结构

仔细观察房屋结构，确定贯穿结构所在面，使用面切割工具，切割出门的轮廓，如图 6-284 所示。在贯穿结构的另一侧，使用面切割工具切割出一个四边形，范围可以选择大一些，如图 6-285 所示。

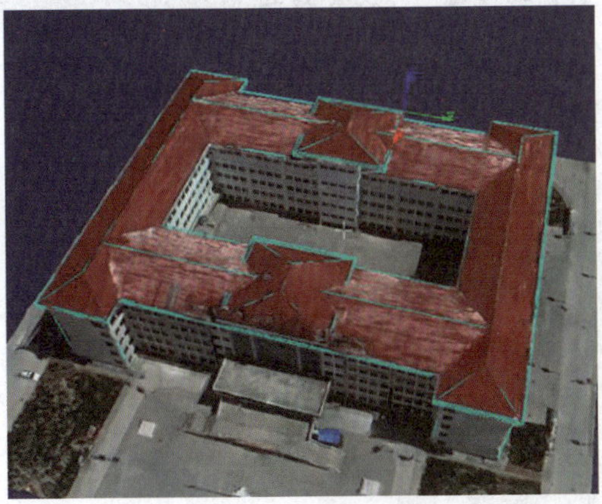

图 6-283 穿插结构完成

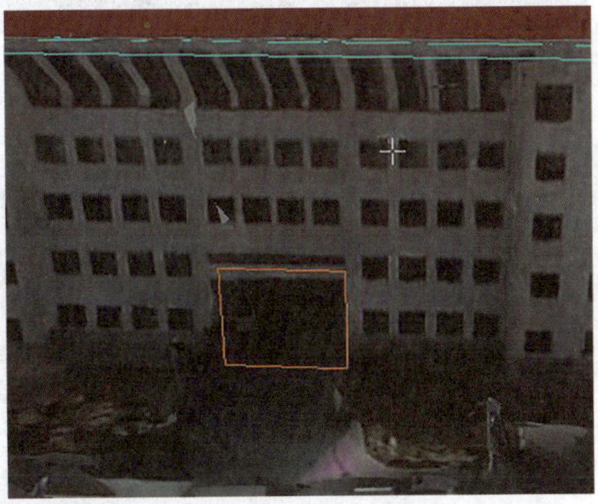

图 6-284 切割门的轮廓

使用挤出柱体工具，勾选封底，将外侧的面向内挤出至后面墙体的位置，如图 6-286 所示。

使用选择要素工具，选中另一侧的面删除，选中挤出后的面和底部面删除，如图 6-287 所示。使用焊接工具，将对应的点进行焊接，完成底部贯穿结构，如图 6-288 所示。

（九）绘制底部门顶

在自由视图中，打开 mesh，使用基准面工具，在门顶处定基准面。切换至顶视图，使用矩形工具，绘制门顶的轮廓，如图 6-289 所示。

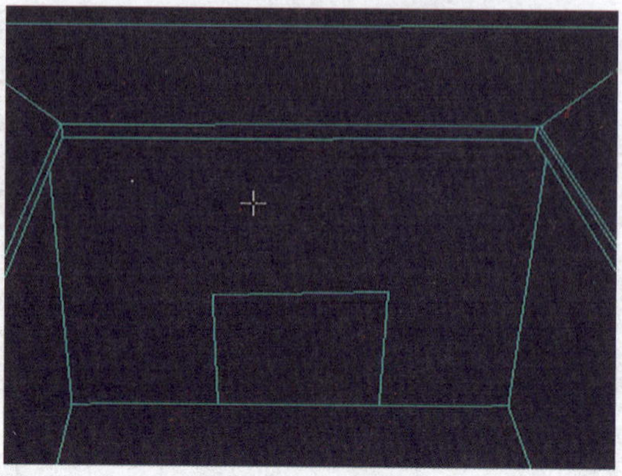

图 6-285　另一侧也切割出四边形

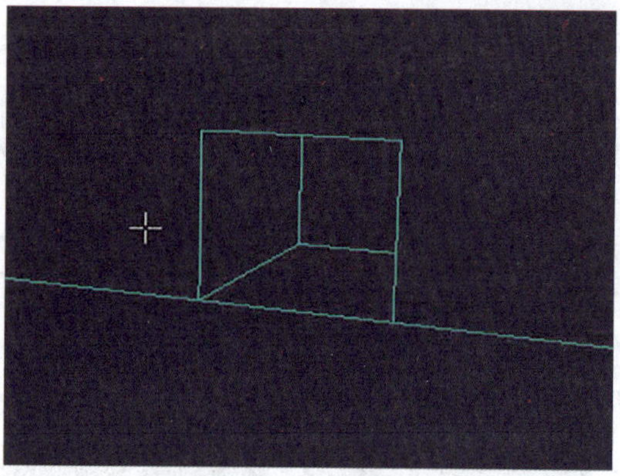

图 6-286　向内挤出

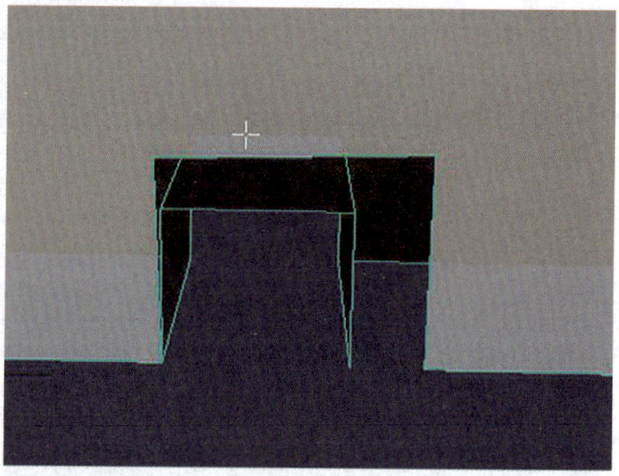

图 6-287　删除面

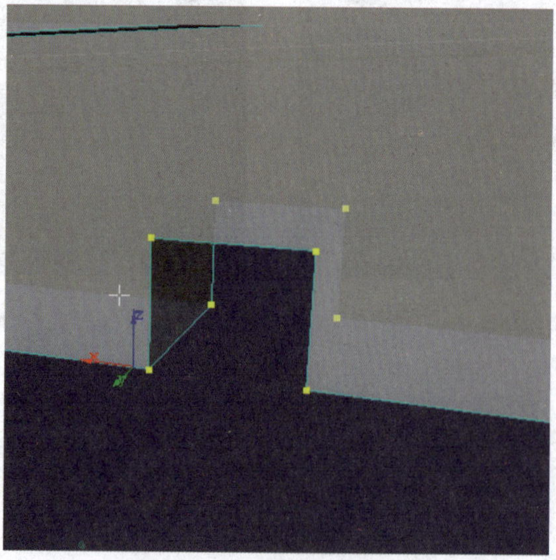

图 6-288　绘制底部贯穿结构

使用挤出柱体工具，勾选封底，切换至透视图，向下挤出至门顶的底部，如图 6-290 所示。

图 6-289 绘制门顶轮廓

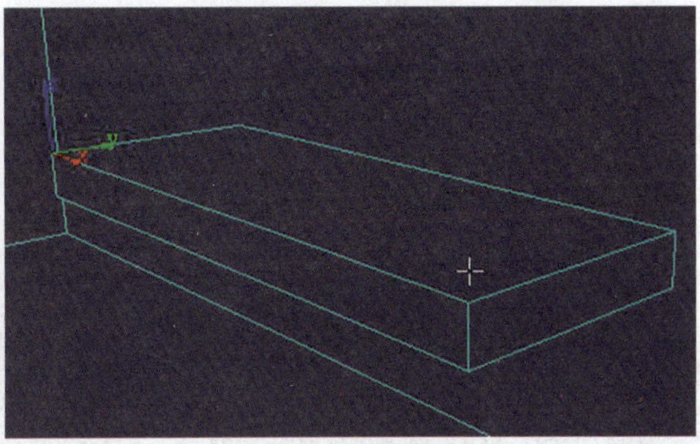

图 6-290 挤出门顶结构

使用基准面工具，在门庭位置定基准面，使用矩形工具，捕捉顶部位置绘制底部轮廓，如图 6-291 所示。

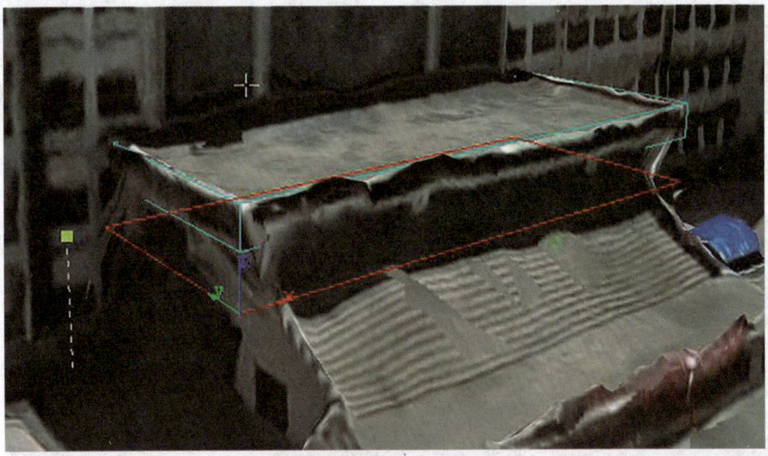

图 6-291 绘制门庭结构

使用挤出柱体工具，取消勾选封底，将门庭向下挤出至建筑的底部高度，如图 6-292 所示。若两侧位置有偏差，可以通过挤出柱体工具进行微调，如图 6-293 所示。

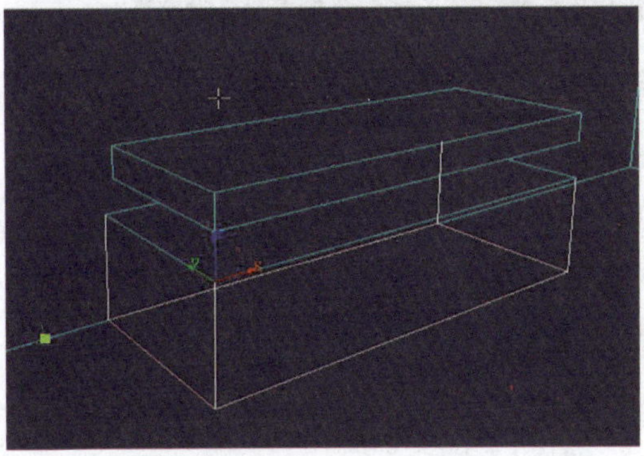

图 6-292 门庭向下挤出

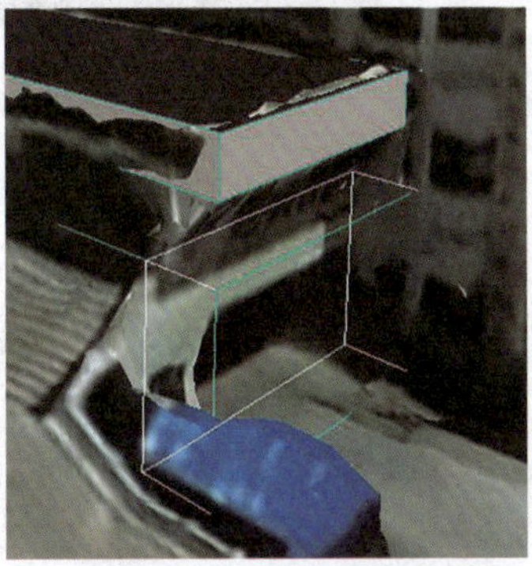

图 6-293 结构微调

(十)绘制台阶

在平台处使用基准面工具确定基准面,使用挤出柱体工具挤出楼梯的位置,如图 6-294 所示。制作楼梯时注意不要勾选封底和自动合并。

激活选择要素工具,选择点,点击需要调整的线,使用平移工具,将线段平移至楼梯底部,如图 6-295 所示。重复上述步骤,依次作出后续结构。图 6-296 所示为楼梯的整体结构。

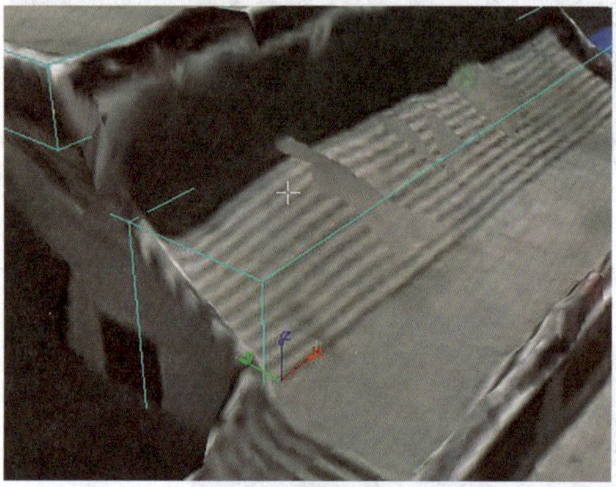

图 6-294 挤出楼梯的宽度

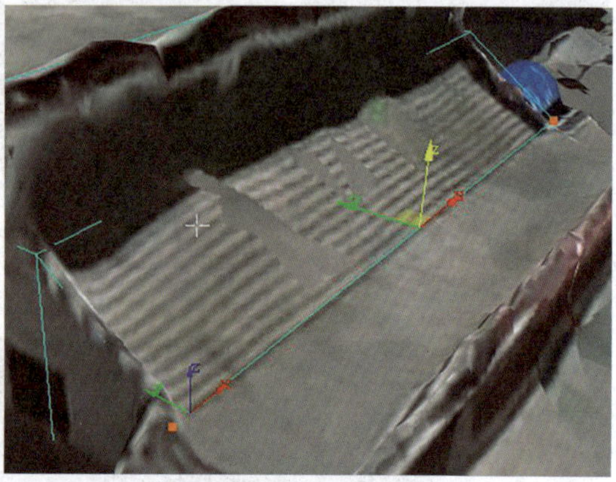

图 6-295 绘制楼梯结构

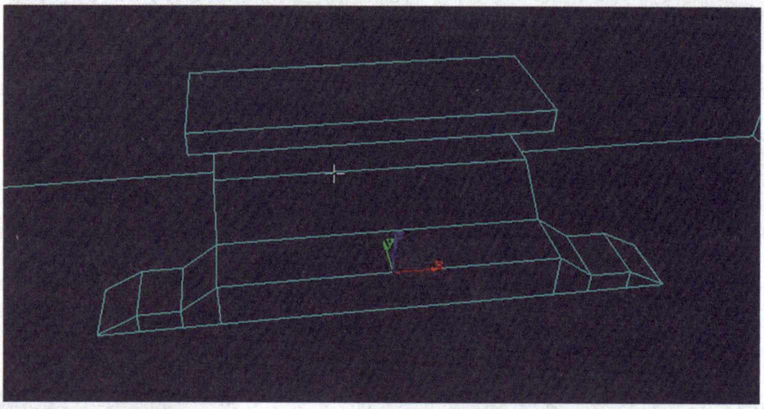

图 6-296 楼梯的整体结构

(十一)纹理映射

整个结构完成后,通过选择要素工具,选择体或面,框选整个结构;点击自动纹理映射,完成贴图,如图 6-297 所示。整个结构就绘制完成了。

(十二)绘制招牌

在房屋顶部,使用基准面工具两点模式,确定一个竖直面。使用矩形工具,绘制招牌的轮廓,如图 6-298 所示。招牌纹理贴图有两种方式:

(1)使用选择要素选中招牌面,将制作的招牌透贴图直接拖至面上即可,如图 6-299 所示。

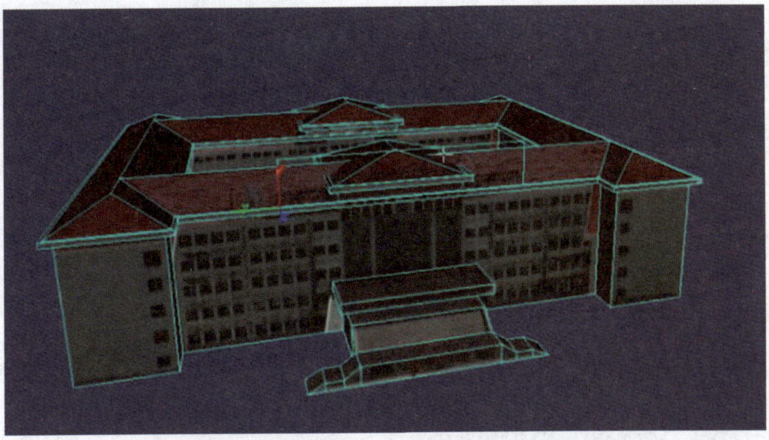

图 6-297　完成贴图

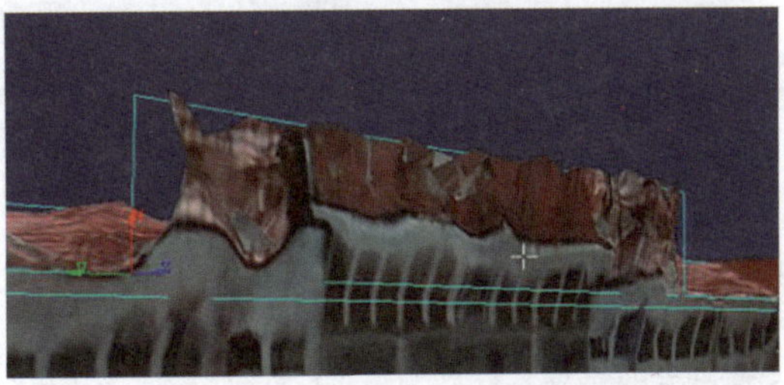

图 6-298　绘制招牌轮廓

图 6-299　招牌透贴

(2)使用选择要素选中招牌面,点击材质库贴图,点击材质库中的导入选项,选择存放透贴图片的文件夹,如图 6-300 所示。

下拉材质库文件选择,找到文件夹,选中透贴图片,如图 6-301 所示。点击 UV 编辑视图,将图片范围进行编辑,点击完成编辑即可。

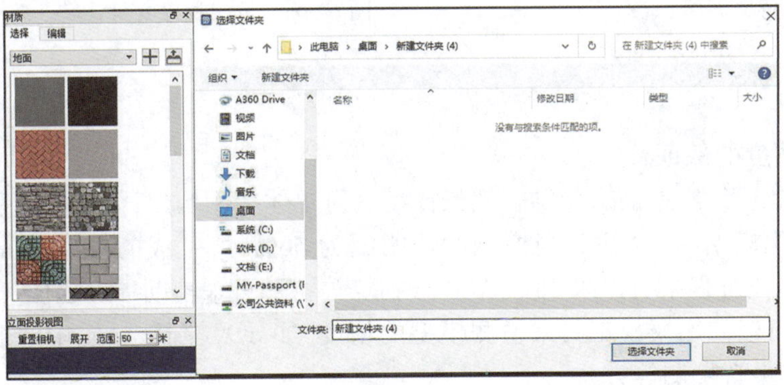

图 6-300　导入透贴图片

图 6-301　选择透贴图片

五、透贴图片的制作

打开 Photoshop 软件,新建一个图层文件,如图 6-302 所示。输入文字,调整文字字体、颜色、大小,如图 6-303 所示。

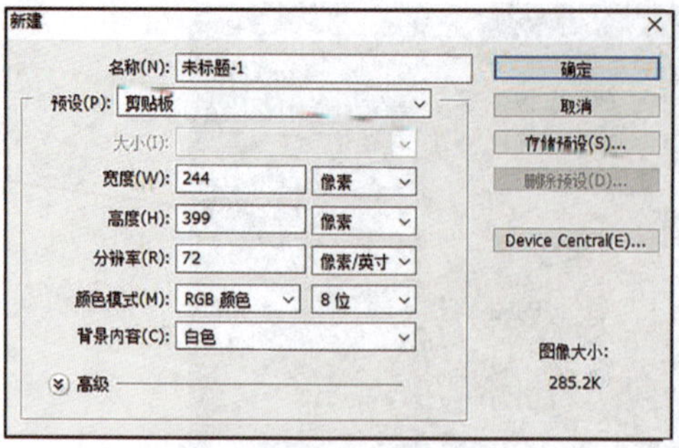

图 6-302　新建图层

图 6-303　输入文字

关闭右下角背景图层,如图 6-304 所示。

文件菜单选择存储导出,格式选择 png 格式,完成透贴图片制作。图 6-305 所示为导出透贴文件操作界面。

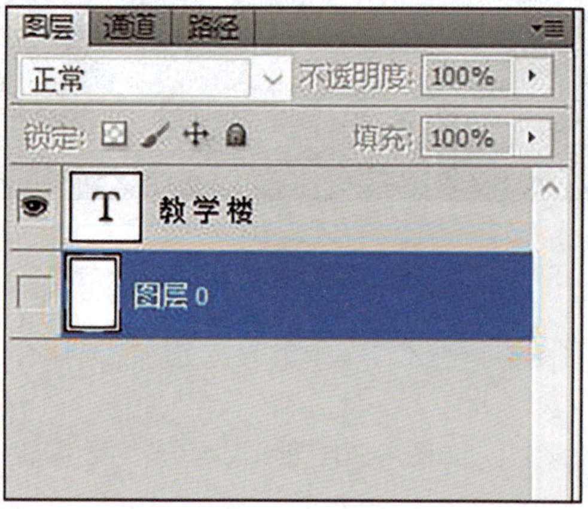

图 6-304　关闭背景图层

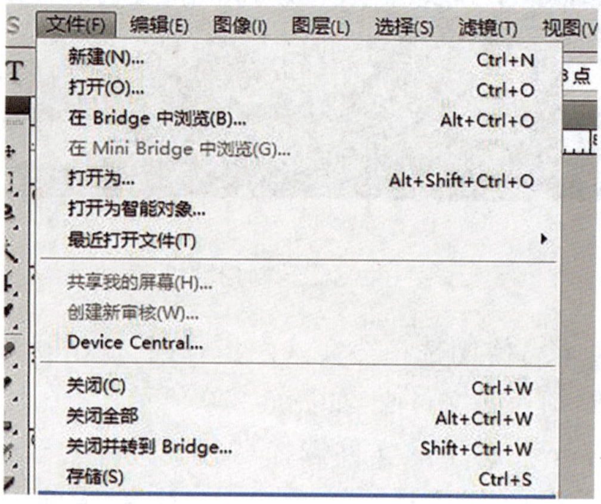

图 6-305　导出透贴文件

六、常见问题分析

(一)单体化模型的精度的保证

在作业时可以使用航空影像、地面影像结合实景模型进行单体化的构建,保障模型采集时的准确性,在构建单体化模型时,应注意当模型的透明度为 50%时,生成的模型和 mesh 重叠度应在 50%左右。作业过程中可以采用捕捉角点、拐点等特殊点来辅助准确定位。

在模型采集生成后,可以使用质检工具来检测模型的精度,如导入控制点,使用球形检具自动提取该范围内的点进行检测等方式。

(二)对某个面使用面切割或内偏移编辑后再使用挤出柱体时出现黑色的面

制作模型时应尽量基于一个体来进行操作,而不是基于一个面来进行操作,否则就会出现结构错误的黑色反面情况。图 6-306 所示为错误示意。

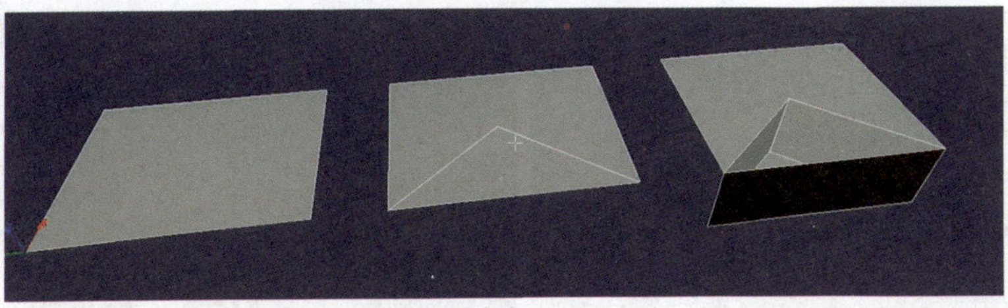

图 6-306 错误示意

所以当制作屋顶或主体的复杂结构时，往往需要对屋檐顶部或底部进行切割或偏移，这时需要先制作屋檐的体结构，再进行后续的操作。

(三)模型旋转时有些地方闪烁

在制作某些穿插结构和附属结构时，往往会出现闪面的情况。这种情况主要是模型之间出现了重叠面导致的，在大多数情况下，需要对房屋表面明显的闪面进行处理，例如删除重叠面。

如图 6-307 所示，一个柱体结构出现了两个独立的结构，且都与主体结构发生了部分的重合，那么如何删除这部分闪面呢？

图 6-307 房屋闪面

(1)穿插结构部分和主体结构重合。如图 6-308 所示，房屋的主体和穿插结构部分发生了重合，可以先分析一下，顶部的穿插结构需要进行保留，但底部穿插结构和房屋主体完全重合是不需要进行保留的。这时可以使用平面切片工具，将顶部的结构切割出来，再删除内部穿插的结构即可。

(2)在房屋的外立面出现穿插，一般多见于两栋房屋直接出现的连廊结构。这种情况需对重叠的部分进行分析，如图 6-309 所示，一个小的面和整个大面出现了重合，在作业方面有两种路线：第一可以直接删除重合的小面，可以将小结构进行孤立再选中重合面删除，第二可以在大面上进行面切割，切割出小面的范围，将切割后的面删除；从工作量上可以明显看出第一种方法更为简单，且不破坏大面的结构，所以一般选择作业量最小对整体结构修改最少的方式来删除重叠面。

(a)重叠前　(b)修改后

图 6-308　重叠前和修改后的主体和穿插结构

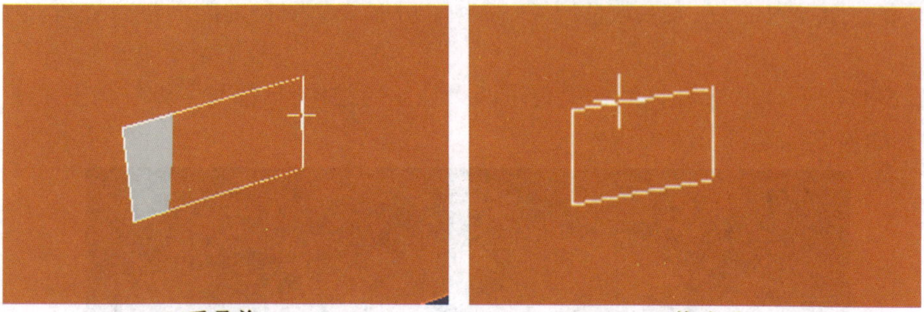

(a)重叠前　(b)修改后

图 6-309　重叠前和修改后的房屋外立面

在正常作业中,可以采取某些方式去避免闪面的出现,将后期修改的工作量降低,这就需要前期仔细地观察和分析房屋的结构,构思制作房屋的步骤,例如:哪些情况需要重新绘制一个面,哪些情况面切割就可以解决,这往往需要大量的练习才可以熟练。

(四)分析在挤出柱体时需要封底的情况

在制作房屋结构时,要保障房屋结构的完整性和准确性,制作的房屋需和现实的房屋没有较大的差别,这就需要去判断如何使用挤出柱体工具中的封底功能。

在一般情况下,在制作房屋的结构时都可以勾选封底来创建完整的体结构,例如屋檐、门顶、屋顶突出来的穿插结构,老虎窗底部等。但在一些特定的情况下,取消封底可以更好地辅助作业,例如在某些项目作业中,房屋的主体结构不可以封底,这样是为了后期检查时可以判断房屋结构的正确性;例如当我们需要向下挤出至底部时,底部有已完成的结构,这时就可以取消封底,减少后期删除重叠面的工作。

(五)移动某点时,该点所在面变成红面的处理方法

红面是指该面上各点不在一个平面上,当移动某些点时经常会影响到该点所在面的结构,这时可以选择使用面切割工具对红面进行切割,或者移动点至红面消失。通常来说,如果该面是一个三角形,就不会出现红面。在作业中不仅要思考如何去构建模型,还要去判断某些操作时模型结构是否会出现问题。

活动三　修改房屋纹理

码 6-3　房屋纹理修改

对房屋纹理的修改可扫码 6-3 观看。

在项目生产中，自动化映射的房屋纹理会出现遮挡、色差、由于影像缺失导致的黑面等问题，需要人工手动进行修改。在项目中常用的模型纹理的获取方法有两种，倾斜影像和外业实地拍摄的建筑物的地面影像。倾斜影像可用于三维模型中顶部纹理和一般多层居民小区的建筑物立面纹理。地面影像主要用于门面房的外立面、企事业单位的建筑立面、高层和超高层建筑的立面等。

在实际作业中，可以采用两种纹理相互补充的方式，完成三维模型的纹理修饰。将影像叠加至模型上不仅可以直观地表达现实模型效果，使得数字化数据更具有真实性，而且可以弥补自动化生成的模型成果纹理不清晰、细节不明确的缺陷，最终实现模型的准确表达。这里从纹理修改常用的方法入手，学习不同纹理问题的处理步骤。

一、房屋纹理修改的标准

在数据生产中，一般建筑物的纹理修改只修遮挡物，本身自带的物体比如外挂空调、水管、防盗网、飘窗上的衣服被子、屋顶太阳能、烟囱、排风口、水箱、建筑自身的植被、爬山虎等不用修饰，阴影也不需要修饰。

在色差方面要求光影关系正确，整体色调保持一致。而由于影像框幅导致贴图出现黑面的情况，则需要手动更换贴图替换纹理等。

几种常见的房屋纹理修改案例介绍：

(1)屋檐下面遮挡物。图 6-310 所示为屋檐下被遮挡修改前后比对。对不属于建筑物本身的遮挡物，比如植被等，修改前后的情况比对如图 6-311 所示。

(a)遮挡修改前　　(b)遮挡修改后

图 6-310　屋檐下被遮挡修改前后

纹理灰面、扭曲面、全部遮挡的底商门可以用相似公贴纹理替换。图 6-312 为遮挡的底商门修改前后对比。

(2)错乱纹理。图 6-313 所示为错乱纹理修改前后比对。

(3)纹理灰面，扭曲面。全部遮挡的大门可以用相似公贴纹理替换。图 6-314 为纹理灰面、扭曲修改前后比对。

(a)修改前　　(b)修改后

图 6-311　树木遮挡修改前后

(a)修改前　　(b)修改后

图 6-312　遮挡的底商门修改前后

(a)修改前　　(b)修改后

图 6-313　错乱纹理修改前后

(4)侧面遮挡物、扭曲纹理。图 6-315 所示为侧面遮挡物、扭曲纹理修改前后对比。

(5)模糊纹理。图 6-316 所示为模糊纹理修改前后对比。

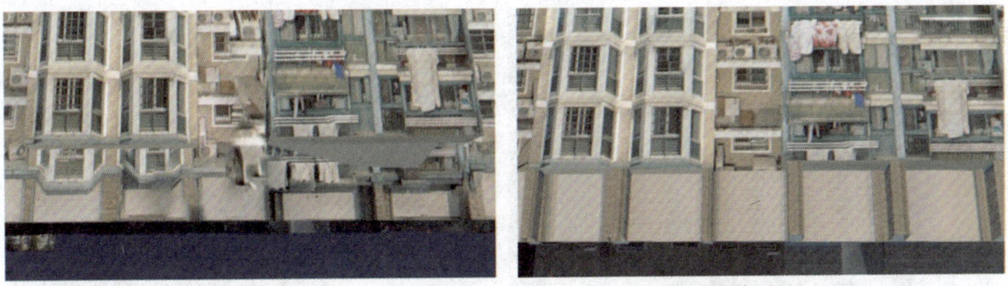

(a)修改前 (b)修改后

图 6-314 纹理灰面、扭曲修改前后

(a)修改前 (b)修改后

图 6-315 侧面遮挡物、扭曲纹理修改前后

(a)修改前 (b)修改后

图 6-316 模糊纹理修改前后

(6)屋檐遮挡物。图 6-317 所示为对屋檐遮挡的修改前后对比。

(7)纹理错乱。图 6-318 所示为纹理错乱修改前后对比。

(8)不合理纹理。图 6-319 所示为不合理纹理修改前后对比。

(a)修改前 (b)修改后

图 6-317 屋檐遮挡修改前后

(a)修改前 (b)修改后

图 6-318 纹理错乱修改前后

(9)禁止重复纹理贴图。窗户禁止复制纹理,每个窗户都需要给真实的纹理。

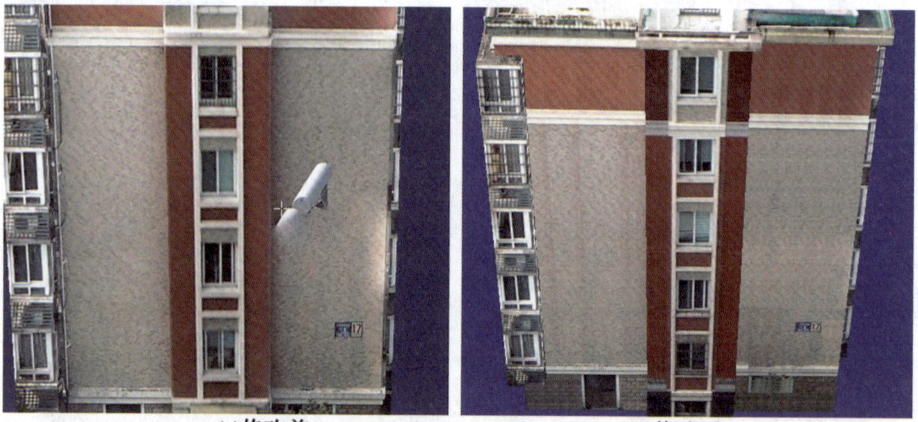

(a)修改前 (b)修改后

图 6-319 不合理纹理修改前后

图 6-320 所示为房屋纹理修改前的情况,图 6-321 所示为纹理贴图修改时采用了不符合要求的复制方法。

二、房屋纹理修改的方法

房屋纹理修改是通过重新挑选影像、修改贴图、复制相似纹理等功能实现纹理优化,单一功能无法实现,需要灵活使用多个功能。这里介绍常用的流程操作,仅做参考学习。

图 6-320 房屋纹理修改前

图 6-321 不符合要求的纹理贴图修改

(一) 灵活使用影像

使用选择要素工具，选中需要修改面，点击手动贴图。手动贴图中可直接在相机视图中手动挑选，也可以点击挑选影像，在筛选后的影像中进行挑选。挑选一张比较清晰的纹理，点击截取并贴图，即可完成纹理的修改。图 6-322 所示为手动贴图操作示意。

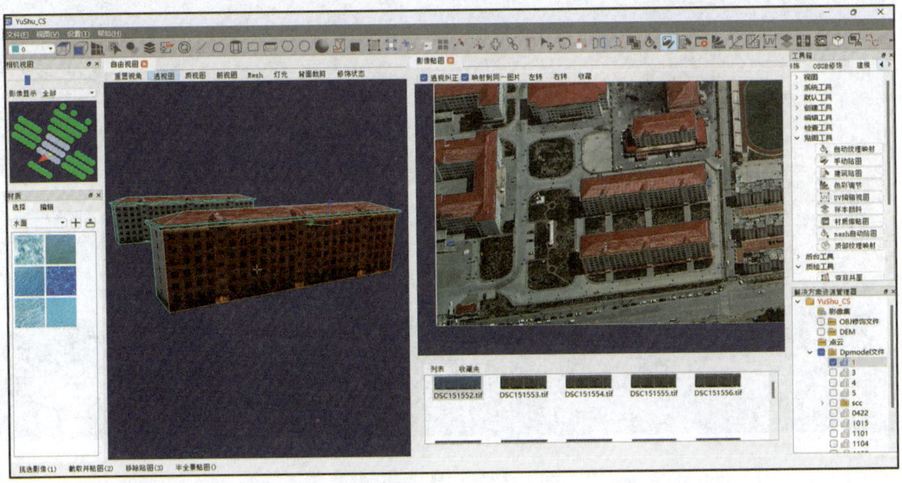

图 6-322 手动贴图

(二)影像效果不佳

当手动贴图后的效果不佳,该面还有遮挡或超出实际纹理的情况时,使用选择要素工具,选中该面,点击 UV 编辑视图,通过手动调节 UV 框来修改纹理贴图的大小,如图 6-323 所示。

图 6-323　修改 UV 编辑框

若修改 UV 框无法解决纹理问题,可以点击编辑贴图,跳转至 Photoshop 软件,进行图片的遮挡部分纹理的处理。图片处理完,点击 Ctrl+S 保存图片,返回 DP-Moldeler 界面,此时 UV 编辑框内已同步修改后的纹理结果,点击完成编辑,即可完成该面的纹理修改。图 6-324、图 6-325 所示分别为编辑前、后示例。

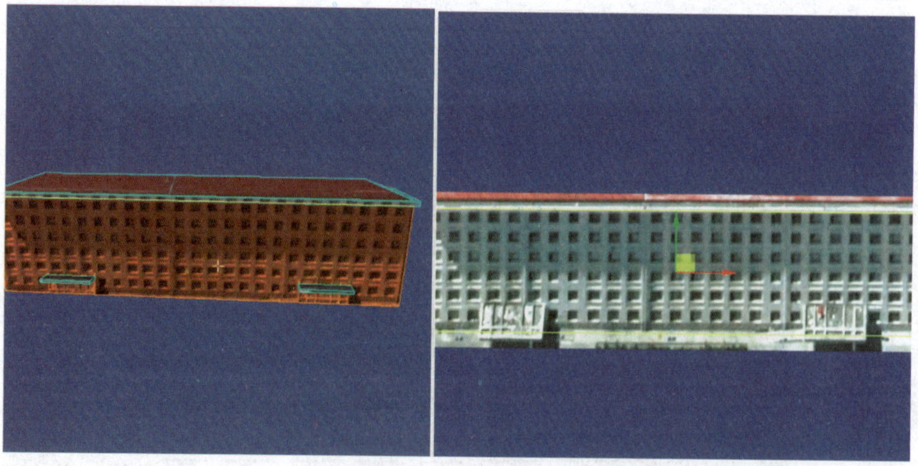

图 6-324　编辑前示例

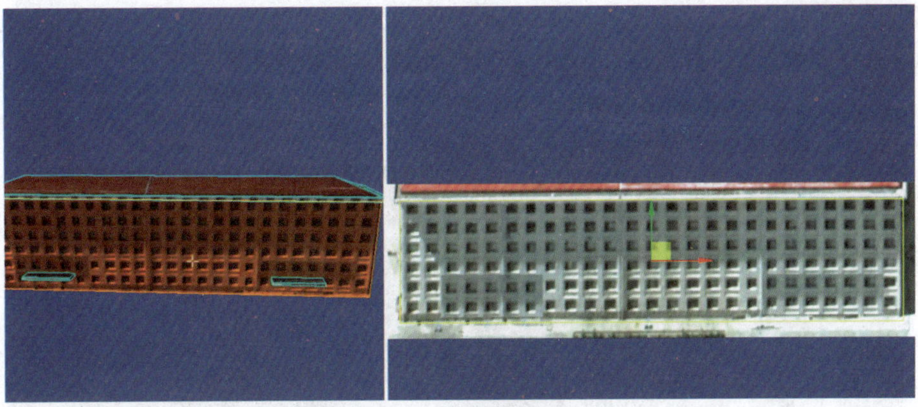

图 6-325 编辑后示例

(三) 面相似处理

如果模型的部分面纹理相似,如图 6-326 所示,可以点击样本颜料工具,点击纹理较好的面点进行复制,再点击需要替换的面,即可完成替换,如图 6-327 所示。

图 6-326 贴图前

图 6-327 样本颜料复制纹理

(四)底商纹理修改

使用选择要素工具选择需要修改的面,使用手动贴图,在相机视图中选择一张合适的地面影像,点击截取并贴图,如图 6-328 所示。

图 6-328　地面影像贴图编辑前

如果底商纹理需要更换为编辑好的照片,可选择 UV 编辑视图,点击编辑贴图跳转至 Photoshop 软件界面,将已制作好的底商招牌影像拖动至 PS,选择保存并返回 DP-Modeler,点击完成编辑,招牌纹理即可替换,如图 6-329 所示。

(五)透贴招牌制作

使用基准面工具在需要制作招牌的位置确定竖直基准面,使用创建工具新建一个面,使用选择要素工具选中这个面,直接拖动透贴的图片至该面,即可完成贴图,如图 6-330 所示。

图 6-329　地界影像贴图编辑后

图 6-330　透贴纹理

任务三 了解地理实体单体化及属性挂接

实景三维中国建设的目标是构建真实、实时展示中国全域自然资源现状和自然地理格局，提供具备唯一性、权威性特征的时空基底。但仅自动建模得到的模型可以看作是一张表面覆盖着高分辨率影像的连续的 TIN 三角网（在倾斜摄影自动化建模的过程中，空三之后，首先对所拍摄的影像像对生成稠密的点云，然后对点云进行抽稀，再构建三角网，最后贴上贴图。由于该过程中没有人工干预，而当前的建模算法又不会把建筑、地面、树木等地物区分出来，所以构建出来的是一个连续的 TIN 网），成果模型为"一张皮"。对于建筑物的选中、属性查询、空间查询以及专题图操作等，GIS 操作都无法实施，本身是无法选中单个建筑的，需要进行一定的处理才能实现"单体化"。只有具备了"单体化"的能力，数据才可以被管理，而不仅仅是被用来查看。

对于大多数 GIS 管理和应用（除了仅用来看效果或进行量算）而言，是需要能对建筑等地物进行单独的选中、赋予属性、查询属性等，满足最基本的 GIS 能力。实际应用中这种模型只能像影像地图一样当作底图浏览，不能单独选中和查询，使其作用受限。因此，单体化是倾斜摄影模型在 GIS 应用中绕不过的一个坎，要解决这个问题，就需要进行模型单体化。

活动一 了解单体化技术

基础地理实体的分类和要求决定了城市单体化模型的建立必须充分考虑基础地理实体的地理特征和空间特点，确保城市单体化模型能够真实、全面地反映城市的地理特征和空间格局。

"单体化"指的是每一个想要单独管理的对象，都是一个个单独的、可以被选中分离出的实体对象（Entity），即用鼠标点击时可以显示为不同颜色（称为"高亮"），可以赋予属性，可以被查询统计等。只有具备了"单体化"的能力，数据才可以被管理，而不仅是被用来查看。对于这样的数据，本身是无法选中单个建筑的，需要进一步处理才能实现"单体化"。

一、模型单体化技术

目前，应用较为广泛的模型单体化方法包括以下三种：切割单体化、ID 单体化和动态单体化。

（一）切割单体化

实现思路大体如下：首先，以配套矢量面（建筑物、道路、树木等）的边界线为切割线，将点集（即建模过程中生成的高密度点云）分为内外两个部分；再进行运算生成每一个点子集的边界，也就得到了单体化模型的边界；最后对每一个点子集进行三角剖分和优化，便得出单体化模型，称为切割单体化。

（二）ID 单体化

ID 单体化是指结合已有的二维矢量面数据，将对应的矢量面的 ID 值作为属性赋给三角网中的每个顶点，那么同一地物对应的三角网（三角面片）顶点就存储了同一个 ID 值，当鼠标选中某一个三角面片时，根据这个三角面片顶点的 ID 值得到其他 ID 相同的三角面片并高亮显示，就实现了单独选中某一地物的效果，称之为 ID 单体化。

(三)动态单体化

与前两种方法不同的是,动态单体化不需要对倾斜摄影模型数据进行预处理。我们将配套的二维矢量面与倾斜摄影模型加载到同一场景中,在渲染模型数据时,动态地把对应的矢量面贴到倾斜模型对象表面,然后设置矢量面的颜色和透明度,从而实现可以单独选中地物的效果。类似于一个保鲜膜从上到下地把对应的建筑物等物体的模型包裹起来,从而实现可被单独选中的效果。由于渲染时是动态呈现的,称之为动态单体化。

二、三种单体化技术对比

三种单体化技术对比见表 6-2。

表 6-2 三种单体化技术对比

项目	切割单体化	ID 单体化	动态单体化
技术思路	预先物理分割,把地物分开,再分别构网	同一地物的三角网顶点赋予相同的 ID	叠加矢量底面,动态渲染出地物单体化效果
预处理时间	长	一般	不耗时
建模效果	模型边缘锯齿感明显	一般	强,模型边缘和屏幕分辨率一致
GIS 功能	弱	一般	强,常用功能都能实现
结论	耗时长,效果不是很好,谨慎使用	在没有根号的情况下推荐	推荐

总体来说,目前生产上大部分是通过叠加配套矢量面的方式实现了动态单体化,而在不支持动态渲染的环境中则多使用 ID 单体化的方式。

三、单体化在实际生产中遇到的问题

上述三种单体化的方式,其实都能达成最基本的目标,就是能选中该地物,能赋予属性并进行查询。我们再看数据制作过程,切割单体化必须先进行模型物理上的切割,由于倾斜摄影数据量一般都比较大,因此切割是一件费时费力的事情,再有就是切割后模型的底边,会带有非常明显的锯齿(三角面片的边界)。另外,由于三维 GIS 对模型的空间查询和分析计算能力远没有二维 GIS 对面的能力完善,因此所能进行的下一步分析计算的能力是非常有限的。

而动态单体化则是在三维渲染过程中,动态地把对应的矢量底面套合在模型表面之上,因此就无须提前处理,只需要三维 GIS 软件和所运行的设备上支持该渲染能力即可;套合后的模型底边的平滑度是和显示器屏幕的分辨率一致的,效果会好得多。另外,动态单体化由于是把二维矢量面和三维倾斜摄影模型结合起来了,因此可以充分利用二维 GIS 平台对面数据的查询计算分析等能力,各类 GIS 能力都能充分发挥出来,如查询周边地物、制作专题图等。

四、单体化的实际应用

当实景三维模型建筑被单体化后,可以直接被赋予属性,并进行属性挂接与三维分析。同时可以对整片模型区域的房屋进行统计分析。这对于智慧城市、智慧房产建设具有重要作用。

新型基础测绘要求每一个实体都需要有一个编码,这个编码里有类别、位置、时间或者是顺序码。基于单体对象的语义化感知能力对编码进行赋予,按照新型基础测绘的要求建立属性库,从而更好地满足新型基础测绘的生产要求,让三维重建模型不再止步于“一张皮”的表皮特征,每一个单体模型被赋予编码属性。

单体化模型是对基础地理实体进行全面分析的基础上建立起来的。在城市的规划和建设中,城市单体化模型的建立需要充分考虑基础地理实体的特性。

城市单体化模型对基础地理实体有着严格的要求,要求基础地理实体的数据准确、详细、全面。在城市单体化模型的建立过程中,需要利用 GIS、遥感技术等先进技术手段,对基础地理实体进行高精度的测绘和数据采集,以确保城市单体化模型的准确性和可靠性。在基础地理实体的分类和标注上也需要符合城市单体化模型的实际需求,确保城市单体化模型的建立能够真实、全面地反映城市的地理特征和空间格局。

活动二　单体化技术应用中常见问题分析

一、切割单体化的难点与对策

在实际的应用需求与新型基础测绘要求中,单靠自动识别提取还不够,还需进行三维模型单体的数据生产,也就是切割单体化。当单体轮廓被提取之后,通过实体边界自动将每一个单独建筑物从倾斜三维模型中切割出来,并自动识别树木、道路等地物进行三维符号化表达,最后留下切割之后的地形。切割完成后,还可以对每一个切割之后的单体进行单独点选、隐藏、显示。当模型被单体化切割后,重建后的三维模型单体可以直接面向新型基础测绘的标准产品进行项目交付。

切割单体化的难点在于传统的三维模型是以瓦块的形式表达,在进行跨瓦块切割时很容易让模型出现破碎、接缝、割裂等问题。

对策是在切割过程中利用原有的地理场景空三信息去自动填补切割后的建筑破洞、裂缝纹理,最终得到较为精美的单体模型。

二、单体化地理实体数据组织问题

切割以后的数据组织可根据新型基础测绘的要求,从基于瓦片的组织到面向实体的组织。尤其是实景三维局部数据更新是一个业内较为头疼且亟须解决的问题。但是经过切割单体化后的模型,数据更新就相对容易解决。如某个小房子需要被规划或者拆除掉,可以直接在原有的实景三维模型里面将小房子模型单体拿掉,后续只需要对新房子进行局部采集即可更新模型数据,极大地简化了实景三维数据更新流程,缩短了项目工期。

任务四　单体化模型数据的修改

利用软件导出的实景三维模型有时会因航摄盲区、相机畸变、特征点匹配有误的情况,产生错误的三维模型,比如玻璃幕墙塌陷、水面不平、建筑空洞等。针对这种情况,需要从自动建模软件中导出 obj 格式的原始模型,再将其导入第三方工具软件中,依靠第三方工具的

强大编辑功能,可以进行复杂结构的修改和调整,然后将修改后的 obj 文件导入建模软件中,重新进行纹理映射,导出新的三维模型。例如,根据项目范围对模型边界进行裁切修整、修平水面、道路修饰、匀光匀色、切割掉局部模型等进行编辑修改,重新贴纹理等。

活动一 模型单体化切割后的 osgb 修饰

码 6-4 osgb 修饰

一、osgb 建筑修饰

osgb 建筑修饰可扫码 6-4 观看。

(1)创建单体化模型(步骤详见单体化建模部分内容),如图 6-331 所示。

(2)激活"立体选择"功能,根据建筑勾勒范围线,如图 6-332 所示。

图 6-331 创建单体化模型

图 6-332 勾勒范围线

(3)点击右键结束,如图 6-333 所示。

图 6-333　立体选择结束操作

(4)点击 mesh 地面,形成包围盒,如图 6-334 所示。

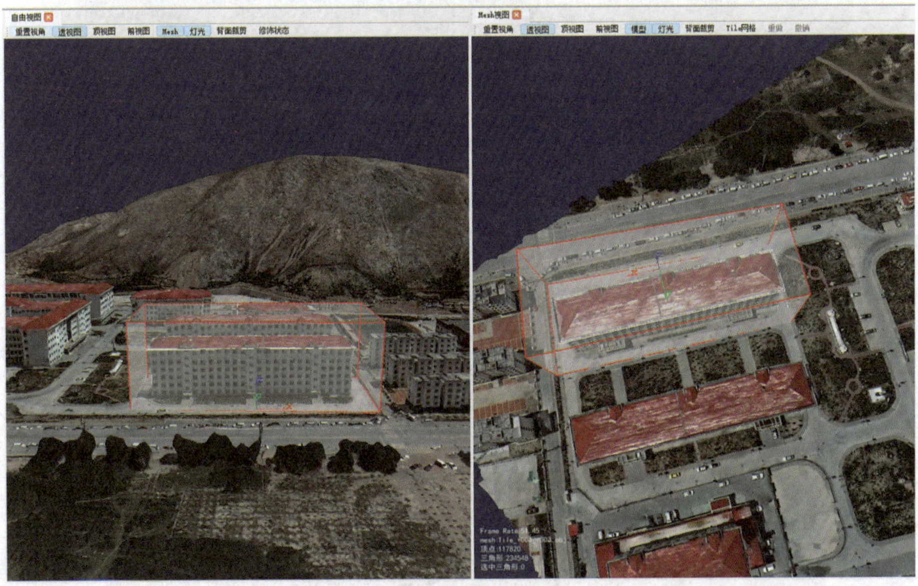

图 6-334　形成包围盒

(5)左键点击面,呈黄色高亮显示,编辑包围盒大小,使建筑在包围盒内,如图 6-335 所示。

(6)激活“平整”,平面类型选择三点模式,勾选去重叠,如图 6-336 所示。

(7)选择 3 个点,点击确定,如图 6-337 所示。

图 6-335　包围盒黄色高亮显示

图 6-336　三点模式激活“平整”功能

图 6-337　编辑确定

二、osgb 建筑局部修饰

osgb 建筑局部修饰可扫码 6-4 观看。

(1)选中需平整的修饰范围,如图 6-338 所示。

图 6-338　修饰范围选择

(2)激活“平整”功能,两点模式,勾选去除重叠,如图 6-339 所示。

图 6-339　两点模式激活“平整”功能

(3)修饰,点击确定。图 6-340 所示为修饰前后比对。

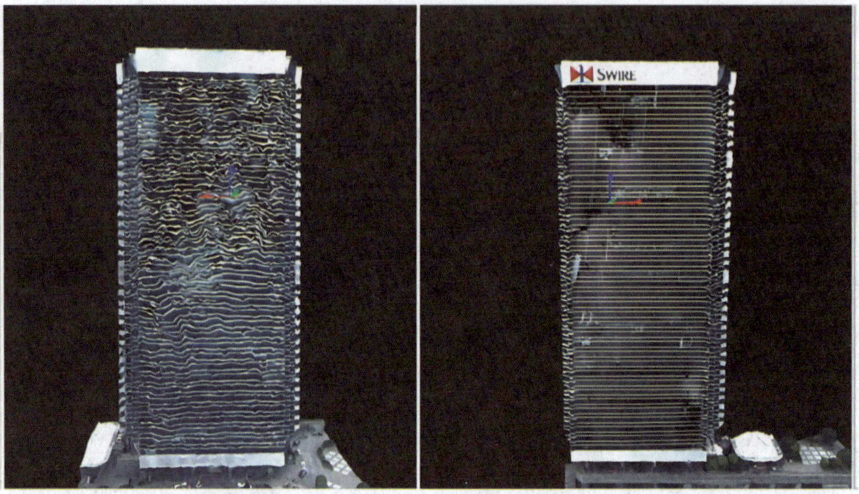

(a)修改前　　(b)修改后

图 6-340　修饰前后对比

三、osgb 删除漂浮物

osgb 删除漂浮物可扫码 6-5 观看。

(1)激活“线”功能,采集范围线,如图 6-341 所示。

(2)激活“选择要素”,选择范围线,如图 6-342 所示。

(3)点击删除 osgb,调整 BOX,包围漂浮物,如图 6-343 所示。

删除悬浮物效果如图 6-344 所示。

码 6-5　删除漂浮物

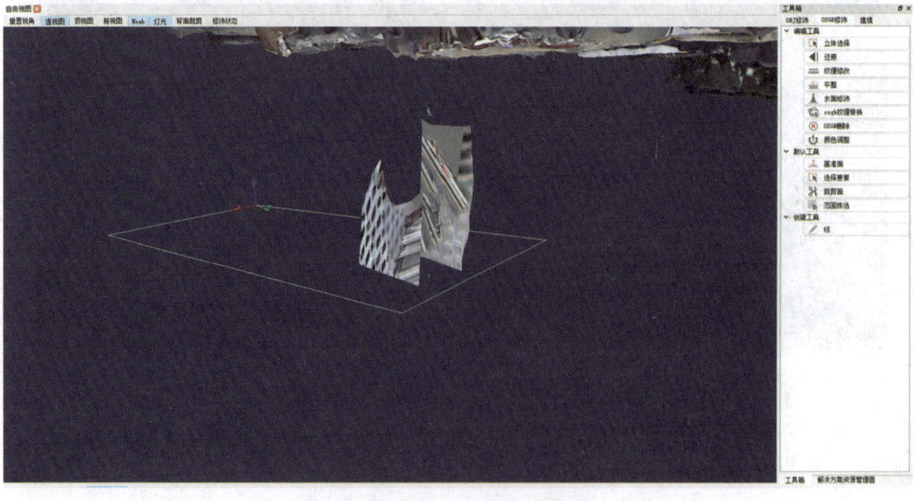

图 6-341　采集范围线

图 6-342 选择范围线

图 6-343 设置参数

图 6-344 悬浮物删除后的效果

四、osgb 道路修饰

osgb 道路修饰可扫码 6-6 观看。

码 6-6　道路修饰

（1）激活“立体选择”功能，采集包围盒，如图 6-345 所示。

（2）激活“平整”功能，平面类型选择 3 点模式，去除重叠，如图 6-346 所示。

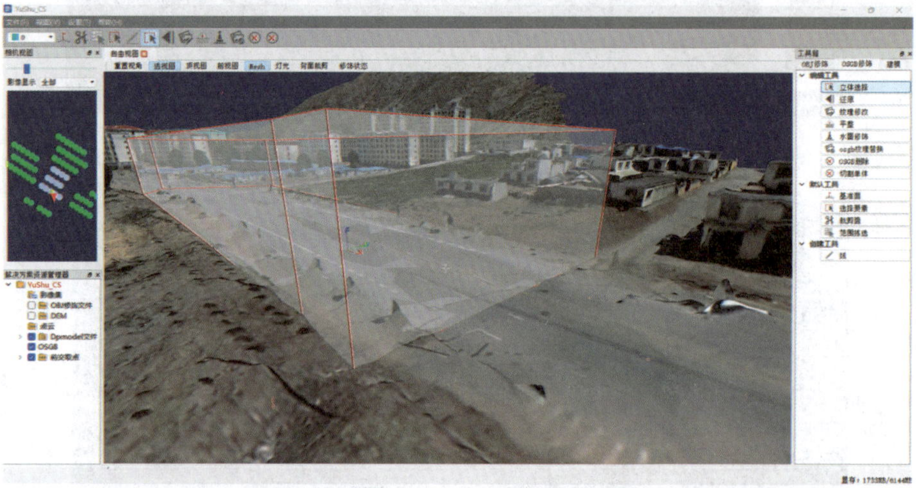

图 6-345　采集包围盒

图 6-346　“平整”功能下选择 3 点模式平面类型

（3）选择确定，如图 6-347 所示。

（4）激活“osgb 纹理替换”，选择航空影像，匀光匀色，勾勒修改范围，如图 6-348 所示。

（5）点击右键结束，进入影像增强模式，选择最优影像，如图 6-349 所示。

（6）点击“确定”，完成修改，效果如图 6-350 所示。

图 6-347 选择确定

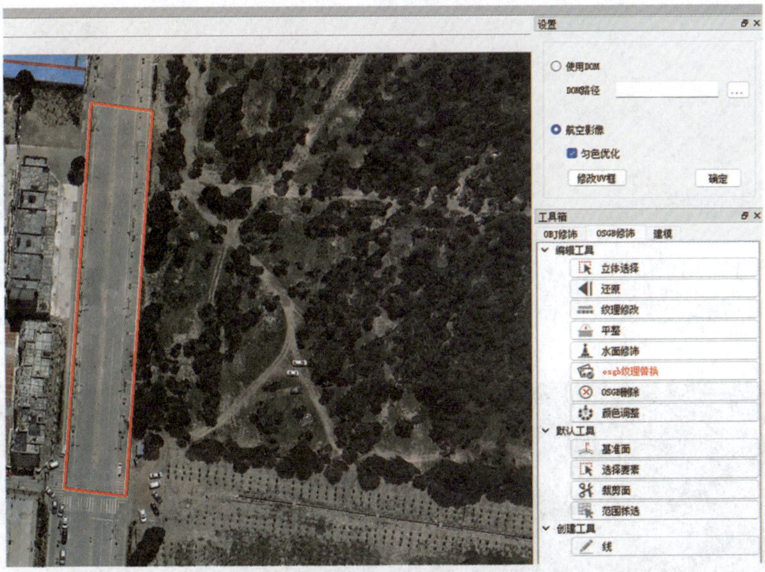

图 6-348 勾勒修改范围

图 6-349 最优影像选择

图 6-350　道路修饰完成显示界面

五、osgb 水面修饰

osgb 水面修饰可扫码 6-7 观看。

(1)使用线功能,沿水域范围勾勒范围线,如图 6-351 所示。

码 6-7　水面修饰

图 6-351　勾勒水域范围线

(2)选择要素,选择水域范围线,如图 6-352 所示。

图 6-352　选择水域范围线

(3)点击 osgb 水面修饰功能,调整范围空间参数,在四周有树的情况下,将向上指数调整到合适值,如图 6-353 所示。

图 6-353　调整水面范围空间参数

(4)更改纹理方式,现有四种方式:离屏渲染、自定义填充色、影像、DOM,无影像 DOM 的情况下,默认将离屏渲染、纯色两个都勾选,填充色自定义为当前水面颜色,如图 6-354 所示。

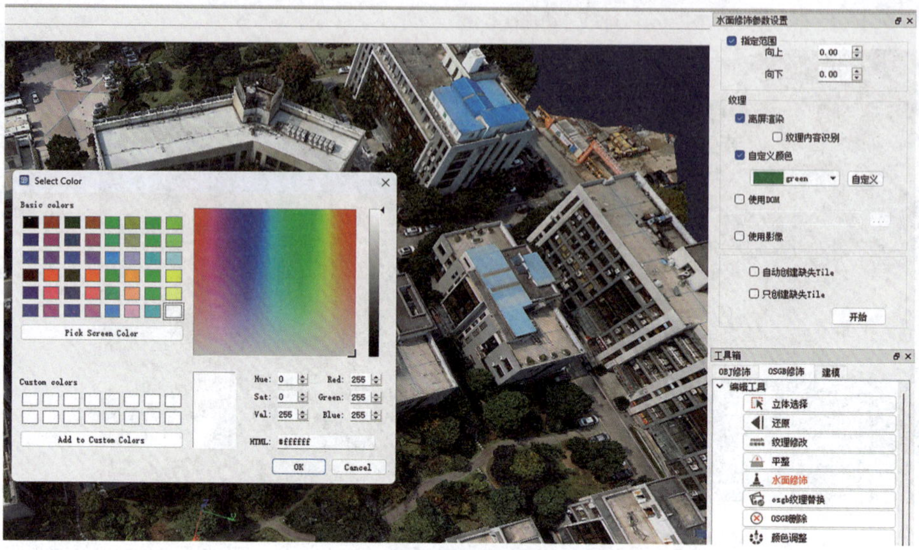

图 6-354　更改纹理方式

(5)勾选自动创建缺失 Tile(Tile 是倾斜实景三维数据的一个基本单元,每个 Tile 存储在一个文件夹中,该文件夹包含了 osgb 格式的瓦片数据,形成了一个完整的金字塔,每个 osgb 文件都可以看作是一个独立的三维模型,文件内存储了模型的贴图和结构信息,结构信息以三角网形式存储),操作界面如图 6-355 所示。

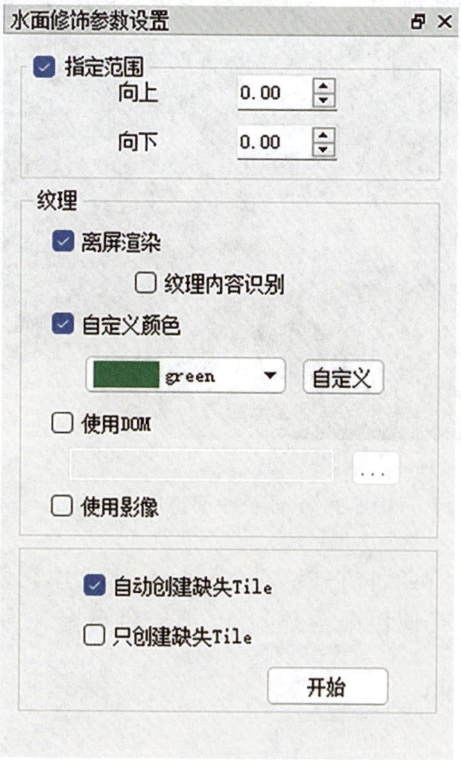

图 6-355　勾选自动创建缺失 Tile

(6)点击开始处理,纹理处理进度如图6-356所示。

图6-356　纹理处理进度界面

(7)点击osgb修饰—纹理修改—开始修改,如图6-357所示。

图6-357　水面纹理修改显示界面

(8)完成修改,如图6-358所示。

批量水面修饰时,可在自由视图将水域范围线都勾勒出来,点击水面修饰,设置好参数,点击“确认”即可。

图 6-358 水面 osgb 修饰完成显示界面

六、osgb 要素分层提取

osgb 要素分层提取可扫码 6-4 观看。

(1)导入闭合范围线,或使用线功能手动勾勒要素范围线,如图 6-359 所示。

图 6-359 导入或手动勾勒要素范围线

(2)选择要素范围线,点击“删除”,设置参数、路径,点击“确定”,完成分层提取,如图 6-360 所示。

图 6-360 选择要素范围线,点击“删除”

七、osgb 纹理修改和替换

(一) 建筑墙面

(1)立体选择建筑墙面,如图 6-361 所示。

图 6-361 立体选择建筑墙面

(2)激活“平整”功能,将建筑立面整平,如图 6-362 所示。

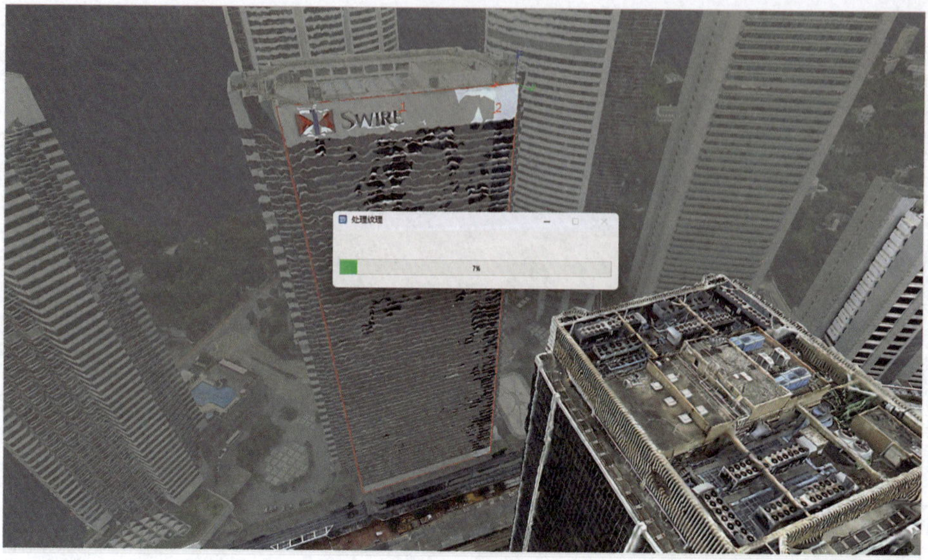

图 6-362　建筑立面整平

(3)激活 osgb 纹理替换,勾勒需纹理替换范围,点击右键结束,如图 6-363 所示。

图 6-363　勾勒纹理替换范围

(4)进入影像增强模式,可手动在相机视图挑选影像。

(5)选择最优影像,点击“确定”,如图 6-364 所示。

(二)地面平整

地面平整主要采用纹理替换处理。

(1)选择需要平整地面,如图 6-365 所示。

(2)激活 osgb 纹理替换,勾勒范围线,如图 6-366 所示。

图 6-364 确定选择最优影像

图 6-365 选择需要平整地面

图 6-366 勾绘纹理替换范围线

(3)选择需替换范围点击右键结束,如图 6-367 所示。

图 6-367 选择纹理替换范围线

(4)进入影像增强模式。

(5)选择最优影像,点击“确定”,如图 6-368 所示。

图 6-368 纹理替换完成

(三)路面 DOM 纹理修改

(1)激活裁剪面功能,将有树部分裁剪,如图 6-369 所示。

(2)激活 osgb 纹理修改工具,选择 DOM 纹理替换,设置 DOM 纹理路径,如图 6-370 所示。

(3)勾勒需纹理替换范围,点击右键结束,如图 6-371 所示,修改后结果如图 6-372 所示。

图 6-369　裁剪路面 DOM 纹理有树的部分

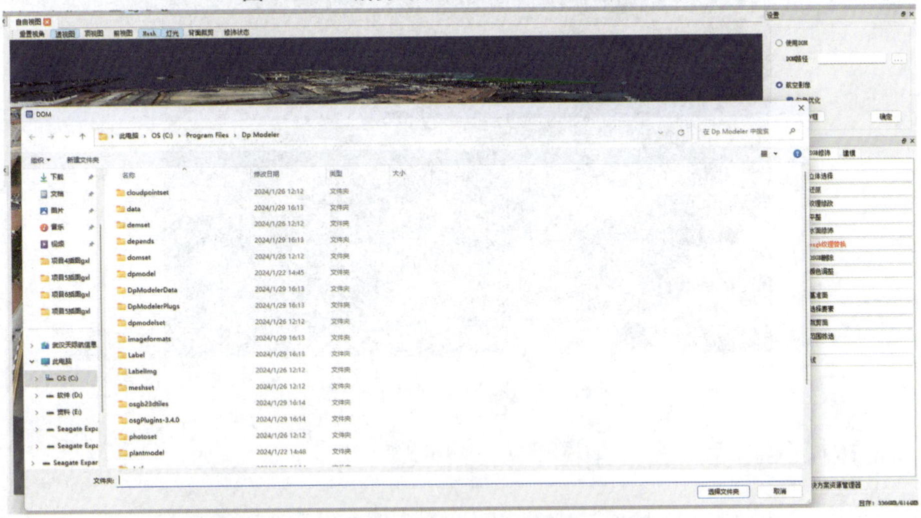

图 6-370　设置 DOM 纹理路径

图 6-371　勾勒需纹理替换范围

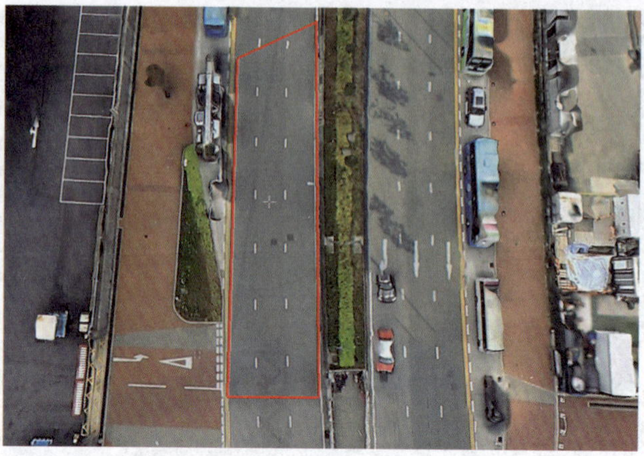

图 6-372　修改后结果

（4）取消裁剪，效果如图 6-373 所示。

图 6-373　取消裁剪后的效果

八、obj 转换 osgb 后，丢失贴图和材质问题

仅仅是采用了 obj 转 osgb 格式工具，如图 6-374 所示。

解决方法：用图 6-375 所示界面导入。

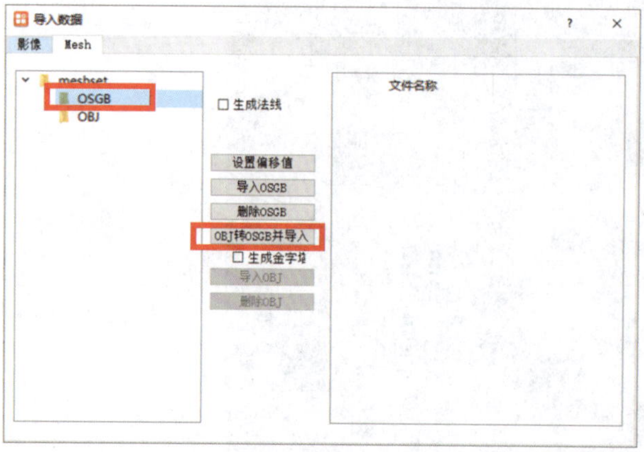

图 6-374　obj 转 osgb 格式

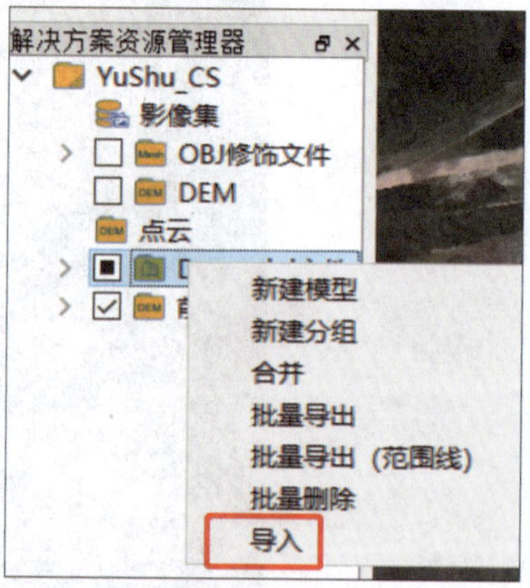

图 6-375　导入操作

活动二　学习 obj 修饰的方法

obj 修饰主要包括补洞、桥接、漂浮物删除、几何修正、obj 道路、水面修饰等内容。

一、obj 删除漂浮物

obj 删除漂浮物可扫码 6-5 观看。

(1)选择需进行悬浮物删除的 Tile,加载,如图 6-376 所示。

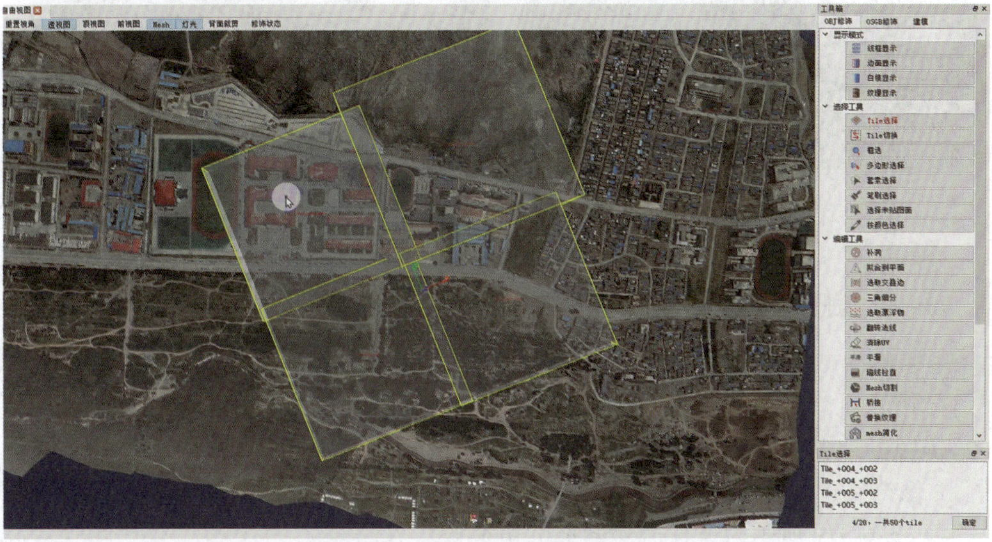

图 6-376　加载需删除的悬浮物 Tile

(2)点击“选取悬浮物”,如图 6-377 所示。

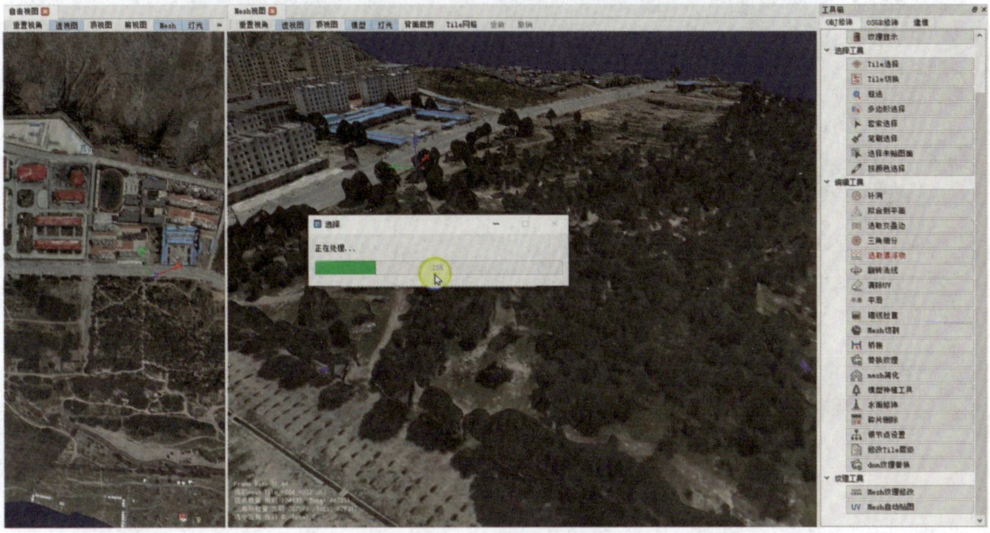

图 6-377　选取悬浮物

(3)按 Delete 删除。图 6-378 所示为悬浮物删除前后。

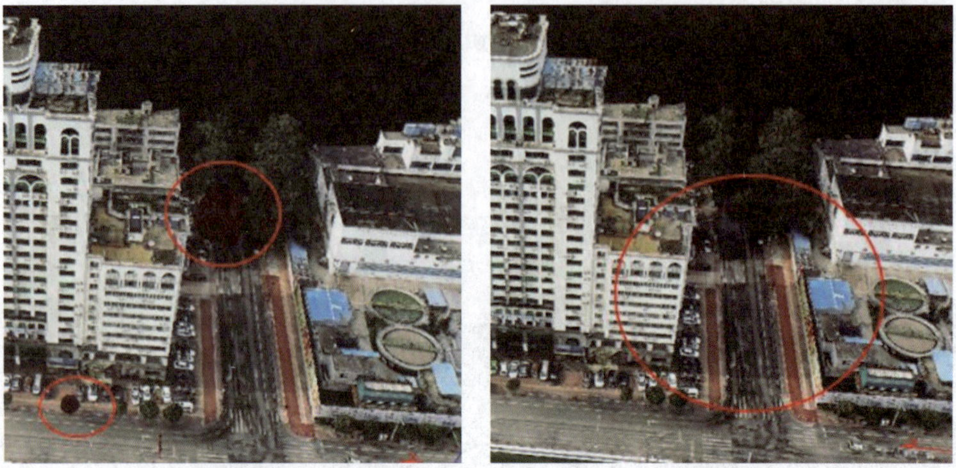

(a)删除前　　(b)删除后

图 6-378　悬浮物删除前后

二、obj 桥隧修饰

obj 桥隧修饰可扫码 6-8 观看。

码 6-8　桥隧修饰

(1)使用几何修正将粘连部分挖除,参照建筑去除粘连方式。

(2)传统处理方式:

①obj 修饰—选择工具—Tile(瓦片)选择—选择需要修饰 Tile—单击—确定。图 6-379 所示为选择需要修饰的 Tile 操作界面。

图 6-379　选择需要修饰的 Tile

②自由视图—建模—创建工具—线—勾勒范围线—选择范围线。图 6-380 所示为勾勒和选择范围线操作界面。

③“mesh 切割”工具—切割 mesh—调整切割参数—删除,如图 6-381 所示。

④默认工具—桥接—将“侧立面”与底部“路面”分开,操作界面如图 6-382 所示。

图 6-380 勾勒和选择范围线

图 6-381 切割 mesh

图 6-382 侧立面与底部路面分开

⑤使用“补洞”工具将路面补齐。操作界面如图 6-383 所示。

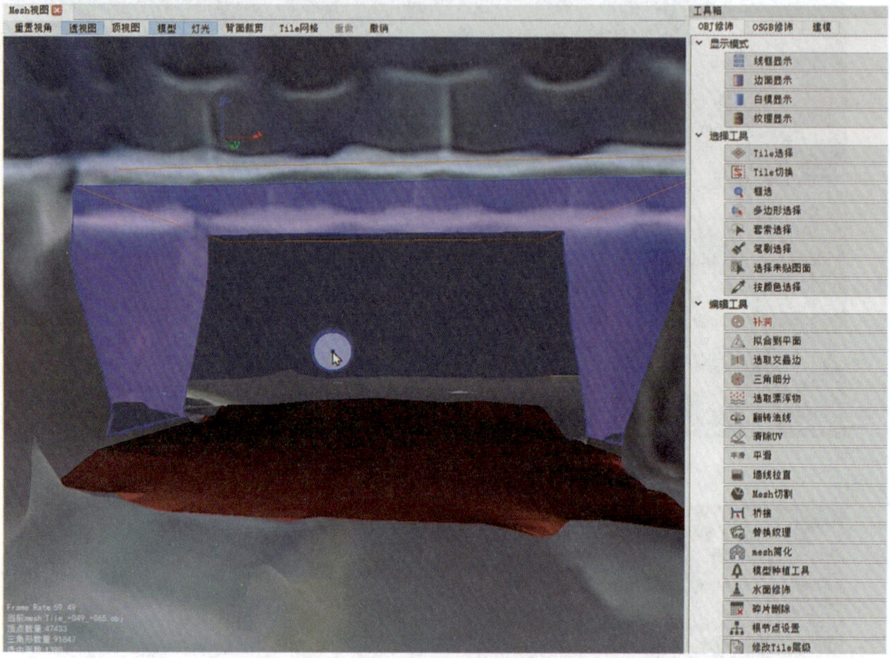

图 6-383　补洞

⑥mesh 自动贴图—赋予路面纹理—mesh 纹理修改—调用 PS 对纹理修改。操作界面如图 6-384 所示。对桥底、两侧的立面可依照此方法进行修改。

图 6-384　纹理修改

三、obj 补洞

（1）将需要处理的数据加载到 mesh 视图，如图 6-385 所示。

（2）使用几何修正工具，绘制长方体，将模型环形孔位置完美填补，如图 6-386 所示。

（3）点击“融合”，操作如图 6-387 所示界面。

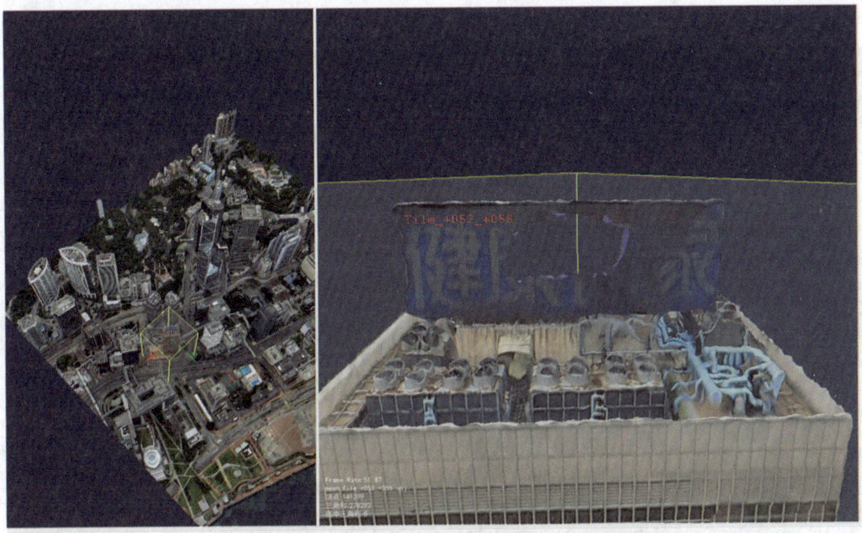

图 6-385 加载处理数据到 mesh 视图

图 6-386 填补模型环形空位

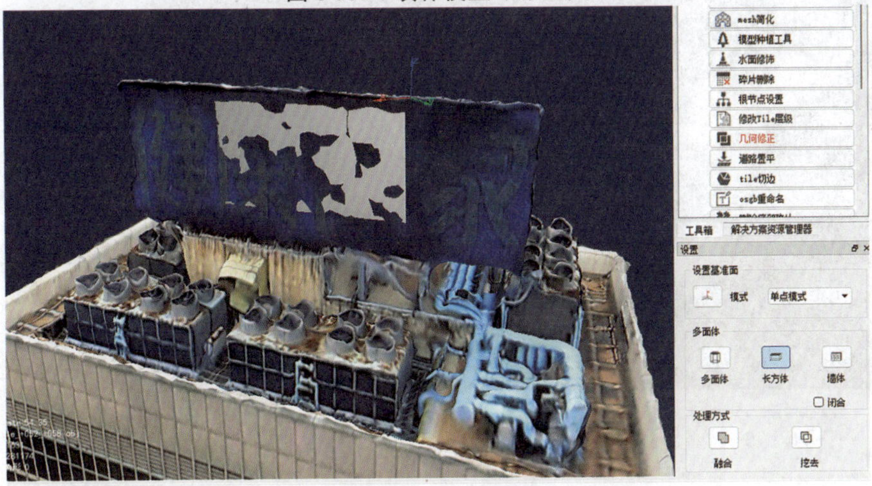

图 6-387 融合操作

（4）mesh 自动纹理映射，注意全局设置中离屏渲染选择法线方向，如图 6-388 所示。

图 6-388　自动纹理映射

（5）纹理修改，可使用纹理替换进行纹理修改，参照建筑墙面高分辨率影像替换，如图 6-389 所示，图 6-390 所示为改后效果。

图 6-389　纹理修改

图 6-390 改后效果

四、obj 水面修饰

obj 水面修饰可扫码 6-7 观看。

(1)使用线功能,沿水域范围勾勒范围线,如图 6-391 所示。

图 6-391 勾勒水域范围线

(2)使用 Tile 选择工具,选择范围内 Tile,如图 6-392 所示。

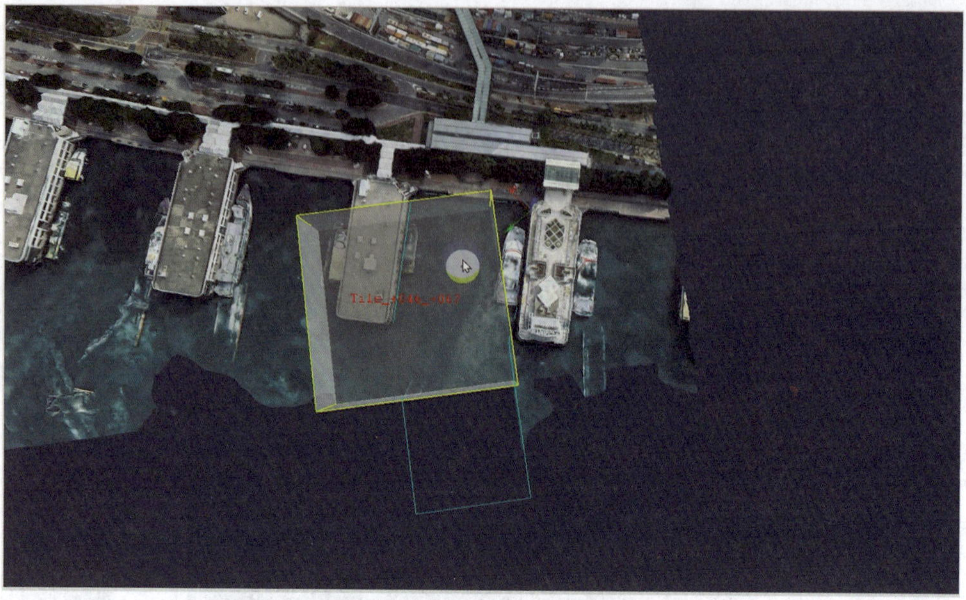

图 6-392　选择范围内的 Tile

(3)视图—打开 mesh 视图,如图 6-393 所示。

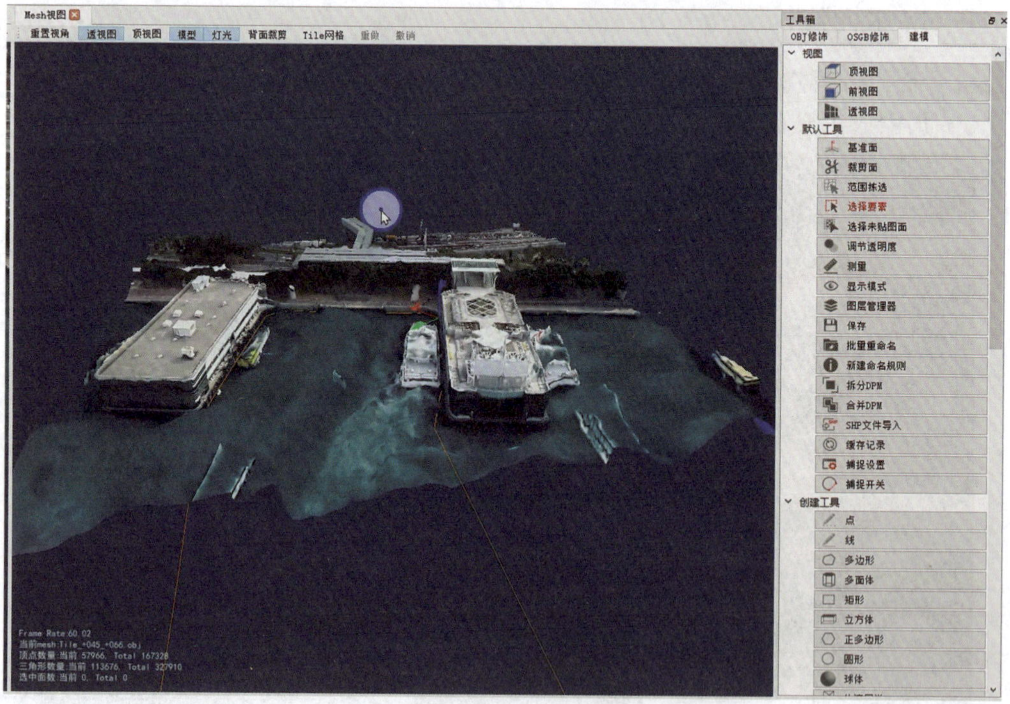

图 6-393　打开 mesh 视图

(4)选择范围线,点击 obj 水面修饰功能,调整空间范围参数,如图 6-394 所示。四周有树的情况下,向上指数尽量调整到合适值。如图 6-395 所示为空间参数调整界面。

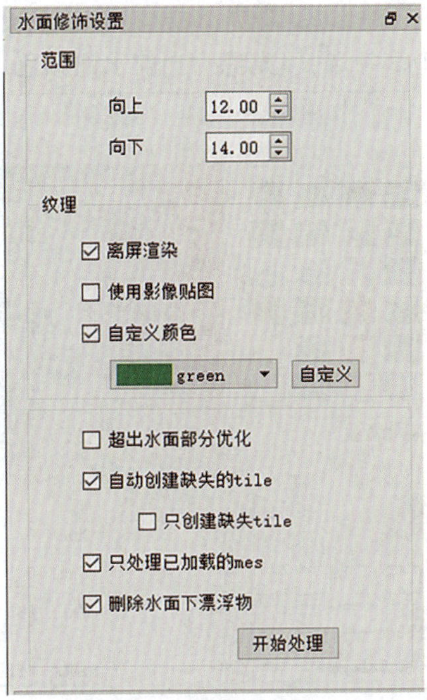

图 6-394 水面修饰调整空间范围

图 6-395 水面修饰空间参数调整

（5）更改纹理方式，现有三种方式：离屏渲染、自定义填充色或影像。无影像时默认将离屏渲染、自定义填充色两个都勾选，填充色为当前水面颜色，如图 6-396 所示。

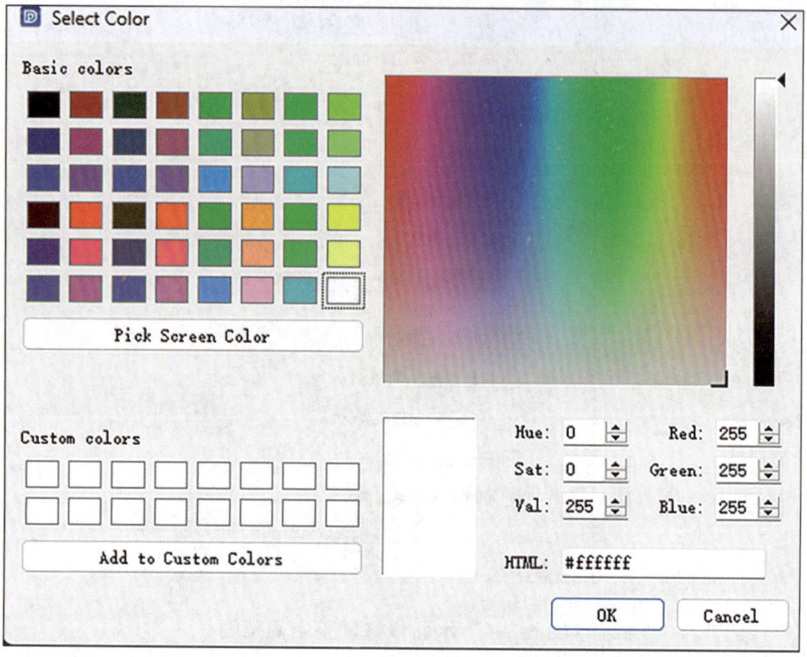

图 6-396　更改纹理方式

（6）自动创建缺失的 Tile 及只处理已加载的 Tile，如图 6-397 所示。

图 6-397　创建及处理已加载的 Tile

（7）点击“开始处理”，如图 6-398 所示。

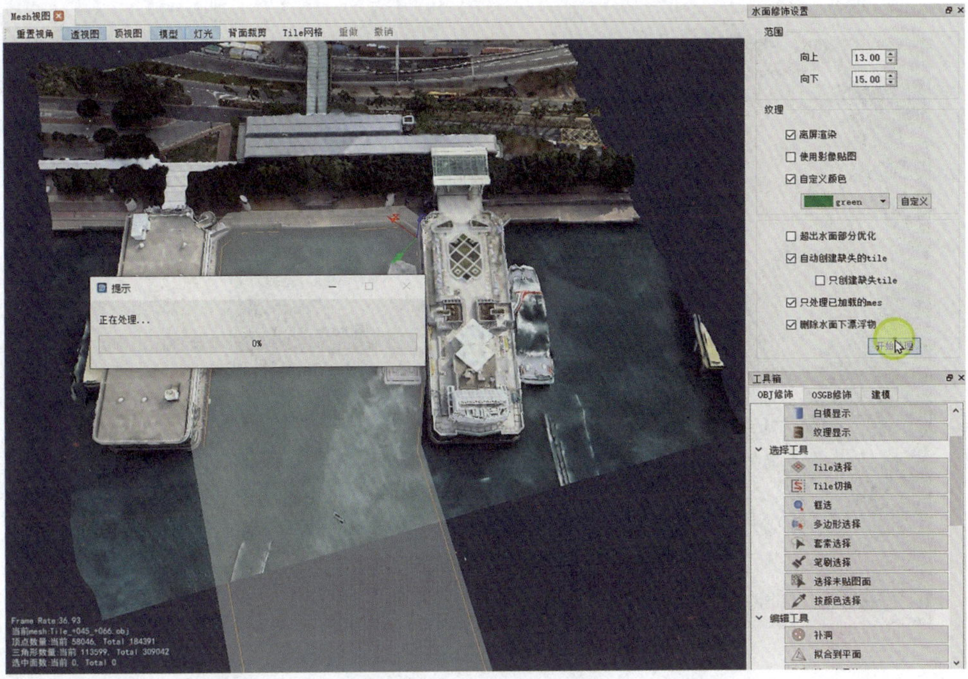

图 6-398　处理水面 Tile

(8)点击 mesh 纹理修改,开始修改,如图 6-399 所示。

图 6-399　mesh 纹理修改

(9)完成修改,如图 6-400 所示。

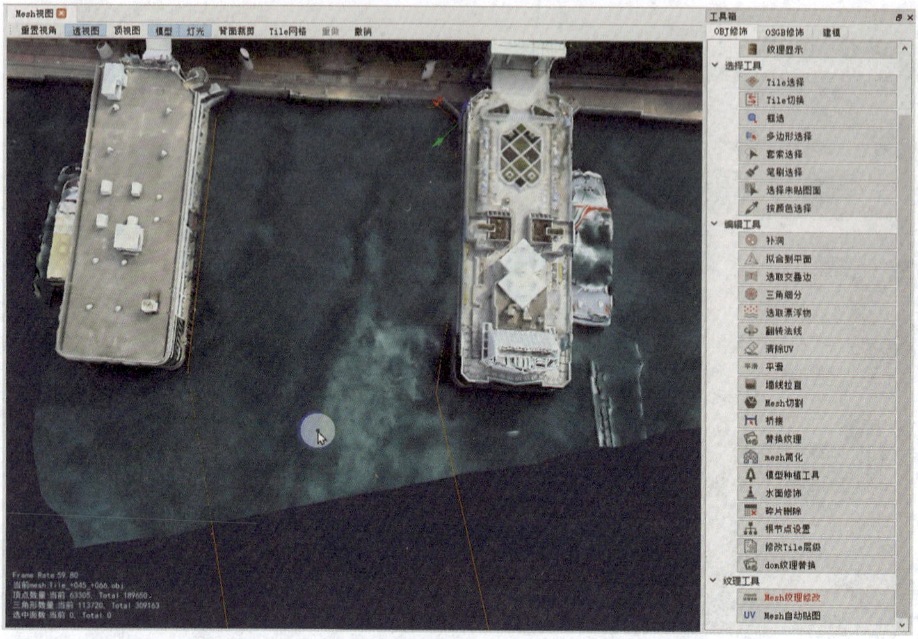

图 6-400　修改完成

批量水面修饰时,可在自由视图将水域范围线都勾勒出来,点击“水面修饰”,设置好参数,取消勾选只处理已加载的 Tile。

点击“开始处理”,处理完成后,将修改的 Tile 加载到 mesh 视图局部精修,如图 6-401 所示。

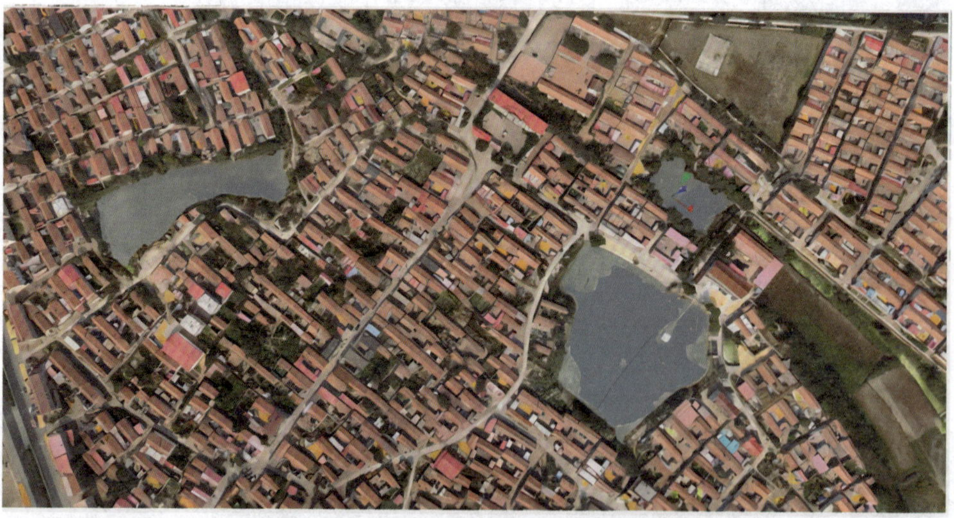

图 6-401　mesh 视图局部精修

五、obj 碎片删除

(1)选择需要进行碎片删除的 Tile,如图 6-402 所示。

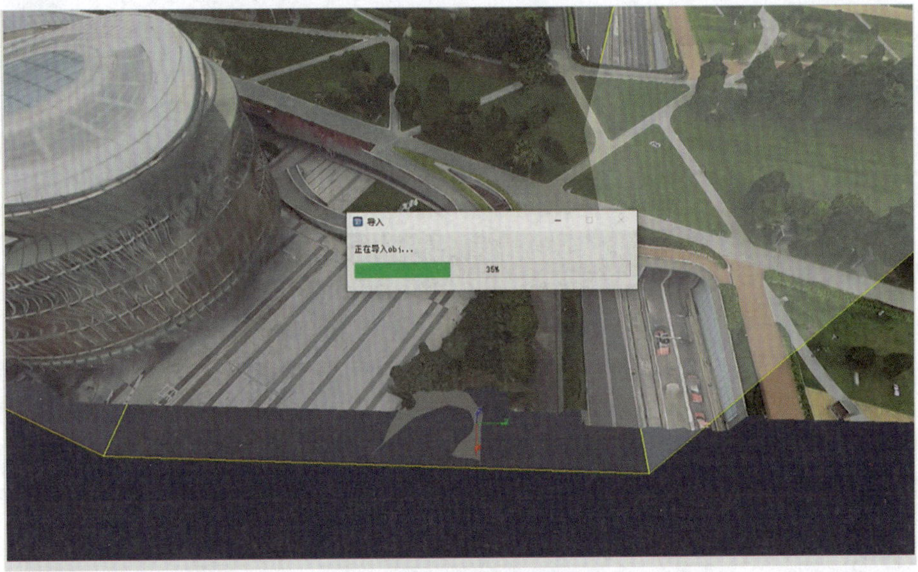

图 6-402　选择需要进行碎片删除的 Tile

(2) obj 修饰，点击“碎片删除”按钮，设置平面类型，设置向下删除，设置参数，如图 6-403 所示。

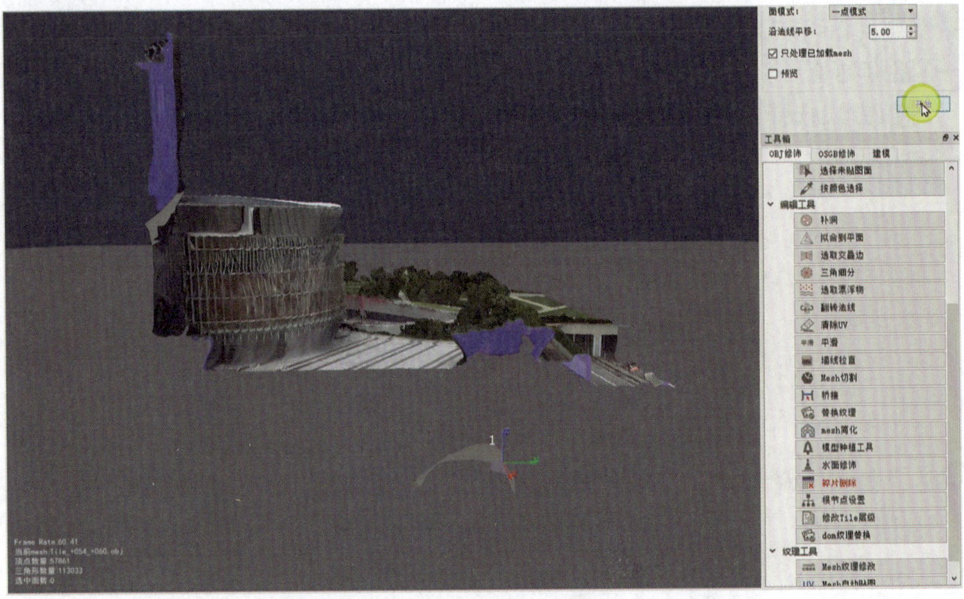

图 6-403　碎片删除

(3) 点击确定，如图 6-404 所示。

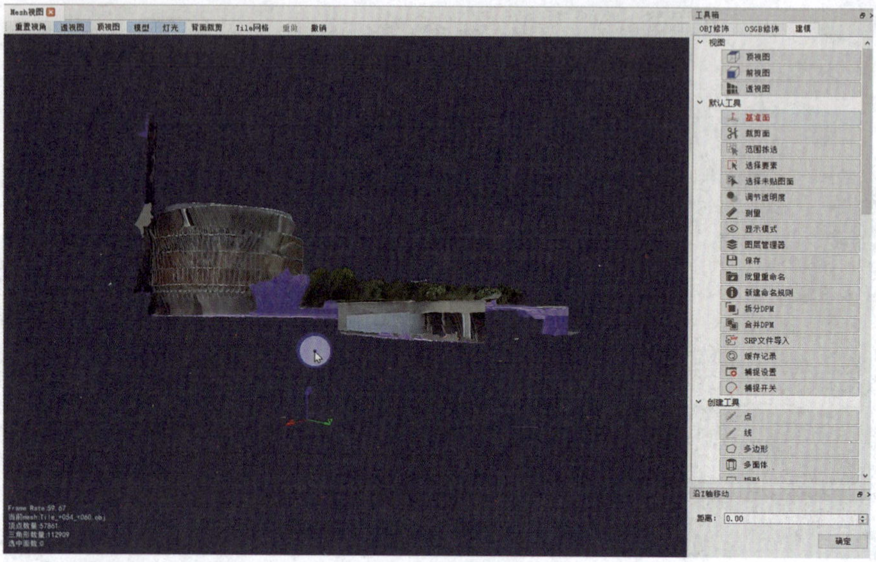

图 6-404　删除确定

六、obj 模型种植

内置模型库,包括植被、路灯、交通指示牌、交通指示灯等,支持快速摆放树木、城市部件等。obj 模型种植分为单点、直线和面三种种植模式。obj 模型种植可扫码 6-9 观看。

码 6-9　obj 模型种植

(一)路灯种植

(1)种植方式选择路线种植,选择合适样本模型,操作界面如图 6-405 所示。

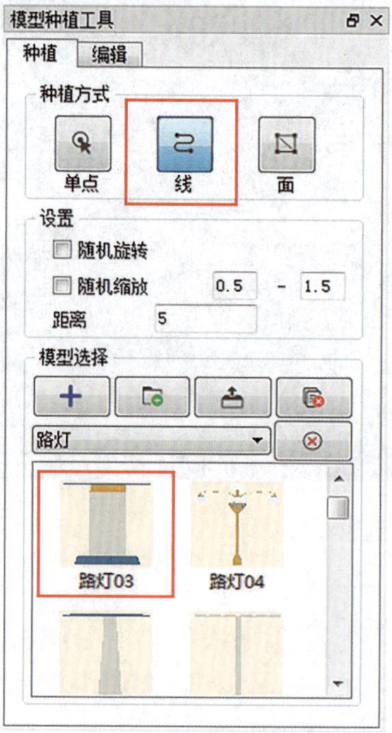

图 6-405　种植方式选择

(2)在三维场景中种植，路径种植操作方式为三点，两点确定直线长，第三点在直线上移动确定插入模型个数，操作界面如图 6-406 所示。

图 6-406　三点式种植

(3)编辑种植模型，可根据实际进行缩放及方位调整。点击"编辑"，选择需要方位调整的模型，编辑方式为旋转，以模型自我为中心旋转，操作界面如图 6-407 所示。

图 6-407　编辑种植模型

(4)切换到顶视图，拖动轴到合适位置，完成整体模型的方位调整。操作界面如图 6-408 所示。

提示：行树种植也可使用此方式，由于树具有独特性，种植参数可以增加角度随机、缩放随机。

图 6-408　模型方位调整

(二)大面积植被种植

(1)种植方式选择面种植,选择合适样本模型。操作界面如图 6-409 所示。

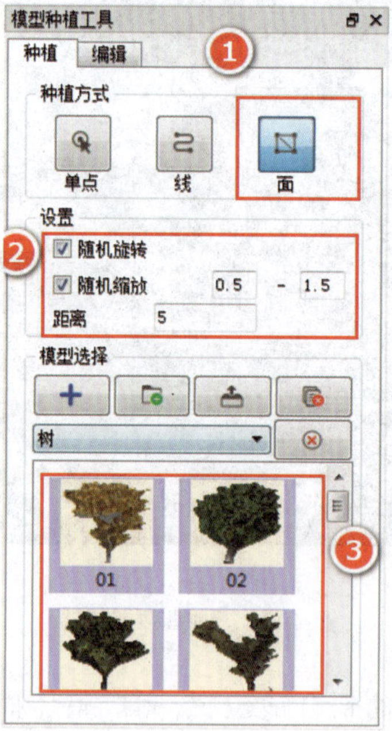

图 6-409　面种植方式选择

(2)直接在 osgb 上绘制范围线,点击右键结束。范围线角点显示如图 6-410 所示。种植效果如图 6-411 所示。

图 6-410　范围线角点

图 6-411　种植效果

(三) obj 建筑局部修饰——墙线拉直

利用墙线拉直工具，在模型上选取两点，产生样条线，点击确定即可。obj 建筑物墙面修饰可扫码 6-10 观看。

墙线拉直前的情况如图 6-412 所示。拉直后的情况如图 6-413 所示。

码 6-10　墙面修饰

图 6-412 墙线拉直前

图 6-413 墙线拉直后

(四) obj 建筑局部修饰——墙面踏平

obj 建筑局部修饰可扫码 6-10 观看。

(1) Tile 加载到 mesh 视图，如图 6-414 所示界面。

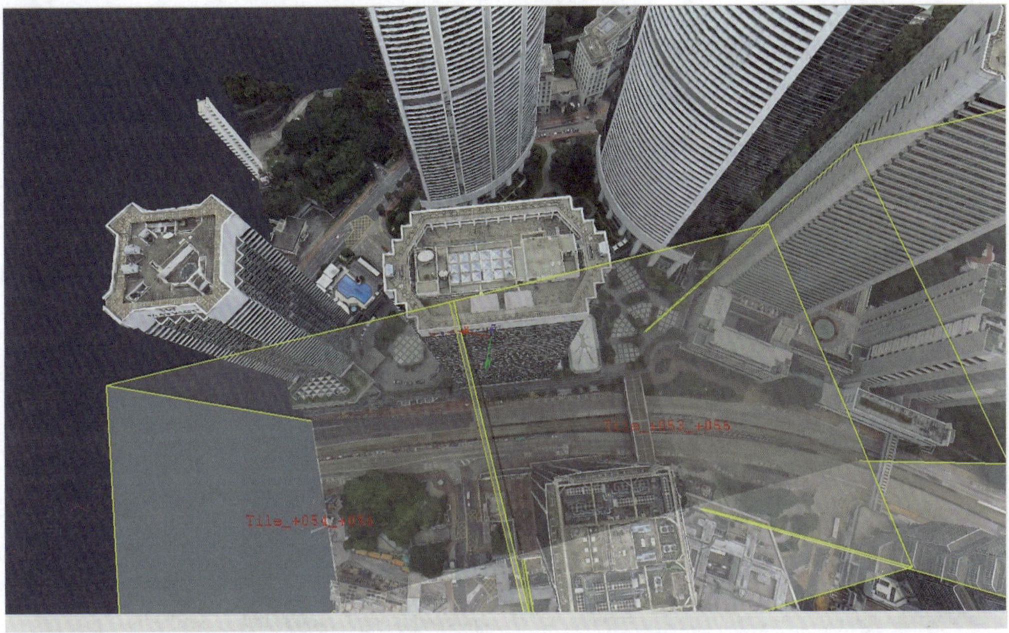

图 6-414 加载 Tile 到 mesh 视图

(2)多边形选择,按 Ctrl 键选中立面,如图 6-415 所示界面。

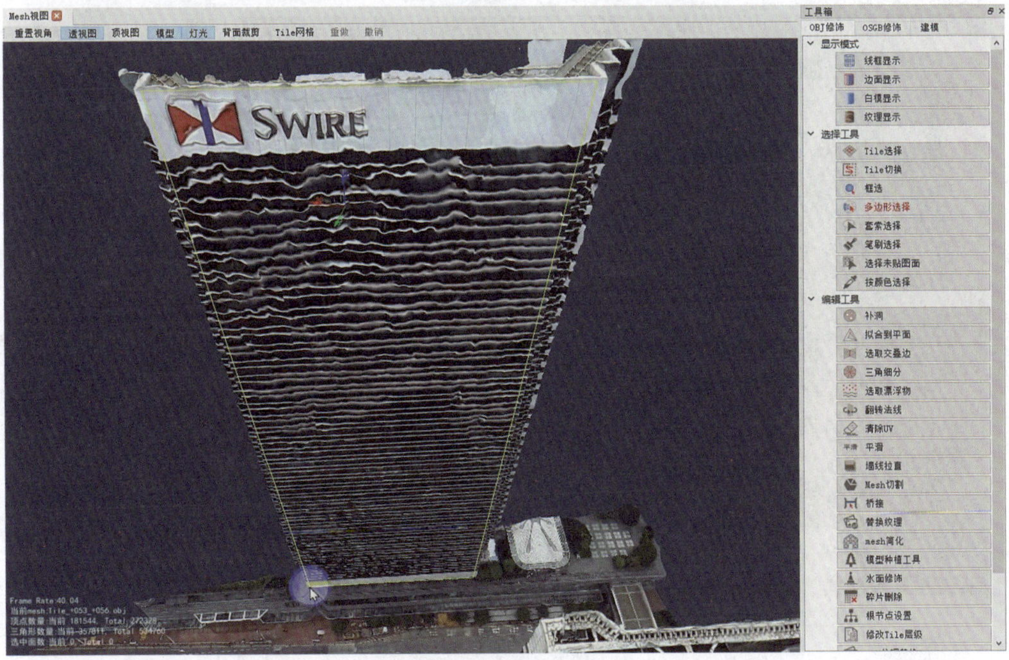

图 6-415 选立面

(3)拟合到平面,两点模式,在墙面选择两个点,点击“确定”,如图 6-416 所示界面。图 6-417 所示为墙面平整后的效果。

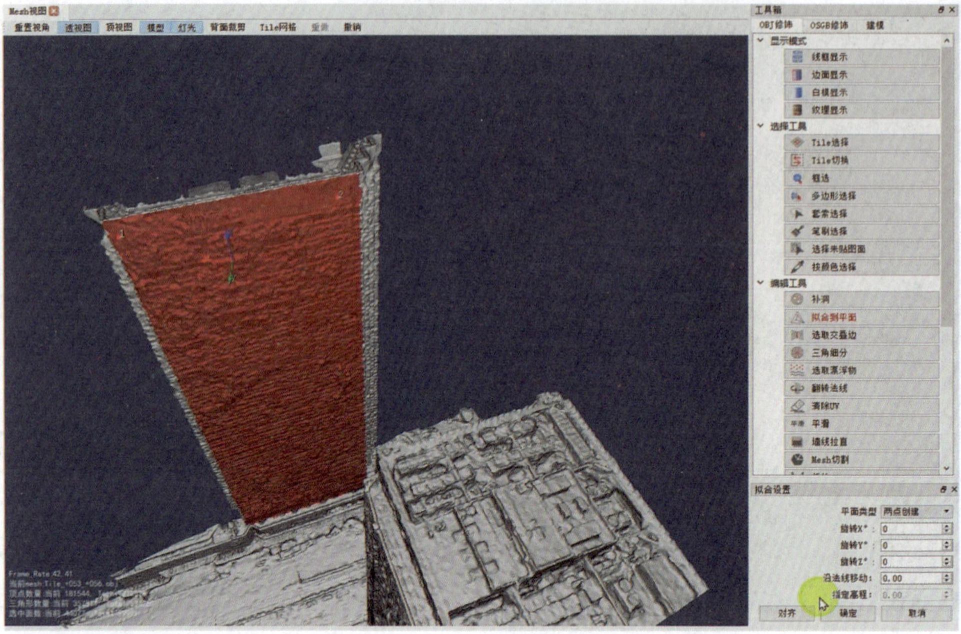

图 6-416　墙面两点模式选择点

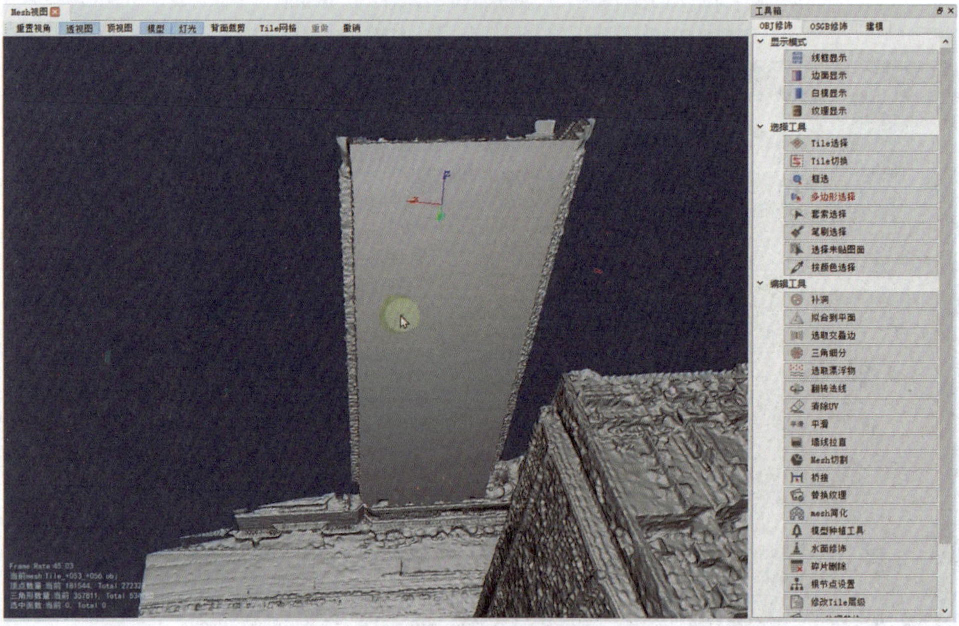

图 6-417　墙面平整后效果

七、常见问题分析

(一) 改名后的单体模型再次导入存在贴图丢失问题

手动更改 obj 文件名，需要一并修改 obj、mtl 两个文件。

（二）贴图一直失败（所有数据都配好了）

影像分辨率太低，导致贴图失败。

（三）贴图过程中，有的建筑无法贴图，如何寻找出问题

（1）确定模型数据是否是 obj 格式。

（2）模型是否平移过，位置半米以上偏差会导致贴图失败。

（3）影响是否完整。

以上基本确定完后再导入到 dp-modeler 检查以下情况：

（1）模型图层是否过大需要拆分。

（2）是否需要翻转法线（是否有黑色的面）。

（3）是否有错面（红色的面）。

（四）贴图时影像色彩有偏差如何调整

影像色彩的偏差可以通过以下三种方式来修饰：

（1）将原始影像进行匀光匀色处理，可以使用一些自动化建模软件来解决。

（2）使用 DP-Modeler 软件建模模块下的色彩调节工具来进行多张影像的色彩调节。图 6-418 所示为色彩调节操作界面。

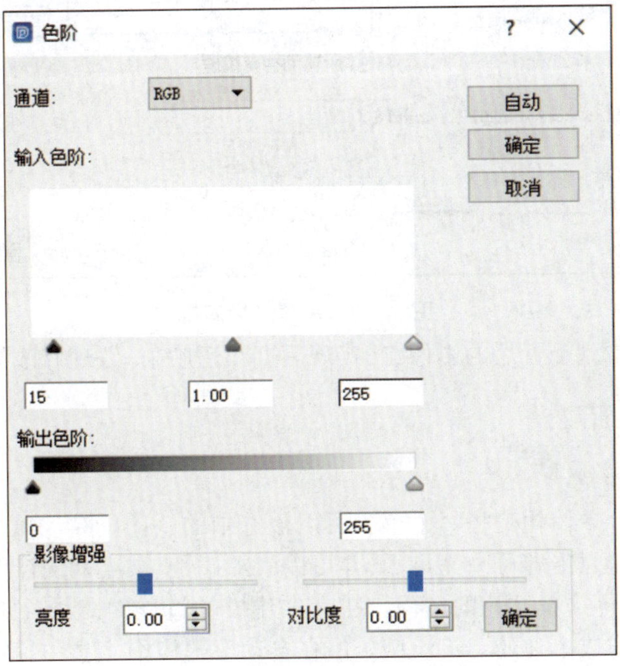

图 6-418 色彩调节操作界面

（3）使用智能化软件，实现自动纹理映射的同时利用影像增强技术对影像的色彩色差进行调节。

（五）没有航空影像和地面影像时如何进行纹理映射

当工程中没有任何影像，只有 osgb 时，可以使用 mesh 自动贴图来进行纹理映射，这里映射的是 mesh 上的纹理。如果纹理有遮挡需要编辑，可以选择 UV 编辑视图来进行贴图范围的修改或跳转至 PS 去进行纹理修改；相似的部分也可以使用样本颜料来复制纹理。

(六)影像配置成功后,相机视图看不到影像的点如何处理

当配置好工程后,相机视图中没有影像的点或者影像的数量小于配置的影像数量时,可以打开设置菜单中的全局设置,将影像距离基准点最远距离设置为影像拍摄时的高度即可,这里系统会默认为 1 000。影像高度设置操作界面如图 6-419 所示。

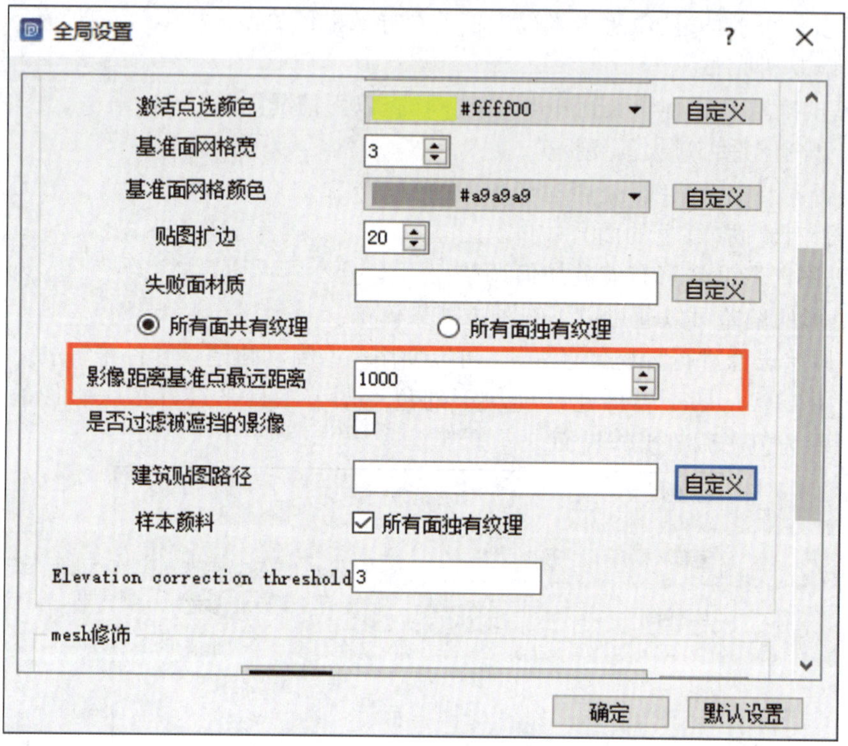

图 6-419　设置影像高度

修改后就可以看到配置后的影像点,实现后期纹理映射、纹理修改等作业。

八、单体化精细建模

(一)单体化的概念

什么是单体化?单体化是指每个单独可以被选中的、可管理组织的实体对象,简单理解为可以使用鼠标进行点击即可高亮显示,并可以附加属性、被查询统计等。对于人工建模来说,操作生产的过程即为单体化的过程。在人工建模的过程中,建筑、路灯等作为单独管理的对象往往会被制作成单独的建筑模型。但在自动化建模中,建模的算法并不会将建筑、地面、树木等地物区分出来。因此,“单体化”必须进行一定的处理才能实现。

(二)单体化的分类

单体化的三维图元作为有独立标识的对象,可附着属性,构建三维地理实体库,满足三维 GIS 的应用需求。常见的三种三维单体化图元生产方式如下。

1. 逻辑单体化

逻辑单体化也叫矢量单体化、动态单体化。在三维渲染显示时,动态地把对应矢量面叠加到倾斜摄影模型上,并在模型上用渲染技术实现三维对象单独选中效果,各种选中及查询功能如同物理单体化。

逻辑单体化并不对三维场景模型中的图元位置进行物理切割，仅采用矢量边界和三维模型套合显示的方式，实现逻辑化的单体模型可视化渲染和属性关联能力。逻辑单体化应用效果如图 6-420 所示。

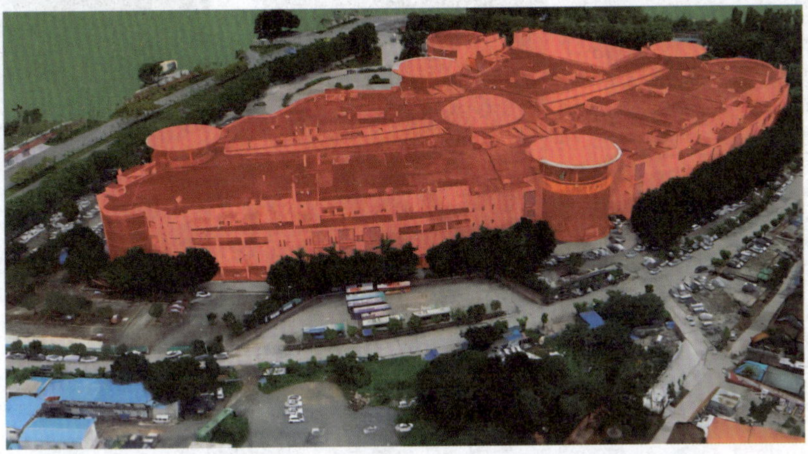

图 6-420　逻辑单体化应用效果示意

逻辑单体化不但可以用于构造三维场景模型中的逻辑实体，在其他任何存在几何关联的场景数据上，例如点云、DSM、DOM、倾斜影像等数据中，都可以利用几何映射关系进行场景数据逻辑实体的构建，并实现交互显示和属性查询的功能。逻辑单体化数据的生产和应用逻辑如图 6-421 所示。

图 6-421　逻辑单体化数据生产和应用逻辑

2. 切割单体化

切割单元化也叫物理单元化、ID 单体化。建模的过程中，把需要单独管理的对象（如建筑、路灯、树木等）通过已有的矢量范围线制、图斑线或者人工测制范围线，将兴趣部分或者对象从实景地理场景中切割出来作为单独的模型，同时赋予唯一 ID，输入相关属性。切割单体化图元在应用过程中不需要矢量范围线的辅助，三维图元作为独立对象可直接挂接属性信息。图 6-422 所示为切割单体化数据生产和应用逻辑示意图。

图 6-422　切割单体化数据生产和应用逻辑

3. 重建单体化

针对一些需要较好展示效果或者显示精度的需求，特别是针对一些大型建筑、地标建筑、商超、桥梁等三维对象，以及一些存在精细附属构件等情况，为了达到精细化的展示和管理，则需要进行重建单体化。

重建单体化是根据三维场景或点云模型中的几何特征，对需要重建的图元对象进行特征点及其他特征参数的提取，然后对图元对象进行三维参数化建模的过程。相对于切割单体化数据，重建单体化模型的顶点数量一般较少，mesh 格网也较为规整。图 6-423 是同一个三维图元的切割单体化和重建单体化格网特征的对比。

(a)切割单体化　　(b)重建单体化

图 6-423　切割单体化和重建单体化三维图元几何特征对比

重建单体化分为两个阶段：白模生产和纹理映射。

(1)白模生产。

DP-Modeler 提供了多种便捷的采集工具，以三维场景数据作为参考底图，快速建立地理单元白模。除了可以利用 DP-Modeler 自有的编辑工具，还可以与 3DMax、AutoCAD 等软件联动，借助于这些第三方软件的编辑优势，生产三维图元数据，并能够实时在 DP-Modeler 中同步进行修饰及纹理操作。图 6-424 所示为地理单元白模生产示例。

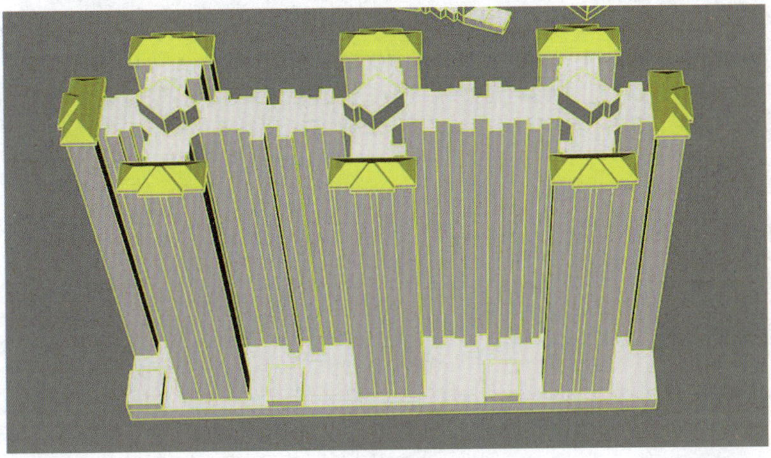

图 6-424 地理单元白模生产

(2)纹理映射。

常见软件的自动纹理映射常常由于未进行视觉遮挡的计算,且没有考虑颜色过渡问题,自动映射的纹理常常错位、色差严重,甚至将周边地物的纹理映射过来,产生错误的纹理映射。

天际航 DP-FireFly 具有专为超大规模三维地理数据生产而设计的分布式计算引擎,具备 LOD 构建、智能贴图等集群处理能力。其中,智能贴图模块可基于倾斜多视影像实现多张纹理融合贴图,融入特有的图像处理算法,实现单体化模型纹理重映射及纹理优化技术,极大地提升单体化模型纹理贴图效果,提高了单体化建模效率。

使用天际航 DP-FireFly 智能贴图可以很好地解决白模图元数据的纹理贴图问题,重建单体化模型生产流程如图 6-425 所示。

图 6-425 重建单体化模型生产流程

任务五 地理实体三维表达模型构建实训与考核(知行合一)

一、总体要求

通过对以上内容的学习,利用老师所提供的数据,进行为期一周的综合训练以及考核评价,考核将根据地理实体构建的操作时长和操作效果进行评判,限时 1.5 h。采用百分制积分,其中单体建筑物主体表现 5 分、屋顶结构表现 10 分、侧面结构 25 分、单体建筑结构精度表现 30 分、纹理效果 10 分、操作时长 20 分,操作时如出现表 6-3 中评分指标所列情况则扣分,扣完为止。

二、综合实训

根据老师所提供的样例数据,要求学生进行为期 4 天的强化综合训练,达到考核要求为目的。

三、考核与评价

根据训练情况,进行 1 天的考核,考核内容见表 6-3。

表 6-3 考核内容

类别	指标	分值	评分指标
地理实体构建	单体建筑物主体表现	5 分	单体建筑主体结构缺失(5 分)(3 个拐角)
	屋顶结构表现	10 分	屋顶结构缺失 (10 分) 阁楼、烟囱等屋顶部件缺失 1 处扣 1 分(10 个结构)
	侧面结构	25 分	建筑四周门窗、阳台、门顶雨罩等结构缺失 1 处扣 1 分(25 分) 墙体结构:墙体凹槽 5 处 阳台:5 层 侧面雨篷:10 个 楼梯:5 个
	单体建筑结构精度表现	30 分	单体建筑主体结构精度明显不足 1 处扣 1 分(30 分)
	纹理效果	10 分	建筑纹理存在明显遮挡或色差、接边错误 1 处扣 1 分(10 分) 纹理需修改面在文档底部附图
操作时长	按完成时间名次进行评分	20 分	按完成时间进行排序,用时最短的第一名获 20 分,第二名 19 分,逐名递减 1 分

(一)单体建筑物主体表现

如图 6-426 所示 3 个拐角。

(二)屋顶结构表现

如图 6-427 所示 10 个结构。

(三)侧面结构

(1)墙体结构:如图 6-428 所示墙体 5 处凹槽。

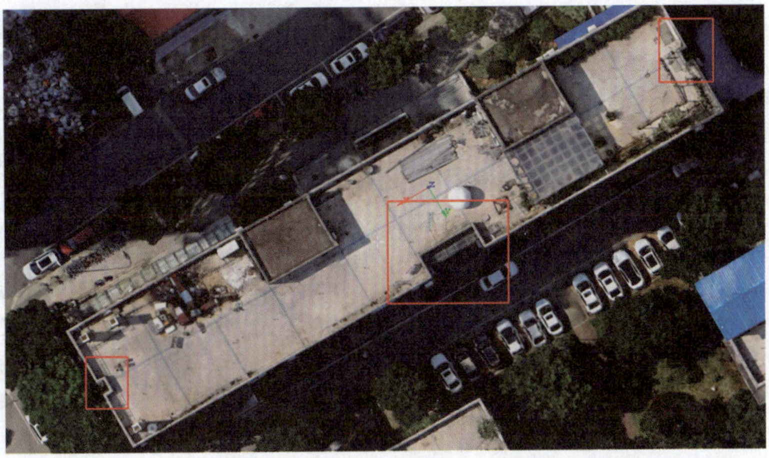

图 6-426 拐角

(2)阳台:如图 6-429 所示 5 层阳台。

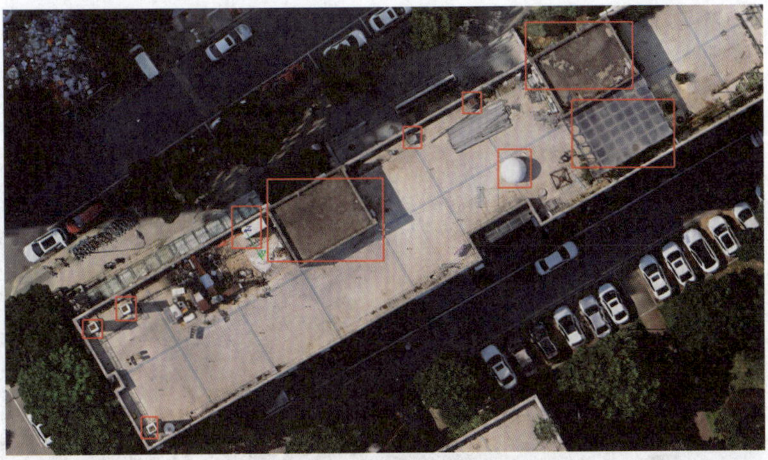

图 6-427 屋顶结构

图 6-428 凹槽

图 6-429　阳台

（3）侧面雨篷：如图 6-430 所示 10 个雨篷。

（4）楼梯：如图 6-431 所示 5 个楼梯。

图 6-430　雨篷

图 6-431　楼梯

（四）纹理需修改面

纹理需修改面如图 6-432～图 6-438 所示。

图 6-432　纹理 1

图 6-433　纹理 2

图 6-434　纹理 3

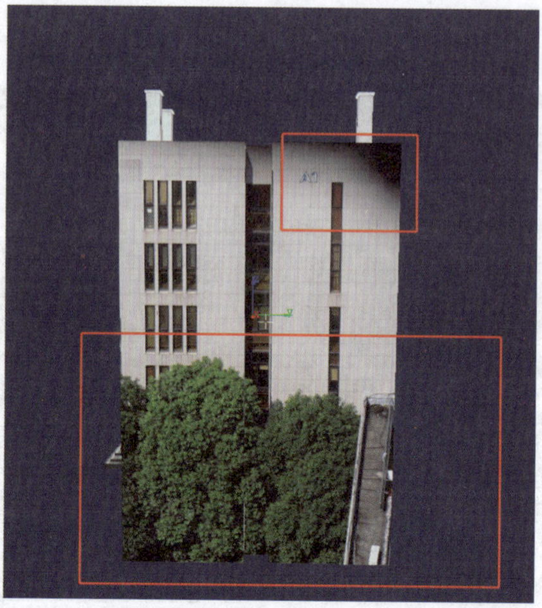

图 6-435　纹理 4

图 6-436　纹理 5

图 6-437　纹理 6

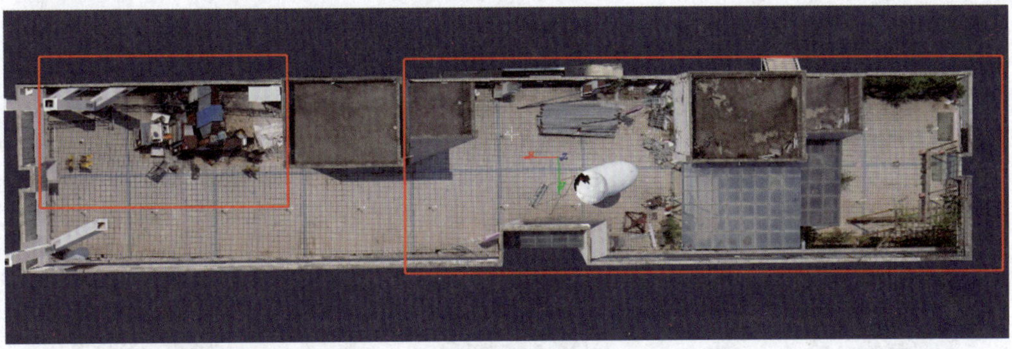

图 6-438 纹理 7

考核评价见表 6-4。

表 6-4 考核评价

<table>
<tr><td>院系</td><td></td><td>班级</td><td></td><td>学号</td><td></td></tr>
<tr><td>姓名</td><td></td><td>起止时间</td><td colspan="3"></td></tr>
<tr><td rowspan="11">考核内容</td><td>听从老师安排</td><td colspan="4">优秀◎ 良好◎ 中等◎ 及格◎ 不及格◎</td></tr>
<tr><td>满分分值</td><td colspan="3">考核说明</td><td>分数</td></tr>
<tr><td>单体建筑物主体表现(5 分)</td><td colspan="3">单体建筑主体结构缺失(5 分)(3 个拐角)</td><td></td></tr>
<tr><td>屋顶结构表现(10 分)</td><td colspan="3">屋顶结构缺失（10 分）；
阁楼、烟囱等屋顶部件缺失 1 处扣 1 分(10 个结构)</td><td></td></tr>
<tr><td>侧面结构(25 分)</td><td colspan="3">建筑四周门窗、阳台、门顶雨罩等结构缺失 1 处扣 1 分(25 分)
墙体结构:墙体凹槽 5 处
阳台:5 层
侧面雨篷:10 个
楼梯:5 个</td><td></td></tr>
<tr><td>单体建筑结构
精度表现(30 分)</td><td colspan="3">单体建筑主体结构精度明显不足 1 处扣 1 分(30 分)</td><td></td></tr>
<tr><td>纹理效果(10 分)</td><td colspan="3">建筑纹理存在明显遮挡或色差、接边错误 1 处扣 1 分(10 分)
纹理需修改面在文档底部附图</td><td></td></tr>
<tr><td>按完成时间名次
进行评分(20 分)</td><td colspan="3">按完成时间进行排序,用时最短的第一名获 20 分,第二名 19 分,逐名递减 1 分</td><td></td></tr>
<tr><td>合作交流意识</td><td colspan="4">优秀◎ 良好◎ 中等◎ 及格◎ 不及格◎</td></tr>
<tr><td>指导老师评语</td><td colspan="4"></td></tr>
</table>

一些可能用到的视频资料列于此,可根据需要扫码 6-11 ~ 码 6-23 学习。

码 6-11　复杂房屋单体化

码 6-12　建模作业提交

码 6-13　修饰作业打开

码 6-14　OBJ 修饰界面及操作介绍

码 6-15　修饰作业提交

码 6-16　翻转法线

码 6-17　纹理绘画

码 6-18　模型裁边

码 6-19　切割单体化

码 6-20　mesh 简化

码 6-21　老虎窗制作

码 6-22　底商纹理修改

码 6-23　招牌字体透贴制作

习　题

一、选择题

1. DP-Modeler 软件支持多源数据管理能力，可支持(　　)数据建模。

   A. 航空影像、近景影像、全景影像　　B. 激光点云数据

   C. 视频　　D. DEM、DOM

2. 下列说法不正确的是(　　)。

   A. 场景修饰可以基于 obj 格式的模型　　B. 场景修饰可以基于 osgb 格式的模型

   C. 单体化建模可以基于 osgb 格式的模型　　D. 单体化建模可以基于 obj 格式的模型

3. 建(构)筑物及附属设施的一级模型进退结构大于(　　)m 的均应进行建模表现。

A. 0.5　　B. 0.8　　C. 0.2　　D. 1.0

4. 下列哪些情况需要进行模型修饰?(　　)

A. 水面破洞　　B. 道路凹凸不平　　C. 建筑物上的破洞　　D. 桥梁底部粘连

5. 自然地理实体不包含(　　)。

A. 山体　　B. 水利　　C. 海洋　　D. 农林用地

二、填空题

1. 新建解决方案时需要准备__________、__________、__________、__________。
2. 实现单体化的三种常用的方法是__________、__________、__________。
3. 房屋的结构可以拆分为__________、__________、__________、__________。
4. 建(构)筑物及附属设施的模型等级有:__________、__________、__________和__________。
5. 基础地理实体可分为__________、__________和__________三大类。

三、简答题

1. 简述简单房屋的构建流程。
2. 简述房屋纹理修改的几种方法。
3. 为什么要单体化?单体化的用途有哪些?
4. 修饰的功能模块有哪些?

码 6-24　项目六习题参考答案

项目七　无人机倾斜摄影测量行业应用案例

项目描述

本项目介绍无人机倾斜摄影测量技术相关行业的典型应用，分为六个任务。分别介绍倾斜摄影测量在不动产测量和城市建设、施工监测、突发、应急救援、智慧电网、智慧水利等行业中的应用。并进一步了解室内外一体三维建模流程，了解无人机+数字孪生的应用情况，地理实体单体化技术的扩展应用与发展情况。

项目目的

学习该项目的的目的是使学生了解无人机倾斜测量技术在不同行业中的应用，发展前景明朗，增强学生学习的积极性，激励学生成为行业的建设者和见证者。

课时建议

6 学时（根据学生所学专业情况，学时数可适当增减，见表 7-1）。

表 7-1　学时分配

序号	学习内容	讲课学时
1	倾斜摄影测量在不动产测量和城市建设中的应用	4
2	施工监测中应用情况介绍	
3	突发、应急事件的快速建模	
4	室内外一体三维建模流程	2
5	无人机+数字孪生的应用情况	
6	地理实体单体化技术的扩展应用与发展	
合计		6

思政导引

安全生产意识、质量意识、服务意识、团队协作意识

一、安全生产意识

（一）安全生产概念

安全，就是指企业员工在生产过程中或生产过程中的设备没有危险、不受威胁、不出事故。

安全生产，是指在生产过程中的人身安全、设备安全以及保密数据和文档安全。是个人、家庭、企业和国家的基本需要，其目的就是保障人民生命安全，保护国家财产安全，促进社会经济发展。

安全生产是我们国家的一项重要政策,也是社会、企业管理的重要内容之一。是国家和政府赋予企业的责任;是社会和员工的要求;是生产经营准入的条件;是市场竞争的要素;是持续发展的基础;是利润的组成部分。

党和国家对安全生产十分重视,因为它体现着国家的社会主义性质、市场经济的发展方向和我们党的根本宗旨,是企业和国家经济建设顺利发展的前提,是社会稳定、人民生活幸福的保障,是当前我国人权事业的重要使命,是我们参与国际经济贸易竞争的必备条件。

企业为实现生产安全所进行的计划、组织、协调、控制、监督和激励等管理活动称为安全生产管理。

(二)安全生产的意义

保护劳动者的生命安全和职业健康是安全生产最根本、最深刻的内涵,是安全生产的核心,关系改革发展和社会稳定大局。搞好安全生产工作,切实保障人民群众的生命财产安全,体现了广大人民群众的根本利益,反映了先进生产力的发展要求和先进文化的前进方向。做好安全生产工作是统筹经济社会全面发展的重要内容,是实施可持续发展战略的组成部分。

(三)安全生产的重要性

(1)安全生产是企业发展的重要保障,这是我们在生产经营中贯彻的一个重要理念。

(2)安全生产是企业文化建设的重要组成部分。安全是人类最重要、最基本的需求,是人的生命与健康的基本保证,一切生活、生产活动都源于生命的存在。

(3)加强安全生产,防止职业危害是国家的一项基本政策,是发展社会主义经济的重要条件,是企业管理的一项基本原则,具有重要的意义。

安全生产责任制是根据我国的安全生产方针"安全第一,预防为主,综合治理"和安全生产法规建立的各级领导、职能部门、工程技术人员、岗位操作人员在劳动生产过程中对安全生产层层负责的制度。

安全生产责任制是企业岗位责任制的一个组成部分,是企业中最基本的一项安全制度,也是企业安全生产、劳动保护管理制度的核心。

(四)安全生产基本原则

(1)"以人为本"。无论是名誉、金钱,还是外貌,都无法和生命的重要性相提并论,因为我们每个人的生命都只有一次,所以我们要好好地珍惜它。

(2)"谁主管、谁负责"。

(3)"管生产必须管安全"。

(4)"安全具有否决权"。

(5)基本建设项目中的职业安全、卫生技术和环境保护等措施和设施,必须与主体工程同时设计、同时施工、同时投产使用。

(6)依据《国务院关于特大安全事故行政责任追究的规定》,坚持"四不放过"原则。

事故原因未查清不放过,当事人和群众没有受到教育不放过,事故责任人未受到处理不放过,没有制定切实可行的预防措施不放过。

(7)安全生产与经济建设、深化改革、技术改造同步规划、同步发展、同步实施。

(8)企业的生产组织及领导者在评比生产工作的同时进行安全工作的评比。

(五)测绘安全知识

测绘专业大学生需要了解的安全生产包括:人员安全、设备安全和地理信息数据安全。

1. 人身安全

人身安全包括外业生产安全(主要是出测、收测前的准备,行车、饮食与住宿,外业作业环境,生产过程中的安全)和内业生产安全(主要是作业场所安全与操作安全)。

2. 设备安全

设备安全主要是健全仪器设备的管理制度(包括仪器设备的保管、"三防"措施、仪器的安全运送与使用保养、维修等制度)。

3. 地理信息数据安全

地理信息数据是指用来表示与空间地理分布有关信息的数据,它是地表物体和环境固有的数据、质量、分布特征,联系和规律性的数字、文字、图形、图像的总称。

地理信息数据安全管理措施与保护应注意以下几项。

1) 归档与移交

归档内容:基础地理信息数据成果、文档资料、相关软件、档案目录数据。

归档要求:

(1) 档案形成单位应在项目完成后 2 个月内完成归档。

(2) 基础测绘数据成果应与文档材料一同归档。

(3) 归档的基础地理信息数据应为最终版本。

(4) 归档后,如果档案形成单位又对基础地理信息数据成果进行了更新(即补充或完善),应将更新后的数据成果及时归档,以替换原归档的数据成果。

(5) 文档材料归档一份,数据成果拷贝归档两份。

(6) 归档的数据成果和相关软件一般不压缩、不加密。如进行了压缩和加密,应将解压缩软件和密钥、加密和解密软件同时归档。

2) 测绘成果保密措施

(1) 建立健全保密管理制度。

(2) 强化安全保密措施。

(3) 规范成果提供使用行为。

(4) 依法对外提供测绘成果。

(5) 切实加强统一监督管理。

(6) 加强保密管理工作的宣传教育。

密级:

"绝密":是最重要的国家秘密,一旦泄露会使国家的安全和利益遭受特别严重的损害。

"机密":是重要的国家秘密,一旦泄露会使国家的安全和利益遭受严重的损害。

"秘密":是指一般的国家秘密,一旦泄露会使国家的安全和利益受到一般的危害和损失。

(六) 生产遇突发事故应急处理程序

(1) 事故报告。

(2) 预案启动。

(3) 事故救援。

(4) 事故善后。

二、质量意识

(1) 具有重视质量、追求质量、巩固与维护质量的质量意识,要持之以恒地坚持和养成质量意识、质量行为、质量习惯。

(2)加强在知识技能学习过程中追求质量的行为意识,提高社会责任感,提升自我的人生水平、人生高度和世界观、人生观、价值观。

(3)树立严谨、务实、认真的学习和工作态度。正确认识质量意识决定学习态度与学习行为,高质量意识能引发高质量行为,养成耐心细致的学习和工作习惯。

(4)无论课堂学习还是在企业锻炼,时刻要把重视质量、追求质量、崇尚质量牢记于心。

(5)具有保质保量完成任务的职业意识。质量作为一种使命感和责任感,要遵守操作规程,苦练技能,具有精益求精、一丝不苟的敬业精神与产品精品意识。

(6)在保证质量的同时要考虑作业效率,通过总结经验和教训以及进一步的训练,学习新的技术,提升自身技能水平。

三、服务意识

服务意识是指人与人之间、人与单位之间、单位与单位之间的交往中所体现的为其提供热情、周到、主动的服务欲望和意识,是发自服务者内心自觉主动做好服务工作的一种观念和愿望。测绘人所做的是利国利民的技能服务,在校大学生的服务对象是毕业后的社会,是"潜在的服务对象"。目前国家对职业教育改革推行的产教融合、顶岗实习等学习形式,使这种潜在的对象提前转化为直接对象。

在校期间,大学生可以通过担任学生干部、志愿者,或勤工助学、社会兼职等途径,扮演岗位角色,增强服务意识,为步入社会进行演练。

要积极参与社会服务与实践,认识自身角色,增强社会责任感,态度热情,乐于助人,行为主动,考虑周详。一个细心善良、处处为他人着想、思想缜密、服务意识较强的学生,必受社会欢迎,因此作为大学生必须具有"为人民服务"的理念,练好服务的本领,提高服务认识,增强服务意识,激发在服务过程中的主观能动性。

四、团队协作意识

协作意识是当今时代一个团队、一个集体、一个组织生存和发展不可或缺的思想理念和基本原则。作为一个团队中的个体,要想在团队中站住脚跟,进而和团队一起发展,也必须自觉培养和发扬团队协作精神,这样才能更好地融入团队和集体,进而取得进步和发展。

团队协作主要是指"分工、协作、团结、配合"四个方面。

团队协作就是一个人所具备的自觉服从团队领导,自觉与团队其他成员共同协作完成工作,也是自己取得发展和进步的意识、习惯和品质。具有大度包容、正直向善、富有朝气、积极进取的特点。

每个人发展只有融入团队中,才能实现自我价值,或者说才能实现得更好。具有最基本的道德观,提升素养,积极协作,虚心学习他人,克服自身缺点,保持足够的谦虚,坦诚互信,善于交流沟通,勇于承担责任,这样在团队发展中才能实现自我价值,成为最佳团队成员。

团队协作三要素:分工+合作+监督=团队协作成功。

(一)分工

合理化分工:团队内成员的能力应与其从事的具体工作相匹配。

明确化分工:使每个团队成员的具体工作和职责得到清晰地确认。

合理明确的分工使得团队内的各成员得到真正的“物尽其用”,每一个成员都拥有明确的责任意识,可以在合适的岗位上发挥其最大的价值。同时,细致分工可有效避免重复劳动,并能大幅提高相互协调合作的效率。

(二)合作

对合作中容易出现的问题,找到解决问题的办法,可以取得良好的合作结果。由于团队内各成员个体间的差异,彼此之间很难自发完成良好的合作。通过主动沟通和领导协调,使具体工作可以得到顺利的衔接;人际关系融洽可促进合作的积极性,使得整个团队协作更紧密。

(三)监督

协作要素——监督的目的:促使团队内成员负责地完成好本职工作,并使之不具有任何可能危害团队成果的行为。

任务一　倾斜摄影测量在不动产测量和城市建设中的应用

活动一　1:500高精度不动产测量案例介绍

一、影像数据获取

不动产测量是房地产调查项目中一项非常重要的工作。以往大多数房地产调查使用传统的测量方法,如GPS-RTK、全站仪等,存在房屋密集,通视性差、很多地方难以到达、获得的成果是二维平面、缺乏立体感等问题。不动产测量项目范围大、工期紧、现场工作量大、人工成本高、工期长、效率低,而利用无人机倾斜摄影测量将在满足项目技术要求的前提下大大缩短项目工期。

倾斜摄影测量通过飞行平台、飞行控制系统、倾斜摄影系统,不仅可以采集到地面物体前后左右和垂直角度的高分辨率图像,还可以获取地物的纹理信息。通过基于真实场景的三维模型制作软件,采用空三加密、图像控制点刺点等数据处理流程,全自动+人工干预生成三维立体模型。

与传统测量方法相比,无人机倾斜摄影测量数据采集更加方便,其结果能够充分反映地理单元信息。利用三维模型,可以在可视化虚拟环境中处理地理空间信息,使用三维点云数据和特殊算法,可以自动提取特定的地理元素,有效地减少外业测量工作量,提高工作效率,倾斜摄影测量成本比全野外测量要低得多。

二、数据预处理和处理

(一)多视点图像的联合调整

在空中三角测量系统对多视点图像的联合平差中,应该充分考虑图像之间的几何变形和遮挡关系。

(二)多视图图像的密集匹配

图像匹配是摄影测量的基本问题之一,多视图图像具有覆盖范围大、分辨率高等特点。因此,多视图图像匹配的关键是如何在匹配过程中充分考虑冗余信息,从而快速准确地获得多视图图像上同名点的坐标,完善图像中的三维数据信息。

（三）数字表面模型的制作

多视点图像的密集匹配可以获得高精度、高分辨率的数字表面模型，充分表达地形特征和表面特征，已成为新一代空间数据基础设施的重要组成部分。

（四）真投影图像校正

多视点图像的真实校正包括连续 DEM、大量离散分布粒度差异很大的地物以及大量具有典型数据密集和计算密集特征的多角度图像。

（五）航线规划

航线规划是无人机倾斜摄影测量的关键，它决定了图像的完整性和冗余度是否满足要求。如果航线之间距离太大，部分摄影将不完整；反之，如果航线之间距离太小，虽然可以确保图像的完整性，但是会浪费时间增加不必要的工作量。因此，航空摄影测量规范对图像重叠度有明确的要求，如果地形起伏较大，应该适当增加重叠值。根据三维倾斜数据的处理经验，基于图像控制点的约束，为了满足不动产测量采集项目的高精度要求，倾斜图像应该获得地面分辨率优于 3 cm 的图像数据，其航向和旁向重叠度一般应优于 70%，以确保三维模型的效果。当测区有高层建筑时，应该适当增加重叠度，以确保高层建筑的模型效果。对于地形起伏较大的区域，则应根据地形变高飞行，保证测区内大部分地物的分辨率都优于 3 cm，以此保证三维模型的效果和精度。

（六）像控点测量

为了确保不动产测量工作的质量和效果，应该重视图像控制测量阶段工作，以确保测量数据的准确性和可靠性。鉴于不动产测量的特殊性，在影像控制测量阶段，必须对测量区域内村庄的形状、大小、空间布局、村道、集体建设用地等进行匹配，以确保布点均匀适宜，从而保证后续测绘工作有序开展。例如，在采集图像控制点时，使用 GNSS-RTK 软件进行数据采集，采用一级 GNSS 工作标准，完成对控制点像控数据的采集，同时在合理控制像控点间距时，需要保证像控点之间平均距离不大于 2 倍的相对航高。

（七）模型构建

利用真实纹理信息构建真实三维模型。

（1）使用多视图图像密集匹配获取高密度点云数据。

（2）利用高密度点云数据构建三角网络模型，消除三角网络模型中误差较大的点云。

（3）纹理信息通过纹理数据与三角网络模型之间的对应关系自动映射到模型上。

所以真实三维模型包含三种数据，即真实纹理信息、不规则三角形网络和高密度点云数据。构建测区整体真实三维模型可以反映测区的真实地理环境、房屋分布等情况，丰富的纹理信息和结构信息可以为后续矢量信息采集提供重要支撑。

三、大比例尺裸眼测图

在不动产测绘调查中，需要逐栋测量房屋，可以利用三维测图系统加载具有实际地理坐标的模型数据，在二维、三维交互一体化采集模式下，直接采集测图地物，该技术下不需要改正屋檐，实际效率高。

四、成果精度检测

为保证建立模型的精度，需要选择实验区明显地物点进行精度检测，统计检测点误差，确保满足高精度三维模型要求。选取多个检测点，对比分析采集结果和实测数据验证测图精度。例如采集房屋边长数据，确定待测房产图的界址点和边长，利用全站仪采集各项数据并记录测量边长，在对比分析中验证摄影参数的准确性，确保其达到不动产测绘要求。

虽然测绘中单个建筑物测绘误差较小，但在整体三维模型中，这种误差会随之加大，因此需要对无像控三维模型下绘制的矢量图做空间校正。主要进行几何纠正，使被纠正图层和目标图层对齐，可以采用橡皮页变换法纠正，如果纠正点分布均匀可以采用线性法，分布比较分散则可采取自然领域法。

活动二　在数字城市建设中的应用介绍

一、数字城市建设的技术背景

数字城市的形成和不断发展最关键的是需要精确地获取地理信息，并通过三维建模的方式进行三维空间分析。在城市化发展和行业升级过程中，传统地理信息的局限性日益暴露，传统过程是依据已有的测绘成果数据，将所采集到的地表和建筑物等信息录入电脑中，然后建立三维模型，存在周期长和精度低的缺陷。因为数字城市的发展要开展大量的城市三维建模工作，倒逼技术上使用更加高效的建模方式。随着三维技术的发展和成熟，目前倾斜摄影测量技术已经逐渐被应用到数字城市的多个行业中，通过虚拟三维技术真实地展示地理空间信息，同时通过精确度很高的空间位置信息来建立实景三维模型。

倾斜摄影测量技术可以有效地提高数字城市建设方面获取基础数据的能力和效率。利用该技术研发的航空倾斜摄影地理信息处理软件和应用平台系统，能够为各行业提供更加真实和可靠的数据支持。同时具备可测性和更新性的三维空间信息服务，有利于进一步推动社会公共事业和经济活动的快速发展。而且随着倾斜摄影测量技术的应用和发展，拓展了传统的垂直影像的功能和观测面，可以直接对建筑物的立面进行观测，直接在影像金字塔上实现对物体长宽高和面积的测量，识别电塔和灯杆等特殊物件。进一步完善了数据信息的可读性，拓宽了利用倾斜摄影测量技术来 3D 观测 GIS 数据的手段。

首先，数字城市的底层是数据，包括城市空间的卫星影像、近景摄影测量数据、人工测量数据及传感器监测数据等，依托海量数据建立数字孪生模型是数字城市平台重要的能力。利用倾斜摄影测量技术快速建立城市三维模型的过程中，主要包括城市基础信息收集、建筑模型细部分析、模型纹理制作和模型贴图。所收集的城市地理信息又可分成数字线划图、城市测区划分、地物倾斜摄像、地物属性表等。

其实数字城市就是在三维场景的基础上，利用物联网、云计算、大数据等新一代信息技术，促进城市规划、建设、管理和服务智慧化的新理念和新模式。一个城市的智慧水平可以从智慧环境、智慧经济、智慧旅游等多个方面来评价。由于三维场景具有仿真、直观等展示优势，更能让观众产生代入感，轻松掌握数据信息，因此运用高精密的倾斜摄影三维实景模型为数字城市提供全流程的可视化支撑，已经成为数字孪生城市建设的迫切需求。

二、倾斜摄影三维建模

随着无人机航测、倾斜摄影测量技术等新一代测绘信息技术方法的发展，可以快速收集制作精细化的城市三维模型，构建城市地理信息基础服务架构。运用倾斜摄影测量等技术打造的三维实景模型不仅可以呈现真实的三维空间场景，准确地表达地物的细节特征，还可以提高城市建模效率，降低建模成本，为后续对城市进行精细化和智能化管理建设提供思路与方法。

倾斜摄影三维实景模型不仅能够提供精细、丰富的城市实景信息，还能与物联网进行扩展关联，进而完成复杂地理环境的层面叙述。运用3D可视化的方式完成对目标的实景可视化查询，可以更好地对数字孪生城市进行智能化规划与管理。倾斜摄影测量三维建模以倾斜影像为数据源，集成倾斜影像与下视影像数据进行平差计算，构建三维环境，可弥补单一视角数据遮挡、纹理不丰富、多余观测不足等局限。实景三维建模的关键技术有数据预处理、倾斜影像区域网联合平差、点云密集匹配、不规则三角网构建、纹理映射及三维建模等。其中，关键点是倾斜影像联合平差、纹理映射和实景三维模型自动构建。

实景三维模型突破了平面地图无法描述地物立体结构与三维纹理的限制，让用户可以从不同角度浏览同一地物，可真实地表达地物周边环境。利用实景三维建模技术，结合下视与倾斜拍摄影像进行联合平差，匹配密集点云，并完成纹理映射，建立逼真的三维场景。

由于倾斜摄影实现了多个角度观测，同一地物在影像中存在上百次的多余观测，纹理丰富，通过计算机算法实现纹理的智能提取与映射，能够大大提高三维建模的效率。与传统的三维建模相比，目视效果更加逼真。基于倾斜摄影测量技术建立的实景三维模型具有真实的地理坐标，能够进行点坐标、高程、线段距离、面积、土石方量、坡度、方位角等的量测，可在市政、国土、工程建设等行业中广泛应用。

例如，结合地理信息系统建设数字化运维管理的智慧园区，如图7-1所示。通过3D可视化技术，实现对智慧园区内所有设备的可视化监控与管理，打通园区各部门间的信息系统，为后续的管理决策提供数据支撑与决策参考。

图7-1　实景三维支撑上海数字化管理

任务二　施工监测中应用情况介绍

随着全国经济的快速发展,新型城镇化建设进程加快,全国各地的建筑工地数量及规模都在不断地扩大。与此同时,建筑工地安全事故频发,建筑质量问题频出,建筑工地扬尘、噪声扰民等问题引起了社会的广泛关注。如何把控施工安全风险,落实施工的管理和监测,是每个施工单位及各级政府应该深思的课题。

施工监测面临的痛点有:建筑工地环境复杂、人员复杂,且存在施工地点分散、施工安全管理难、人员管理难等问题,仅靠原始的人为、纸质管理难以解决当前工地管理的关键问题;同时施工进度监测需要耗费人力、时间在施工现场,无法形成可视化的实时进度监控。

活动一　了解施工监测管理服务平台

由于在无人机产品性能提升、成本降低、网络 RTK 技术日益成熟的基础上,摄影测量技术在工程建设行业中获得了日益广泛的应用。该技术可帮助工程建设单位实现高效透明化的测量及真实可视化的管理。

施工监测管理服务平台可针对施工现场全方位监测管理的需求特征,结合无人机低空航测技术、近景快速采集处理技术和云计算技术,将多源海量数据管理、日常数据采集、数据快速处理、巡检作业流程管理、监测过程中的任务分配、实时监测管理、数据统计分析、三维 WEB 信息发布等工作内容进行融合,实现施工现场的一体化监测管理。其生产流程如图 7-2 所示。

一、北斗系统高精度服务

通过在工地区域建立标准规范的北斗基准站网,为数字孪生智慧工地提供高精度北斗地基增强系统服务,提供厘米级网络 RTK 差分服务;支持含北斗卫星的多种差分改正数据传输协议;为覆盖区范围内施工平面控制网加密测量与快速静态测量提供基准服务。图 7-3 所示为北斗定位服务及应用示意图。

基于北斗高精度定位技术,可利用手机搭建差分定位机顶盒,接驳 CORS 网络,实现地面高精度摄影测量,将地面摄影测量和无人倾斜摄影相结合,实现空地一体联合定向和建模,使整个测量精度达到厘米级,将完全满足线程快速重建、高精度巡查巡检等行业需求。

通过综合倾斜摄影测量技术、三维激光扫描技术、地面近景摄影测量技术,构建工地的三维模型和全景图数据,并对三维模型进行优化,适配桌面、Web、移动端的加载与网络传输。利用更加真实、更加准确、更加高效的倾斜摄影测量技术和三维 GIS 技术对工地的立体空间进行统一真实地描述。

二、无人机自动巡检模块

利用无人机灵活机动的优势,扩大巡视范围,提高监管效率。同时利用无人机的图像传输技术,实时传输现场影像,通过电脑或手机就可以实时观察到现场情况,为施工管理提供有力的技术支撑。无人机自动巡检业务流程如图 7-4 所示。

图 7-2 生产流程

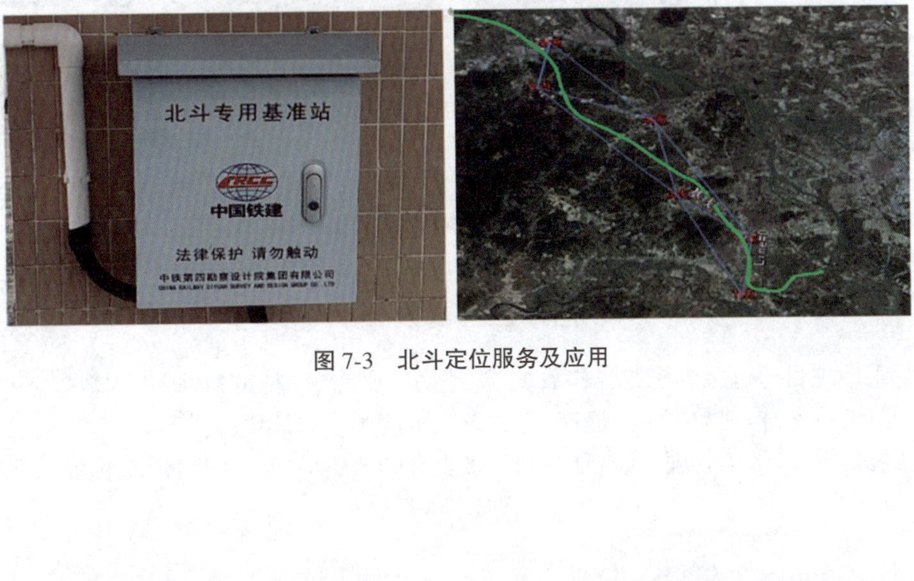

图 7-3 北斗定位服务及应用

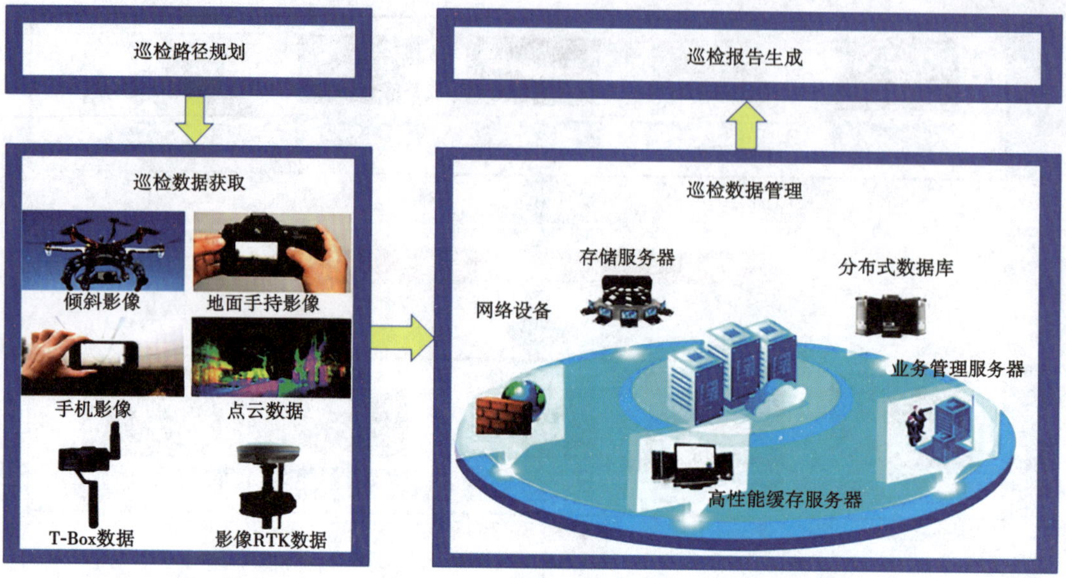

图 7-4　无人机自动巡检业务流程

三、基于 BIM 的进度动态管控模块

为了对工地施工进度进行精准化、智慧化管理，平台提供基于 BIM 的进度动态管控模块，具体业务管控流程如图 7-5 所示。通过多期影像数据管理、施工进度数据管理，为进度动态管控提供基础的数据管理服务；通过地面拍照识别关联 BIM 信息，实现进度数据的规范整合；通过 BIM 与实景融合分析，为 BIM 施工状态可视化及工程进度汇报提供基础能力。

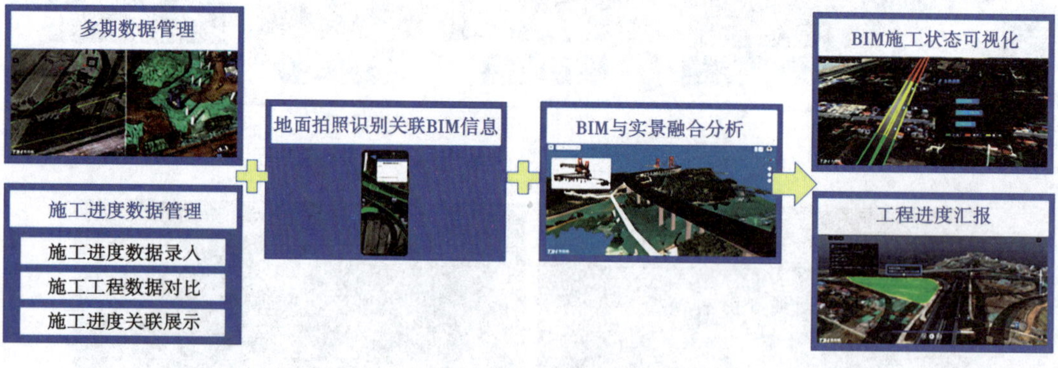

图 7-5　基于 BIM 的进度动态管控业务流程

活动二　案例分享

智慧工地项目通过融合多源异构数据，构建底座平台、高精度量测、工程数据管理以及真实高效的渲染技术，构建数字孪生底座，为智慧工地应用模块建设提供基础支撑；同时，围绕智慧工地从规划设计、施工管理、成本管控到运维管理的全生命周期管理需求，构建数智施工、成

本管控、运维管理多个子系统，为工地智慧化、精细化管理提供技术支撑，全面提升工地的综合管理效率，实现工地的信息化、智能化管理。

一、施工大数据管理

通过对规划设计、场景模型、影像视频、施工管理等多源数据进行统筹采集及处理，构建准确、高效、全面的施工过程的众源数据库，实现数据的在线处理、实时分发、多终端比对、历史数据回溯等建、管、服一体化模式，此模式支持数据可视化展示和统计分析，最终形成数据资产，以项目数据档案的形式，服务于项目收、管、存、用。图 7-6 为多源数据统一管理平台界面。

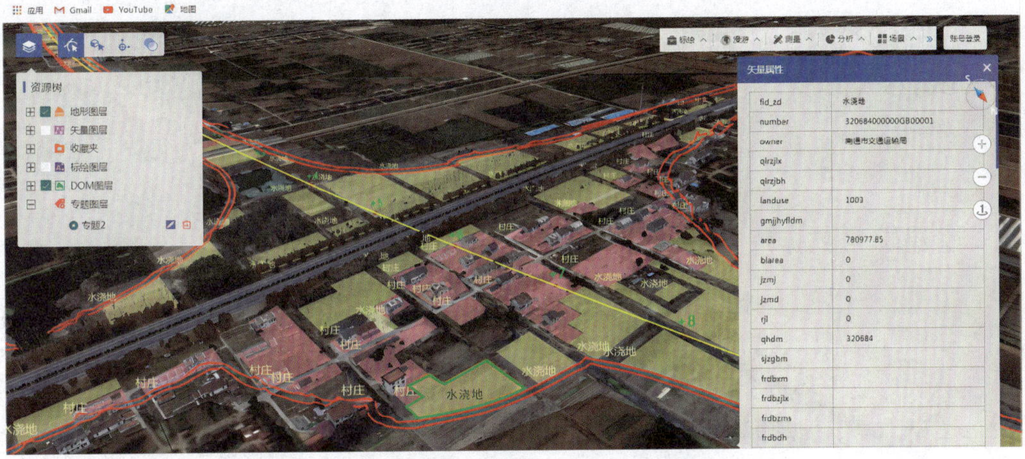

图 7-6　多源数据统一管理平台界面

二、多终端三维可视化与协同

多终端三维可视化与协同支持在移动端平板、手机、AR 等多终端设备上应用，采用渐进式渲染技术，对三维模型等多源异构数据进行精细化、快速渲染，能够支持 TB 级大数据量三维模型流畅加载，支持百万级 BIM 构建快速加载。

活动三　违章巡查系统

违建巡查系统主要通过采集多期无人机影像底图，利用自动识别加上人工勾画方式形成疑似违建的图斑信息，通过违建巡查系统对疑似图斑进行管理并生成巡检任务进行下派，派发的巡检任务由巡检人员进行现场核实查处，并经由对应的移动终端巡检 App 将现场信息和处置情况进行上报，由巡检平台管理人员进行任务审核和办结。

违建巡查系统在无人机发现加上人工核查的违建巡查模式中将数据采集、图斑管理、任务流转、现场巡查上报以及任务审核办结等环节进行梳理打通，形成该模式下的违建巡查应用业务闭环，能够更加高效地辅助国土资源管理部门监测管理城区违法建筑，精准打击违法行为，提高查违效率。通过融入深度学习算法提供影像智能解译和自动比对功能，高效查找疑似违建区域，快速发现违建行为，提供高违建查处效率。

具体巡查流程如图 7-7 所示。

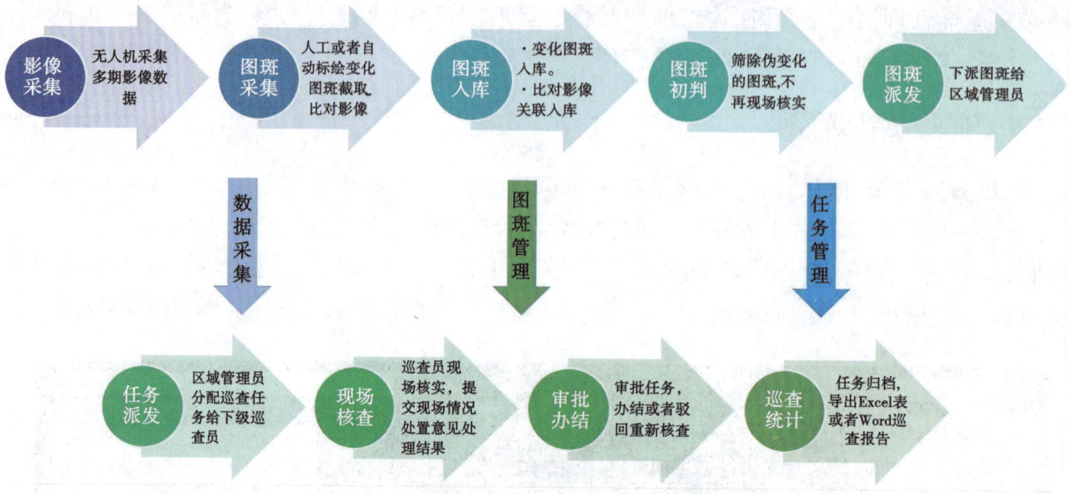

图 7-7　巡查流程

一、违建综合数据库与管理平台

通过卫星、无人机、监控、手机等数据获取方式,融合摄影测量技术、AI 智能识别技术、大数据存储和计算技术,搭建综合数据库及三维可视化分析应用服务平台,将审批、调度、巡查、处置、监管等业务环节全面打通,形成科技化、精准化和智慧化的违建巡查体系,提高网格化片区巡查效率,让城市精细化管理更具抓手、更加高效。图 7-8 所示为违建综合数据库作业界面。

图 7-8　违建综合数据库操作界面

通过对接各业务部门的数据,整合城市管理信息资源,囊括地理信息、不动产、土地权属、人口、法人、水、电、违章建筑等数据实现数据的采集、接入、规范、存储、更新、查询、实时调用、资源交换和共享。

根据软件导入数据,实现三维数据与二维数据的一体化存储和管理,支持正射影像、全景影像、矢量图斑、地形等各类型违建相关数据的格式转换、上传、下载和发布。

支持多源数据管理,提供多种数据转换工具,能够按照采集时间和期数将影像和变化图斑进行上传管理,支持多期的三维模型、无人机正射影像、卫星遥感影像、无人机截图照片、图斑 GIS 数据、行政区划、网格数据、视频等数据管理上传。

二、多期影像对比分析与巡查业务流程

支持多期违建巡查航飞正射影像的管理，提供多期影像比对、卷帘浏览模式。支持三维倾斜摄影模型数据的加载显示。提供倾斜摄影照片管理器功能，实现模型和影像的融合，提高三维模型视觉效果，实现高清影像融合展示。

支持各类实时视频的融合接入，视频与三维场景进行无缝配置。支持多路视频同时播放、顺序回放等播放设置。

对巡查后的图片提供大数据可视化模块，支持浏览最新巡查图斑及任务状态，提供图斑信息查询功能，可以按照图斑关键字段查看图斑基础信息，支持按照类型、期数、行政区划以及状态进行图斑筛选查询，并提供图斑定位功能，操作界面如图 7-9 所示。

图 7-9　违章违建巡查作业界面

提供任务管理模块，图 7-10 所示为任务管理作业界面，对每期图斑任务进行管理，提供任务查看、任务派发、信息查看、状态变更、数据筛选、数据导出等功能。

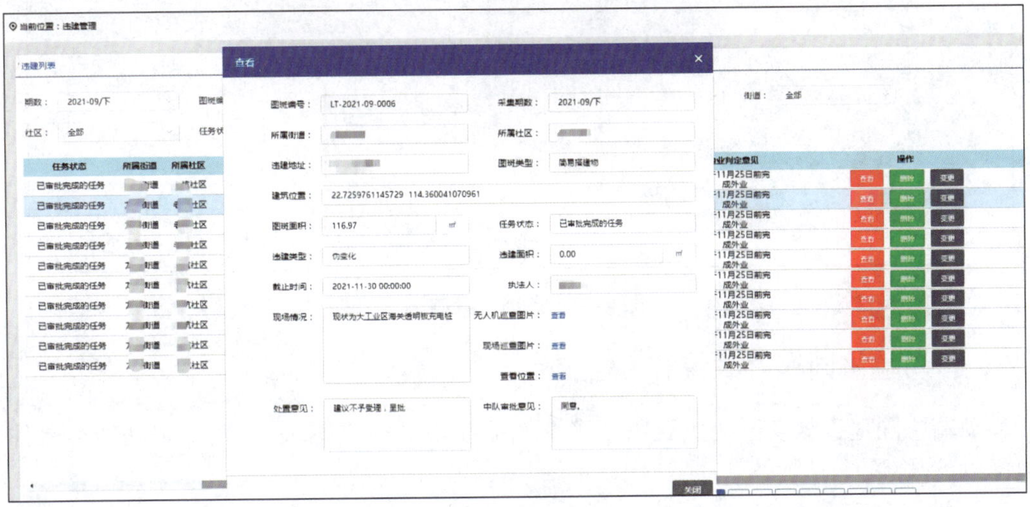

图 7-10　任务管理作业界面

提供执法审批模块,图 7-11 所示为执法审批模块操作界面,支持对核实结果进行驳回、办结操作。

图 7-11　执法审批模块操作界面

提供数据统计功能,可按照区域类型等进行筛选和柱状图、饼状图显示,并导出相应的巡查报告,图 7-12、图 7-13 所示分别为数据统计及巡查报告导出界面。

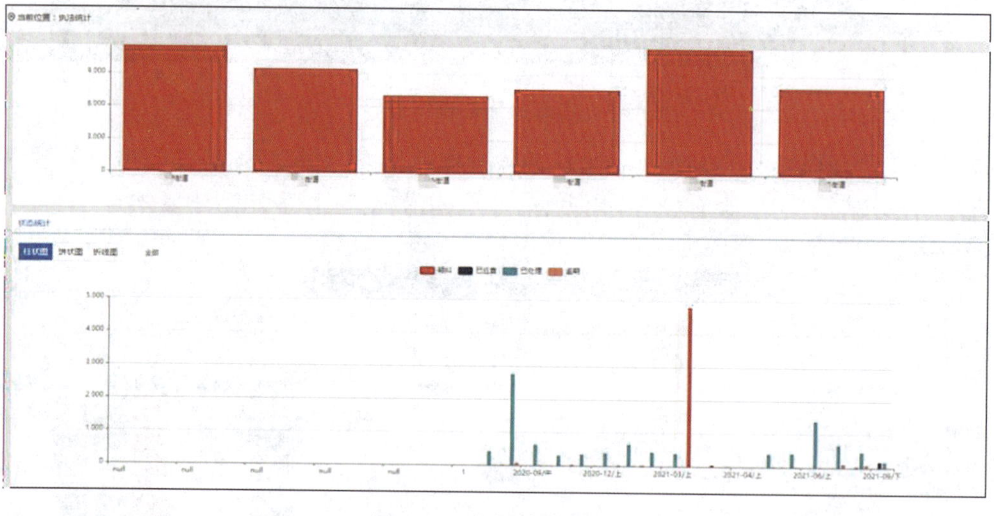

图 7-12　数据统计界面

三、移动端协同巡查系统

移动端协同巡查核实系统主要用于巡查人员在现场巡查案件,核实上报功能。具体功能包括以下几项。

(一)地图显示

可加载显示 DOM 影像,提供可视化地图方便用户浏览,提供平移、缩放、定位以及长

违建巡查报告											
期数	图斑编号	航拍时间	发现日期	违建类型	坐标	违建地址	所属街道	所属社区	面积/㎡	特写图像	备注
2020-08/中	KZ-2020-08-02-0317	2020/8/30 20:39:54	2020/9/9 15:53:11	临时建筑					9.99905124160274		
2020-08/中	KZ-2020-08-02-0318	2020/8/30 20:39:54	2020/9/9 15:53:40	临时建筑					13.925066349874 7		
2020-08/中	KZ-2020-08-02-0319	2020/8/30 20:39:54	2020/9/9 15:54:38	拆除类					82.635629627188	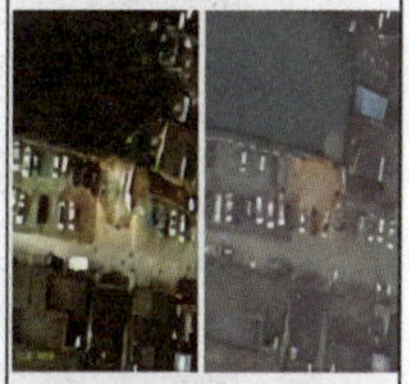	
2020-08/中	KZ-2020-08-02-0320	2020/8/30 20:39:54	2020/9/9 15:57:05	临时建筑					11.479445743045 7		
2020-	KZ-2020-08-02-	2020/8/30	2020/9/9						8.133759106966		

图 7-13　批量导出巡查报告

度、面积测量等功能。

(二)任务管理功能

任务管理功能用于管理接收的巡查任务,根据不同状态对任务进行管理,包括未派发、未巡查、已巡查、待审批、已办结、驳回、逾期等不同状态的任务。

(三)任务导航功能

对于接受的任务,可调用第三方导航软件进行定位导航,方便巡查员快速找到疑似违建区域进行现场巡查核实。

(四)任务查看

提供任务信息详情查看、图形浏览以及编码搜索功能,用户可按照期数、编号进行特定任务检索。

(五)巡查上报功能

移动端 App 提供巡查信息上报功能,巡查员可根据现场核实情况上传案件地址、案件类型、处理意见、处理结果以及现场照片,如图 7-14 所示。

图 7-14　App 巡查上报

活动四　案例分享

深圳某违章巡查办公室通过违建及巡查系统，高效整合多源数据，建立了完善的数据安全管控标准。通过对不同时间节点、多期影像的对比分析，实现大范围、高精度、准实时的违法建筑信息的快速精准监察及预警，构建全面巡查、便捷高效、精准打击、安全可靠的立体防控体系，实现“底数清、情况明、查处快”的智慧查违新模式。

充分运用科技手段、法律手段严防严控新增违建，确保违建“零增量”。近年来，该分局就率先将无人机技术、三维激光雷达测绘技术和三维分析技术综合运用于违建监察，实现了疑似违法建筑自动识别和智能监管。该项技术相当于给违建巡查装上“天眼”，在全面监控违建形势、精准测绘违建面积、及时发现新增违建等方面发挥了非常好的作用，有效地解决了违法建筑变化快、发现难、取证难这一城市治理难题。目前已实现全区域覆盖。

据悉该项目将超小型激光雷达和高清影像设备搭载在多旋翼无人飞行器上，对违建监管区域进行了超低空遥感三维测量，通过高密度（超过 100 点/m^2）、高精度（相对尺寸误差小于 3 cm）的三维激光点云技术，快速获取大面积城市地物的高精度三维数据及影像，分辨率比现在的卫片图斑高近 20 倍；此外，该项目具备智能识别功能，利用违法建筑监察三维分析专用软件，通过两次以上的飞行采集数据对比，软件系统可自动精确计算建筑的面积、高度及其细微变化数据。只要监控区域的建筑物增高 20 cm 或者平面拓宽 20 cm 以上，软件系统就会自动识别为疑似违法建筑，图 7-15 为违建建筑物拆除前及拆除后的对比；“天眼”的运用，有效地弥补了人力查处违规建筑的局限和不足，大幅缩减了违建发现及勘查测绘的时间，且数据比人力测绘更为精准，误差小于 3 cm，还解决了山林等大面积区域违建巡查难、发现问题难等困难，无须执法人员跋山涉水，直接高空拍摄、高空取证，即可实现违法建筑全面监控，快速查违。

(a)拆除前

(b)拆除后

图 7-15　违建建筑拆除前后对比

任务三　了解突发、应急事件的快速建模

我国幅员辽阔，自然灾害频发并伴随着次生灾害，导致灾害救援任务繁重，造成人员伤亡、财产损失和环境破坏等形势复杂局面。救援行动中，受环境条件限制和主观经验的影响，往往面临灾害情况难以全面掌握、灾情发展难以预测、应急处治难以决策、高危作业带来人员安全隐患等诸多问题。因此，加强对突发事件的应急管理，是关系到国民经济和社会发展全局以及人民群众生命财产安全的大事。

目前，我国应急管理机制尚不完善，预防和处置突发性公共事件的能力也很有限。除了在应急管理机制、体制和法制方面需要加大力度进行完善，提升灾害应急保障能力是应急测绘工作自身发展的必然要求。

活动一　众源影像智能监测与灾害应急系统

将无人机倾斜摄影测量技术、增强现实技术、AI 识别技术应用到地质灾害应急处治中，通过重建的实景三维模型真实再现灾害现场，达到快速获悉现场的地形地貌变化情况及周边建筑、道路交通损坏程度，并且根据不同期数据展示灾害区域灾情演变过程的目的。根据已构建的三维模型,结合山体滑坡体积变化自动分析出受灾的房屋、道路、植被等,并依据要求统计房屋道路等受灾数量及面积。辅助制订灾后救援方案,针对某些特殊区域进行预警监测,为现场救援工作的实施提供安全保障,并为相关部门开展分析研判和决策提供科学依据。图 7-16 所示为技术路线。

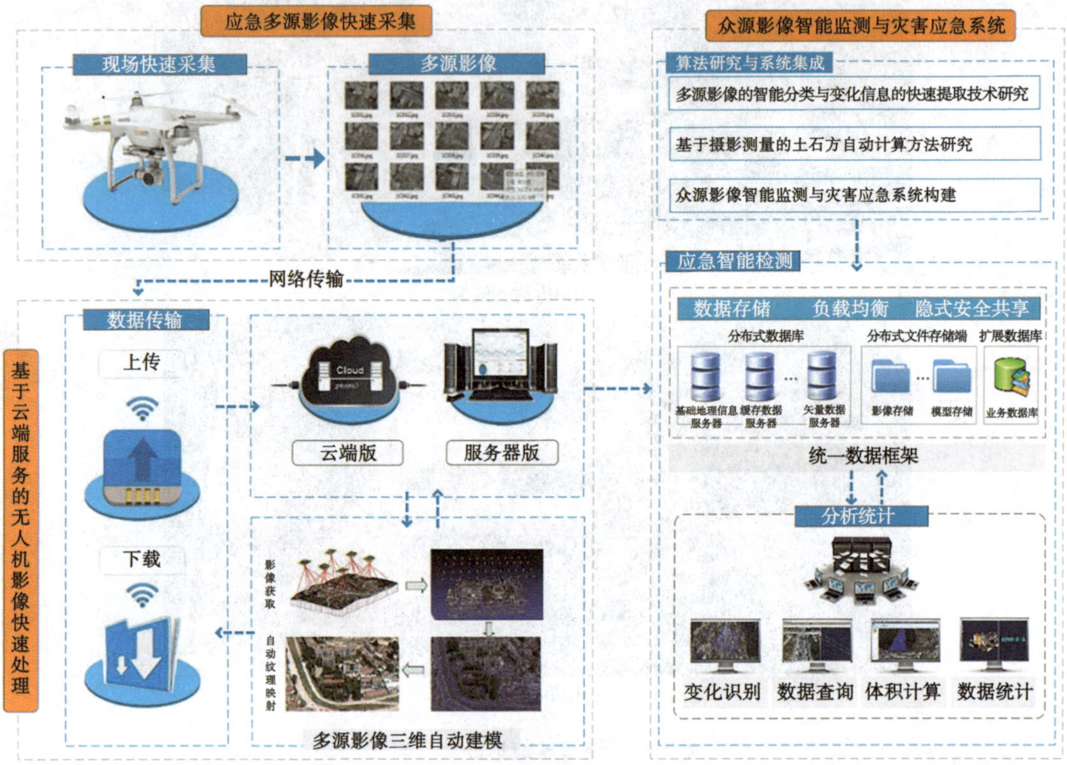

图 7-16　技术路线

一、基于云端服务的无人机影像快速处理

基于云端服务的无人机影像快速处理方法,依托无人机应急技术、实景三维重建技术,通过无人机采集航空影像,结合全景云台、手持相机、影像 RTK 等采集地面近景影像,将多源影像数据上传至云端环境,利用云端配置的快速多源影像三维自动建模系统,经过多源影像联合高精度定向、自动化三维重建等技术处理,渐进式生成并输出高精度实景三维模型。图 7-17 所示为实景三维融合构件级 BIM 的工程进度管理界面。图 7-18 所示为渐进式输出的模型质量。

平台支持固定视频、移动视频(无人机)数据的定向,将无人机拍摄的视频数据实时传输至软件中,通过软件实现视频自动定向和快速融合,在三维模型场景中,可实现无缝配准、自由切换定点、移动视频、视频量测等功能。图 7-19 所示为实时视频流融合效果。

二、目标跟踪定位

平台支持对无人机视频中固定目标坐标定位和动态目标跟踪定位,可指定视频中多个运动目标进行跟踪。如图 7-20 所示为目标跟踪定位显示界面。

图 7-17　实景三维融合构件级 BIM 的工程进度管理界面

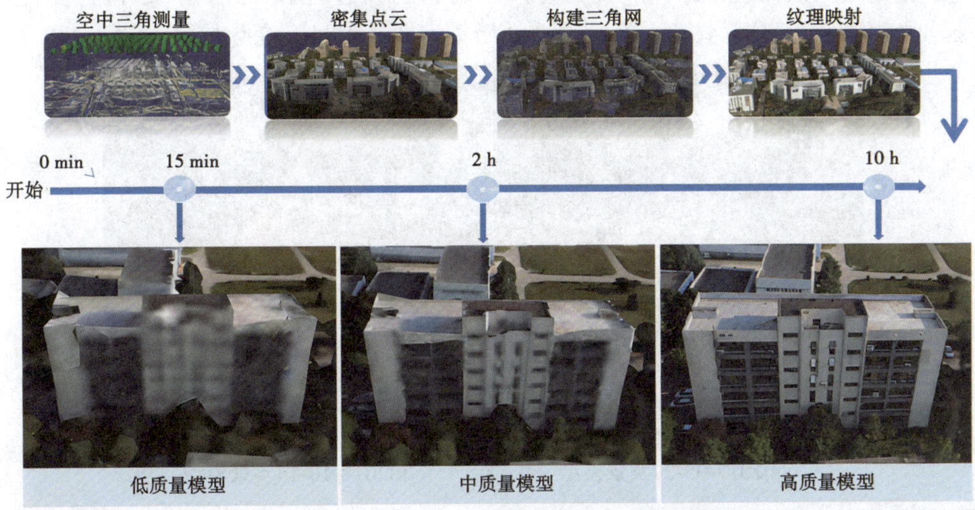

图 7-18　渐进式输出的模型质量

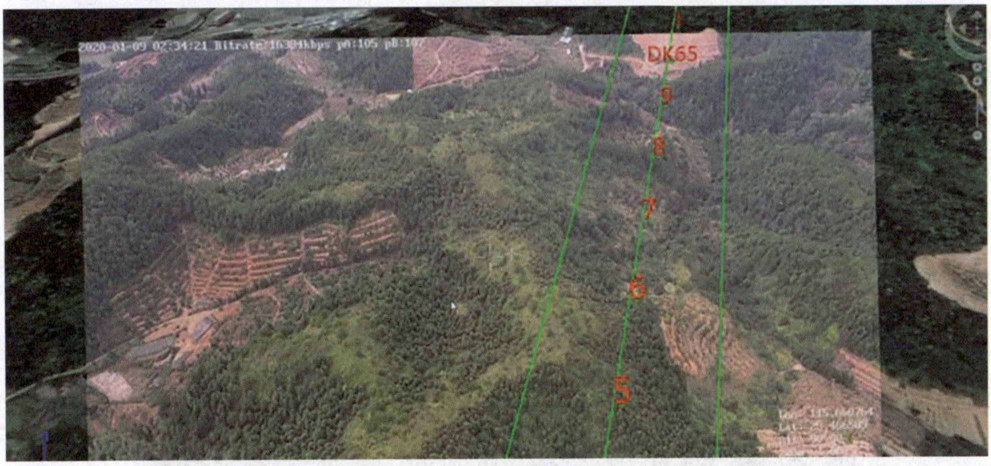

图 7-19　实时视频流融合效果

图 7-20　目标跟踪定位显示界面

三、自动识别变化区域并量算

基于多期模型数据进行山体滑坡变化识别，并进行预警提示。自主研发异常/变化检测等为主要功能的深度学习网络模型，快速获取地质灾害要素信息及变化信息，如图 7-21 所示。

(a)2017-05-27实景模型　(b)2018-10-15实景模型

图 7-21　变化识别

可对自动变化识别的滑坡区域进行体积、坡度、面积、容积计算，并可输出文件形式的计算成果。如图 7-22 所示为体积计算成果。

图 7-22　体积计算成果

四、变化量预警

结合水文、水质、气象等反演数据与实测数据无缝融合，实现江河水位变化量预警，如图 7-23 所示，形成由点监测变成面监测的过程。

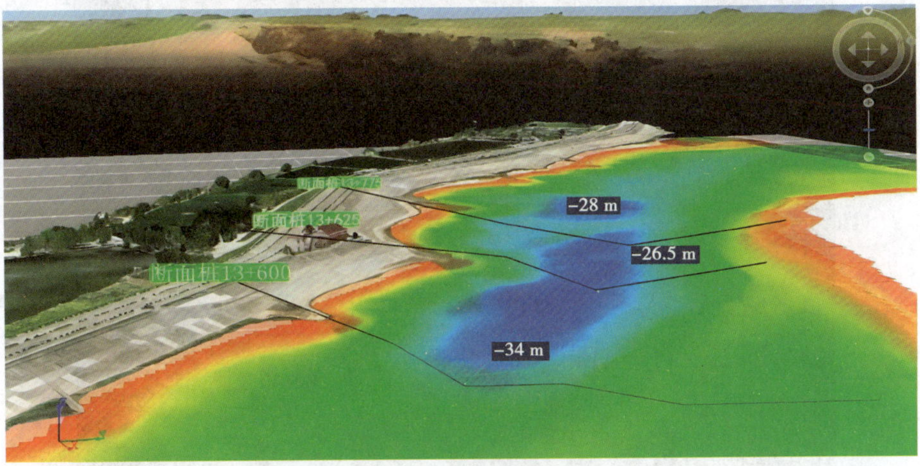

图 7-23 变化量预警

五、查询统计

可查询、定位滑坡位置，查看滑坡信息，并能对不同区域滑坡变化量进行统计输出报表，如图 7-24 所示。模块支持扩展统计其他类型灾害信息。

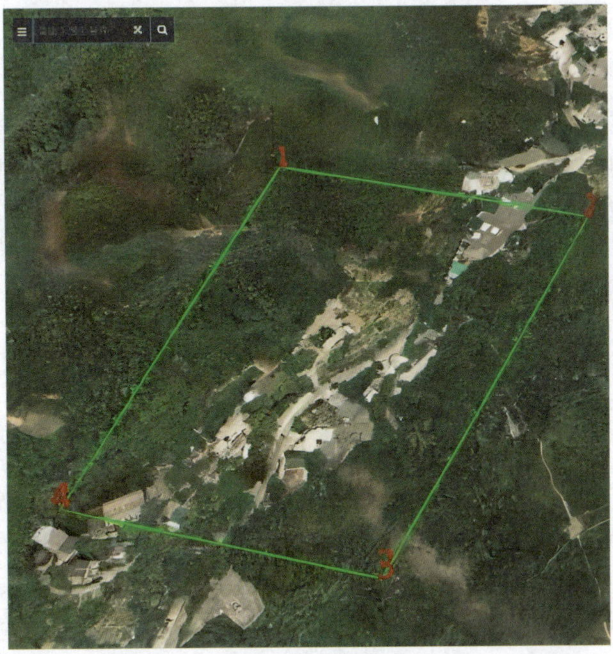

图 7-24 查询统计

基于高精度实景三维模型，通过与设计断面贴合，高效精准测绘三维模型断面，然后利用断面法完成土石方量计算，如图 7-25 所示为土石方量计算界面。

图 7-25 土石方量计算界面

六、应急救援领域

在应急救援领域中，无人机倾斜摄影测量构建的三维模型因具有高效率、高精度、高真实感和低成本的特点被广泛地应用。在“3 · 12”东航坠机事故中，借助无人机倾斜摄影测量技术对救援区域进行拍摄，通过相关专业软件构建救援区域的二维、三维立体模型，还原现场的状况、地貌，深度了解作业环境，测量关键距离与区域面积，标注现场物品和痕迹，协助开展搜救工作，并配合现场指挥中心及相关部门要求，持续建立不同时间节点的现场三维立体模型，为帮助指挥中心依据情况的不断发展和变化，制定事故救援决策提供一定参考信息。

活动二　案例分享

山西太原某项目对山体滑坡现场重建后在平台中进行了高度、面积量测和滑坡体分析，区分出滑坡体危险区、接近危险区和安全区。图 7-26 所示为危险区域分析图。利用目标识别、视频融合等技术分析人员受困地点，制定救援和撤离路径，还分析了滑坡继续扩大后可能影响的范围，提前进行人员的疏离规划，路径规划如图 7-27 所示。在应急救援环节，通过可视化技术实现多点指挥，优化救援决策；此外，卫星遥感数据还可以查看灾前数据，分析灾害原因，评估灾后重建工作。

图 7-26 危险区域分析

图 7-27 路径规划

任务四 室内外一体三维建模流程案例介绍

一、项目需求与目标

针对 500 m 长的地下蓄能电站(厂房)进行室内外一体化精细建模。厂房内部为地下空间,环境光源差、定位效果受限,空间内有大量物体(如桌椅、机床设备等),地面存在大量障碍物、遮挡物。需对仓库进行三维模型构建及修饰,能准确反映仓库内各部件的真实状况,配合真实三维 BIM 模型进行应用,同时可根据获取的影像与室内场景无缝叠加,用作日常运维。

二、技术方案

运用倾斜摄影测量技术获取目标地区的多角度航空影像数据及地面影像数据,然后将影像数据、POS 数据导入室内外一体实景三维快速建模系统进行批处理。该系统是基于图形运算单元 GPU 的快速三维场景运算软件,整个过程无须人工干预地从简单连续影像中生成逼真的实景真三维场景模型,具有快速、简单、全自动、广泛的数据源兼容性以及优化数据格式输出等优势。该模型成果中所有建筑物的空间关系和纹理,均采用分层显示技术(LOD),分层多达 20 层以上,以保证任何配置的计算机均能流畅地显示地物模型,充分详细地表达建筑物细部特征。主要技术流程如图 7-28 所示。

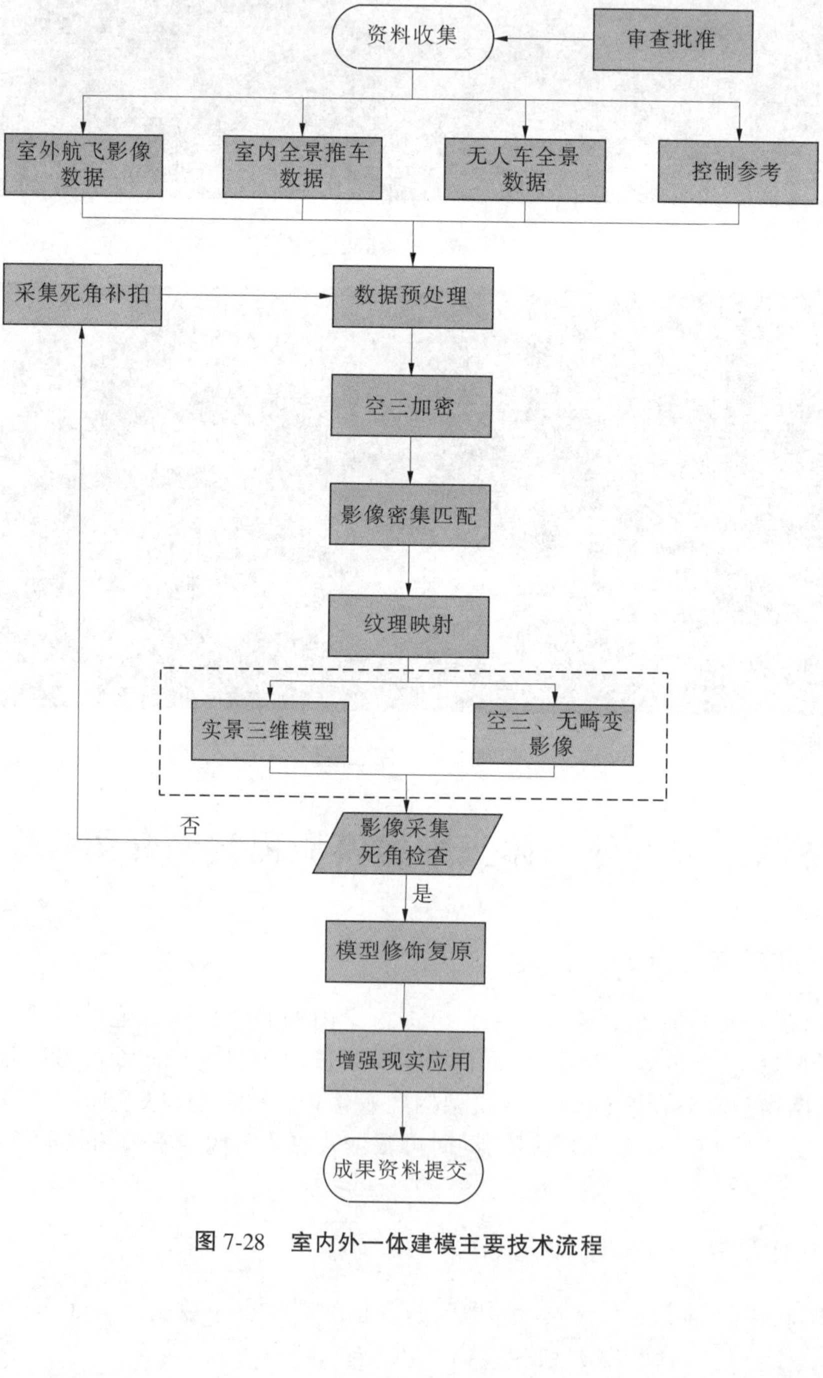

图 7-28　室内外一体建模主要技术流程

三、数据采集及处理

(一)图根点、像控点测量

(1)图根点:使用 RTK 图根点(控制点)观测模式进行观测(两测回,每测回平滑 20 历元,平面精度 2 cm、高程精度 2 cm)。

(2)像控点:选择斑马线等明显地面特征点或布设地面靶标,预计采集 4 个像控点;地面漆标如图 7-29 所示。

图 7-29 地面漆标示意

(3)地面图根点用红色记号笔做标记,需按照建筑实际位置进行设置(图根点需在仓库门口布设一个,以便把控制点引入仓库内)。像控及图根点布设情况如图 7-30 所示(红色标记为像控点位置,蓝色标记为仓库门口图根点位置)。

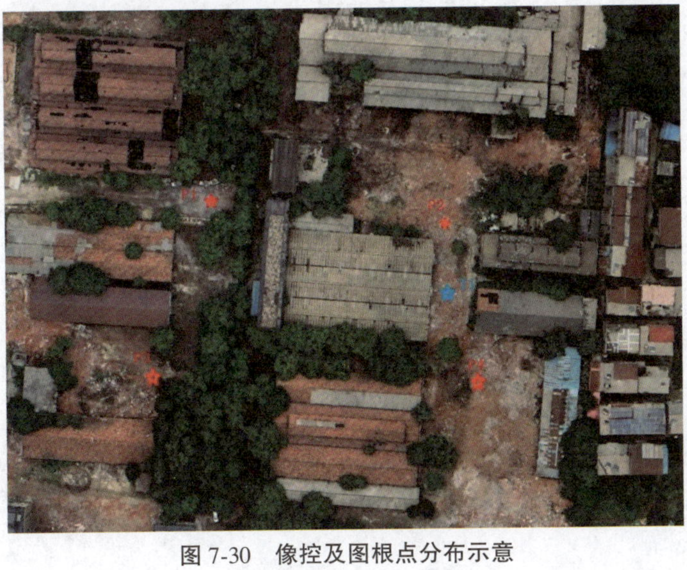

图 7-30 像控及图根点分布示意

(4)室内控制点用摄影全站仪测量,使用地面图根点作为起算数据逐步往室内进行引点,室内可在墙上、设施上贴上靶标作为室内的控制点,位置应均匀分布在室内。室内控制点分布示意如图 7-31 所示。

图 7-31　室内控制点分布示意

(二)室外倾斜数据采集

测区外扩 50 m 作为航飞范围,使用无人机采集倾斜影像数据。相关参数可参考表 7-2。

表 7-2　采集参数

相对航高	航向重叠度	旁向重叠度	地面分辨率
90 m	80%	80%	优于 1.5 cm

(三)室内影像数据采集

1. 七目全景推车采集

七目全景推车采集设备参数可参考表 7-3。

表 7-3　设备参数

设备名称	镜头数量	传感器尺寸/mm	焦距/mm	像幅(μm×μm)
七目全景推车	7	6.9×7.17	3	4 000a×3 000a

注:4 000、3 000 为传感器纵横像素数,a 为像素尺寸(μm)。

1~1.5 m 采集一站,采集路线需要根据现场实际情况进行规划,为保证建模效果,机床、桌子等物体尽量围绕采集一圈,避免漏采;桌子底部等细节处需调整设备高度进行补充采集,并保证影像重叠度不低于 85%。室内数据采集路径如图 7-32 所示。

2. 便携式采集设备

室内死角处可用全景相机进行补充采集,伸缩杆最长可伸长 3 m 左右。每个独立空间在保证光源条件良好的情况下至少补拍 4~6 站影像数据,每张影像的有效距离为 10~15 m。图 7-33 所示为便携式采集设备。

图 7-32 室内数据采集路径示意

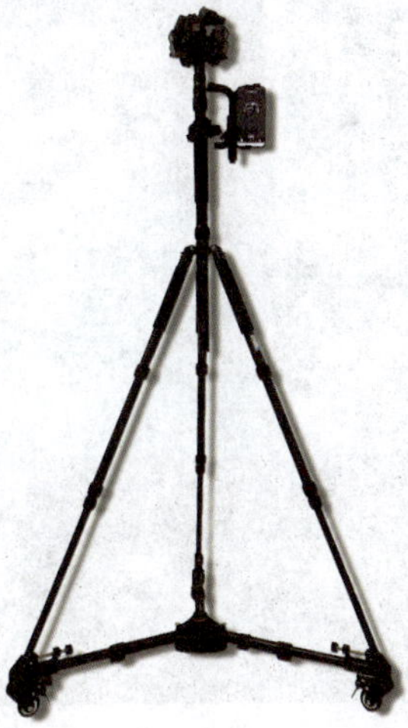

图 7-33 便携式采集设备样例

(四)室内外一体自动建模

1. 空中影像定向

将空中影像放入软件进行空三定向,空三定向结果如图 7-34 所示。

2. 室内影像定向

将地面影像放入软件进行空三定向,室内影像定向结果如图 7-35 所示。

3. 多源影像空三合并及联合建模

通过定向系统将地面影像和航空影像进行定向并合并空三,放入建模软件 DP-Smart 进行空地一体自动化建模,具体操作界面如图 7-36 所示。

图 7-34 空中影像定向

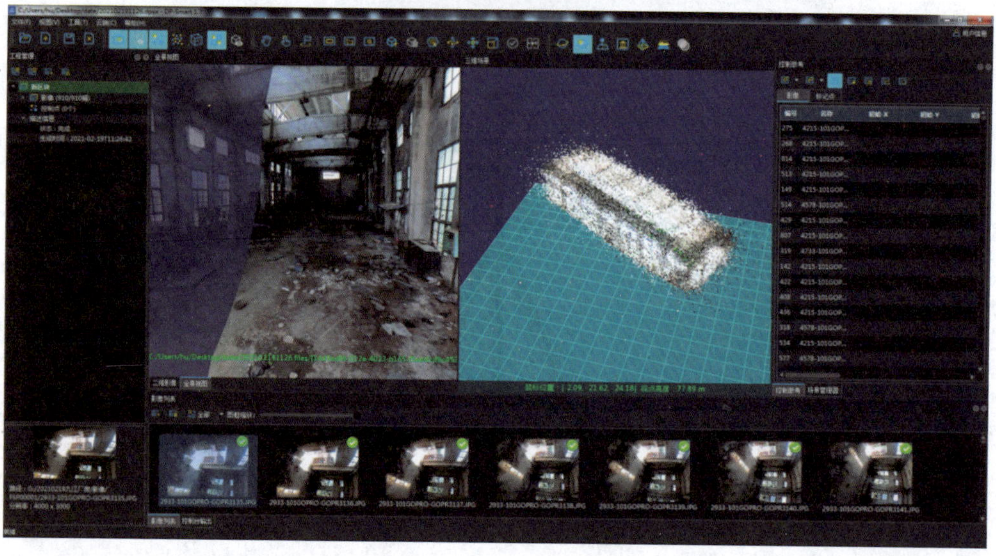

图 7-35 室内影像定向

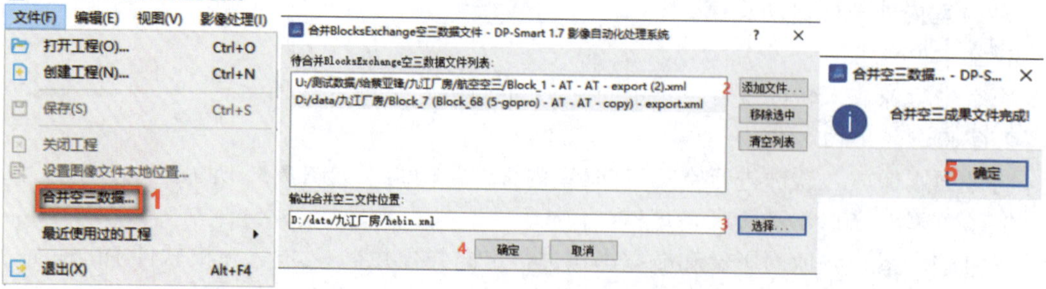

图 7-36 空地影像空三合并作业界面

(五)成果展示

(1)室外模型效果如图 7-37 所示。

图 7-37 室外模型效果

(2)室内模型效果如图 7-38 所示。

图 7-38 室内模型效果

任务五 了解无人机+数字孪生的应用情况

数字孪生又称“数字双胞胎”,是充分利用物理模型、传感器更新、运行历史等数据,集成多学科、多物理量、多尺度、多概率的仿真过程,在虚拟空间中完成映射,从而反映相对应的实体装备的全生命周期过程。

数字孪生有如下四大特征:

(1)虚拟映射。数字孪生是要将物理实体在数字空间进行数字化表达,完成现实世界和虚拟世界的双向映射和状态交互。

(2)实时同步。基于传感器等数据的获取,数字孪生所映射的成果可以全面、精准、实时地反映物理实体状态变化。

(3)共生演进。数字孪生所映射的成果涵盖了物理实体从设计、生产、使用到报废的全生命周期,且数字孪生映射成果的状态随着物理实体生命周期的推进而不断演进。

(4)闭环优化。数字孪生的目的是描述物理实体的演变规律,基于此,可以对物理实体的规律进行分析、推理,完成对物理实体决策的优化。

活动一　了解“数字孪生+5G+无人机”智能电网巡检系统

我国的智能电网被定义为“坚强的智能化电网”(Strong & Smart Grid),即以特高压电网为骨干网架、各级电网协调发展的坚强电网为基础,利用先进的通信、信息和控制技术,构建以信息化、自动化、数字化、互动化为特征的统一的坚强智能化电网。

数字孪生的“5G+无人机”智能电网巡检系统,是将5G网络、互联网、AI智能、无人机技术、数字孪生等技术深度融合,创建电网的数字孪生虚拟环境,实时监控电网异常、获取无人机电网巡检成果,并将巡检成果发送至智能电网巡检系统,经系统分析处理,制订应急预案,以及可能发生次生灾害时的处理手段,分配最近的维修人员及时进行故障的处理,提高电网巡检及维修效率。基于数字孪生的“5G+无人机”智能电网巡检流程如图7-39所示。

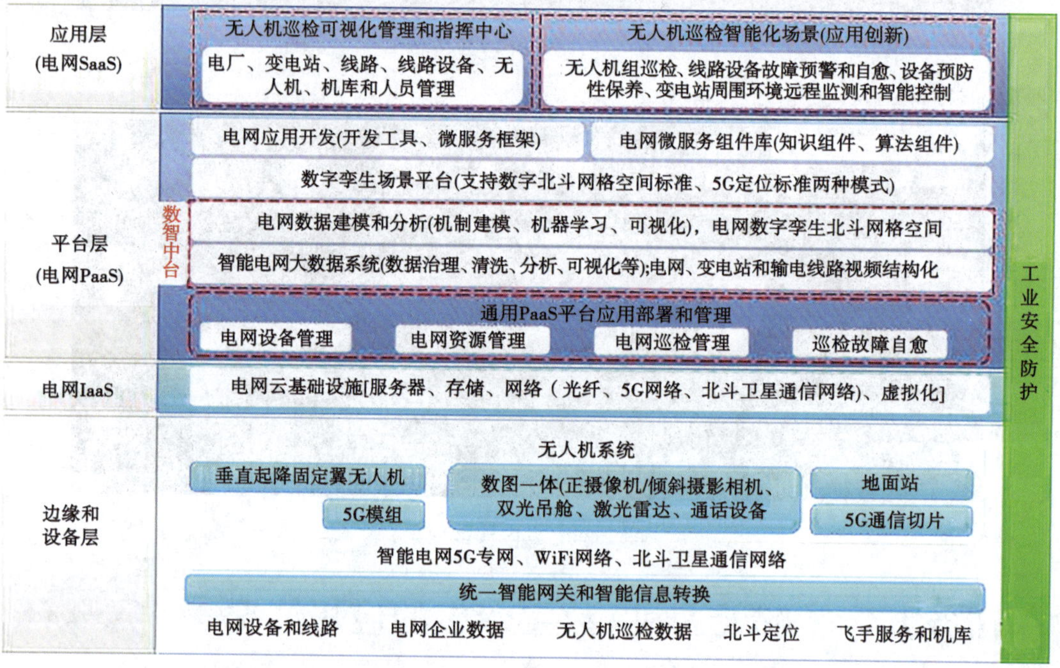

图7-39　基于数字孪生的“5G+无人机”智能电网巡检流程

一、“5G+无人机”作为巡检工具和通信渠道

如图7-40所示,“5G+无人机”体系架构由飞行服务、无人机机库、无人机系统、数据链及无人机巡检可视化指挥中心监管模块五个部分共同组成,包含巡检飞行前的准备工作、巡检中数据采集、巡检后处理等阶段。

基于运营商提供的5G网络,专业飞手操控搭载有激光雷达、高清相机、倾斜相机、GNSS等载荷的无人机,对监测区域进行定期的数据采集、AI识别追踪等巡检任务。可视化指挥中心负责设备监管、资源调度、空域管理、航线设计、数据管理和存储等基础业务,同时能够提供数据分析处理、自动巡检、巡检报告生成、故障预警、应急方案制订等服务。

二、智能电网的数字孪生

智能电网的数字孪生是通过无人机倾斜摄影测量技术、三维激光扫描技术建立架空输

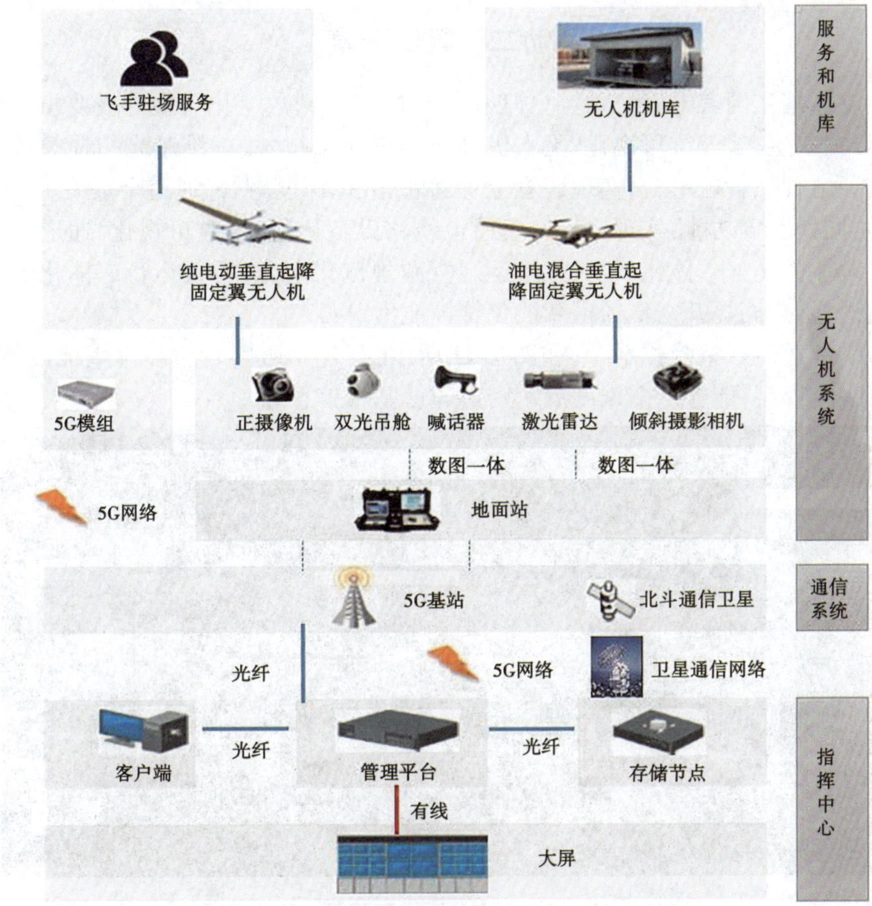

图 7-40　基于“5G+无人机”输电线路智能巡检部署

电线路及周边场景的高仿真全要素三维模型，对电网和输电线路巡检进行监测的三维可视化模拟。智能巡检逻辑视图如图 7-41 所示。

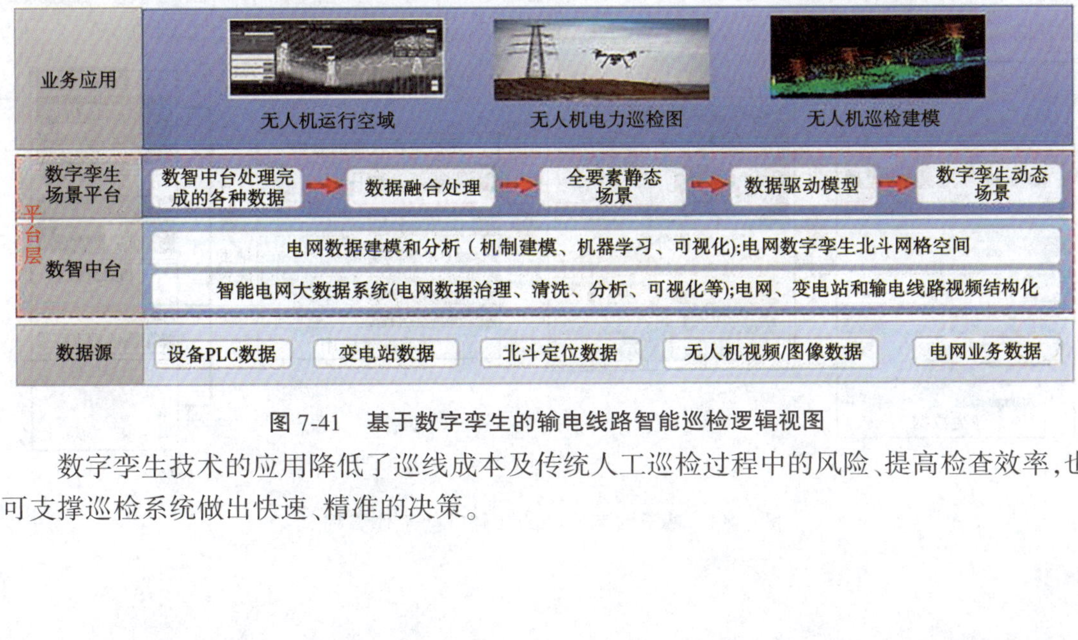

图 7-41　基于数字孪生的输电线路智能巡检逻辑视图

数字孪生技术的应用降低了巡线成本及传统人工巡检过程中的风险、提高检查效率，也可支撑巡检系统做出快速、精准的决策。

活动二　案例分享

为有效支撑落实国家电网公司“一体四翼”布局与电网数字化转型升级要求，充分利用信息通信、数据孪生、二三维可视化、无人机倾斜摄影测量技术、三维激光扫描等技术，建设特高压密集通道智慧管控平台，实现装置全息互联、数据深度融合、通道全景展示、风险自主预警、故障协同处置等功能，实现输电密集通道线路设备运行、通道可视化、通道灾害预警、专业管理等全业务场景一体化展示，推进运维资源规范化配置、平台运行一体化管理、密集通道智能化巡检，全面提升密集通道智能化管控能力。

特高压密集通道智慧管控平台，如图 7-42 所示，是基于数字孪生技术生成的密集通道全景孪生可视化模型，能够从多维度展示密集通道基本信息。

图 7-42　特高压密集通道智慧管控平台

特高压密集通道智慧管控平台独有的特色在于，它能够以三维激光扫描数据、无人机倾斜摄影测量三维模型、电网运行数据、传感器设备感知数据等为基础，通过 VR、AR 等技术，实现虚拟场景与现实场景的三维交互，支持对电网线路巡查质量、巡查过程中存在的缺陷与隐患、在线监测设备实时状态与数据等的展示与人机交互查询，具体工作流程如图 7-43 所示。

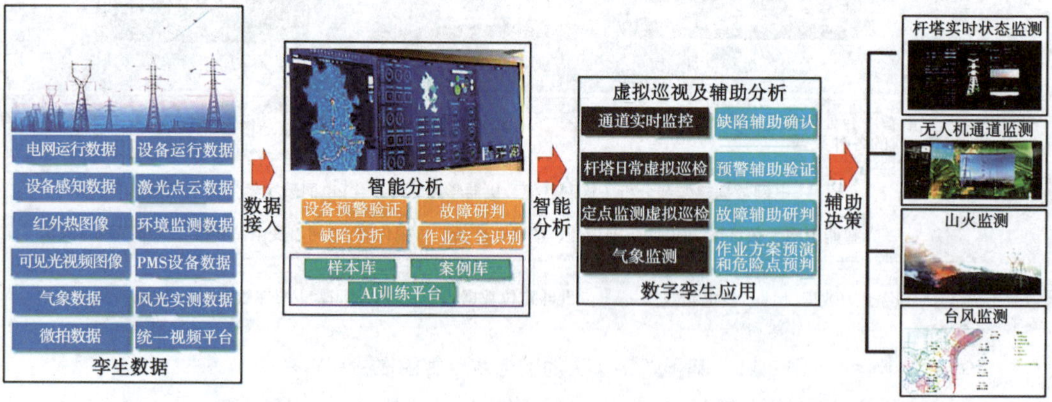

图 7-43　基于数字孪生的智慧电网工作流程

特高压密集通道智慧管控平台目前已经在安徽池州九华密集通道进行示范应用，后续可充分利用国家电网公司物联网平台、云平台和电网资源中台等数字新基建基础设施的建设成果，有效利用5G、北斗、数字孪生等新技术，实现在国网安徽电力另外5条密集通道优化升级应用。通过夯实基础设施，形成智能中枢，支撑内外部业务应用，并筑牢安全防护体系，统一新技术融合应用的相关标准和规范，构建数字孪生电网，全面落实输电线路数字化转型。

活动三　智慧水利可视化管理平台

我国地域广阔，水系众多，水利工程点多、面广、量大、类型复杂，近几年极端水文事件频繁发生，严重威胁我国水安全、粮食安全、生态环境安全及人民生命财产安全，随着国家出台政策不断完善，水利工程行业投资建设力度加大，水利事业逐步走上了智能化、数字化之路，智慧水利成为新阶段水利高质量发展的重要路径之一。水利部印发的《关于大力推进智慧水利建设的指导意见》中明确指出，到2025年，建成智慧水利体系1.0版。

智慧水利是指利用互联网、数字孪生、5G通信、云计算、GIS、遥感、无人机等先进技术，以"数字化、网络化、三维可视化、智能化"为主线，建立二维、三维实景可视化模型（如图7-44所示），融合水利综合态势监测、水资源监测、流域气象水文监测、水库调度监测、防汛安全监测等多个管理模块，保障区域的防洪安全、供水安全及维系河流健康生态环境，可实现对水资源进行全面、精细、智能化管理的一种新型水利管理模式，可广泛应用于态势监测预警、应急联动指挥、数据分析研判、成果展示汇报等应用场景。智慧水利二维、三维可视化模型及分析系统如图7-44、图7-45所示。

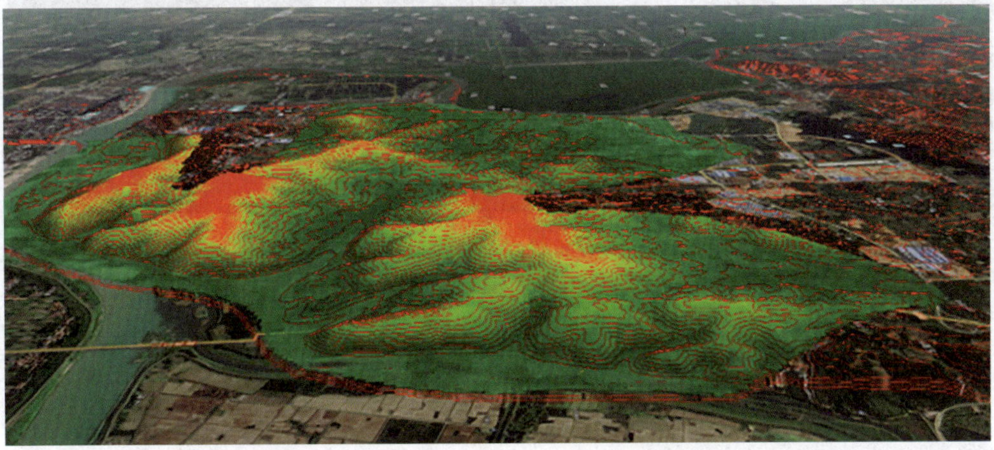

图7-44　智慧水利二维、三维可视化模型

一、水利综合态势监测

智慧水利综合管理平台（如图7-46所示），是基于GIS、5G通信、三维建模等技术，结合水利管理各部门现有的数据资源，构建数字孪生模型，从不同的维度展示船闸、大坝主体、电站机组、闸门泄水建筑物等重点管理对象，对江河湖海、水库、电站等各要素的分布、类型、状态等信息进行实时的监测，从水文信息监测、水库调度管理、节水发电监管、防控等各个业务领域，实现对水利综合态势的一屏掌握。

图 7-45　智慧水利二维、三维可视化分析系统

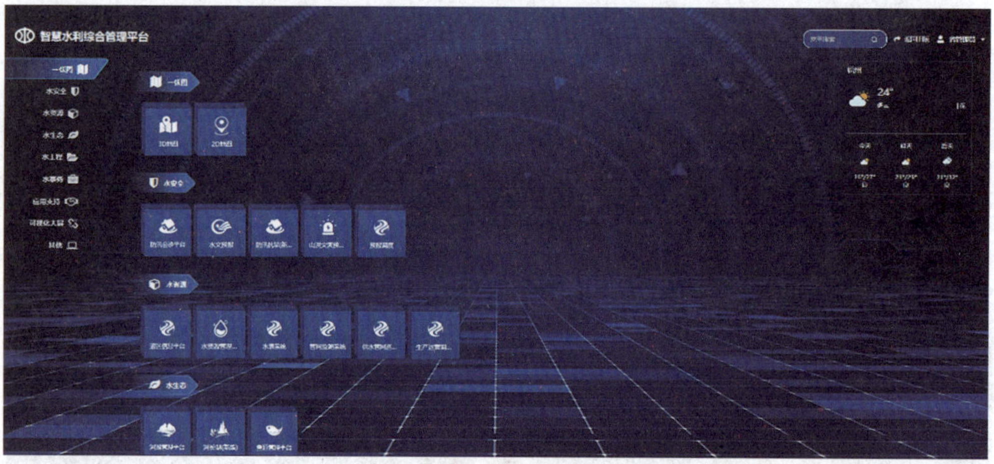

图 7-46　智慧水利综合管理平台

二、智慧展示-数字孪生

数字孪生水利模型是以数字三维场景为基础，整合 BIM 模型、植被模型、建筑物模型、监测监控传感器模型、机组设备模型等数据，同时结合工程运行管理需要，实现真实世界工程在数字孪生世界的完整映射的全景展示，如图 7-47 所示。

三、防汛防洪安全监测

智慧水利综合管理平台可实现对城市内涝、水位的监测，综合监测获取到的数据、传感器数据、各水利部门现有资料等各类型数据进行综合管理分析，实现对各流域、水库、站点、天气、降水量、江河湖泊及水库的水位、水库蓄水量、总库容、入库流量、出库流量等要素的分布、状态等信息的实时监测和可视化分析处理，针对异常情况进行可视化预警，为防汛抗旱、洪灾风险评估等工作提供支持。

图 7-47 数字孪生水利模型展示

四、多类型数据融合展示

智慧水利综合管理平台是通过遥感、无人机、地理信息系统、水质监测、变形监测等传感器设备，构建的空、天、地一体化感知系统。此系统支持多类型数据的融合展示，如地形图、政区图、倾斜摄影测量数据、遥感影像、各种类型专题图数据等，能够充分满足不同用户的需求。

活动四 案例分享

一、水利部数字孪生平台

水利部为积极贯彻落实部党组织关于数字孪生水利建设的要求，依托国家重点研发计划“多尺度流域水资源和水利设施遥感监测应用示范项目（2021YFB3900600）”，攻克多项关键技术难题，在全国水利一张图基础上，升级构建水利部数字孪生平台。

水利部数字孪生平台是以水利一张图为基础，融合多源数据，建设全国统一、及时更新的数据底板，实现水库、河道堤防、蓄滞洪区等 55 类 1 600 多万个水利对象信息联动更新，动态汇聚业务管理数据 26.2 亿条。专线获取高分、资源、环境等系列 23 颗国产遥感卫星影像资源，接入 4 600 多路水利视频资源，有力提升新型感知能力。

此平台是基于海量的数据，构建二维、三维一体化可视仿真模型，实现水利多要素数字化场景映射，进一步推动多层级、多方式共建共享，促进流域防洪和水资源管理与调配等业务领域数字化转型发展，实现水利业务智能化、决策精准化，提升水利治理和管理的数字化、网络化和智能化水平，赋能流域防洪“预报、预警、预演、预案”的“四预”应用，科学制订执行预案，为数字中国建设贡献水利力量。

二、数字孪生黄河

数字孪生黄河，是通过应用智能的感知手段、构建拟真的数字化场景、研发能够模拟实际治黄业务的模型和知识平台体系，在保障网络信息安全的前提下，将我们的母亲河“装”进计算机、赋予“智慧”。

《数字孪生黄河建设规划(2022—2025)》，要求“十四五”期间加快构建具有“四预”(预报、预警、预演、预案)功能的数字孪生黄河，为黄河流域“2+*N*”水利智能业务应用提供数字化场景和智慧化模拟支撑，以数字化、网络化、智能化支撑带动黄河保护治理现代化。“2”指的是在黄河重点防洪地区基本实现“四预”(预报、预警、预演、预案)，初步实现水资源管理与调配“四预”；“*N*”指的是推进水文业务管理、水土保持、水利工程建设及运行管理等 *N* 项重点业务应用；同时，还要提升流域水利数字化、网络化和重点领域的智能化水平。

目前，数字孪生黄河已基本完成黄河下游 L2 级数据底板，初步搭建了小花间、马渡段等典型三维场景，自主研发了“云河地球”数字孪生模拟仿真引擎，建成了黄河水旱灾害防御应用系统 1.0 版。如图 7-48 所示为云河数字孪生平台界面。

图 7-48　云河数字孪生平台界面

三、数字孪生小浪底

小浪底水利枢纽位于黄河最后一段峡谷出口处，集防洪、防凌、减淤、供水、灌溉、发电、生态等于一体，是黄河中下游防洪以及水沙调控体系的关键性控制工程。作为数字孪生水利工程的首批试点，按照水利部关于数字孪生流域、数字孪生工程以及数据融合共享等方面的标准和要求，数字孪生小浪底全面加强算据、算法、算力建设，构建了以全要素数据底板为基础，模型库、知识库为支撑，*N* 项业务应用赋能的数字孪生小浪底平台；实现了工程安全、防汛调度、库区管理等重点业务的“四预”功能和多目标管控，有效支撑工程安全稳定运行与综合效益充分发挥，提升了精准决策和管理能力。图 7-49 所示为数字孪生小浪底系统平台界面。

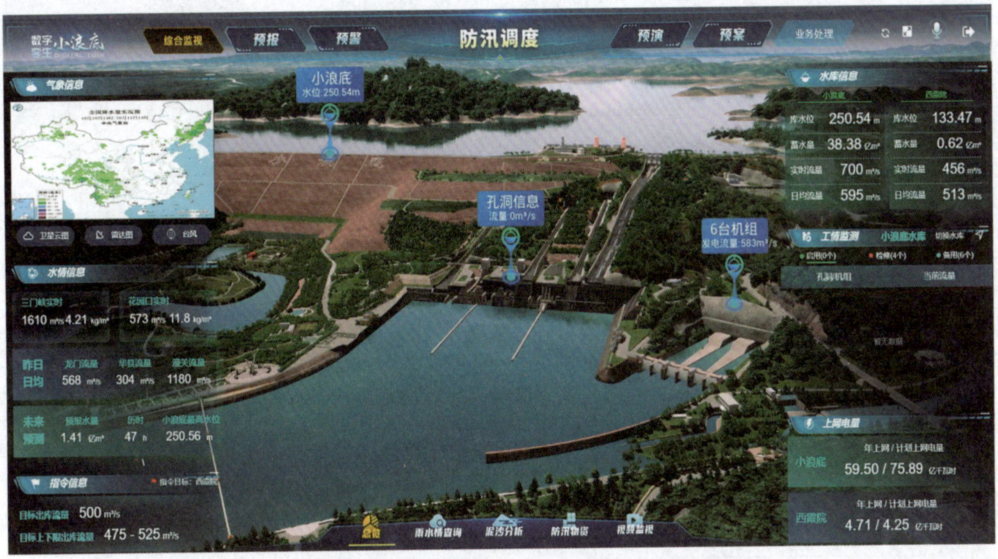

图 7-49　数字孪生小浪底系统平台界面

任务六　地理实体单体化技术的扩展应用与发展

活动一　贴近摄影测量在古建筑中的应用介绍

一、贴近摄影测量的产生

贴近摄影测量(Nap-of-the-object photogrammetry)是针对目标场景精细化测量的需求而衍生的一种全新摄影测量技术,由张祖勋院士团队率先提出,是精细化对地观测需求与旋翼无人机发展结合的必然产物,旨在解决传统无人机航摄无法获取目标物体超高分辨率影像而导致无法对目标进行精细化三维构建的问题。

贴近摄影测量是面向对象的摄影测量(Object-oriented photogrammetry),以物体的"面"为摄影对象,通过贴近摄影获取超高分辨率影像,进行精细化地理信息提取。贴近摄影测量技术最先被应用于滑坡、高位危岩的地质调查与监测预警等场景,初步应用试验取得良好效果,其高度还原目标对象三维精细结构的成果特点,也被城市精细重建、古建筑重建、水利工程监测等更多领域所采用。

二、贴近摄影测量的应用

目前,针对古建筑中的立面建筑测量与空地一体建模的主要手段有全站仪法、摄影测量法、三维激光扫描法等,其中三维激光扫描技术以其数据获取速度快、实时性强、精度高及非接触式测量等优点被广泛应用。但由于三维激光扫描技术自身的特点,对于遮挡严重、封闭或建筑物之间较为密集的隐蔽区域,将无法获取完整的点云数据;且对于如屋顶、山墙等较高位置纹理图像的采集,仅采用人持数码相机拍摄的方式,一般无法获取较为正视的图像,这将给后续的图像处理及纹理贴图等工作带来较大困难。因此,单一的技术手段将无法满足历史建筑全面、高精度的测绘需求，因此针对该问题，可采用无人机倾斜摄影+激光扫描+贴近摄影相结合的方式，对历史建筑进行精细测绘，具体工作流程如图 7-50 所示。

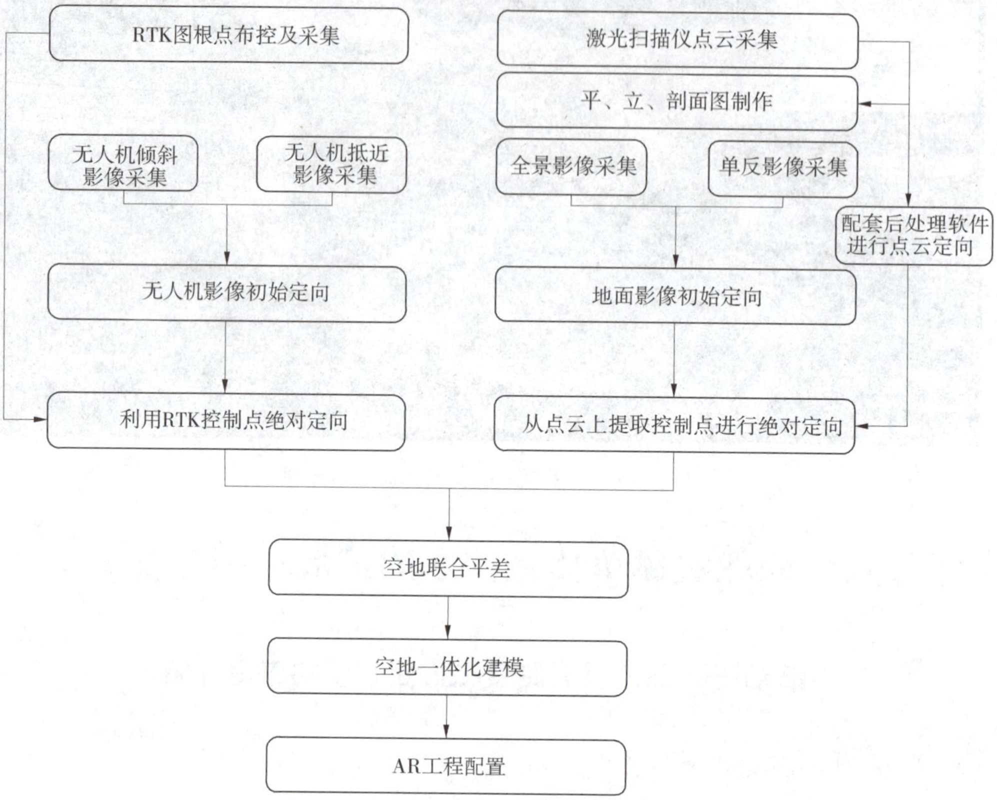

图 7-50　无人机倾斜摄影+激光扫描+贴近摄影测量总体技术流程

(一)实施流程

(1)采用无人机对建筑顶部进行贴近环绕航飞，保证对象无视觉死角。

(2)利用地面影像采集设备，如市面上最新的影像 RTK 系统(如图 7-51 所示)，对建筑底部进行补拍，输出带有精准坐标的建筑底部影像。

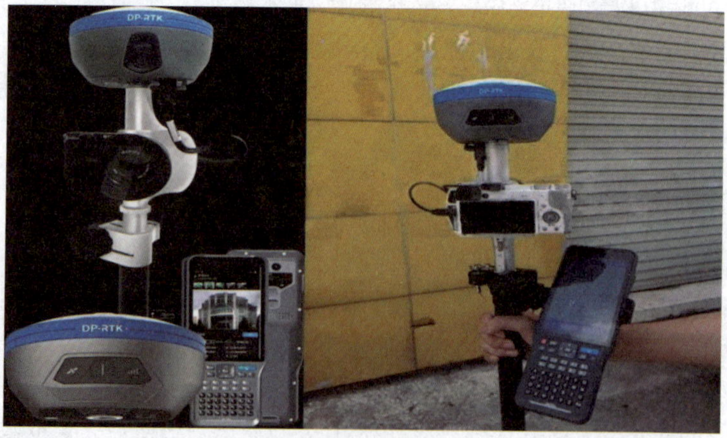

图 7-51　影像 RTK

(3)将空、地影像进行联合平差处理(见图7-52),进而生成高精细实景三维模型。

图7-52 联合平差处理

(4)联合平差完成后检查航线是否平整、空三是否分层以及控制点误差大小,检查无误后设置模型参数提交空地一体自动化模型生产,模型生产结果如图7-53所示。

图7-53 模型生产结果

(二)立面测量成果

利用贴近摄影测量技术获得实景三维模型成果,建筑纹理更精细、状态更真实,可以达到古建筑保护级别的数据成果要求。同时,贴近摄影测量的模型成果也具备高精度的特点,作业人员可采用DP-Modeler立面测量等软件,直接基于模型进行建筑立面、平面等图形绘制,成图精度亦可达到相关行业的需求标准。图7-54所示为某古建筑建模立面图,图7-55为某古建筑平面、立面、剖面成果图示例。

图 7-54　古建筑建模立面图

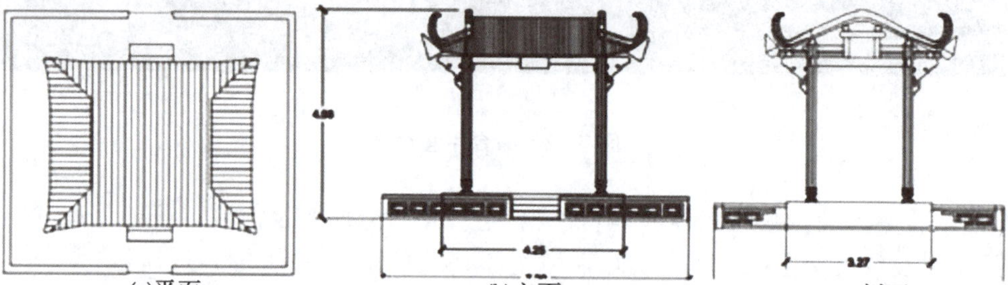

(a)平面　(b)立面　(c)剖面

图 7-55　古建筑平面、立面、剖面成果图示例

三、增强现实系统

增强现实系统将贴近摄影获取的地面影像空三加密处理后的全景影像的外方位元素导出生成缓存数据，导入空地一体实景三维模型或激光点云数据进行浏览，从而实现从室外到室内、地上到地下的一体化管理，并支持三维模型、矢量、影像等数据发布到云端，为开展历史建筑测绘工作提供便利条件，图 7-56 所示为某增强现实系统界面。

图 7-56　增强现实系统界面

活动二 了解AI算法在城市级地理实体中的应用

一、AI算法的发展历程

早期城市建筑模型主要依靠传统的人工交互建模，这种方式虽然模型精度较高，但是建模成本高、耗时长、覆盖范围小。随着星载传感器的逐步发展，摄影测量与遥感、计算机视觉和人工智能等技术的发展与应用，为大场景城市建筑建模和单体化的半自动化、自动化开辟了新途径。

现在最新研究采用基于深度学习的遥感影像人工场景及建筑物半自动识别与检测技术，通过高效、鲁棒的影像分割算法、矢量化和矢量图形优化算法、特征选择和基元分类算法等，建筑特征学习、理解和建模，实现建筑物轮廓、高度和类型信息的高精度提取，实现建筑识别、检测和语义分割。通过三维模型半自动单体化技术研究，构建建筑矩形，并基于模型驱动进行网格优化和一致性约束，优化建筑结构，实现建筑单体化分割和构建。

此外，在新型基础测绘背景下，实景三维模型特别是单体化模型成为一种重要的城市地理信息数据成果。需要研究高效的三维影像单体化关键技术，建立实用高效的生产工艺，满足城市规划、工程建设与管理、公共安全与应急管理和公众服务等各类高层次应用对建筑单体化的高频数据需求。

二、机器学习算法的发展方向

机器学习算法的发展方向主要是研究以提升建筑三维模型构建和单体化建模的自动化程度，研究建筑识别和检测算法，提高建筑识别的正确率和轮廓提取效率；研究建筑模型优化算法，优化建筑结构，使其具备精细化建模能力；研究建筑模型的半自动单体化技术，提高单体化模型生产质量和效率。

基于高分辨率遥感影像的建筑物提取方法，实现建筑轮廓自动检测、在遥感图像上识别出建筑区域。辅助DSM和DLG数据，将建筑轮廓拟合为建筑三维模型，并通过建筑一致性约束和优化，对复杂三维建筑进行机制改良的地物分类网络用卷积层代替了尾部的全连接层，输出的是地物的类别概率图。它可以接受任意尺寸的图像输入，通过采样过程将图片恢复到原来的尺寸，同时可以实现将影像恢复为三维拓扑模型。

图7-57所示为深度学习算法识别建筑轮廓示例。

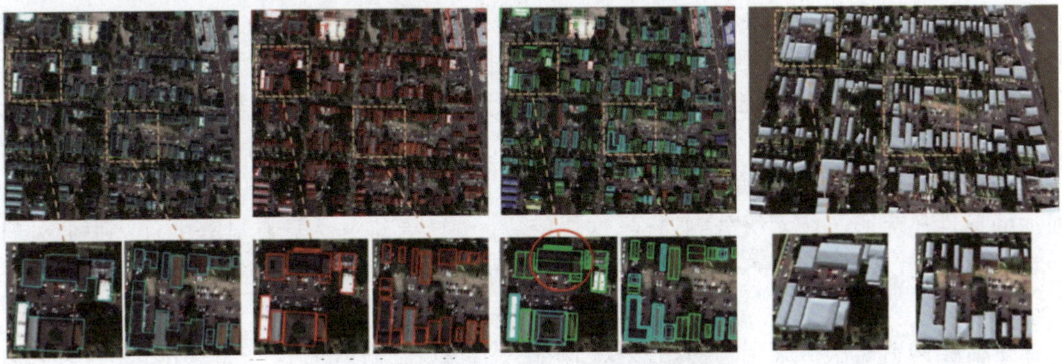

图7-57 深度学习算法识别建筑轮廓示例

基于深度学习算法，对遥感图像进行建筑提取。建筑提取仅需从遥感图像中识别出建筑即可，是一种二分模型，而且建筑因为易识别性使其分类效果往往会高于其余地物类别。所以需要使用二分语义分割模型对遥感图像进行建筑提取。在识别中还可以根据建筑物的特性，对识别进行约束，降低模型误判率。

基于空间注意力机制改良的地物分类网络能更好地适应图像分割任务，在地物分类任务上表现也很突出。在原始网络分类和改良网络分类的对比中，原始网络地物分类结果中有明显的错误：建筑物与地面的分类错误、树木与矮植被的分类错误，以及建筑物边缘断裂粗糙、内部不完整、空心等现象。加入 DSM 数据的改良网络模型，错误分类的比例明显下降，地物边缘更加平滑，且正确地分类了所有的建筑物。未加入 DSM 的模型由于缺少高程信息的支持，在光谱分布上无法区分一部分建筑物和其他地物，所以分类结果中建筑物中有一部分被错误地识别为植被和空地。因为 DSM 对不同高度的地物十分敏感，所以加入 DSM 数据的网络模型正确地分类了所有的建筑物，在建筑物正确分类的基础上，平滑了边缘，使结果更加真实。

三、深度学习算法的实际应用

深度学习算法定义了一种语法，用于表示近似遵循曼哈顿世界假设的建筑几何变化，该假设指出场景中三个相互正交的方向占主导地位，而曼哈顿世界的建筑可以用描述连续楼层之间的一组紧凑过渡的参数语法来表示。通过使用多个校准的航天图像，本方法扩展了以前的曼哈顿世界方法，以稳健地生成具有部分纹理的建筑物的单个、连贯、完整的几何模型。

本系统的输入包括一幅或多幅曼哈顿世界建筑的校准航天图像。在颜色分割和背景以及窗户去除之后，基于语法的算法会调整建筑物的几何形状，从而产生照片中观察到的立面方向的变化，随后输入照片作为纹理投影到重建的模型上，最终生成完整、封闭的 3D 建筑物模型。

本方法有两个假设：①观察到的建筑物可以由一系列建筑物楼层表示，每个楼层由一组连接的面组成，每个面都平行于一个曼哈顿方向；②每个图像中的每个曼哈顿方向建筑地板颜色不同。本方法使用提供的初始 3D 建筑地块结构，并进一步细化。初始模型被划分为一系列楼层，每层分为一组面。然后，本方法定义并使用重写规则，该规则执行到初始 3D 模型的楼层的转换，以生成与鸟瞰图中的模型匹配的新建筑模型。

本方法假设基于实践经验，即曼哈顿建筑的三个可能的立面方向中的每一个通常都具有不同的（平均）像素值。建筑物的墙壁通常由相同的材料制成，输入图像是在较为晴朗的日子里获得的，这样太阳不会以相同的角度照射到两个或多个立面方向。因此，通过使用颜色分割，每个立面方向都有不同的像素值。与光度立体或正常聚类相反，像素颜色的绝对值是不相关的，只要同一楼层每个图像内的像素值在每个立面方向上是不同的即可。本语法强加的条件还克服了像素级分割错误，这比密集的 3D 重建方法具有显著的优势。此外，同一立面方向的颜色在两个不同的图像上可能不同。这允许在不同的照明下拍摄建筑物的多个视图。

曼哈顿构造语法从底层的初始形状（例如，建筑物覆盖区的边界框）和恒定的楼层高度值开始，建筑物的每个连续楼层都是通过将一组过渡应用到前一层来构建的。所有楼层均使用固定的楼层高度值。然而,这个并不需要一个准确的高度值,因为楼层只是重建建筑物的中间工具——它们不需要与实际楼层一一匹配。一个楼层由一串参数化的字母表示,而从一个楼层到下一个楼层的转换由线性文法的重写规则的应用表示。重写规则的参数对几何尺寸进行编码,而其句法组合对结构变化的类型进行编码。图 7-58 所示为曼哈顿构造语法分割楼层重建建筑模型示意。

(a)航空影像、建筑地块　(b)语义分割　(c)调整不同层

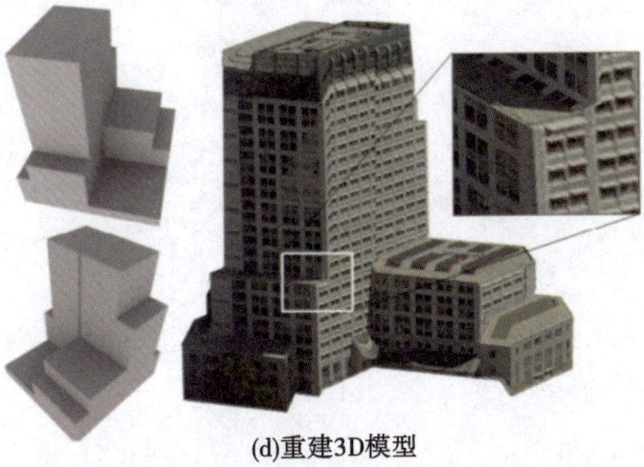

(d)重建3D模型

图 7-58　曼哈顿构造语法分割楼层重建建筑模型

为了确保建筑有一个合理的结构,在重写规则的应用过程中实施了几个楼层内和楼层间的约束:

(1)封闭楼层约束。假设每层对应的折线是闭合的即假设初始地板形状是封闭的,这由重写规则的定义隐藏地完成。

(2)非相交楼层约束。描述地板的多段线不得与自身相交。

(3)遏制约束。假设建筑物通常从底部到顶部"收敛",即顶部横截面的尺寸与底部横截面相同或小于底部横截面。

(4)楼层内变化约束。将过渡限制为那些显著改变地板形状的过渡。

(5)楼层间变化约束。进一步将转换限制为在连续楼层之间产生显著变化的转换。这种限制降低了对输入数据中噪声的敏感性。

建筑重建方法包括修改每个楼层串,以提高建筑模型和捕获图像之间的一致性。从底楼开始，本方法确定当前估计的楼层几何形状与航天图像中的建筑物之间的一致性。当出现不一致时，本方法会计算重写的一个或多个应用程序的参数值。

习　题

1. 目前，无人机倾斜摄影测量技术主要应用于哪些领域？

2. 室内外一体自动建模的主要流程是什么？

3. 无人机倾斜摄影测量技术机器学习算法主要研究内容是什么？

4. 除本项目提到的应用行业之外，无人机倾斜摄影测量技术还可以在哪些行业有所应用？

5. 无人机倾斜摄影测量技术在行业应用中的主要功能是什么？

码 7-1　项目七习题参考答案

参考文献

[1] 王之卓. 摄影测量原理[M]. 北京：测绘出版社，1979.
[2] 张祖勋，张剑清. 数字摄影测量学[M]. 武汉：武汉大学出版社，2012.
[3] 郭学林. 无人机测量技术[M]. 2 版. 郑州：黄河水利出版社，2023.
[4] 段延松. 无人机测绘生产[M]. 武汉：武汉大学出版社，2019.
[5] 王冬梅. 无人机测绘技术[M]. 武汉：武汉大学出版社，2020.
[6] 全国地理信息标准化技术委员会. IMU/GPS 辅助航空摄影技术规范：GB/T 27919—2011[S]. 北京：中国标准出版社，2012.
[7] 全国地理信息标准化技术委员会. 国家基本比例尺地形图分幅和编号：GB/T 13989—2012[S]. 北京：中国标准出版社，2012.
[8] 国家测绘地理信息局. 国家基本比例尺地图测绘基本技术规定：GB 35650—2017[S]. 北京：中国标准出版社，2018.
[9] 全国地理信息标准化技术委员会. 倾斜数字航空摄影技术规程：GB/T 39610—2020[S]. 北京：中国标准出版社，2020.
[10] 全国地理信息标准化技术委员会. 低空数字航摄与数据处理规范：GB/T 39612—2020[S]. 北京：中国标准出版社，2020.
[11] 全国地理信息标准化技术委员会. 数字航空摄影测量 空中三角测量规范：GB/T 23236—2009[S]. 北京：中国标准出版社，2009.
[12] 中国民用航空总局航空安全技术中心，国家测绘局国土测绘科技司. 航空摄影技术设计规范：GB/T 19294—2003[S]. 北京：中国标准出版社，2004.
[13] 全国地理信息标准化技术委员会. 数字航空摄影规范　第 1 部分：框幅式数字航空摄影：GB/T 27920.1—2011[S]. 北京：中国标准出版社，2012.
[14] 国家测绘地理信息局. 机载激光雷达数据获取技术规范：CH/T 8024—2011[S]. 北京：测绘出版社，2012.
[15] 国家测绘地理信息局. 低空数字航空摄影规范：CH/T 3005—2021[S]. 北京：测绘出版社，2021.
[16] 国家测绘地理信息局. 低空数字航空摄影测量外业规范：CH/T 3004—2021[S]. 北京：测绘出版社，2021.
[17] 国家测绘地理信息局. 低空数字航空摄影测量内业规范：CH/T 3003—2021 [S]. 北京：测绘出版社，2021.
[18] 全国地理信息标准化技术委员会. 测绘成果质量检查与验收：GB/T 24356—2023[S]. 北京：中国标准出版社，2023.
[19] 国家测绘局. 数字测绘成果质量检查与验收：GB/T 18316—2008[S]. 北京：中国标准出版社，2008.
[20] 全国地理信息标准化技术委员会测绘分技术委员会. 无人机航空摄影成果质量检查与验收：CH/T 1054—2022[S]. 北京：中国标准出版社，2022.
[21] 国家测绘地理信息局. 数字表面模型航空摄影测量生产技术规程：CH/T 3012—2014[S]. 北京：测绘出版社，2015.
[22] 国家测绘地理信息局. 数字线划图(DLG)质量检验技术规程：CH/T 1025—2011[S]. 北京：测绘出版

社,2012.

[23] 国家测绘地理信息局. 影像控制测量成果质量检验技术规程:CH/T 1024—2011[S]. 北京:测绘出版社,2012.

[24] 全国地理信息标准化技术委员会测绘分技术委员会. 倾斜数字摄影测量技术规程:CH/T 3025—2023[S]. 北京:中国标准出版社,2023.

[25] 国家测绘地理信息局. 倾斜数字航空摄影成果质量检验技术规程:CH/T 1050—2021[S]. 北京:测绘出版社,2021.

[26] 国家测绘地理信息局. 基础地理信息数字成果 1:500 1:1 000 1:2 000 生产技术规程第 1 部分: 数字线划图:CH/T 9020. 1—2013[S]. 北京:测绘出版社,2014.

[27] 全国地理信息标准化技术委员会. 国家基本比例尺地图图式第 1 部分: 1:500 1:1 000 1:2 000 地形图图式:GB/T 20257. 1—2017[S]. 北京:中国标准出版社,2018.

[28] 全国地理信息标准化技术委员会. 实景三维数据倾斜摄影测量技术规程:CH/T 3026—2023[S]. 北京:中国标准出版社,2023.

[29] 国家测绘地理信息局. 数字航空摄影测量 控制测量规范:CH/T 3006—2011[S]. 北京:测绘出版社,2012.

[30] 中华人民共和国住房和城乡建设部. 城市三维建模技术规范:CJJ/T 157—2010[S]. 北京:中国建筑工业出版社,2011.

[31] 国家测绘地理信息局测绘标准化研究所. 三维地理信息模型生产规范:CH/T 9016—2012[S]. 北京:测绘出版社,2013.

[32] 国家测绘地理信息局测绘标准化研究所. 三维地理信息模型数据产品规范:CH/T 9015—2012[S]. 北京:测绘出版社,2013.

[33] 国家测绘局. 基础地理信息数字产品元数据:CH/T 1007—2001[S]. 北京:测绘出版社,2001.

[34] 国家测绘局. 全球定位系统实时动态测量(RTK)技术规范:CH/T 2009—2010[S]. 北京:测绘出版社,2010.

[35] 国家测绘地理信息局. 全球导航卫星系统(GNSS)测量型接收机 RTK 检定规程:JJG(测绘)2301—2013[S]. 北京:测绘出版社,2013.

[36] 国家测绘局. 测绘作业人员安全规范:CH 1016—2008[S]. 北京:测绘出版社,2008.